개정판

자동차 전자제어 섀시

나완용 · 백일현 · 한성철 공저

지금 우리나라는 자동차 보유대수 1,000만대 돌파라는 새로운 시대를 맞이하여 국제적 무한 경쟁에 대비하여 자동차의 양적 증산뿐 아니라 기술 및 질적 고도화를 가일층 도모하여 선진 자동차 공업국으로서의 균형된 발전을 가해야 할 시점이다.

그러나 자동차의 배출가스 공해와 소음, 교통사고 등의 문제는 매우 큰 사회문제로 대두되고 있는 실정이다. 현재 이와 같은 문제에 대해서 자동차의 진화도 급속하게 변하고 있으며 가부 장치의 개량, 제어계통의 전자화, 안전장치의 개발 등 기술적으로도 매우 복잡하게 되어 소비자로부터 요구도 보다 개성적이고 보다 고성능인 것, 보다 고급인 것 등을 선호하게 되었다.

그러나 자동차의 기본원리에 대해서는 크게 변화된 것이 없다. 따라서, 자동차 정비 및 점검을 하기 위한 사전에 기본지식을 가지고 있으면 응용된 기술이라고 하더라도 자동차의 점검 및 정비에 충분히 대응할 수 있다고 사료된다.

이 책은 이와 같은 환경변화에 대응하기 위해 기초적인 부분에 중점을 두어 자동차를 전공하는 학생들뿐만 아니라 일반 독자들에게도 보다 쉽게 이해할 수 있도록 중요한 사항에 대해서는 그림을 가능한 많이 삽입하여 이해하도록 노력하였다. 그렇지만 부족한 점이 많이 있으리라 생각되니 잘못된 부분이나 이해가 잘 안되는 부분은 서슴없이 질책을 해주면 다음 개정판 때는 꼭 그 점을 반영하여 집필할 것을 약속드린다.

끝으로 이 책이 출간되기까지 많은 도움을 주신 모든 분들께 감사드리며 아울러 독자 여러분의 힘찬 정진과 건투를 빈다.

저자

제4편 **전자제어 제동장치**_ 317

제5편 **안전편의장치**_ 477

제1편

4륜 구동장치

제1장 전기제어식 4륜 구동

1.1 4WD 일반

4WD는 4륜 구동을 가능하게 하는 장치이다.

4WD는 구동방식에 따라 Part Time 4WD(선택치합식)와 Full Time 4WD(상시 4륜식)로 분류할 수 있다.

본 장에서는 4WD의 분류중에서 전기식 트랜스퍼에 대해 알아보기로 한다.

1) 4WD란?

엔진의 구동력을 전, 후륜 차축으로 구동력을 적절히 배분하여 4륜 구동이 가능하게 하는 장치인 트랜스퍼케이스를 4WD라고 한다.

2) 장점

- 4개의 바퀴에 균등하게 구동력을 배분함으로써 등판성능 및 견인력 향상
- 부드러운 발진, 가속성능(급발진시의 타이어 공회전 현저히 감소) 및 고속주행시 진진안정성 향상
- 특히 눈길, 빗길 등 미끄러운 노면에서의 조종안전성 우수

3) 종류

(1) 선택치합식(Part Time 4WD)

ㄱ. 수동식(Manual Free Wheel Hub)

-차량의 외부(바깥쪽)에서 앞바퀴 허브에 있는 “Lock/Free” 다이얼을 돌려 드라이브샤프트와 허브록이 연결/해지됨

-4WD ↔ 2WD 전환은 차량정지상태에서 전환해야 함

-적용 차량 : 구형갤로퍼, 구형코란도, 록스타

ㄴ. 기계식(Cam Type Free Wheel Hub)

-40kph 이하에서 주행중 2WD → 4WD 전환이 가능

-4WD → 2WD 전환시는 차량 정지후 뒤로 1~2m 주행하여야 전환이 가능함

-적용 차량 : 스포티지, 갤로퍼, 코란도

ㄷ. 진공식(Vacuum Type Auto Free Wheel Hub)

-2WD → 4WD 전환 : 솔레노이드밸브를 ON시켜 휠엔드부의 프리 휠허브가 진공상태로 되어 4륜 구동이 됨

-4WD → 2WD 전환 : 솔레노이드밸브를 OFF시켜 휠엔드부의 진공라인에 대기압이 작용하여 4WD가 해제됨

-적용 차량 : 스타렉스

ㄹ. 전기식 트랜스퍼(EST ; Electric Shift Transfer, Base Model Name : ESOF ; Electric Shift On Fly)

-구동모드로는 2H, 4H, 4L이 있으며 주행중 80kph 이하에서 2WD ↔ 4WD 절환 가능

단, 4WD(4H) ↔ 4WD(4L)로 절환시는 반드시 차량정차 후 절환이 필요함

-적용 차량 : 테라칸, 쏘렌토

(2) 상시4륜식(Full Time 4WD)

ㄱ. 토크분배 고정식(Center Diff. + Viscous)

-별도의 4WD 절환이 필요없이 상시 4WD로 작동

-적용 차량 : 싼타모, 싼타페, 무쏘

ㄴ. 전자제어식 트랜스퍼(ART ; Active Torque Transfer, Base Model Name : TOD ; Torque On Demand)

-구동모드로는 Auto/Low가 있으며, 전, 후륜 구동력을 각종 노면조건에 대응하여 주행이 가능하다.

단, Auto ↔ Low로 절환시는 반드시 차량정차후 절환이 필요함

-적용 차량 : 테라칸, 쏘렌토

4) 형상 및 적용시방

(1) 형상

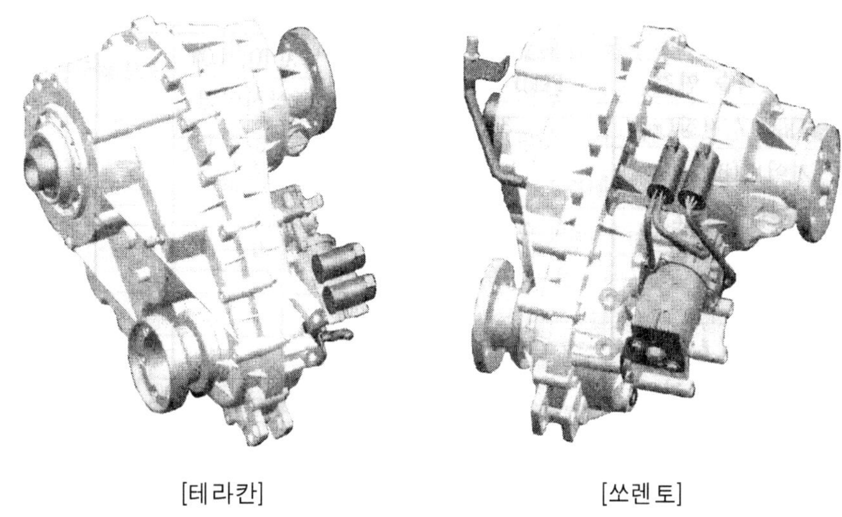

[테라칸] [쏘렌토]

그림 1-1 트랜스퍼 형상

(2) 적용 사양

	EST	ATT(TOD)	비고
쏘렌토	○	○	선택시방
테라칸	○	○	

1.2 전기식 트랜스퍼 구성

EST 4WD는 운전자의 선택에 의해 2륜구동과 4륜구동이 이루어지며 4륜구동시는 고속주행이 가능한 4H모드와 저속주행을 위한 4L모드가 있다.
전후륜의 구동력은 4H모드나 4L모드에서 모두 50 : 50으로 고정된 구동력으로 전달된다. EST 4WD의 구성은 크게 시스템제어 부분과 시스템 제어에 따라 구동력을 전달하는 기구학적 메카니즘의 두 부분으로 나누어 볼 수 있다.

첫째, 시스템 제어 부분은 TCCU(Transfer Case Control Unit)를 중심으로 각종 센서 및 스위치 신호를 입력받아 운전자가 선택한 주행모드로 시프트모터를 작동시킨다.

둘째, 기구학적 메카니즘 부분은 모드선택 스위치의 "4H" 선택시는 직결, "4L" 선택시는 유성기어세트에 의한 2.48 : 1의 감속이 이루어지며 전륜으로의 출력은 트랜스퍼케이스 내의 구동체인에 의해 동력이 전달된다.

또한 모드스위치 조작에 의해 주행중(Shift On The Fly)위 2H/4H 변속이 손쉽게 이루어지며 시스템 고장발생시 경고들을 점등시켜 운전자에게 알려 준다.

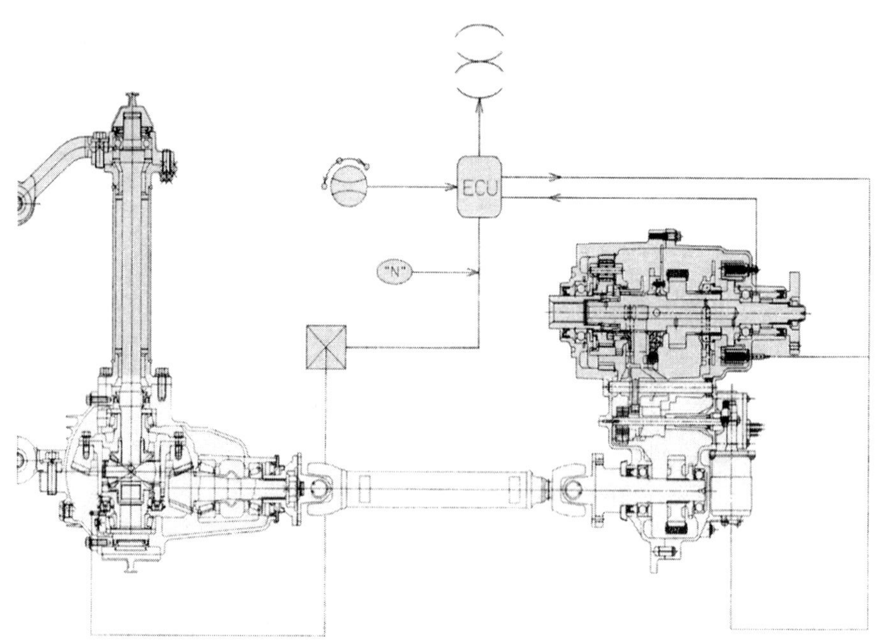

그림 1-2 시스템 구성

동력전달계의 구성은 변속기, 트랜스퍼케이스, 프런트 & 리어 프로펠라샤프트, 프런트 & 리어 액슬로 구성되어 있다.

2륜구동에서의 동력전달경로를 보면

변속기 → 트랜스퍼 케이스 → 리어 프로펠라샤프트 → 리어 액슬 → 리어 휠

4륜구동에서의 동력전달경로는

변속기 → 트랜스퍼케이스

리어 프로펠라샤프트 → 리어 액슬 → 리어휠

프런트 프로펠라샤프트 → 프런트 액슬 → 프런트 휠로 전달되며 그림 1-3은 장착위치를 그림 1-4는 트랜스퍼의 구성요소를 나타낸 것이다.

그림 1 3 전기식 트랜스퍼 장차 위치

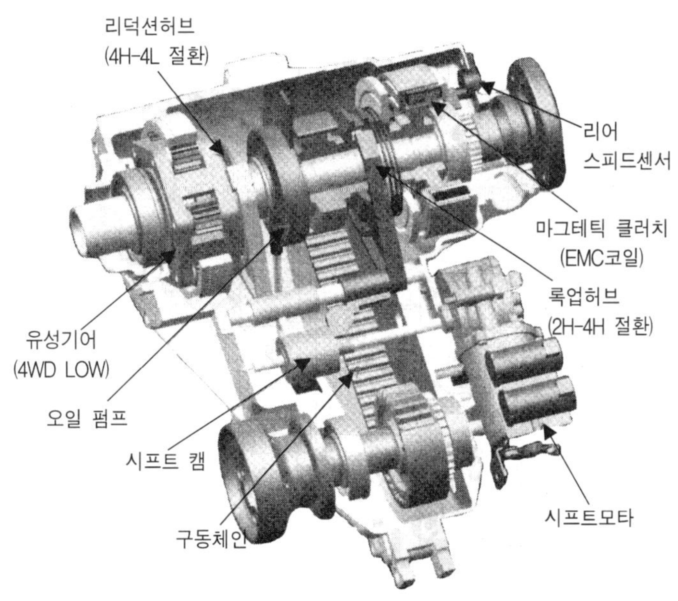

그림 1-4 트랜스퍼 구성 요소

- 마그네틱 클러치(EMC ; Electric Magnet Clutch, 코일) : 2H ↔ 4H 절환부에 위치하며 주행중 운전자가 4H모드로 모드선택 스위치를 선택하면 정지되어 있는 전륜으로 동력을 전달하기 위해 전기적인 힘으로 절환부의 치합이 이루어지도록 하는 동기장치
- 유성기어세트 : 4H ↔ 4L 절환부에 위치하며 산길/모래길 등 큰 구동력이 필요한 경우 변속기로부터의 동력을 2.48배로 증배하는 감속장치
- 체인 : 4WD 주행시 전륜에 구동력을 전달하는 기구
- 시프트모터 : 운전자의 스위치 조작에 따라 시프트포크 등 트랜스퍼 내부의 절환부품을 각 구동모드로 변환하는 절환기구이며 컨트롤러와 연결됨
- 시프트캠 : 각 시프트포크와 시프트모터를 연결하며 나선형의 홈형상으로 시계/반시계 방향으로 회전하여 시프트포크를 각 구동모드로 변환하는 절환기구

1 2.1 동력 전달계

1) 2WD 작동시(2H 모드)

구동력은 트랜스퍼가 직결되어 일반 FR구동차량과 동일하게 리어휠로만 전달된다.

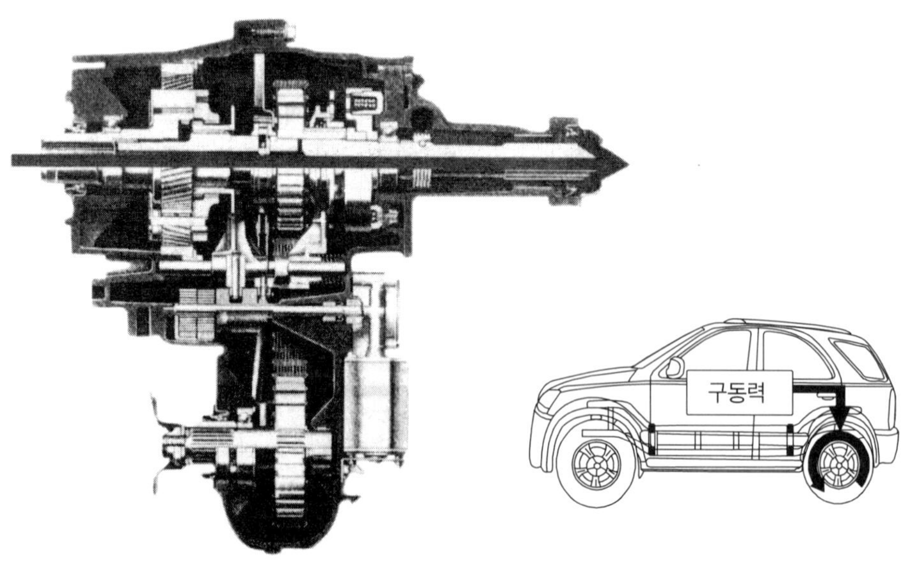

그림 1-5 2WD 작동시

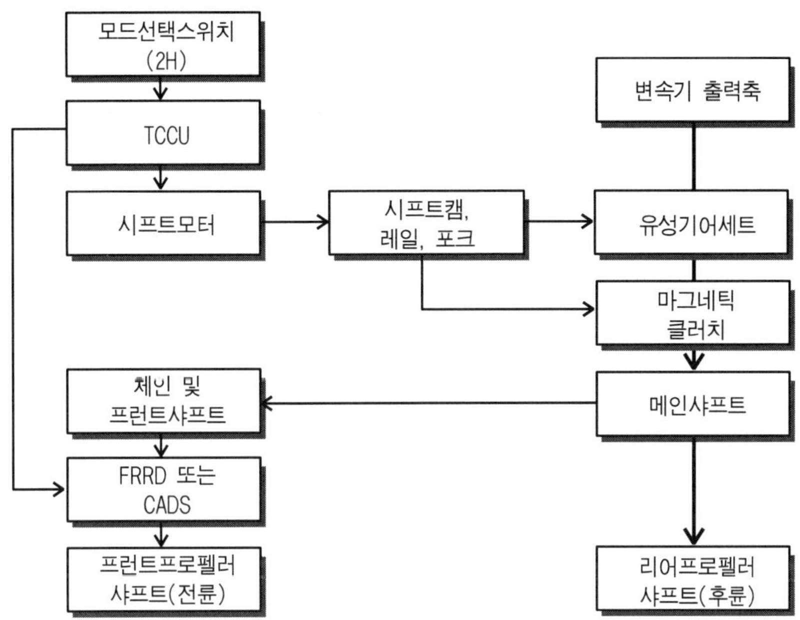

그림 1-6 동력 전달 경로(2WD의 2H모드)

2H 모드는 일반 도로 주행시 사용하는 모드로써 트랜스퍼가 1 : 1로 직결되어 구동력은 후륜으로만 전달된다.

2) 4WD High 작동시(4H 모드)

구동력은 트랜스퍼 4WD High 작동부를 경유하여 전/후륜으로 50 : 50으로 배분된다.

운전자에 의해 4H 모드가 선택되면 TCCU는 EMC와 시프트모터를 순차적으로 작동시키고 FRRD나 CADS에 전원을 공급한다.

이 때 트랜스퍼케이스 내부의 기구학적 메카니즘의 동력전달을 살펴보면 시프트모터 → 시프트캠 → 록업포크 → 록업허브 → 드라이브 기어 → 체인 → 전륜프로펠라샤프트로 동력이 전달된다.

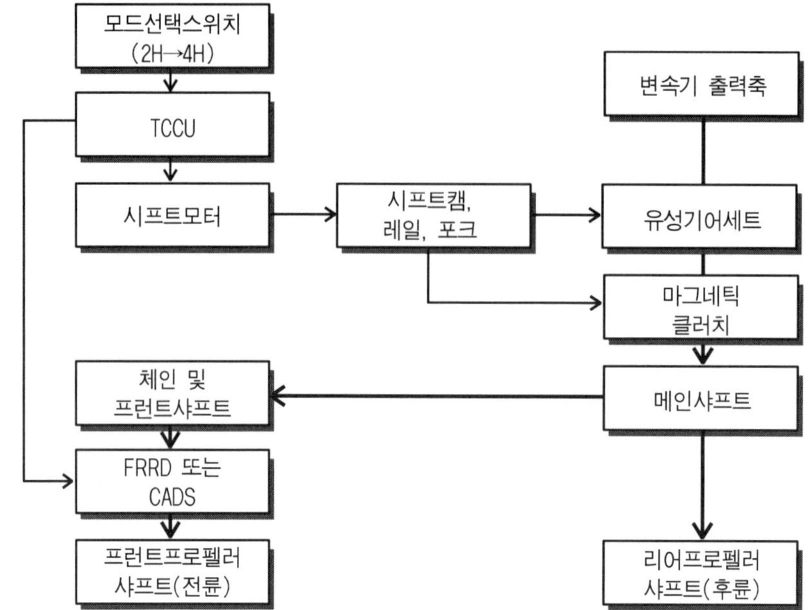

그림 1-7 4WD High 작동시 동력전달 경로

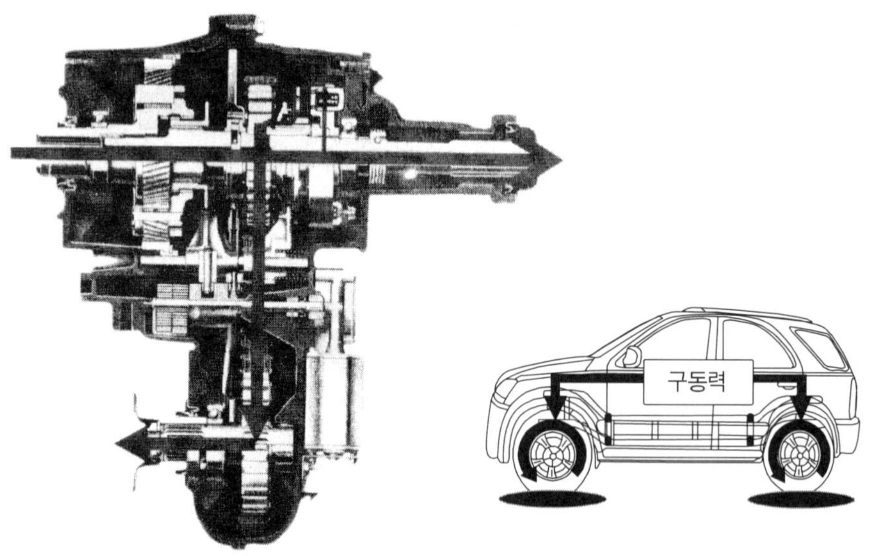

그림 1-8 4WD High 작동시의 구동력

3) 4WD Low 작동시(4L 모드)

트랜스퍼 4WD Low 작동부와 유성기어세트를 경유하여 기어비가 2.48 : 1로 감속되고 구동력은 전/후륜으로 50 : 50으로 배분된다.

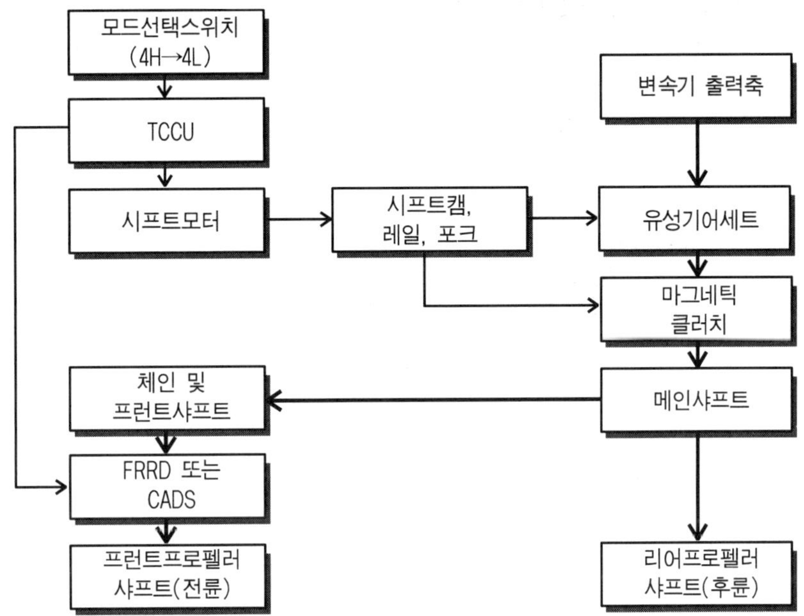

그림 1-9 4WD Low 작동시의 동력전달 경로

운전자에 의해 4L 모드가 선택되면 TCCU는 시프트모터를 구동시켜 리덕션허브를 작동시킨다.
그러면 유성기어세트는 2.48 : 1로 감속된다. 따라서 유성기어에 의해 감속된 구동력이 전/후륜으로 50 : 50으로 전달되어 4H 모드보다 큰 구동력을 얻을 수 있다.
이 때 트랜스퍼케애스 내부의 기구학적 메카니즘의 동력전달은 4H 모드와 동일하며 유성기어 작동경로는 시프트모터 → 시프트캠 → 리덕션포크 → 리덕션허브 → 유성기어이다.

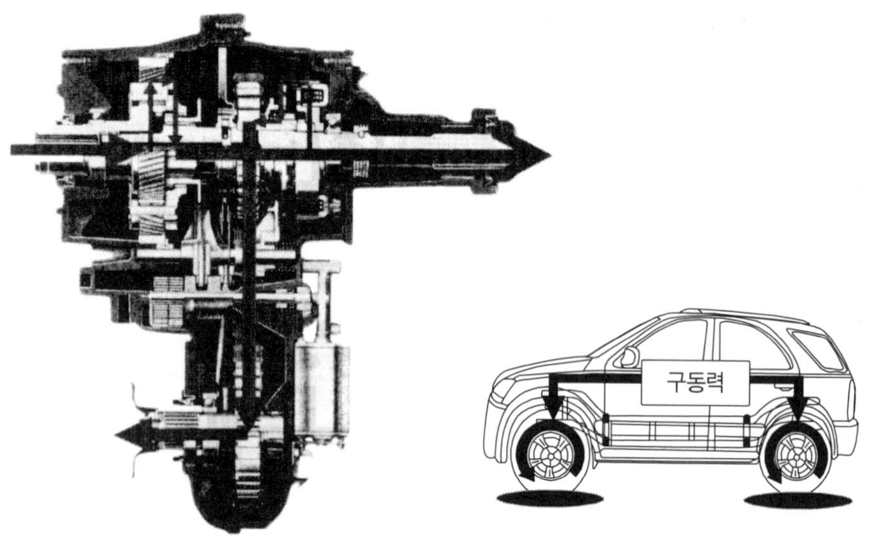

그림 1-10 4WD Low 작동시의 구동력

4) 유성기어세트의 작동상태

(1) 2WD/4WD에서의 작동상태

① 2WD 작동시(2H 모드)

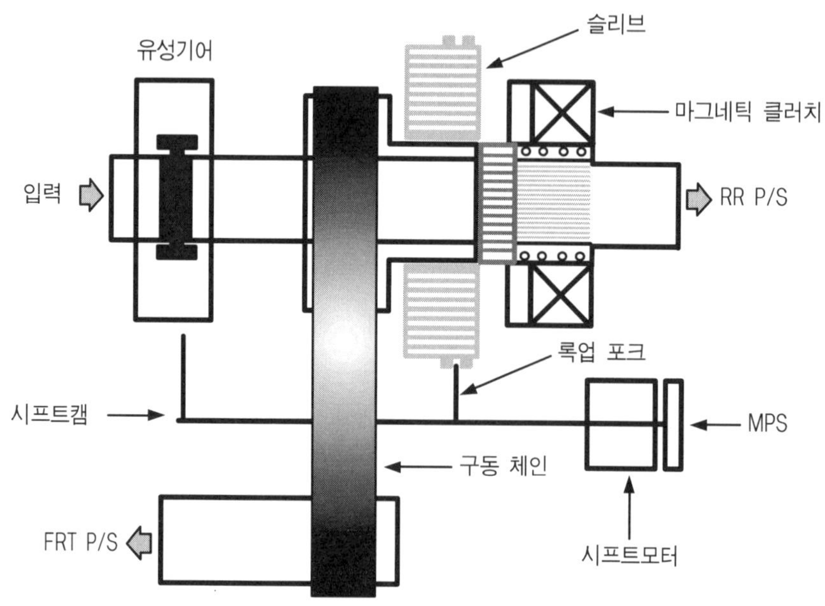

그림 1-11 2WD 작동

② 4WD 작동시(4H/4L 모드)

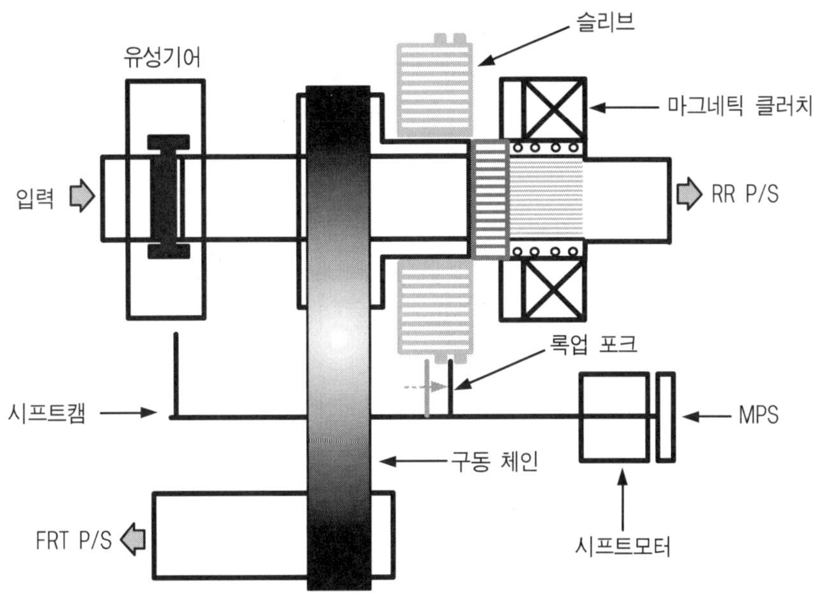

그림 1-12 4WD 작동

(2) 직결/감속에서의 작동상태

① 1 : 1 직결

유성기어세트의 1 : 1 직결은 2H/4H 모드일 때 이루어진다. 동력은 변속기 출력축으로부터 트랜스퍼 입력축으로 전달된다. 2H 또는 4H 모드에서는 유성기어세트의 리덕션허브가 유성기어의 안쪽으로 이동하여 동력은 유성기어캐리어를 거치지 않는다.

그러므로 입력축은 출력축과 일체로 회전하게 되어 1 : 1의 회전수가 된다.

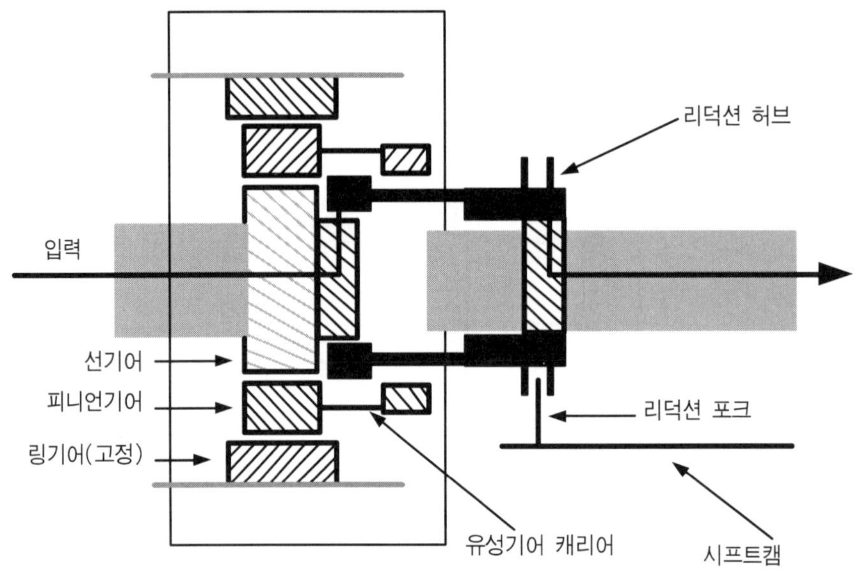

그림 1-13 1 : 1 직결 상태

② 2.48 : 1 감속

유성기어세트의 2.48 : 1 감속은 4L 모드일 때 이루어진다.

동력은 변속기 출력축으로부터 트랜스퍼 입력축으로 전달된다.

4L모드에서 유성기어세트의 리덕션허브가 유성기어의 바깥쪽으로 이동하여 동력은 유성기어캐리어를 거쳐 2.48 : 1로 감속되어 출력축으로 전달된다.

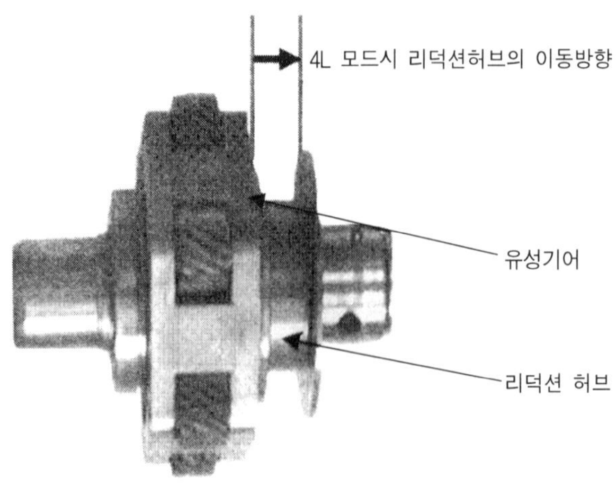

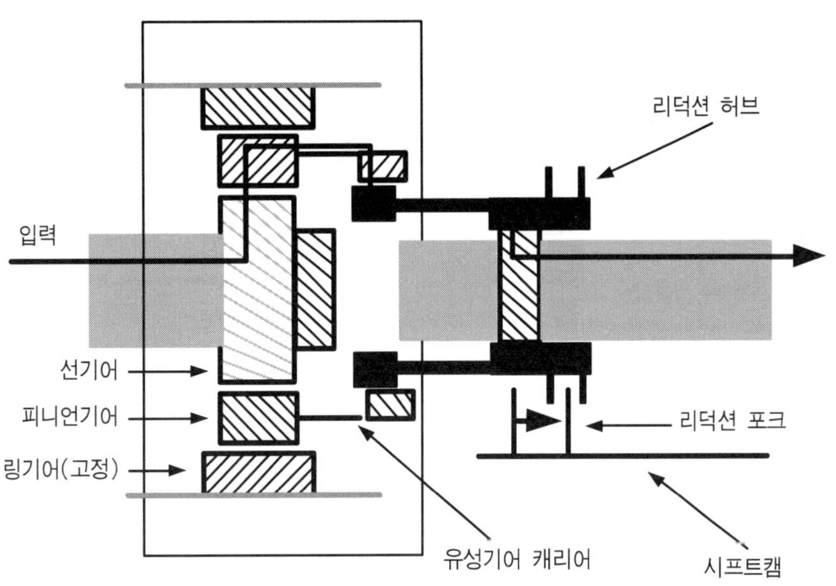

그림 1-14 감속 상태

2.2 주행중 전륜 치합장치

1) FRRD

쏘렌토 전기식트랜스퍼에 장착되어 있으며 주행중 2WD ↔ 4WD의 변환을 가능하게 한다.

(1) 구조 및 작동

에어펌프와 엑츄에이터로 구성되어 있으며 TCCU의 제어에 의해 작동한다.

에어펌프는 FRRD로 압축공기를 공급해주는 역할을 하며 내부에 압력스위치를 내장하고 있다. 에어펌프에서 FRRD로 압축공기가 공급되면 내부 도그클러치가 치합되어 전륜으로 동력이 전달된다.

[에어 펌프]

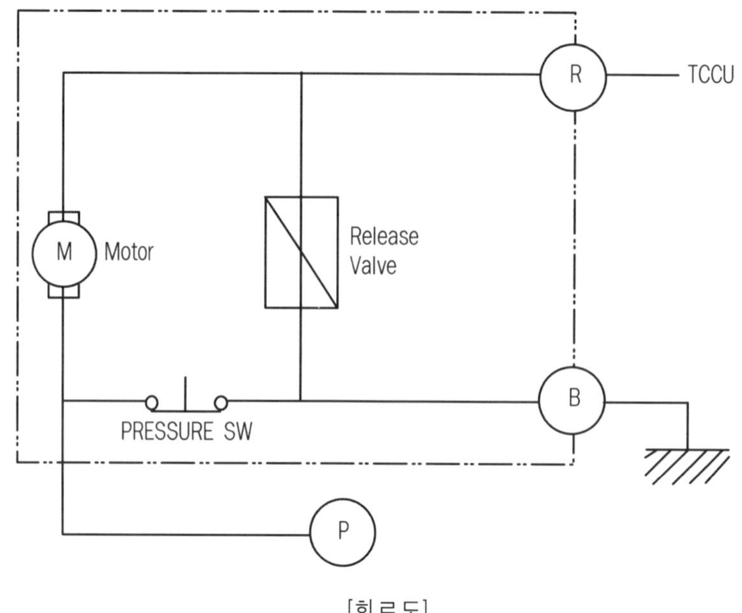

[회로도]

그림 1-15 에어펌프 및 회로도

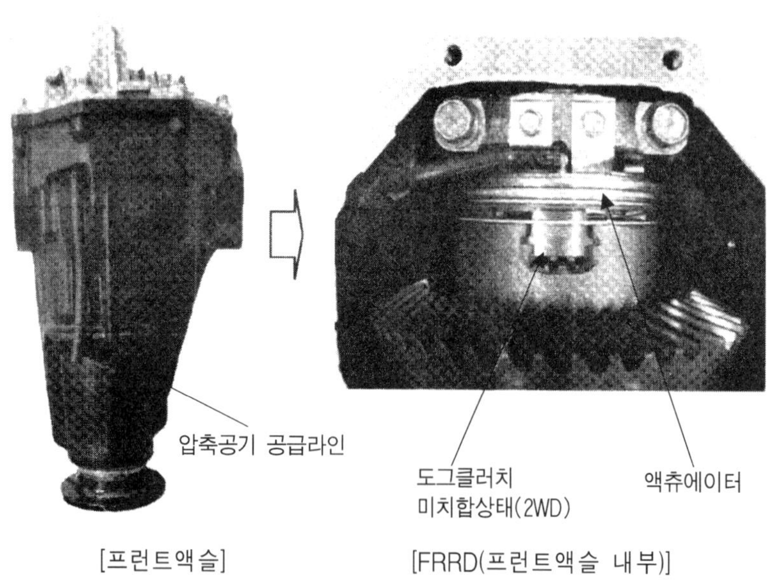

[프런트액슬] [FRRD(프런트액슬 내부)]

그림 1-16 프런트 액슬 구조

(2) 작동원리

① 운전자가 4WD(4H)를 선택하면 에어펌프가 전원 인가한다.

② 이 때, 정지하고 있던 프런트 프로펠러샤프트가 회전하기 시작하고, FRRD의 내부케이스와 외부케이스의 회전차가 거의 동등하게 된다.

③ 액츄에이터 내부에 공기압이 충진된다.

④ 액츄에이터가 캠링을 밀고, 내부케이스와 도그클러치가 치합을 이루어 4WD 상태로 된다.

⑤ 운전자가 2WD를 선택하며, 트랜스퍼에서 구동력을 끊게 되고, 액츄에이터의 작동을 위한 에어펌프의 전원이 "Off"된다.

⑥ 리턴스프링에 의해 캠링이 밀려나고, 내부케이스와의 치합이 해제되어 2WD 상태로 변환된다.

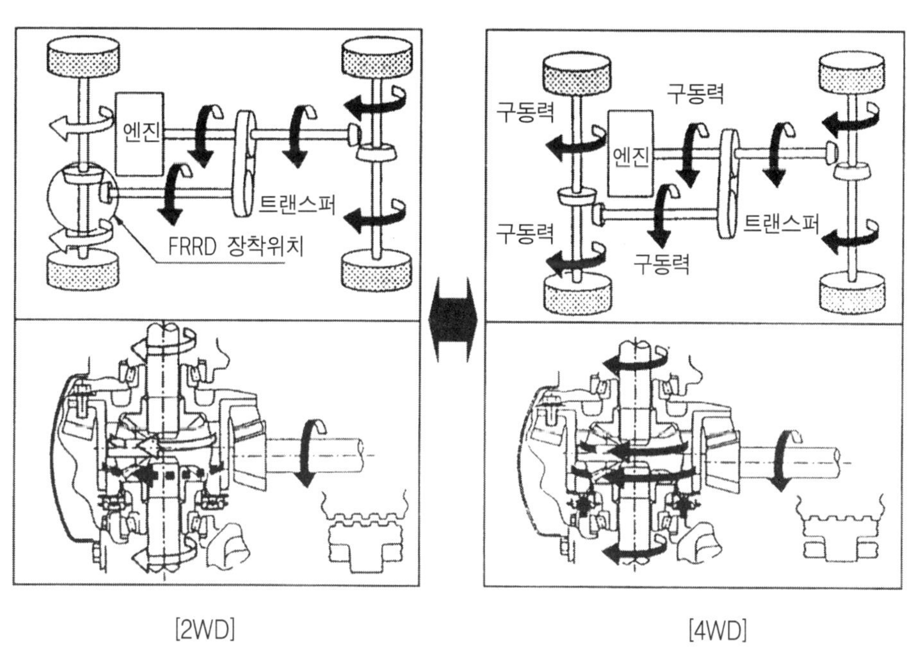

그림 1-17 2WD와 4WD의 구동력 전달

2) CADS

테라칸 전기식트랜스퍼에 장착되어 있으며 주행중 2WD ↔ 4WD의 변환을 가능하게 한다.

(1) 구조 및 작동

엔진룸 내에 위치한 솔레노이드 밸브, 발전기에 장착된 진공펌프, 진공탱크, 프런트액슬에 장착된 액츄에이터로 구성되어 있으며 TCCU에 의해 제어된다.

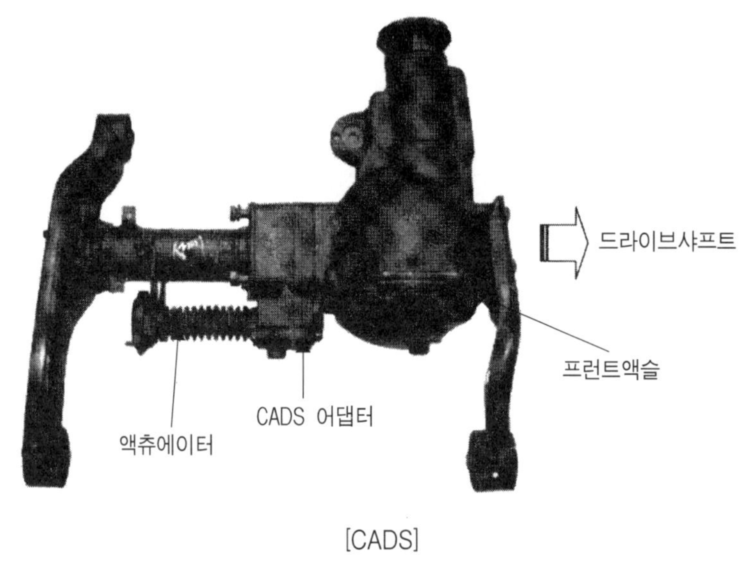

[CADS]

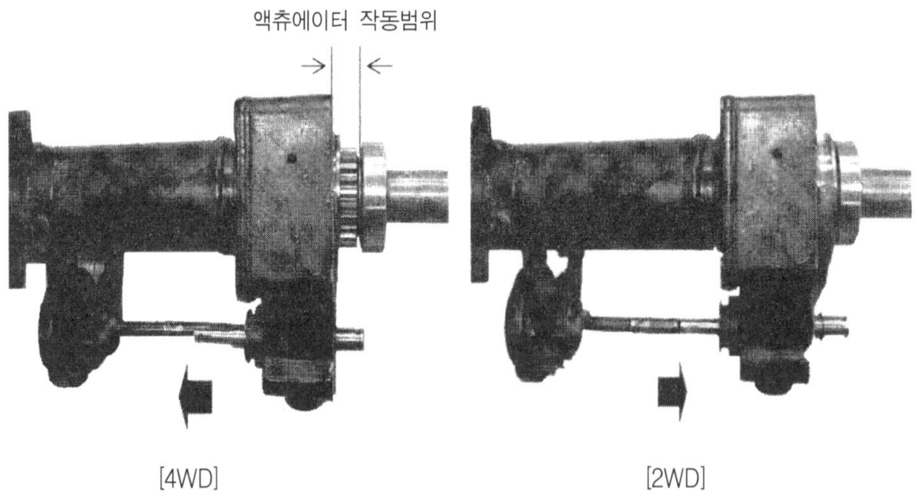

[4WD] [2WD]

그림 1-18 CADS의 구조

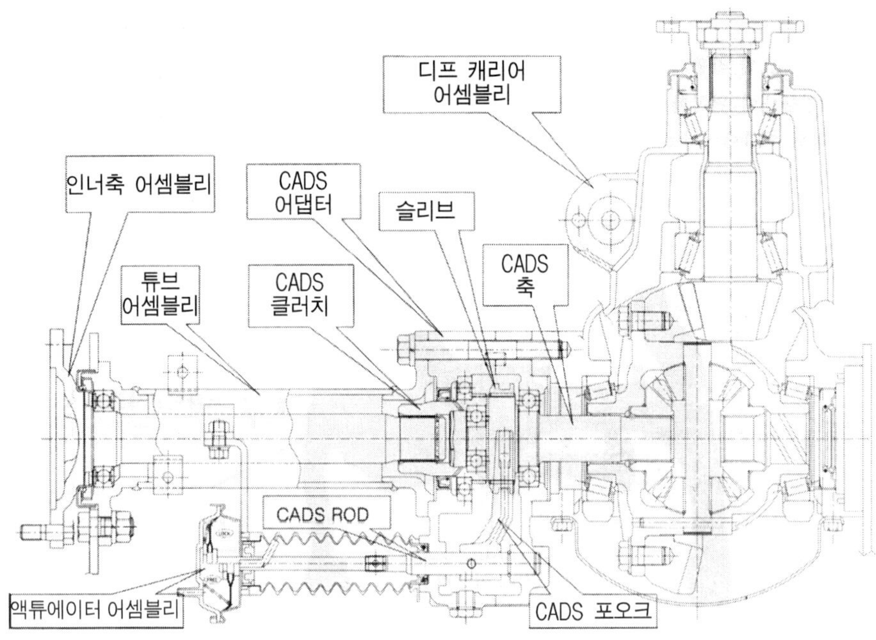

그림 1-19 CADS 프런트액슬 어셈블리 구조

(2) 작동 원리

2WD의 상태 : 솔레노이드 밸브는 다같이 ON 상태로서 부압이 솔레노이드 밸브 A를 지나서 액츄에이터 B에 작동하여 슬리브가 떨어져서 2WD 상태로 된다.

4WD의 상태 : 솔레노이드 밸브는 다같이 OFF 상태부압이 솔레노이드 밸브 B를 지나서 액츄에이터 A에 작동하여 슬리브가 떨어져서 4WD 상태로 된다.

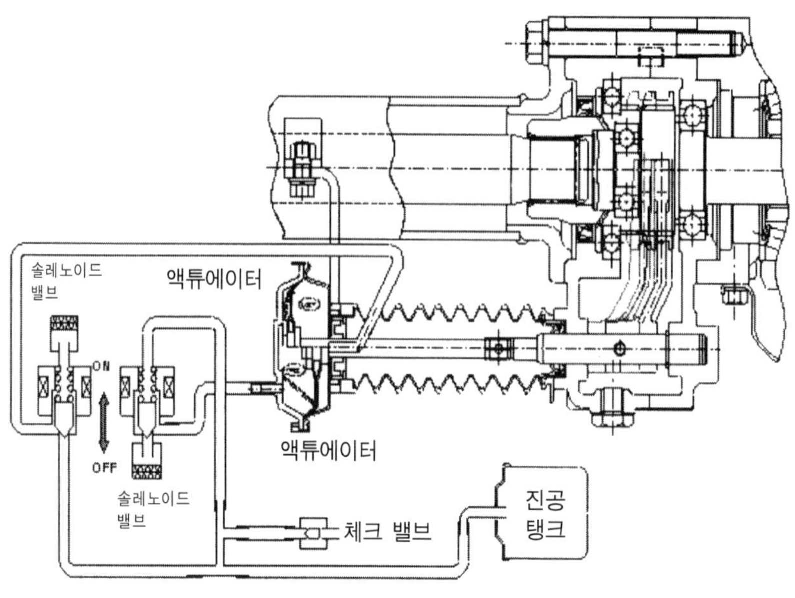

그림 1-20 2WD/4WD의 작동 원리

① 2WD 상태

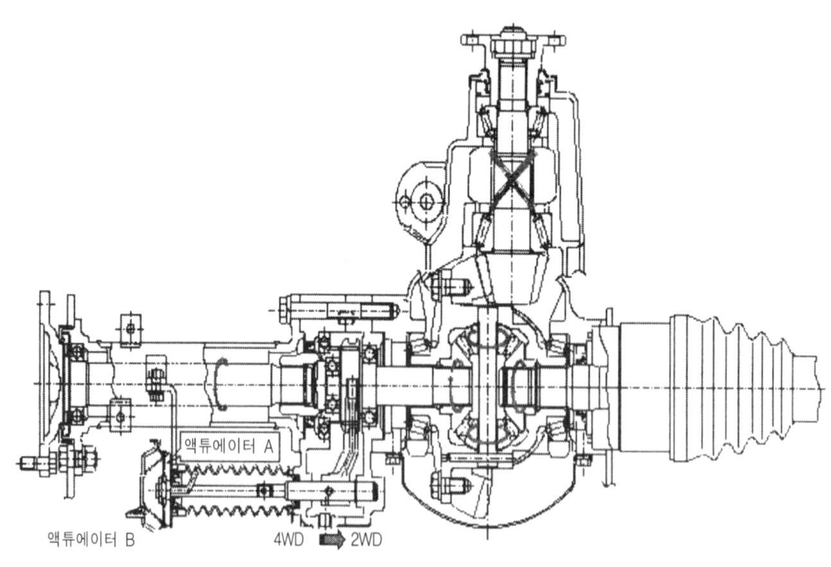

그림 1-21 2WD 상태

- 액츄에이터 A실에는 부압발생, B실에는 대기압이 작용
- 액츄에이터 내의 다이어프램이 오른쪽으로 이동함에 따라 로드, 포크도 함께 이동하여 클러치 기어와 축의 연결이 슬리브에 의해 끊긴다.
- LH CV 이음은 타이어의 구동력에 의해 회전(LH 사이드 기어로 들어온 회전은 디프 피니언, 사이드 기어(RH)로 전해져 축은 반대방향으로 회전)
- T/F측에서도 프런트로의 동력을 끊고 있기 때문에 디프 케이스, 구동 피니언 등도 정지 상태로 된다.

② 4WD 상태

- 전륜추진축이 회전하여 디프 케이스도 회전을 시작
- 역회전하고 있던 CADS 축은 좌우 사이드 기어가 동일회전수가 되면 같은 방향으로 회전
- 이 때, 액츄에이터 A실은 대기압, B실은 부압이 발생되어 다이어프램 능의 관련 부품이 왼쪽으로 이동하여 슬리브가 CADS 축과 클러치 기어를 연결하여 4WD 상태
- 이로써 추진축에서의 구동력은 좌우 사이드 기어로 나뉘어져 RH측은 CADS 축 → 슬리브 → 클러치 ㄱ어 → 인너축 → 타이어로 전달

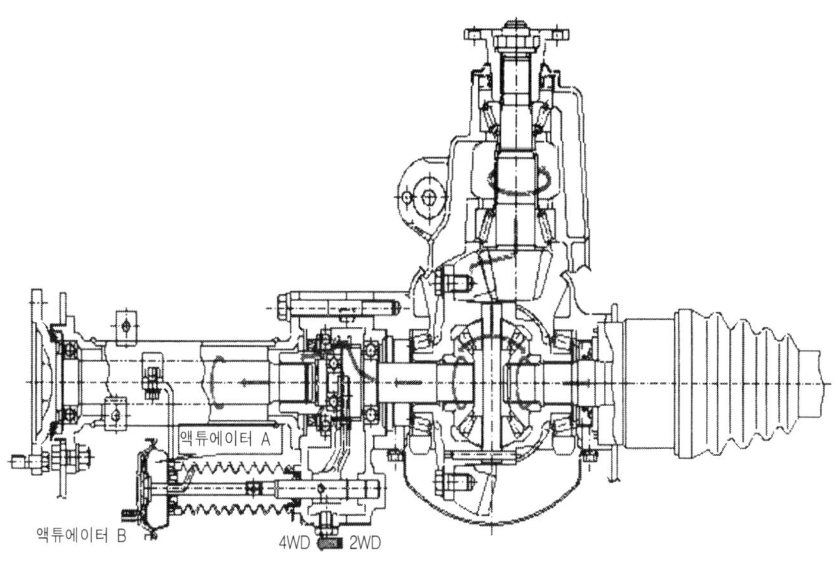

그림 1-22 4WD 상태

1.3 시스템 구성

시스템의 구성은 입력부, 제어부, 출력부로 구성되며 구성도는 다음과 같다.

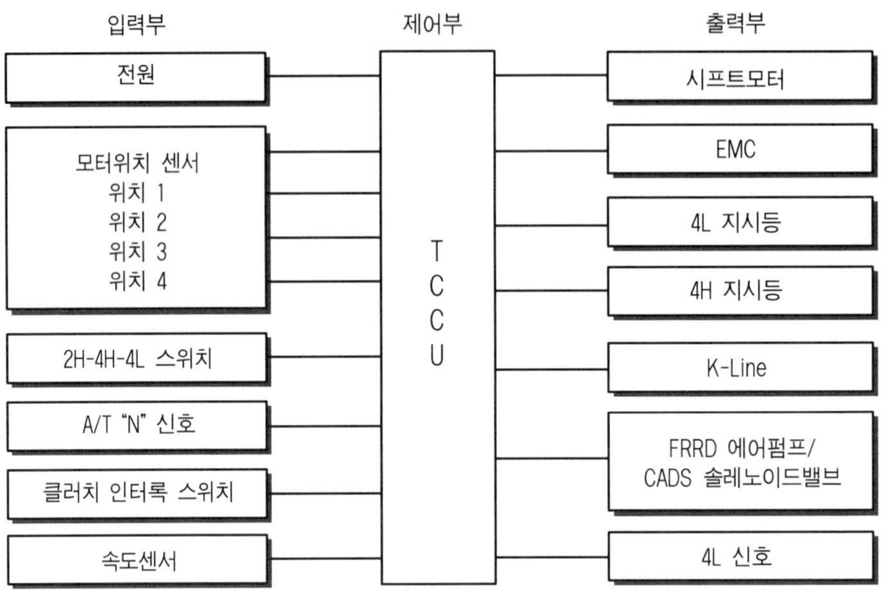

그림 1-23 시스템 구성도

3.1 입력부

입력부는 전원과 센서 및 스위치 신호로 구성되어 있다.
센서 및 스위치로는 MPS(Motor Position Sensor), 스피드센서, 모드선택 스위치, 클러치 인터록스위치(수동변속기에만 해당)가 있으며, 자동변속기의 경우는 중립신호를 TCCS 릴레이로부터 받는다.

1) MPS(Motor Position Sensor)

시프트모터의 회전방향과 위치를 엔코더에 의한 4개의 스위치신호를 이용하여 시프트모터의 작동상태를 TCCU에 피드백 시켜주는 센서이다.

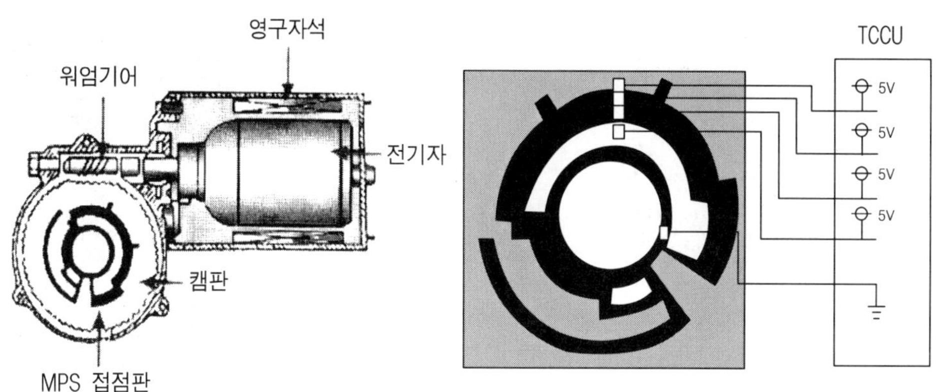

그림 1-24 MPS 구조 및 회로도

(1) 점검방법

① 멀티테스터를 이용하여 전압을 측정하거나 오실로스코프로 파형을 점검한다.
② 모터의 위치(2H, 4H, 4L)에 따라 포지션 엔코더 단자전압이 0V, 5V로 변화한다.
③ TCCU에서 포지션 인코더에 5V 풀업전압을 걸고 있으므로 단선시 5V, 단락시 0V가 출력된다.

2) 모드선택 스위치

운전자의 의지에 따라 2WD, 4WD High, 4WD Low의 선택여부를 TCCU에 입력한다.

2H 모드 : 리어휠 구동모드

4H 모드 : 주행중에 2WD에서 4WD로 변환이 가능하며 차속 80km/h 이내에서 선택한다. 변속이 완전히 종료되면 4WD High Lamp를 점등한다.

4L 모드 : 차속 3km/h 이내의 속도에서 변환이 가능하며 AT차량의 경우 "N" 위치, MT차량의 경우는 클러치 스위치 "ON"시 변환된다.

변속이 완전히 종료되면 4WD Low Lamp를 점등한다.

(1) 장착위치

쏘렌토 : 클러쉬패드 좌측

테라칸 : 변속레버부위

그림 1-25 장착 위치도

(2) 회로도 및 점검방법

① 멀티테스터를 이용하여 전압을 측정하거나 오실로스코프로 파형을 점검한다.

② 모드선택 스위치의 선택위치에 따라 핀단자전압이 0V, 5V로 변화한다.

③ TCCU에서 모드선택 스위치에 5V 풀업전압을 걸고 있으며 아래와 같이 출력된다.

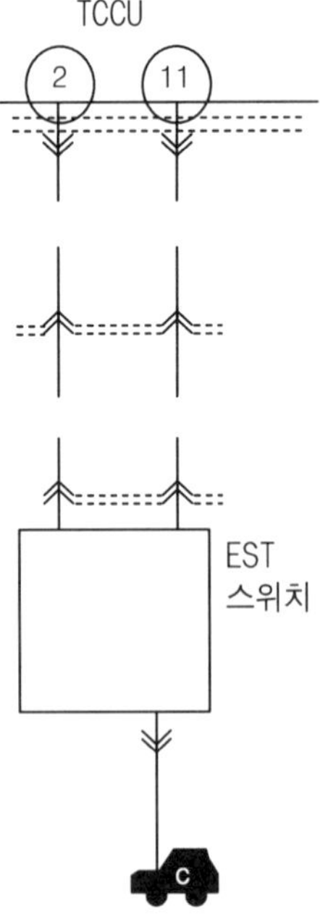

그림 1-26 모드 선택 스위치 회로도

선택모드	핀단자 전압(IG ON 시)	
	2번 단자	11번 단자
2H	0V	5V
4H	5V	5V
4L	5V	0V

3) 자동변속기 "N" 신호와 클러치 인터록스위치

TCCS(Transfer Case Control System) 릴레이는 A/T 차량에만 장착되어 있으며 4H 모드에서 4L모드로 변환할 때 변속레버가 "N"위치에 있을 경우에만 릴레이가 작동하여 4L모드로의 변환이 가능하다.

M/T차량의 경우에는 TCCS 릴레이가 없고 클러치 인터록스위치가 같은 역할을 수행한다.

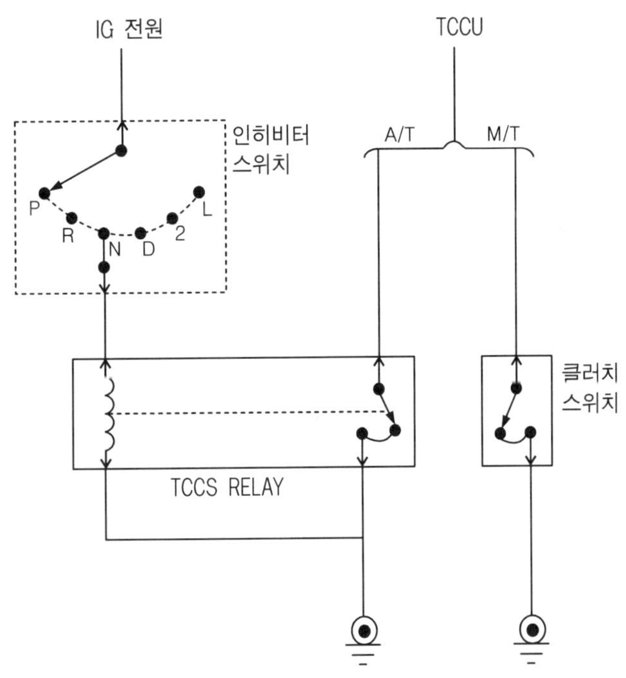

그림 1-27 클러치 인터록 스위치 회로도

(1) 장착위치

쏘렌토 : 승객석 크래쉬패드 우측 릴레이박스

테라칸 : 센타콘솔 하단부 뒤쪽

(2) 회로도 및 점검방법

멀티테스터를 이용하여 전압(10번 단자)을 측정하여 이상 유무를 확인할 수 있다.
A/T차량 "N"위치나 M/T차량의 클러치페달을 밟을 경우 0V
A/T차량 "N"이외의 위치나 M/T차량의 클러치페달을 밟지 않을 경우 5V

4) 스피드 센서

펄스제너레이터 타입이며 트랜스퍼케이스 하우징에 설치되어 있다.
TCCU는 이 센서를 이용하여 출력축 속도를 검출하여 4WD Low 작동시 3km/h 이하에서만 작동이 되도록 한다.

(1) 작동원리

기존의 ABS 휠 스피드센서와 같은 센서로써 코일이 감긴 영구자석에 자성체가 회전하게 되면 철심에 인가되었던 영구자석의 자속이 변하게 되어 교류전압이 발생된다. 이 교류전압은 자성체의 회전속도에 비례하여 주파수가 변하기 때문에 TCCU는 시간당 주파수를 검출하여 출력축 회전속도를 검출한다.

(2) 측정파형

오실로스코프로 파형을 점검한다.

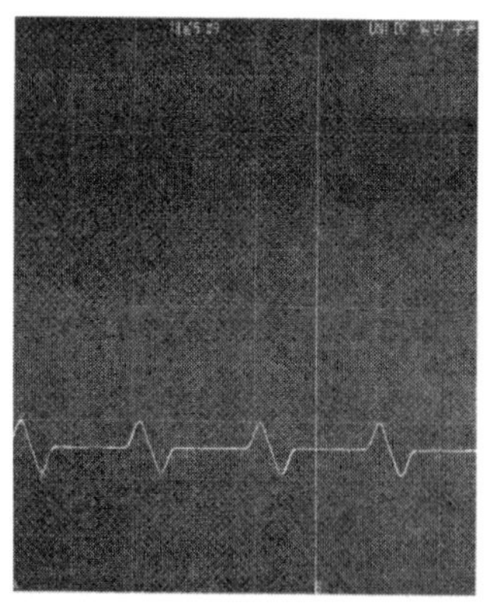

[4L 모드]

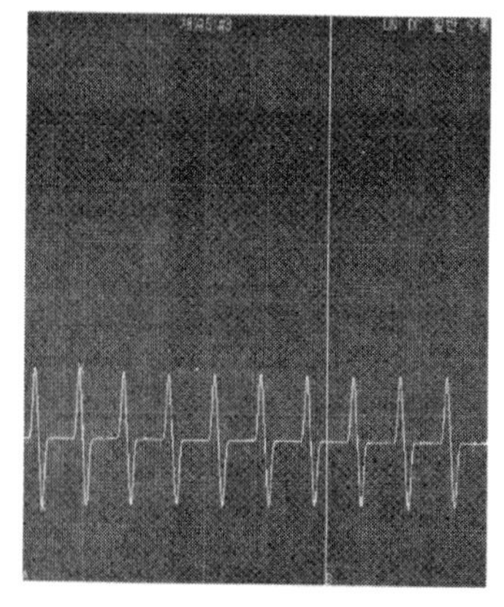

[4H 모드]

그림 1-28 파형 측정 예

3.2 제어부 -TCCU

운전자의 모드 선택스위치의 조작에 따라 주행중에도 2WD ↔ 4WD High로의 변환이 가능하도록 하고 4WD High → 4WD Low로의 변환은 차량이 정지해야만 변환이 가능하도록 한다.
또한 시스템 고장시는 자기진단기능을 갖고 있어 4H/4L 램프를 동시에 점등시켜 운전자에게 알려준다.

1) 장착위치

쏘렌토 : 조수석 크래쉬패드 하단부
테라칸 : 운전석 시트 하단부

그림 1-29 TCCU 장착 위치

2) 기능

2WD → 4WD High 선택시
모드선택 스위치를 2H → 4H로 선택할 때, 차량이 80km/h 이하로 주행시 가능하며 변환이 완료되면 계기판에 있는 4WD High램프가 점등된다.

4WD Hig → 2WD 선택시
모드선택 스위치를 4H → 2H로 선택하면, 차량이 주행상태에서도 변환가능하며 변환이 완료도면 계기판에 있는 4WD High 램프는 소등된다.

4WD High → 4WD Low로 선택시

① 차량의 속도를 거의 정지시킨 상태(0~3km/h 이하)에서만 작동이 되므로 차량을 일단 정지시킨다.

② A/T차량은 변속레버를 "N"에 위치시키고 M/T차량은 클러치 페달을 밟는다.

③ 모드선택 스위치를 4H → 4L로 선택한다.

④ 변환이 끝나면 4WD Low 램프가 점등된다.

3.3 출력부

출력부는 TCCU의 제어에 의해 작동되는 요소로 시프트모터, EMC, 4H/4L 지시등, K-라인, FRRD 에어펌프/CADS 솔레노이드밸브, 4L 신호로 구성되어 있다.

1) 시프트 모터

DC Motor로써 TCCU에 의해 제어되며 모드선택 스위치의 조작에 따라 모터가 회전하여 시프트샤프트와 시프트캠을 거쳐 리덕션포크와 록업포크를 제어하여 4WD를 변화시킨다. 모터내부에는 모터의 위치를 TCCU로 피드백하기 위한 MPS가 있으며 모드선택위치와 상이한 위치신호가 TCCU로 입력되면 경고등을 점등시키고 페일코드를 저장한다.

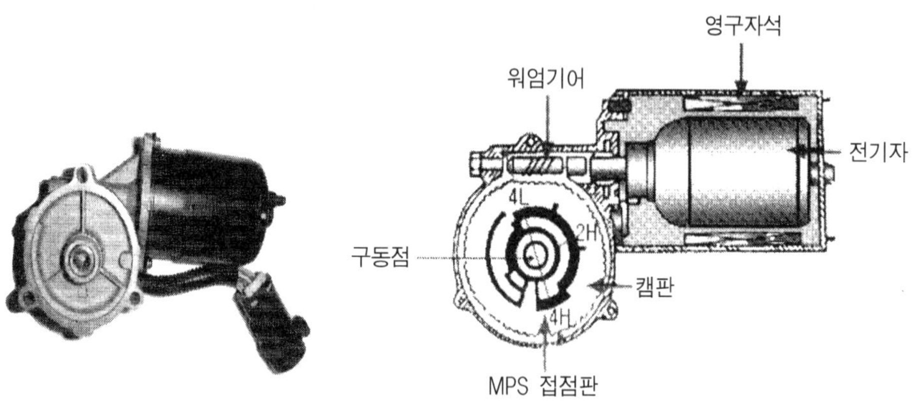

그림 1-30 시프트 모터 형상 및 구조

주의사항

• 시프트 모터 분해시 MPS의 신호가 틀려져 재사용이 불가하므로 절대 분해하

면 안됨

• EST용 시프트 모터와 TOD용 시프트모터는 외관상 차이점은 없으나 호환성이 없음

회로도 및 점검 방법

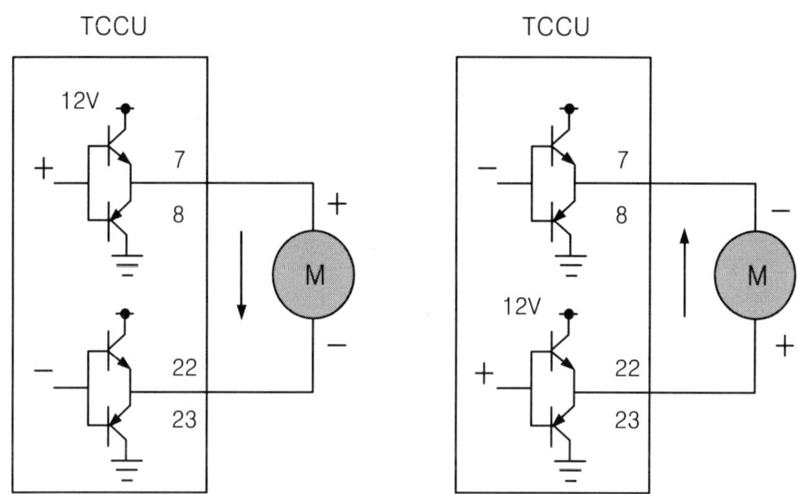

그림 1-31 시프트 모터 회로도

① 모터커넥터를 탈거 후 7, 8번 단자에 배터리(+)연결, 22, 23번 단자에 배터리(−)를 연결하여 모터작동여부를 확인한다.

② 멀티테스터로 7, 8번 단자와 차체와의 저항측정시 ∞면 정상이다.
(22, 23번 단자도 동일하게 점검한다.)

③ 모터저항을 측정한다.
기준값 : 0.78±0.078(Ω]

2) EMC(Electric Magnet Clutch)

4WD High 모드에서 작동하며 TCCU에 의해 EMC 코일에 전류가 흐르게 되면 코일이 자화되어 록업허브를 잡아당기게 된다.
그러면 구동력이 출력축 스플라인을 통해 드라이브기어로 전달된다.

(1) 장착위치 및 회로도

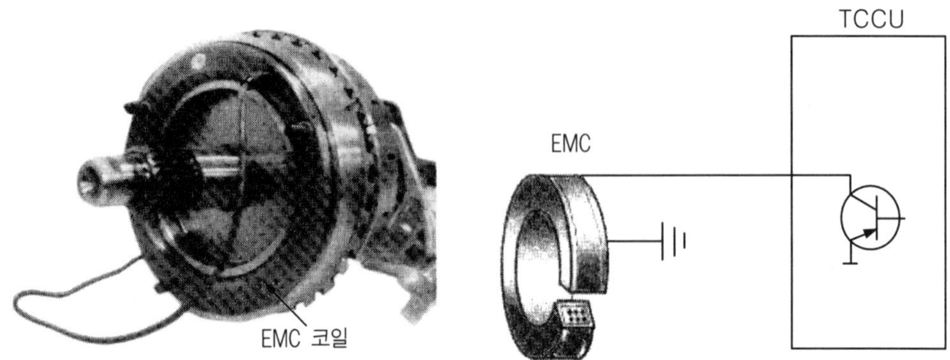

그림 1-32 EMC 구조 및 회로도

(2) 측정파형

오실로스코프로 파형을 점검한다.

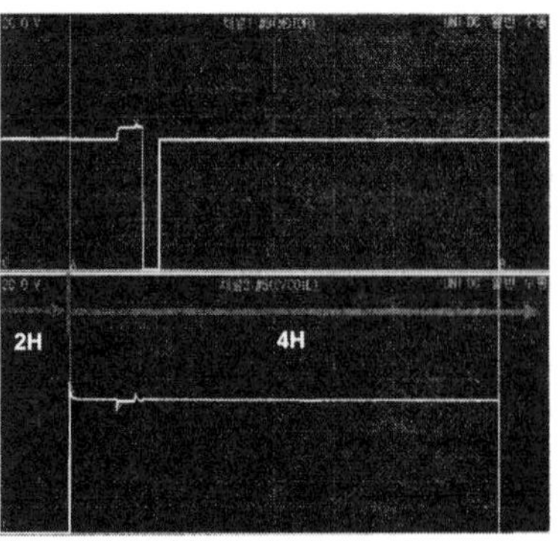

그림 1-33 파형 측정 예

3) 4WD High, Low 지시등

지시등은 4WD High와 4WD Low 램프가 계기판에 장착되어 있다.
운전자의 모드선택에 따라 점등 및 소등이 되며 시스템 고장시는 4WD High와 4WD Low 램프를 동시에 점등시켜 운전자에게 알려준다.

(1) 작동원리

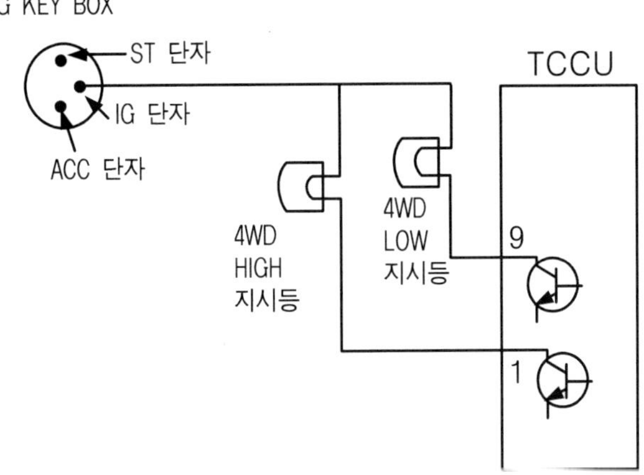

그림 1-34 4WD High, Low 지시등 작동 원리

① IG ON시 전원은 Key Box에서 계기판 램프를 거쳐 9, 1번 단자에 공급된다.

② 동시에 TCCU에 전원이 공급되면 TCCU에서 9, 1번 단자의 베이스전원을 작동시켜 각각의 지시등을 점등시킨다.

③ 6초 동안 시스템에 이상이 없으면 9, 1번 단자의 베이스전원을 차단하여 4WD High 및 4WD Low 지시등을 소등시킨다.
만약 고장이 발생되면 TR 베이스전원을 계속 작동시켜 지시등을 계속하여 점등시킨다.

④ 운전자가 4WD High, Low 모드를 선택하여 각 모드가 완전하게 완료되면 선택모드에 따라 해당 지시등을 점등시킨다.

(2) 점검 방법

① IG ON 후 4WD High, Low 지시등이 점등되지 않는다면 배선 및 램프상태를 확인한다.

② TCCU 커넥터 탈거후 9, 1번 핀단자를 차체에 어스시키거나 밝은 테스트램프를 이용하여 차체에 어스시킬 경우 지시등이 점등되면 램프와 배선은 정상이다.

③ 자기진단시 이상이 없음에도 계속해서 지시등이 점등될 경우에는 지시등에서 TCCU 커넥터 사이에 단락되었을 수 있으므로 이 계통을 정밀하게 점검한다.

4) K-라인

진단장비의 자기진단시 통신을 열어 고장코드를 내보내는 통신라인이다.
진단장비의 요구가 없어도 IG스위치를 OFF에서 ON시 고장코드를 3회 출력한다.
시스템이 정상일 때 오실로스코프로 K-라인의 파형을 측정하면 다음과 같다.

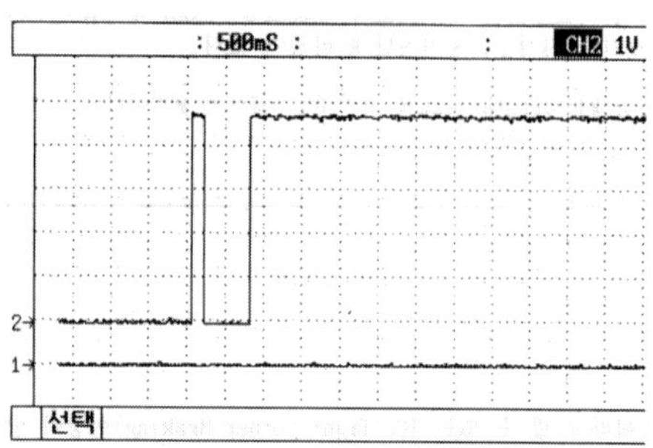

그림 1-35 K-라인의 파형 측정

5) 4L 신호

4L 신호는 계기판의 4L 지시등을 경유하여 TCU로 보내어진다.
TCU에서는 4L 신호를 입력받으면 4속으로의 변속을 금지시켜 시스템을 보호한다.

제2장 전자제어식 4륜 구동

2.1 전자제어식 트랜스퍼 구성

TOD 4WD는 노면의 상황 및 차량상태를 각 센서를 통해 인식한 후에 도로조건이나 차량상태에 따라서 전륜과 후륜으로의 구동력배분이 0 : 100~50 : 50까지 자동으로 제어된다.

기본적으로 포장도로에서 중, 저속주행을 할 때는 "FR"상태(이론상 후륜으로 100%의 구동력전달, 전륜은 구동력 미전달)로 주행하다가 후륜의 슬립이 감지되면 적절한 량의 구동력이 전륜으로도 전달된다. TOD 4WD의 구성은 크게 시스템 전자제어 부분과 전자제어에 따라 구동력을 배분하는 기구학적 메카니즘의 두 부분으로 나누어 볼 수 있다.

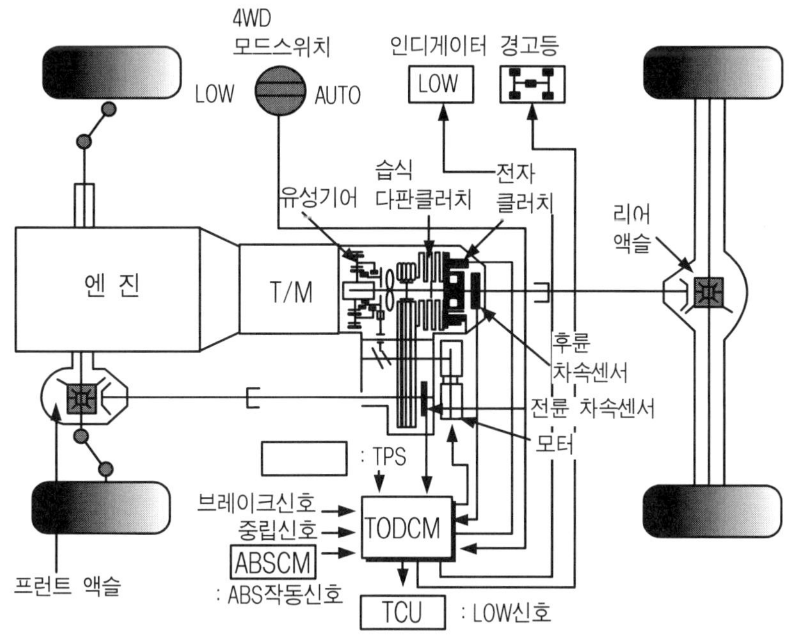

그림 2-1 전자제어식 트랜스퍼 장치 구성

첫째, 시스템 전자제어 부분은 TODCM(TOD Control Module의 약자로 TOD 4WD의 전자제어 컴퓨터를 말함, TOD ECU라고도 함)을 중심으로 각종 센서, 엔진 ECU로부터 엔진출력상태, ABS작동신호등에 대한 정보를 입력받아 분석하고 그 값에 따라 구동력 배분을 위해 전자식 다판클러치의 압착력을 변화시킨다. 둘째, 기구학적인 메카니즘 부분은 전자식 다판클러치의 압착력에 따라 프런트 프로펠라 샤프트로 가는 구동력을 제어할 수 있는 구조로 되어 있다. 만약 압착력이 크면 전륜으로의 구동력배분이 많아지고, 압착력이 작으면 다판클러치의 슬립율이 커져 작은 구동력이 전달되게 된다. 이러한 방식으로 적절한 구동력 배분이 이루어진다.

기존의 풀타임 4WD와 대비하여 TOD 4WD의 특징을 살펴보면,

- 전륜과 후륜으로 구동력이 적절히 배분됨으로써 4WD구동상태에서 연료 소비효율이 좋다.
- 운행조건에 따라 구동력이 전/후륜으로 적절히 배분되어 각 바퀴의 접지력이 최적으로 유지된다.
- 노면 변화에 따른 반응이 신속하다.
- 기존의 시스템보다 경량화가 가능하다.
- 내부 구조가 간단하다.
- 컨트롤 유니트에 의해 자동 제어되므로 작동이 쉽고 편리하다.
- 비포장도로 및 포장도로에서의 직진안정성 및 주행성능이 우수하다.
- 주행중 차량 핸들링이 우수하다.
- ABS 시스템과 연계 및 조화가 용이해 ABS 시스템 작동이 효과적이다.

2 1.1 장착위치

그림 2-2 전자제어식 트랜스퍼 장착 위치

② 1.2 트랜스퍼 구성요소

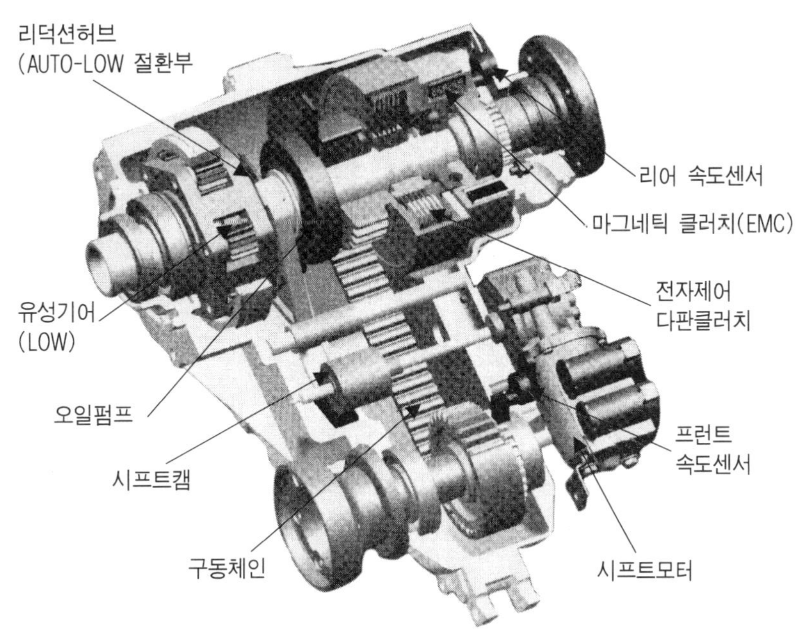

그림 2-3 전자제어식 트랜스퍼 구성

트랜스퍼에는
-Auto/Low 모드 스위치에 의해 구동륜의 회전수를 변환시키는 메카니즘 부분 (시프트모터, 시프트캠, 시프트포크, 리덕션 허브, 유성기어세트 등)
-전후륜으로 동력을 배분해 주는 부분
(마그네틱 클러치, 전자제어 다판클러치 등)
-기타 오일펌프 및 전륜으로 구동력을 전달해주는 체인으로 구성되어 있다.

1) 시프트캠

시프트캠은 시프트모터와 연결되어 있어 운전자가 Auto/Low 스위치를 Auto나 Low로 조작하면 모터와 함께 회전을 하게 된다.
따라서 시프트캠 슬롯에 장착된 리덕션 포크 위상이 달라지면서 유성기어세트에서 직결 또는 감속이 이루어지도록 한다.

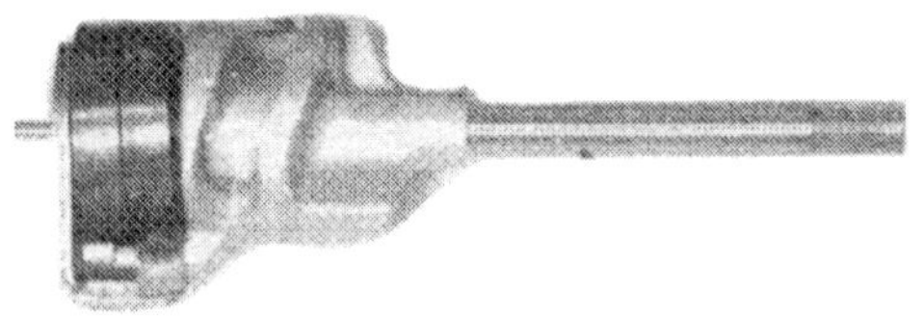

그림 2-4 시프트 캠과 샤프트 구조

2) 유성기어세트

리덕션포크에 의해 작동되며 Low모드 선택시 2.48 : 1로 감속된다.
리덕션포크의 움직이는 방향에 의해 “A”나 “B” 기어가 치합되어 감속 또는 직결된다.
-“A”기어 연결 : 유성기어 선기어 치합으로 1 : 1 직결
-“B”기어 연결 : 유성기어 캐리어 치합으로 2.48 : 1감속(Low 모드)

그림 2-5 유성기어세트

그림 2-6 유성기어 결합부위

3) 다판클러치

전기식 트랜스퍼의 경우에는 운전자의 모드선택에 따라 록업포크와 록업칼라가 전, 후륜 프로펠라샤프트를 연결시켜 구동력을 50 : 50으로 전달하였으나 전자제어식 트랜스퍼는 TODCM이 EMC(Electric Magnet Clutch의 약이로 전자마그네트 클러치를 말함)를 제어하여 전륜에 구동력을 전달한다.

이때 EMC에 의해 3개의 볼로 이루어진 어플라이캠이 회전을 하여 다판클러치를 압착한다.

이 압착력에 따라 전륜/후륜의 구동력이 0 : 100~50 : 50으로 변하게 된다.

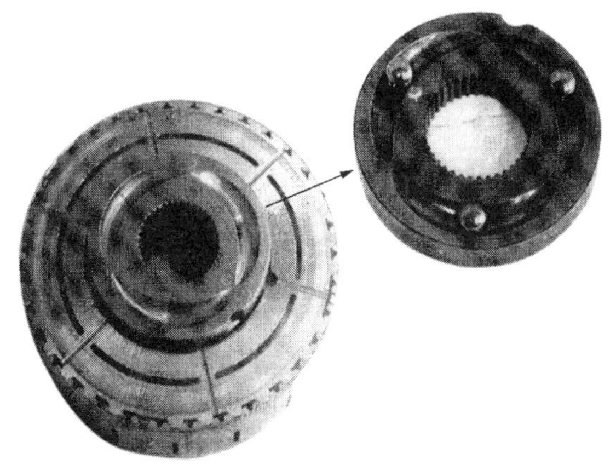

그림 2-7 어플라이캠

그림 2-8 다판클러치

4) 오일펌프

트랜스퍼케이스 내부 구성품과 전자식 다판클러치의 윤활을 위하여 설치된다.

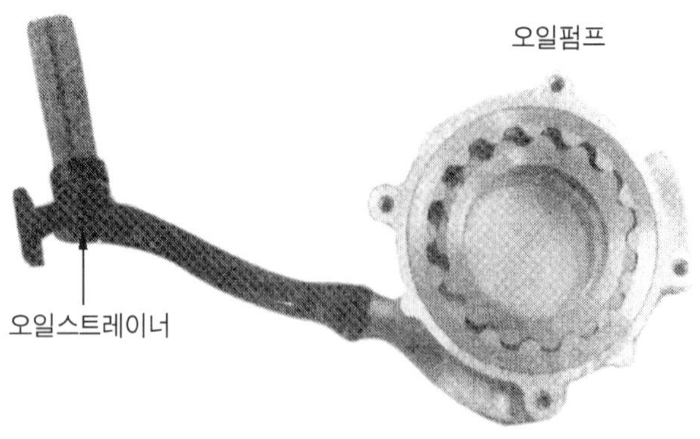

그림 2-9 오일펌프 구조

1.3 동력전달계

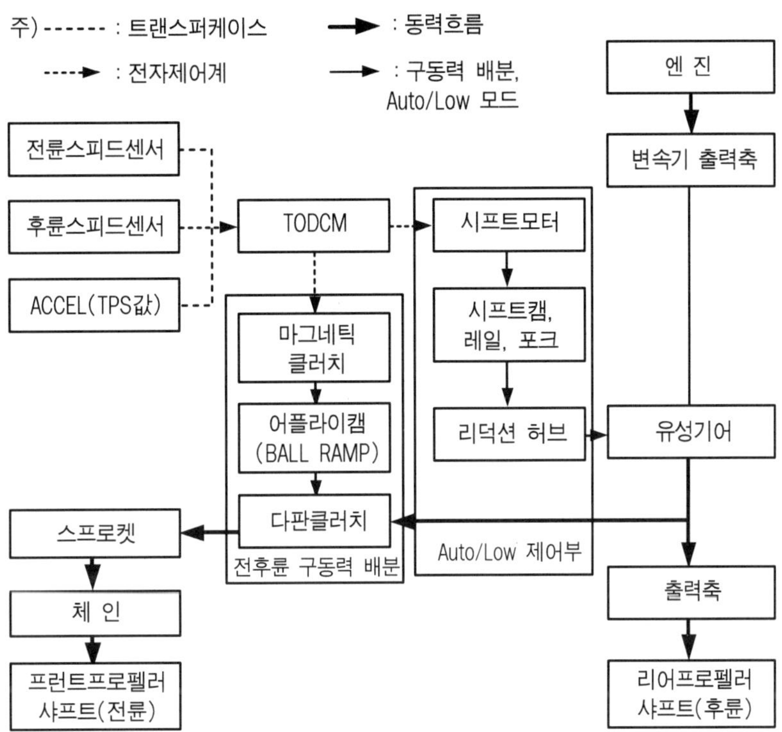

그림 2-10 동력 전달 계통

1) Auto모드 작동시

Auto모드 작동시는 리덕션허브가 작동하지 않는다.

따라서 유성기어세트는 변속기 출력축의 동력을 메인샤프트와 1 : 1로 직결시켜 후륜을 구동한다.

이때 전후륜 구동력 배분은 차량의 운행 조건 및 노면상태에 따라서 EMC 듀티 사이클을 변화시켜 적절한 량의 구동력을 전륜으로 전달한다.

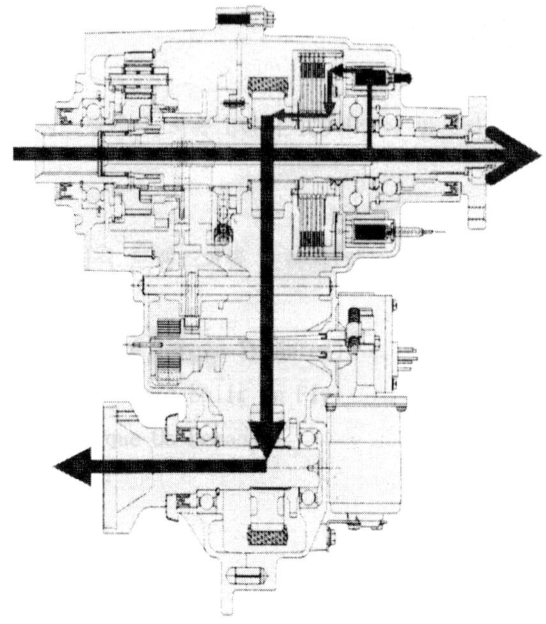

그림 2-11 오토 모드 작동시의 동력 전달

2) Low모드 작동시

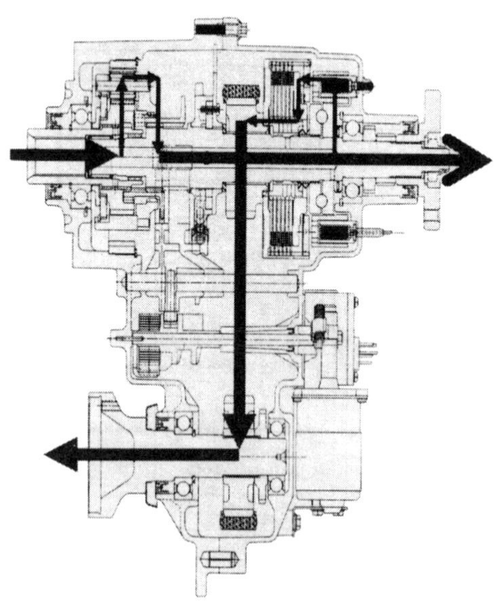

그림 2-12 Low 모드 작동시의 동력 전달

운전자에 의해 Low모드가 선택되었을 때는 TODCM이 시프트모터를 구동시켜 리덕션허브를 작동시킨다.

그러면 리덕션허브의 작동에 의해 유성기어세트는 2.48 : 1로 감속된다.

따라서 변소기 출력축의 동력은 감속이 된 상태로 차륜을 구동시키므로 큰 구동력을 얻을 수 있다.

시스템이 Low로 작동중일 때 프로펠라샤프트의 회전수가 175rmp(5,520Pulse/min)이하이면 TODCM은 최대 가용토크를 적용하기 위해 듀티사이클의 최대값 88%를 적용한다.

2.2 전자제어 시스템

전자제어 시스템은 입력부, 제어부, 출력부로 구성되며, 구성도는 아래와 같다.

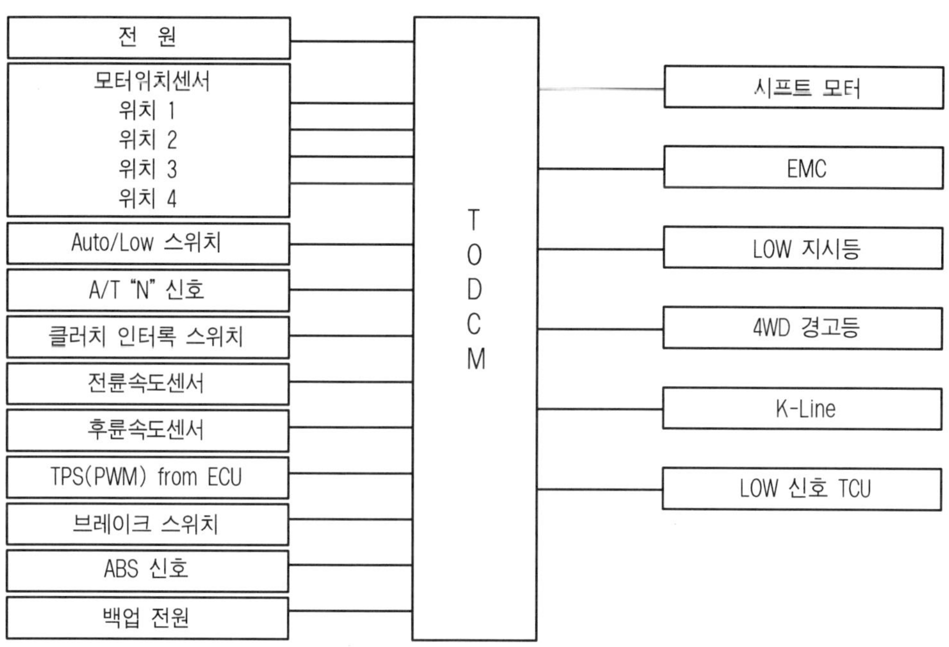

그림 2-13 전자제어 시스템 구성

2.1 입력부

입력부는 전원과 각종 센서, 스위치 및 다른 시스템으로부터의 신호로 구성되어 있다. 센서 및 스위치로는 MPS(Motor Position Sensor), Auto/Low모드 스위치, 클러치 인터록 스위치(수동변속기에만 해당), 전륜 속도센서, 후륜 속도센서 및 브레이크 스위치로 구성되어 있다.

또한 엔진 및 ABS 시스템으로부터 TPS와 ABS신호를 받고, 자동변속기의 경우는 자동변속기 중립신호를 TCCS 릴레이로부터 받는다.

1) MPS(Motor Position Sensor)

시프트모터의 회전방향과 위치를 엔코더에 의한 4개의 스위치신호를 이용하여 시프트모터의 작동상태를 TODCM으로 피드백시켜 주는 역할을 하며, 시프트모터에 장착되어 있다. 시프트모터는 Auto/Low모드 스위치 선택에 따라 TODCM이 제어하는데, Low모드 선택시 변속기 출력축으로부터의 동력을 2.48 : 1로 감속하게 하는 역할을 한다.

주의) 시프트모터를 분해하게 되면 MPS신호가 변하게 되어 사용할 수 없게 되므로 분해해서는 안된다.

모터저항 : 0.78±0.078Ω

EST용 시프트모터와 호환성없음

(1) 시프트모터 및 커넥터형상

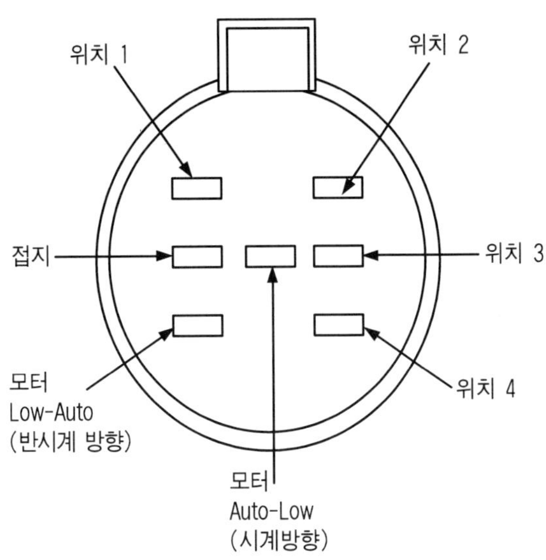

그림 2-14 시프트 모터 및 커넥터

(2) 측정파형

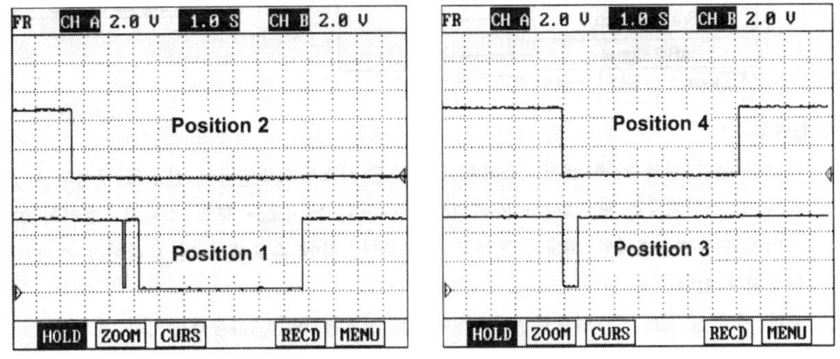

그림 2-15 시프트 모터 파형

(3) 시프트모터 및 포지션인코더 회로구성

① Auto → Low모드(시계방향) : 1, 2번 단자가 B(+)이고, 16, 17번 단자는 어스이다.

② Low → Auto모드(반시계방향) : 16, 17번 단자가 B(+)이고, 1, 2번 단자는 어스이다.

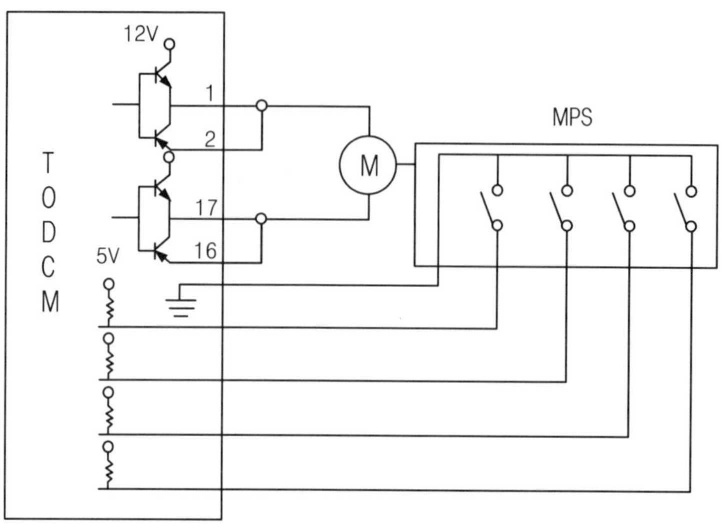

그림 2-16 MPS의 회로도

(4) 포지션엔코더(Position Encoder)

시프트모터의 위치를 TODCM이 인식할 수 있도록 코드화하는 것을 나타내며 아래의 9개 코드만 유효하며 그 외의 코드는 유효하지 않다.

모터 위치	위치 1	위치 2	위치 3	위치 4	비고
좌측정지	OFF	OFF	OFF	ON	ON : 0.8V이하 OFF : 4.5V이상
좌측상단	OFF	ON	OFF	ON	
상단	ON	ON	OFF	ON	
우측상단	ON	ON	ON	ON	
영역 1	OFF	OFF	OFF	OFF	
중립	OFF	ON	ON	OFF	
영역 2	ON	ON	ON	OFF	
하단	ON	OFF	ON	OFF	
우측정지	ON	OFF	ON	ON	

(5) 포지션엔코더의 해석

시스템에 전원이 공급되는 상태에서 Auto/Low 스위치의 입력과 포지션엔코더가 시프트모터의 위치를 읽으면 아래와 같이 TODCM이 작동한다.

<table>
<tr><th>스위치 입력</th><th>모터 위치</th><th>시스템 작동</th></tr>
<tr><td rowspan="9">Auto</td><td>좌측정지</td><td rowspan="3">작동하지 않음, Low 표시등 소등</td></tr>
<tr><td>좌측상단</td></tr>
<tr><td>상단</td></tr>
<tr><td>우측상단</td><td rowspan="6">시프트 조건입력후 약 2초 동안 자동변속기 “N”위치이고 프런트 및 리어스피드가 87rpm 이하이면 Auto로의 시프팅을 시도한다.
Auto로의 시프팅이 성공적으로 끝나면 Low 표시등은 소등된다.</td></tr>
<tr><td>영역 1</td></tr>
<tr><td>중립</td></tr>
<tr><td>영역 2</td></tr>
<tr><td>하단</td></tr>
<tr><td>우측정지</td></tr>
<tr><td rowspan="9">Low</td><td>좌측정지</td><td rowspan="7">시프트 조건입력 후 약 2초 동안 자동변속기 “N”위치이고 프런트 및 리어스피드가 87rpm 이하이면 Low로의 시프팅을 시도한다.
Low로의 시프팅이 성공적으로 끝나면 Low 표시등이 점등된다.</td></tr>
<tr><td>좌측상단</td></tr>
<tr><td>상단</td></tr>
<tr><td>우측상단</td></tr>
<tr><td>영역 1</td></tr>
<tr><td>중립</td></tr>
<tr><td>영역 2</td></tr>
<tr><td>하단</td><td rowspan="2">삭동하지 않음, Low표시등 점등</td></tr>
<tr><td>우측정지</td></tr>
</table>

① 모드선택스위치를 Auto → Low 또는 Low → Auto로 선택했을 때 현재 모터의 위치가 스위치의 선택과 일치하면 시프트모터의 시프팅동작이 일어나지 않는다.

② 반면 Auto/Low 스위치의 선택과 모터의 위치가 일치하지 않으면 선택된 위치로 모터의 시프팅동작이 이루어진다.
단, 이 때 시프팅을 하기 위해서는 다음의 조건을 만족해야만 한다.

시프팅 조건

-Auto/Low 스위치 조작 후 2초 동안 자동변속기가 “N”위치를 유지해야 한다.
-프런트 및 리어속도센서의 회전속도가 87rpm 이하이어야 한다.

③ 시프트에 대한 명령이 정상적으로 수행되기 위해서는 TODCM이 시프트모터의 위치에 대한 유효코드를 읽어야 한다. 시프트가 시작된 후에 TODCM은 선택된 위치에 대한 코드가 읽어질 때까지 시프트모터에 전원을 공급한다.

만약 무효코드가 읽혀지면 TODCM은 시프트 불이행모드가 된다.
또한 시프트를 시도하는 동안 시프트모터에는 최대 5초 동안 전원이 공급된다.

2) 모드선택 스위치

TOD시스템은 Auto 및 Low 두가지 모드가 있다. Auto모드는 일반적으로 사용되는 모드이며, 기어비는 1 : 1로 되어 있다. Low모드는 전기식 트랜스퍼의 4L모드와 동일한 모드이며 전/후륜에 최대 50 : 50의 구동력을 배분시켜 4WD상태에서 최대의 구동력을 발휘하도록 한다.
이 때의 기어비는 2.48 : 1이다.

(1) Auto모드 선택시 기능

TOD시스템은 클러치의 메카니즘을 전자적으로 제어하여 전/후 프로펠러 샤프트의 출력회전수를 검출하고, 그 차이가 설정된 값 이상일 경우 초과된 속도를 미리 계산한 후 그에 상응하는 구동력을 전륜으로 배분하기 위해 마그네틱 클러치(ECM) 듀티 사이클을 제어한다.
이러한 전/후 프로펠러 샤프트의 속도는 홀 센서(Hall Effect Sensor)를 통해 검출되고, 검출된 신호는 TODCM으로 보내진다.
전/후 프로펠러 샤프트의 초과된 속도차이에 따른 다양한 전류량에 의해 트랜스퍼케이스 내 마그네틱 클러치 코일(EMC Coil)이 활성화된다.

(2) Low모드 선택시 기능

모드선택 스위치를 Low로 선택하며, 4륜구동 지속상태로 전환된다.
시스템이 4WD Low로 작동중일 때 프로펠라샤프트의 회전수가 175rpm(5,520 Pulse/min)이하이면 TODCM은 프런트액슬에 최대 가용토크를 적용하기 위해 전후륜 구동력배분을 50 : 50으로 설정한다.
이 때 트랜스퍼케이스의 시프트모터도 TODCM에 의해 작동하여 “4L”위치로 회전한다.
이렇게 4L 위치로 변경이 되면 유성기어세트에 의해 기어비가 1 : 1에서 2.48 : 1로 감속된다.

3) 자동변속기 "N" 신호와 클러치 인터록스위치

TCCS(Transfer Case Control System) 릴레이는 A/T 차량에만 장착되어 있으며 Auto모드에서 Low모드로 변환할 때 변속레버가 "N"위치에 있을 경우에만 Low모드로 변환이 가능하다.

M/T차량의 경우에는 TCCS 릴레이가 없고 클러치 인터록스위치가 같은 역할을 수행한다.

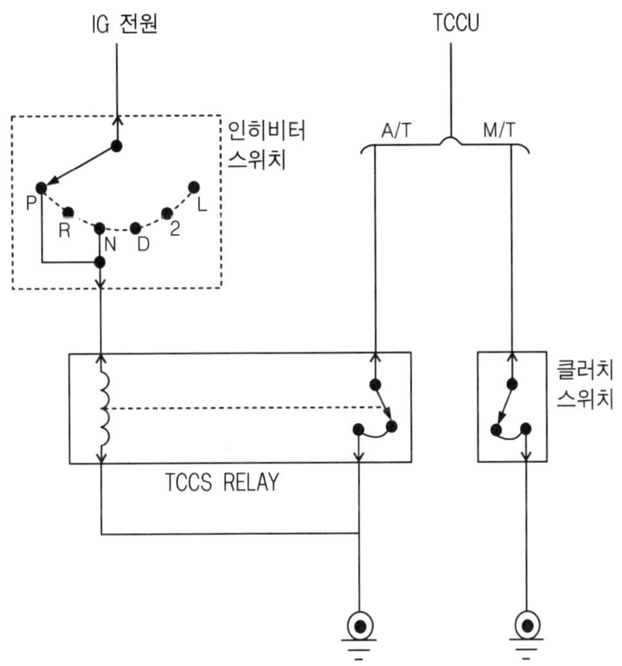

그림 2-17 클러치 인터록 스위치 작동 회로도

4) 전후륜 스피드 센서

전륜 및 후륜 스피드 센서는 전, 후륜 프로펠라샤프트에 장착되어 있으며, 전/후륜 회전속도와 전/후륜 스피드 센서간 회전속도차를 모니터링하여 TODCM으로 피드백한다.

TODCM에서 전, 후륜의 토크분배량을 결정하는 기준신호가 되며, 주행 및 노면상태에 따라 EMC전류량을 제어하여 프런트 프로펠러샤프트로 가는 토크를 최적으로 분배한다.

[전륜 속도 센서]

[후륜 속도 센서]

그림 2-18 전, 후륜 속도 센서

- 형식 : 홀센서
- 톤휠 잇수 : 30개(프런트 및 리어스피드 센서)

5) 드로틀 포지션센서(TPS)

운전자의 ACCEL량을 판단하는 신호로써 엔진 ECU로부터 PWM신호로 TODCM에 입력된다. TPS는 스피드센서 신호와 함께 전, 후륜의 토크분배량을 결정하는 기준신호가 된다.

6) 브레이크 스위치

브레이크페달에 장착되어 있으며 운전자의 브레이크조작에 따라 ON/OFF 신호가 TODCM으로 입력된다.

7) ABS 신호

ABS모듈로부터 ON/OFF 스위치신호로 TODCM에 입력된다.

브레이크신호와 ABS신호가 입력되면 안정된 구동력확보를 위하여 전륜으로 고정된 EMC듀티사이클 30%로 설정하여 전/후륜 구동력은 30 : 70으로 배분한다.

2.2 제어부 – TODCM

4WD를 전자제어하는 TODCM이 제어부의 역할을 담당한다.
Auto/Low모드 스위치의 선택에 따라 전후륜의 구동력이 자동적으로 배분되며, 각 모드에서도 노면의 상태 및 운행조건에 맞추어 알맞게 구동력 배분을 하도록 출력부를 제어한다. 또한 시스템 고장유무를 파악하기 위해 자기진단 기능도 갖추고 있다.

1) 장착위치

쏘렌토 : 승객석 크래쉬패드하단부 매트아래
테라칸 : 운전석 시트하단부

2) Auto/Low모드별 제어상태

Auto 모드 → Low 모드 절환 방법
Auto모드에서 Low모드로, Low모드에서 Auto모드로의 절환은 반드시 차량을 정차시킨 후
① 자동변속기 차량은 변속레버를 "N"위치로 변속후 모드 스위치를 전환하고,
② 수동변속기 차량은 클러치 페달을 밟은 상태에서 스위치를 전환하여야 한다.

(1) Low모드(4륜 저단)

험로 탈출, 급경사로 및 견인시와 같이 최대 구동력이 필요한 조건에서 사용한다. "험로, 급경사로 제어기능"이라고도 하며, 시스템이 4WD Low로 작동중일 때 프로펠라샤프트의 회전수가 175rpm(5,220pulse/min) 이하이면 TODCM은 프런트액슬에 최대 가용토크를 적용하기 위해 전후륜 구동력 배분을 50 : 50으로 설정한다.

(2) Auto모드(2륜~4륜)

모드선택스위치를 "Auto"에 선택하면 Part Time 4WD와는 다르게 운전자의 스위치 조작과 관계없이 전자 클러치(EMC)와 다판 클러치를 이용하여 전자적으로 구동력을 제어한다.
따라서, Center Diff Free 및 Locking 상태를 자동적으로 제어함으로써 각종 노면조건에 대응하여 주행이 가능한 모드이다(Torque On Demand Type).

※ **특징** : 전/후 구동력 배분을 노면 조건에 맞게 전자적으로 제어.
(구동력 배분 = 0 : 100~50 : 50)

TODCM은 전/후륜 프로펠라샤프트 회전속도, 시프트모터의 위치, 브레이크 및 ABS작동을 계속 모니터링하고 있으며 PWM의 제어전류가 EMC 코일에 작용함으로써 프런트액슬에 적절한 토크량을 적용한다.

① 제어요소 및 작용

㉠ Touch-Off 토크

최소의 EMC 듀티사이클을 프로펠라샤프트의 회전속도와 드로틀포지션에 의존한다.

TODCM은 엔진 ECU로부터 PWM신호로 드로틀포지션에 대한 신호를 입력받는다.

㉡ 휠슬립 검출

TODCM은 휠슬립을 검출하기 위하여 계속적으로 전륜 및 후륜 프로펠라샤프트의 회전속도를 모니터링한다.

㉢ 휠슬립 제어

휠슬립이 검출될 때 TODCM은 휠슬립이 허용된 범위 이내로 감소할 때까지 필요한 량만큼 EMC듀티사이클을 제어하여 프런트액슬에 구동력을 전달한다.

이렇게 되면 EMC듀티사이클은 Touch-Off값까지 감소된다.

㉣ 브레이크 및 ABS에 대한 작용

브레이크 및 ABS 시스템이 작동될 때 EMC 듀티사이클은 ABS시스템작동에 방해되지 않으면서 브레이킹 동작을 보조하기 위해 고정된 듀티사이클 30%로 설정한다.

② 주행중 제어 기능

- 차량의 직진안정성 향상
- 차량의 선회성능 향상
- 마찰계수가 낮은 도로(눈길, 빗길, 모래길 등) 운전성 확보
- 운전자 편의성 확보(2H-4H 절환 불필요)
- 기계식 시스템대비 응답성 향상

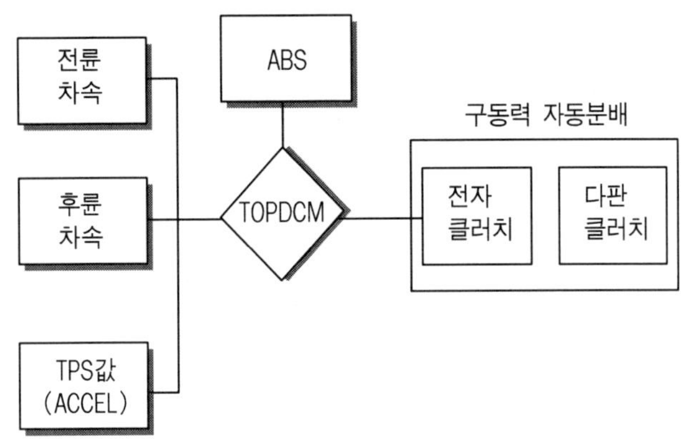

그림 2-19 제어작용

No	제어 기능	전후륜 구동력	판정요소	비고
1	급발진 제어	급발진시 발진성능 향상을 위하여 전륜과 후륜의 구동력을 50 : 50으로 배분	-스로틀 밸브 개도 -차속 -전/후륜의 속도차	
2	일반 주행 제어	직선로에서 연비향상 및 주행 안정성 확보를 위하여 전륜과 후륜의 구동력을 0 : 100~30 : 70으로 배뷴	-스로틀 밸브 개도 -차속 -전/후류의 속도차	
3	추월 가속 제어	직선로에서 추월 가속성 및 주행 안정성 확보를 위하여 전륜과 후륜의 구동력을 30 : 70~50 : 50으로 배분	-스로틀 밸브 개도 -차속 -전/후륜의 속도차	
4	일반로 선회 제어	선회 및 주행 안정성 확보를 위하여 전륜과 후륜의 구동력을 20 : 80~30 : 70으로 배분	-스로틀 밸브 개도 -차속 -전/후륜의 속도차	
5	마찰계수가 작은 도로 주행 및 선회 제어	-미끄러짐을 최소화하기 위하여 전륜과 후륜의 구동력을 30 : 70~40 : 60으로 배분 -선회 및 주행 안정성확보를 위하여 전륜과 후륜의 구동력을 30 : 70~40 : 60으로 배분	-스로틀 밸브 개도 -차속 -전/후륜의 속도차	
6	주차시 제어	주차시 선회성 확보를 위하여 전륜과 후륜의 구동력을 5 : 95~20 : 80으로 배분	-스로틀 밸브 개도 -차속 -전/후륜의 속도차	
7	제동시 제어	제동안정성 및 제동거리 확보를 위하여 전륜과 후륜의 구동력을 0 : 100~10 : 90으로 배분	-차속 -전/후륜의 속도차	
8	ABS 작동시 제어	ABS 작동에 의한 제동 안정성 확보를 위하여 구동력을 30 : 70으로 배분	-ABS 신호 -전/후륜의 속도차	

③ 노면에 따른 구동력 배분 및 효과

㉠ 포장도로에서 중/저속 회전할 때

기존의 파트 타임 트랜스퍼 케이스가 적용된 차량은 4WD가 치합된 상태에서 핸들을 좌측 또는 우측으로 돌린 후 출발하면, 차량이 멈칫멈칫하며 걸리는 타이트 코너

브레이킹(Tight Corner Braking) 현상이 발생하는데 TOD시스템에서는 이러한 현상이 발생되지 않고 후륜구동만 이루어지며 전륜 0%, 후륜 100%의 구동력 배분이 이루어진다.

그림 2-20 포장로에서 중, 저속시 작동

㉡ 포장도로에서 고속 주행을 할 때

포장도로에서 고속주행을 할 때는 후륜이 주 구동륜이 되며(약 85%), 측면에서 부는 바람 또는 우천시에도 안전한 접지를 유지하도록 전륜에도 구동력(약 15%)이 분배된다.

㉢ 노면 마찰계수가 낮은 도로에서 코너링을 할 때

그림 2-21 마찰 계수가 낮은 도로에서 선회시 작동

비포장도로, 눈길, 빙판길, 진흙길 등에서 코너링을 할 때는 필요한 토크를 전륜에도 분배한다. 전륜에 구동력(약 30%)이 분배되면 노면 접지력이 상대적으로 높아지고, 자연스러운 핸들링이 가능하다.

㉣ 노면 마찰계수가 낮은 도로에서 등판주행 또는 출발할 때
비포장도로, 눈길, 빙판길, 진흙길 등에서 등판주행 또는 출발을 할 때에는 필요에 따라 50 : 50의 동력을 전/후륜에 분배함으로써 4WD 최대 접지력과 구동력을 발휘할 수 있다.

3) Auto/Low모드 고장시 제어

-Auto모드 : 2WD로 전환(전후륜 구동력 배분 = 0 : 100)
-Low모드 : 구동력 확보를 위하여 전륜과 후륜의 구동력 고정(50 : 50)

2.3 출력부

출력부는 TODCM의 제어에 의해 작동되는 요소이며 시프트모터, EMC, Low 지시등, 4WD 경고등, K-라인, 4L 신호로 구성되어 있다.

1) 시프트모터

입력부의 MPS(Motor Position Sensor)내용을 참고하기 바란다.

2) EMC(Electric Magnet Clutch)

TODCM에서 EMC Coil에 흐르는 전류량을 제어하며 적절한 토크를 전륜으로 분배한다. 이 때 EMC 듀티율에 의해 어플라이캠이 다판클러치를 압착하는 힘이 변하게 된다. 그러면 다판클러치가 슬립하게 되며 이 슬립량에 따라 전후륜으로의 구동력이 0 : 100~50 : 50으로 제어한다.

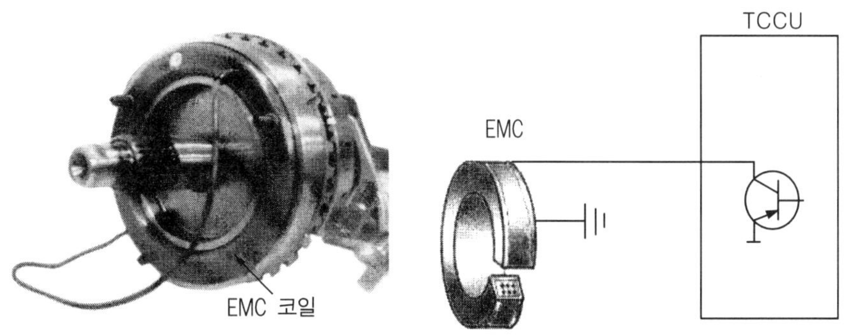

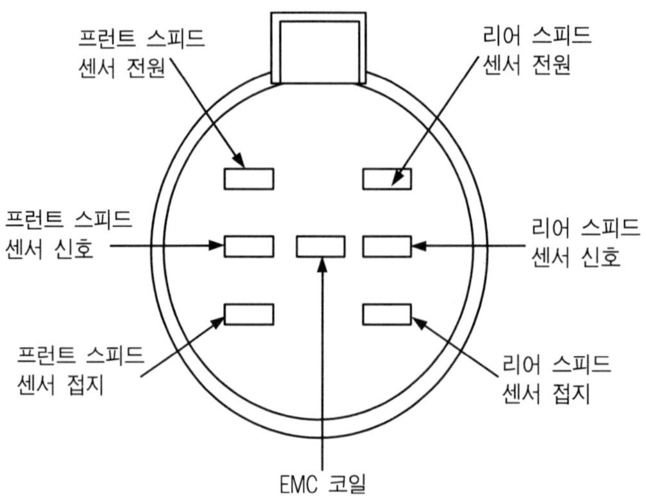

그림 2-22 EMC 구조 및 커넥터 형상

3) Low 지시등, 4WD 경고등

Low 지시등과 4WD 경고등 램프는 계기판에 장착되어 있으며 모드선택스위치의 Auto모드에서는 램프가 점등되지 않는다.

운전자가 Low모드로 선택시 Low모드가 완전하게 완료되면 Low 램프를 점등시킨다.

또한 시스템 이상시 4WD경고등을 점등시켜 운전자에게 지시하는 역할을 한다.

4) K-라인

진단장비의 통신요구시 자기 진단을 가능하게 하며 고장코드를 확인할 수 있다.

장착위치

쏘렌토 : 엔진룸 퓨즈 및 릴레이박스옆

테라칸 : 운전석 크래쉬패드 하단부

5) Low 신호

모드선택스위치를 Low로 선택하면 4WD Low 지시등으로부터 TCU로 Low 신호가 입력된다. TCU에서 Low신호를 입력받게 되면 주행중 4속으로의 변속을 금지시켜 시스템을 보호한다.

2.3 ITM(InterActive Torque Management)

산타페 VGT 차량에 신규 적용된 4WD시스템으로 기존 TOD 시스템과 달리 전륜구동차량에 장착된 전자제어식 트랜스퍼이다.

② 3.1 구성

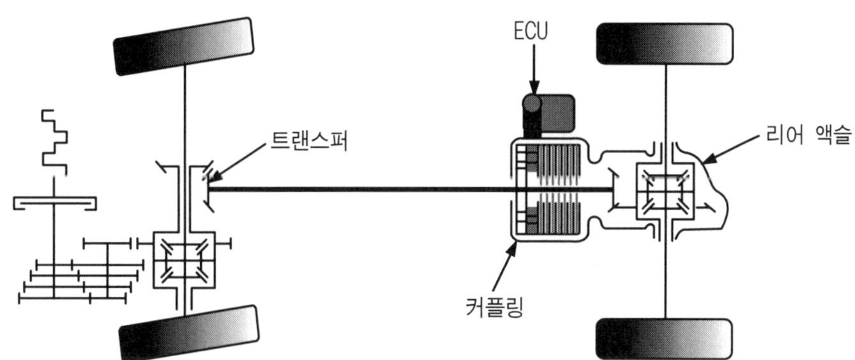

그림 2-23 ITM의 구성도

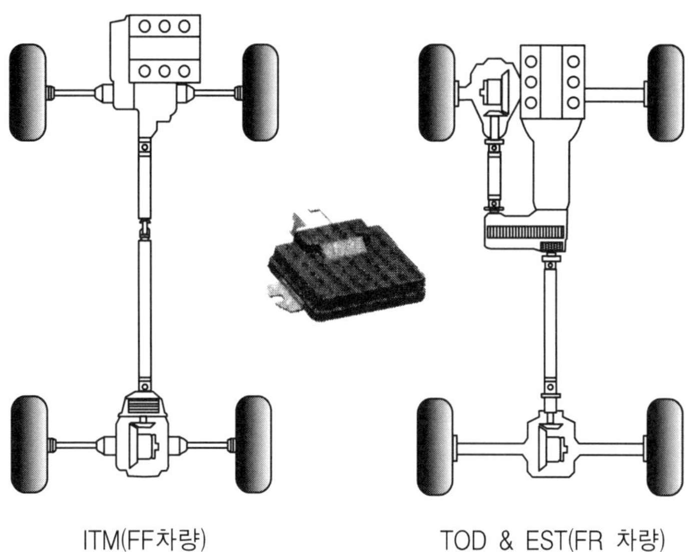

그림 2-24 ITM 및 TOD와 EST의 트랜스퍼 비교

1) ITM 대비 TOD & EST 구조비교

그림 2-25 ITM 구조

2) ITM 특성 및 제원

① 특성 : 4WD Coupling에서 듀티제어를 통한 전후륜 동력배분
② 토크 출력량 : 2000Nm
③ 무게 : 8kg
④ 크기 : 길이 × 외경 × 내경(150mm ×140mm ×120mm)
⑤ 하우징 재질 : Aluminum
⑥ 전압 : 12volts
⑦ 작동 온도 : -40℃~50℃
⑧ 4WD 커플링 오일 : Mobil fluid-LT
⑨ 오일용량 : 0.15ℓ

2) 4WD 커플링

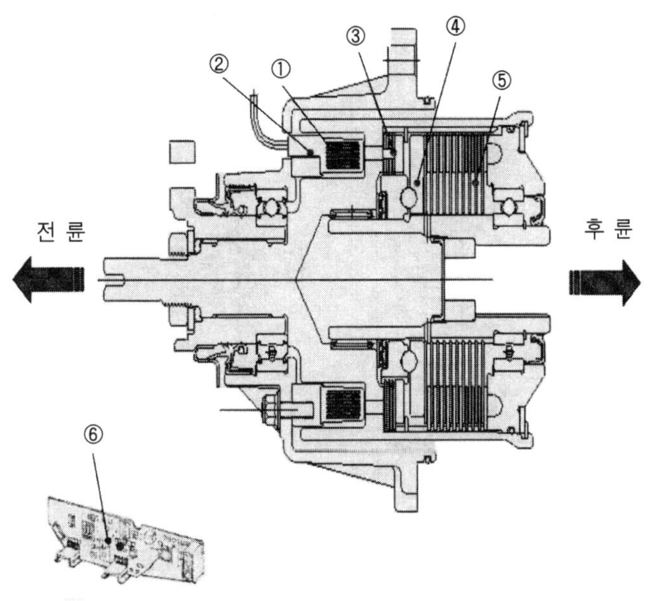

① 코일 ② 로터 ③ 1차 클러치
④ CAM ⑤ 2차 클러치 ⑥ 4WD ECU

그림 2-26 4WD 커플링 구조

② 3.2 4WD 커플링 구성요소

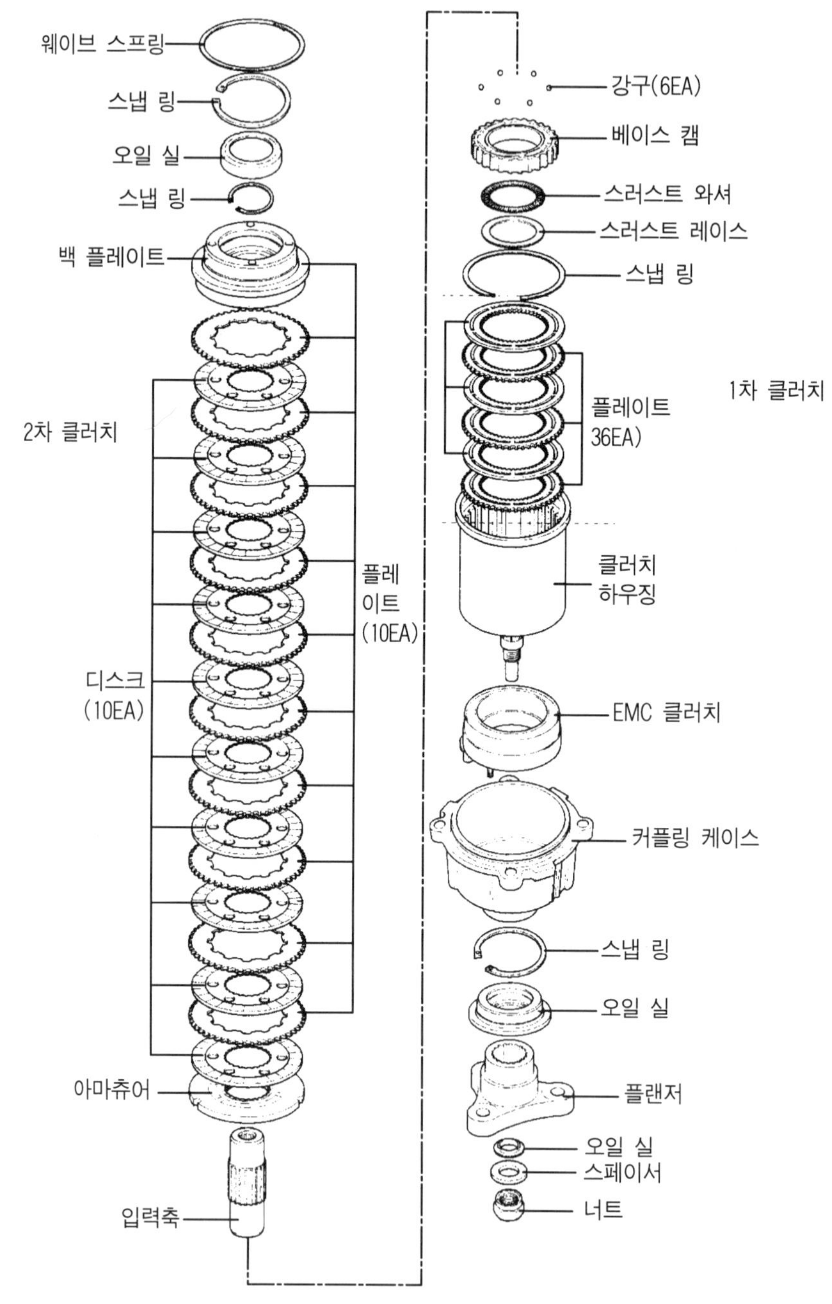

그림 2-27 커플링 내부 부품 구성

2 3.3 ITM 구동력 전달요소

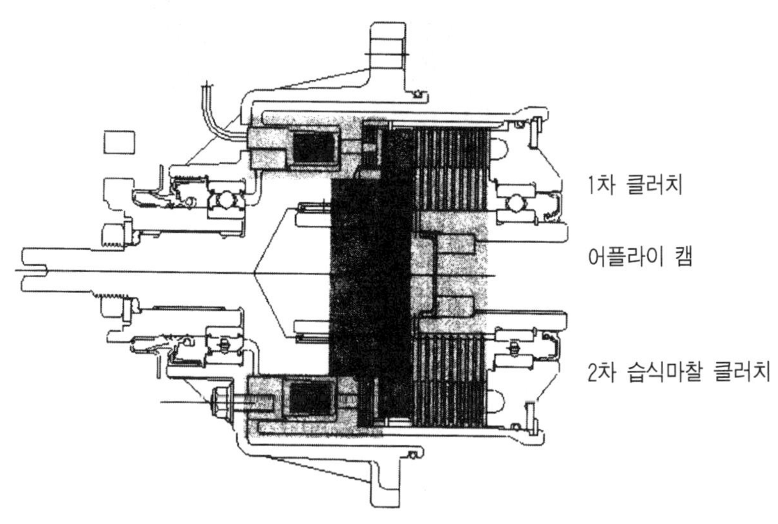

그림 2-28 ITM 구동력 요소

2 3.4 ITM 구동력 전달원리

정속수행시는 2WD 기초로 구동하며 차량 주행조건(급발진/선회 등)에 따라 4WD로 구동한다.

① 차량의 각 센서로부터 입력된 정보를 4WD ECU에서 연산하여 필요 구동력 배분비 결정
- 입력 토크(Throttle Position Sensor)
- 선회조건(Steering Angle Sensor)
- 차속 및 전후륜 회전차(Wheel Speed Sensor)
- 제동조건(Brake Signal & ABS Signal)

② 전자클러치 기구(Coil + Rotor)가 1차 클러치를 작동시킴

③ 1차 클러치의 작동에 의해 캠의 벌어지는 량을 제어

④ 캠의 작동으로 2차 클러치내 인너 및 아웃터 플레이트 슬립을 제어하여 전후륜간 구동력이 최적이 되도록 구동력 배분 가변제어

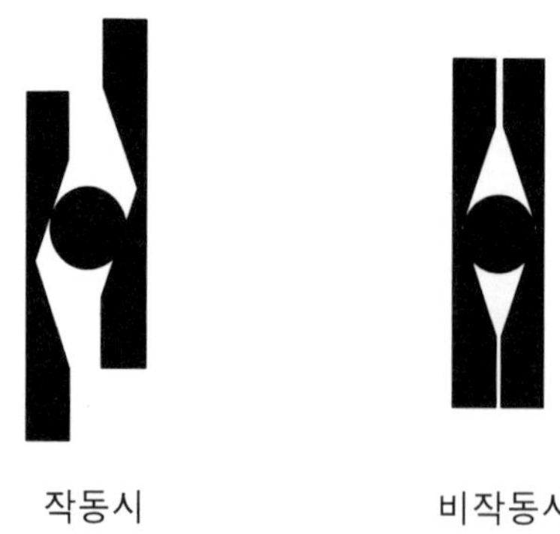

그림 2-29 캠의 가변 제어

2 3.5 견인방법

· ITM-1이 장착된 차량을 견인하기 위해 아래의 방법중 택일

· 만약 차량의 섀시나 파워트레인에 문제가 있을시, 방법 1을 사용하라.

방법 1. Flat bed truck

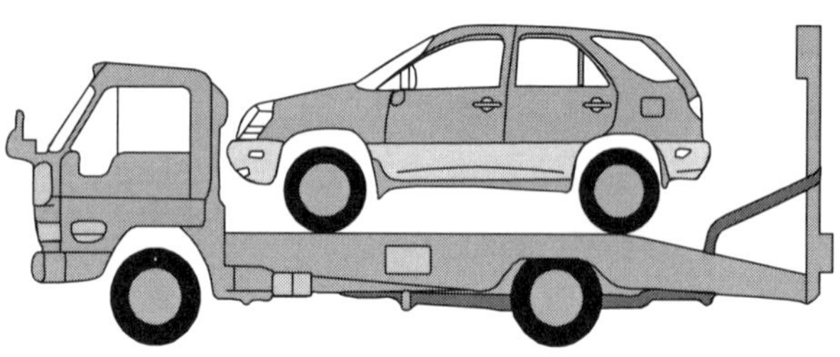

그림 2-30 견인방법 1

방법 2. Wheel lift type truck

그림 2-31 견인방법 2(앞 - 앞)

그림 2-32 견인방법 3(앞 - 뒤)

· 위에 제시된 방법1과 방법2에서 제시된 방법 이외에 아래의 견인 방법 사용금지
· 아래에 제시된 방법은 차량에 치명적 고장을 일으킬 수 있으니 사용금지

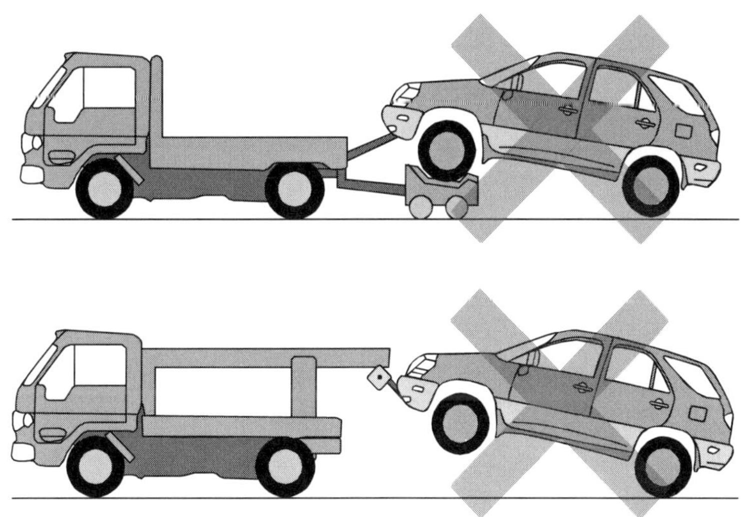

그림 2-33 잘못된 견인방법

제2편

전자제어 조향장치

제3장 전자제어동력 조향장치(ECPS)

3.1 개요

전자제어동력 조향장치(Electronic Control Power Steering)는 조종안정성 확보와 환경 친화적인 제품으로 등장하게 되었으며 중대형 자동차에 적용하게 되었으며 유압식에서 최근에는 전동식으로 개발 및 적용하는 추세에 있다. 표 3-1은 ECPS의 종류를 구별한 것이다.

표 3-1 ECPS의 종류

유압식	· 유량제어식 - Tiburon · 감도제어식 - EQUUS · 반력제어식 - EF SONATA, XG grandcur · 전자반력식 -
전동식	· 전동유압식 - · Rack Assist - · Rinion Assist - · VColumn Assist -

또한 표 3-2는 ECPS의 종류별 특징을 서로 비교한 것이다.

표 3-2 ECPS의 특징비교

항 목	유량 제어식	유압반력 제어식	감도 제어식	전자반력 제어식
구 성 도	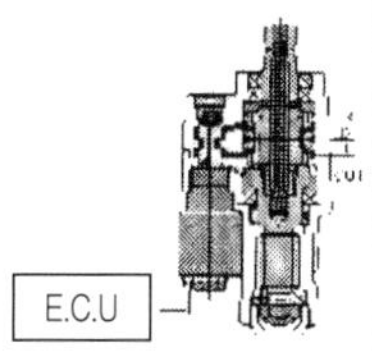 E.C.U	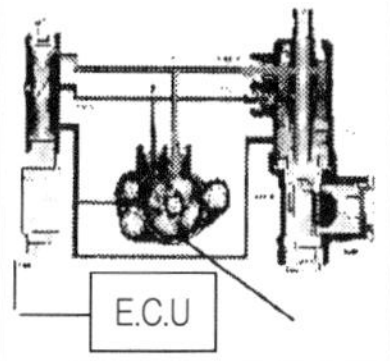 E.C.U	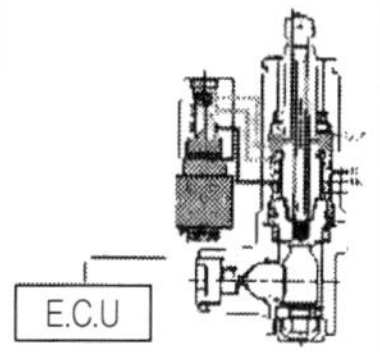 E.C.U	
Valve 특성	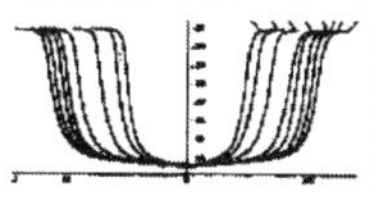	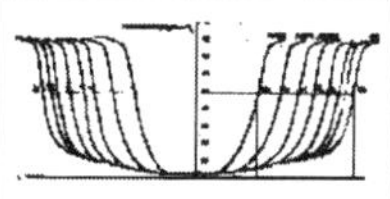	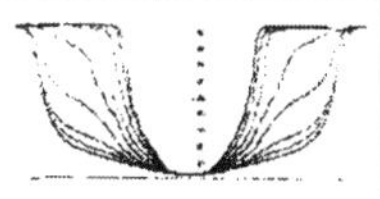	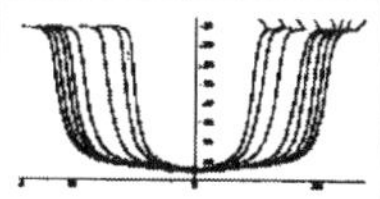

작동 원리	유량 제어식	반력구조식	밸브 단면적변화식	마그네트식
구 조	간단	복잡	간단	간단
특 징	제어폭 작다. 히스테리시스 작다.	제어폭 크다. 히스테리시스 크다.	제어폭 크다. 히스테리시스 작다.	히스테리시스 작다.
개발 현황	양산중(독자모델)	양산중	양산중(독자모델)	독자모델로 개발중

3.2 유량제어식 ECPS

고속 주행시 바이패스 유량이 많아져 운전자의 급조향 의지에 피니언 밸브의 작동에도 불구하고 압력이 Build-Up되지 않기 때문에 별도의 조향각 센서가 필요하며, 구성 품으로는 피니언 밸브(기존의 동력조향장치와 동일하다), 유량조절밸브인 비례제어용 솔레노이드 밸브, ECU, ECU에서 제어하기 위한 입력요소로 차속센서, 조향각 센서, 스로틀 위치 센서(TPS)가 입력요소로 작동한다.
그림 3-1은 유량제어식의 유량제어밸브의 작동 상태를 나타낸 것이며, 그림 3-2는 ECU의 제어 블록도를 나타낸 것이다. 또한, 그림 3-3은 ECU에서 제어하는 제어표를 나타낸 것이다.

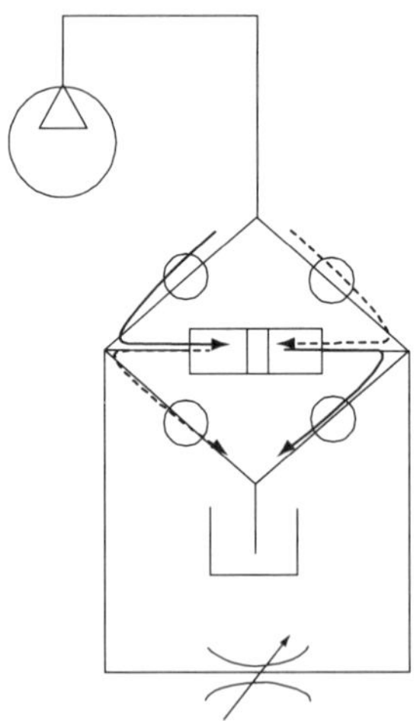

By-pass 유량의 제어

그림 3-1 유량제어식 밸브의 작동

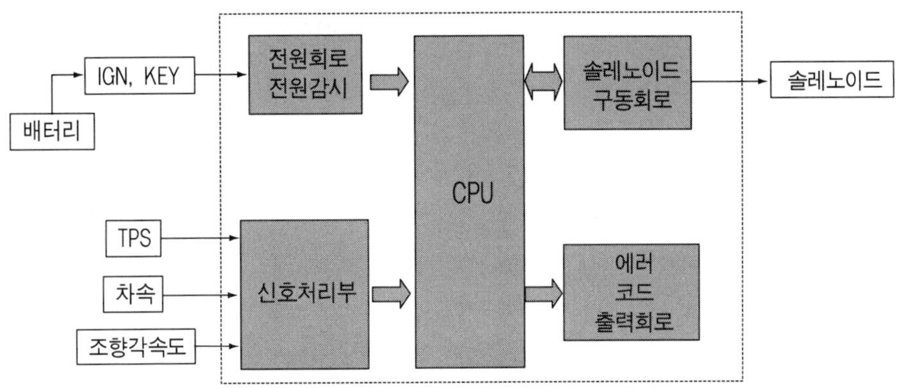

그림 3-2 ECU 제어 블록도

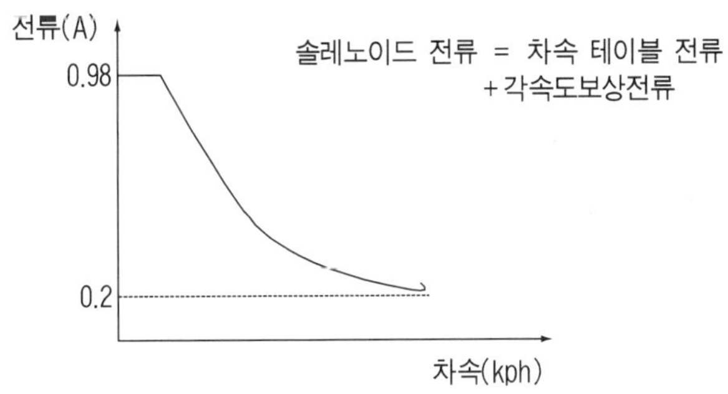

그림 3-3 ECU 제어 개념

3.3 감도제어식 ECPS

감도제어식은 유량 제어식의 단점인 고속 주행시 압력이 형성되지 않는 단점을 보충하기 위하여 별도의 보조밸브를 적용하여 중, 고속에서의 운전자의 조향 의지를 감지하여 제어하는 시스템이다. 그림 3-4는 감도제어식의 제어 개념을 나타낸 것이다.

감도제어식의 경우는 조향기어와 비례제어 솔레이노이드 밸브, ECU로 구성되어 있으며 그림 3-5는 개념도와 ECPS의 구성도를 나타낸 것이다.

그림 3-6은 ECPS 밸브의 단면도를 나타낸 것이고 그림 3-8은 작동원리를 간략하게 나타낸 것이다.

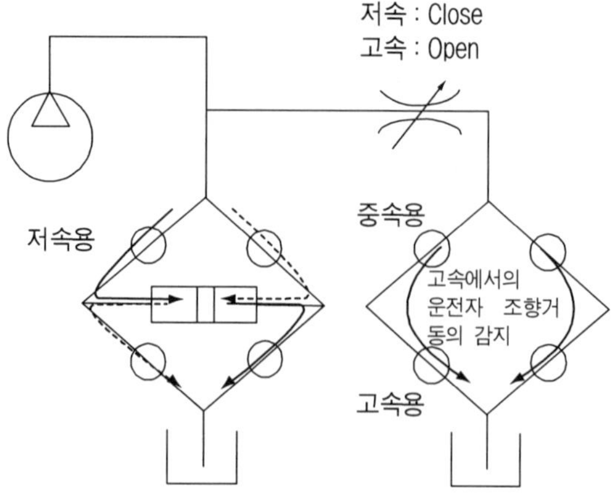

그림 3-4 감도제어식 제어도

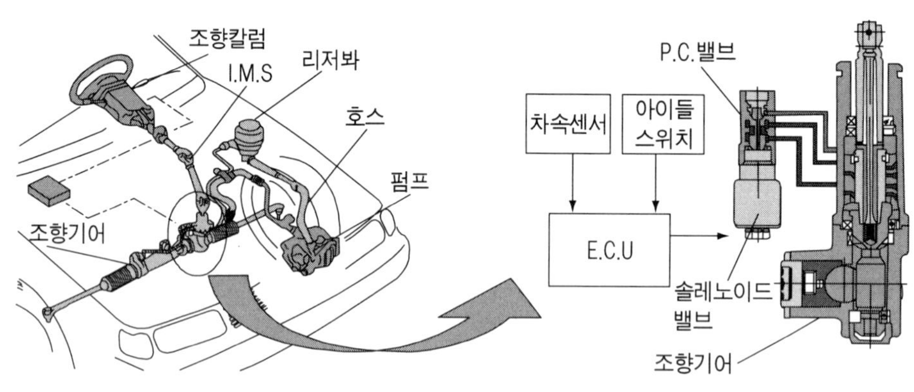

그림 3-5 ECPS 개념도

그림 3-6 시스템의 구성도

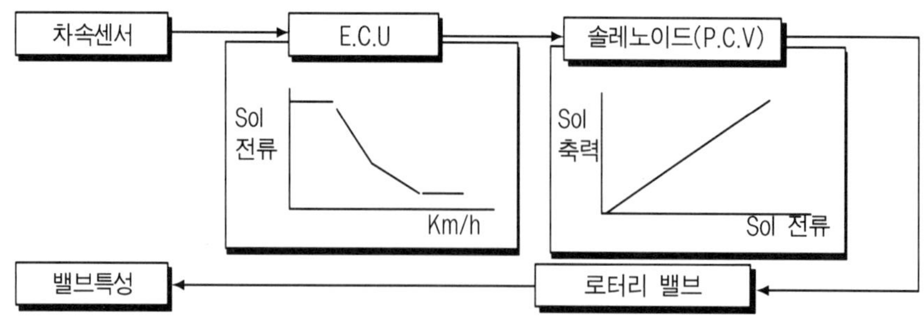

그림 3-7 작동원리도

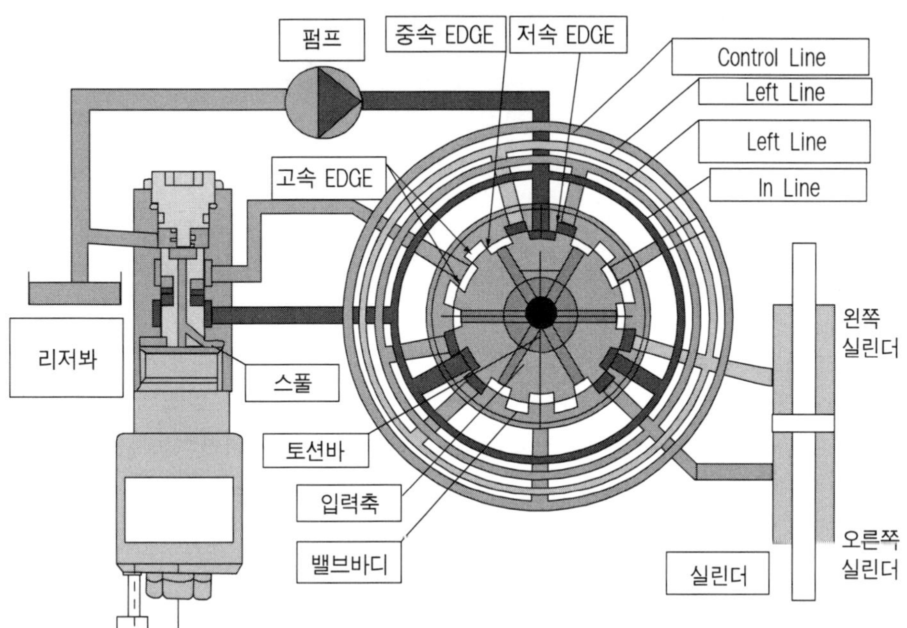

그림 3-8 ECPS 밸브 단면도

3.4 반력 제어식 ECPS

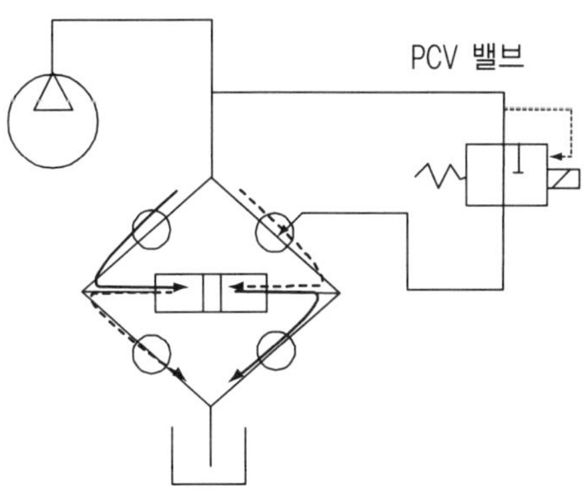

그림 3-9 반력제어식 ECPS 제어

그림 3-9는 반력제어식의 ECPS의 제어도를 나타낸 것으로서 피니언 밸브 안에 별도의 반력 기구를 설치하여 토션 바의 강성을 조절하여 유효제어범위가 넓고

균일하게 제어가 가능하지만 반력 기구부가 접촉식이기 때문에 기구부내의 기계적 마찰에 의한 히스테리스가 큰 것이 단점이다.
이와 같은 단점을 보완한 것이 반력기구부를 비접촉식으로 변경한 것이 바로 전자제어식이다.

3.5 전자반력식(EM ECPS)

전자 제어반력식은 피니언 밸브 안에 전자력에 의한 별도의 반력장치를 설치하여 토션바의 강성을 증대 또는 감소시켜서 유효 제어범위가 넓고 또한, 비접촉식이기 때문에 기계적인 마찰에 의한 히스테리스가 작다.

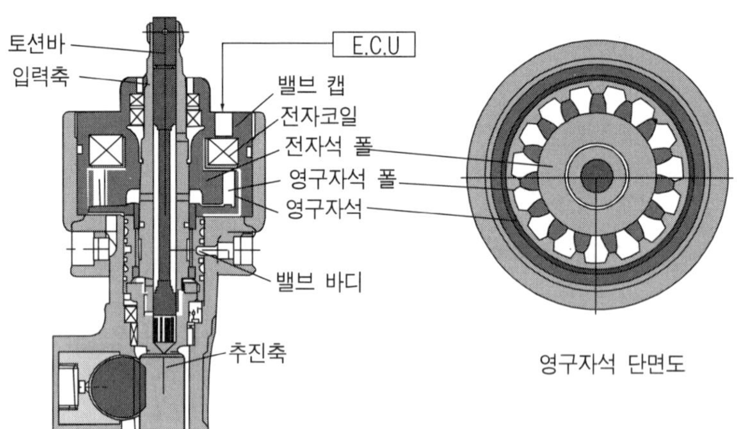

그림 3-10 전자제어반력식 시스템

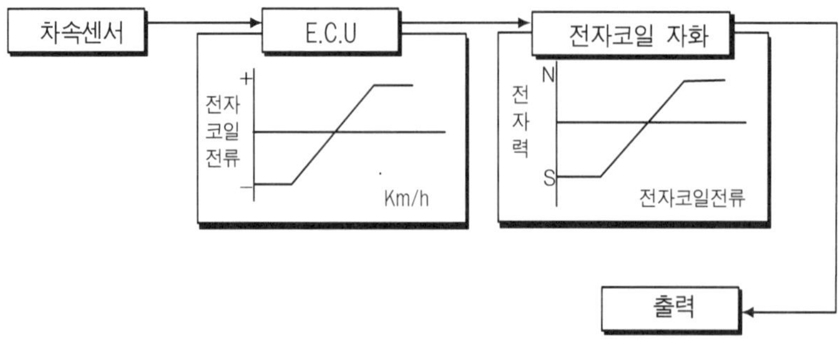

그림 3-11 작동원리

그림 3-10은 전자 반력식의 시스템의 구성을 나타낸 것이고 그림 3-11은 이에 대한 작동원리를 나타낸 것이다. 특징을 살펴보면 Center Feel 성능 향상과 더불어 차속에 따른 Effort 차별화와 차속에 따른 소음 변동이 없다는 것이 특징이다.

3.6 전동식 EPS

3.6.1 개요

전동식의 경우는 연비향상과 전기자동차 대응뿐만 아니라 다음과 같은 이유로 인하여 사동차에 적용하고 있다.

① 차량의 설치의 간소화를 도모(설계 자유도 유리)
② 조립성 향상
③ 킥 백(Kick Back)의 저감
④ 지온 시동성의 향상
⑤ 엔진 정지시에도 동력 보조 역할
⑥ 섀시의 통합제어의 용이성
⑦ 경보, 자기진단, 자기보호기능 유지

전동식에는 칼럼 전자제어 동력조향장치(C-EPS ; Column Assist Electronix Power Steering), 피니언 전자제어 동력조향장치(C-EPS ; Pinion Assist Electronic Power Steering), 랙 전자제어 동력조향장치(R-Eps ; Rack Assist Electronic Power Steering)이 있으며 차량 중량 600kg 정도의 차량은 주로 칼럼 보조 전자제어동력조향 장치를 사용하고 1,000kg 이상인 경우에는 랙 보조형 전자제어 동력조향장치를 상용하고 그 중간은 피니언 보조 전자제어 동력조향장치를 사용하고 있다.

3.6.2 칼럼 보조형 전자제어 동력조향장치(C-EPS)

감속 방식은 웜과 웜 휠 방식을 사용하고 주로 중소형 자동차에 적용한다. 그림 3-12에 그 C-EPS의 형태를 나타낸 것이다.

그림 3-12 C-EPS

3 6.3 피니언 EPS

감속방식은 웜과 웜휠 방식을 사용하고 모터는 DC를 사용한다. 그림 3-13은 그 형태를 그림 3-14는 제어 블록 다이어그램을 나타낸 것이다.

그림 3-13 P-EPS

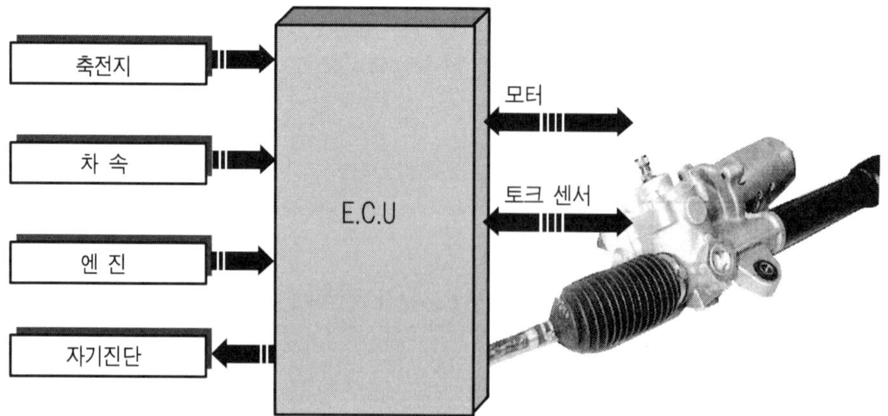

그림 3-14 제어 블록 다이어그램

또한, 그림 3-15는 ECU의 블록 다이어그램을 그림 3-16은 다이어그램을 그림 3-17은 감속기어의 구조해석 일례를 나타낸 것이다.

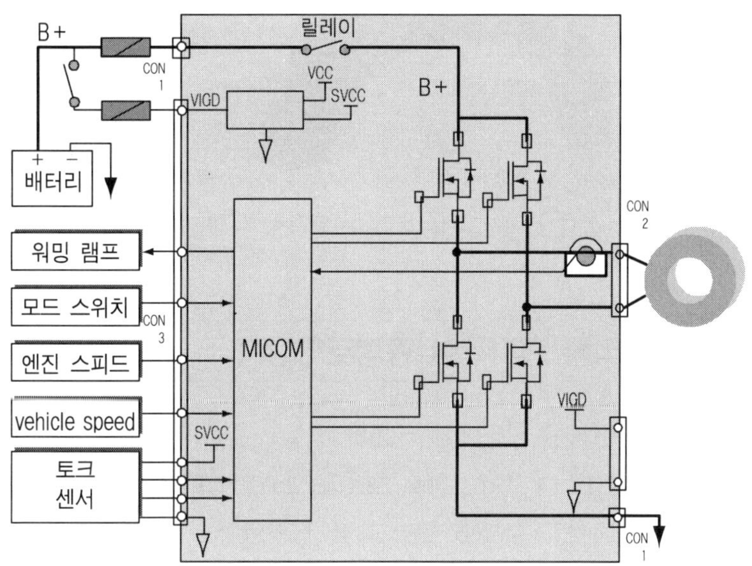

그림 3-15 ECU 제어 블록 다이어그램

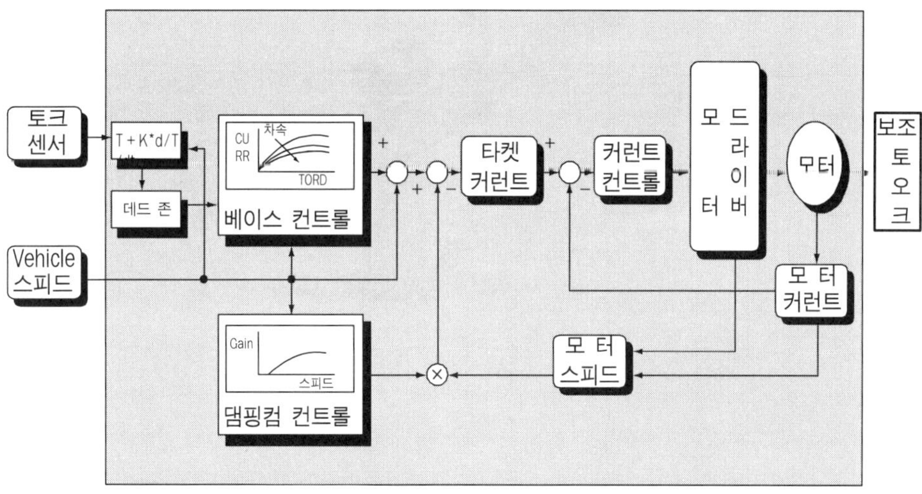

그림 3-16 제어 블록 다이어그램

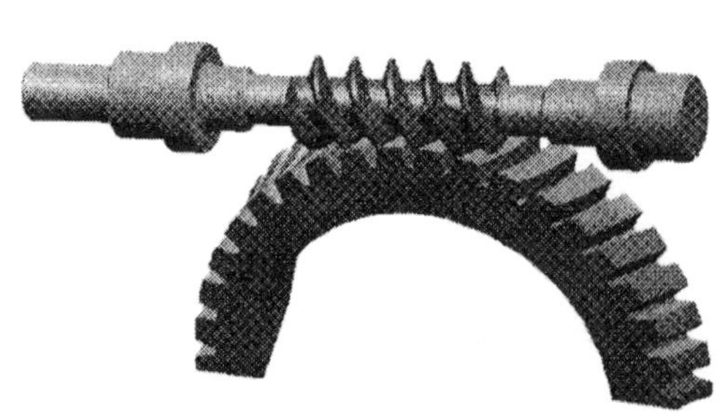
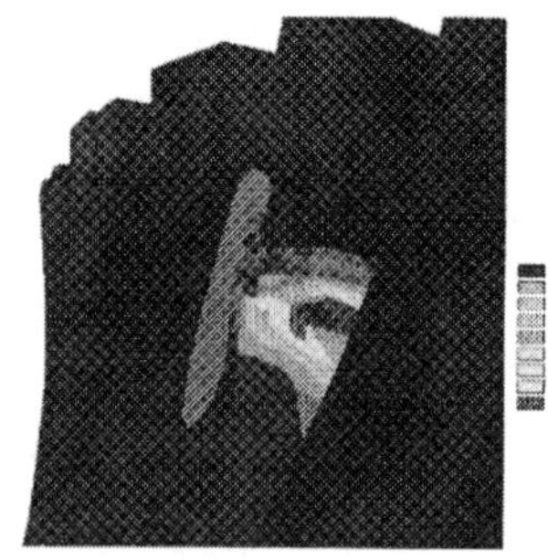

그림 3-17 감속기어 해석 일 예

3 6.4 피랙 전자제어 동력조향장치

본 방식은 중대형 자동차에 적용되고 있고 감속방식은 볼 스크류 방식이고 사용되는 모터는 BLDC(Brushless Diredt Motor)이다. 그림 3-18은 제어장치의 형태를 나타낸 것이고 그림 3-19는 블록 다이어그램을 그림 3-20은 제어 블록 다이어그램을 그림 3-21은 ECU의 블록도를 나타낸 것이다.

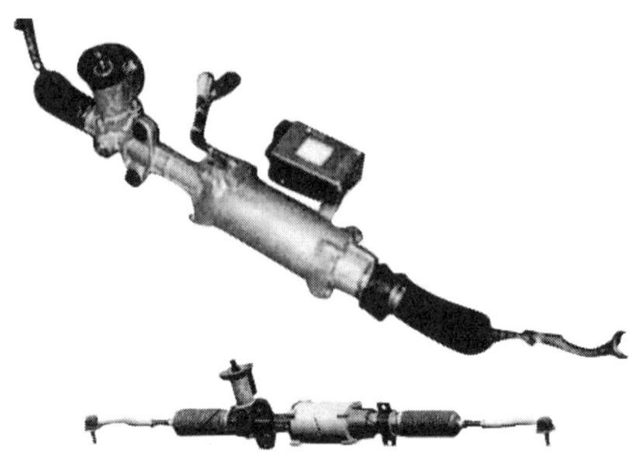

그림 3-18 R-EPS의 형태

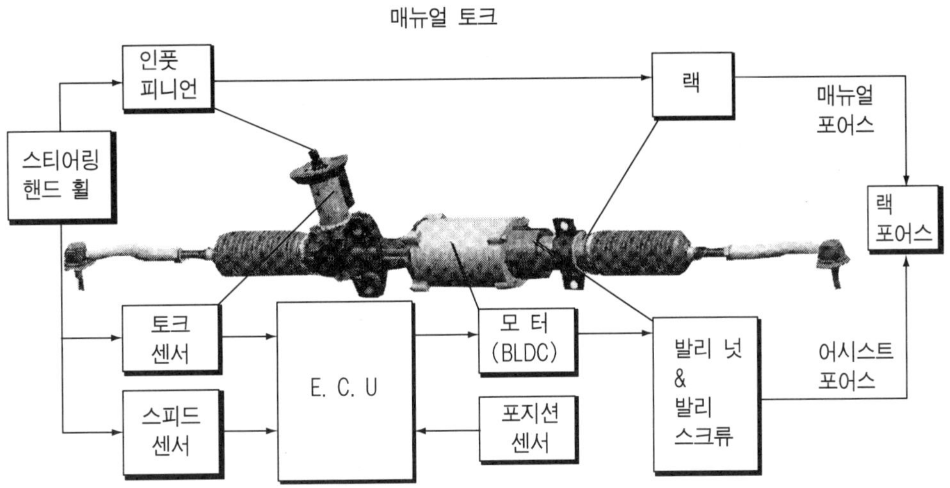

그림 3-19 제어장치의 블록도

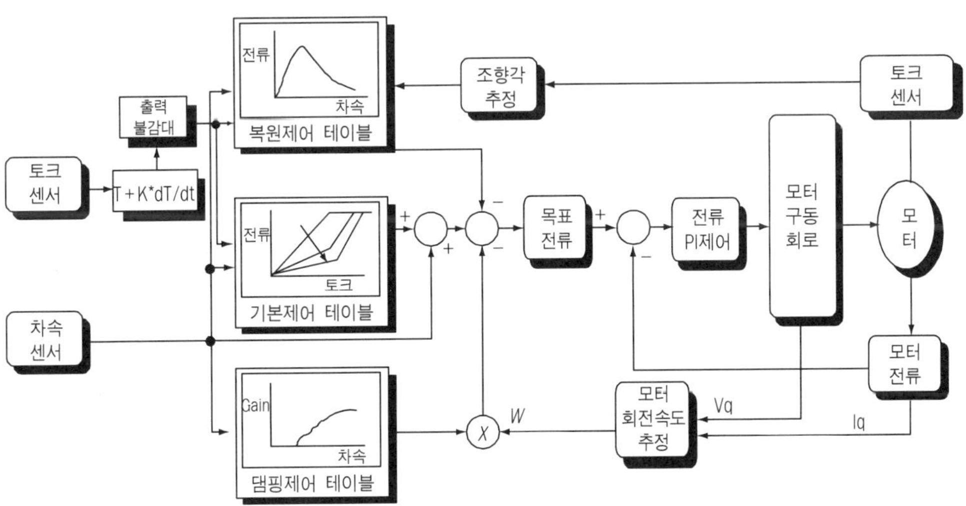

그림 3-20 제어 블록 다이어그램

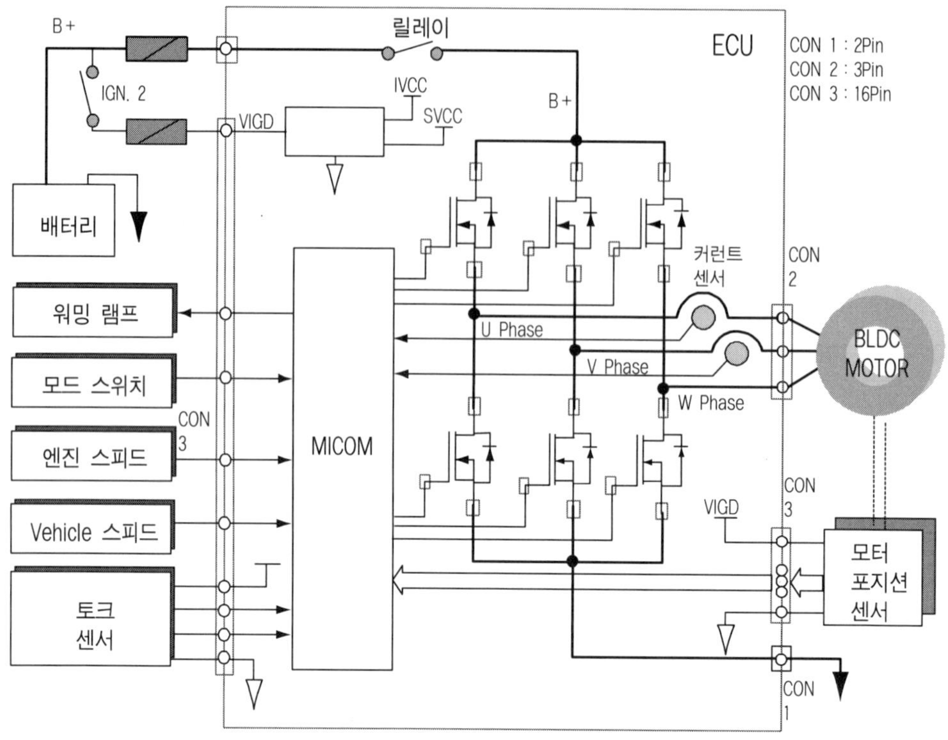

그림 3-21 ECU 블록 다이어그램

3.7 전자제어 동력조향장치(EPS-Electronic Power steering)

3.7.1 개요

기존의 조향장치는 순수한 운전자의 조작에 의해서만 조향을 해야 하는 관계로 인하여 저속시 즉 주차시는 운전자의 조작력이 크게 필요로 하였으며 특히 대형 자동차나 저압타이어를 사용한 경우에는 앞바퀴의 접지저항이 증대하므로 조향 휠의 조작력이 커지며 신속한 조향조작을 할 수가 없었다. 이와 같은 경우 가볍고 신속한 조향조작의 요구에 대응하기 위하여 동력조향(Power Steering)이 사용되고 있다. 이러한 동력조향장치의 사용으로 주차시나 저속시에 발생되는 조향조작의 어려움을 해소할 수 있었으나 주행 중 속도가 증가할시 발생되는 조향

조작력의 감소는 또 다른 문제점을 야기시켰다. 동력조향장치는 저속주행시 조향핸들을 빨리 회전 시켜도 조향력이 거의 일정하면서 적게 유지되고 고속직진주행시에는 조향핸들의 복원반력이 증가하여 직진 주행 안정감을 주면서 고속에서 회피동작과 같은 긴급한 조향이 요구될 때에는 즉시 신속한 조향반응과 미세한 조향감각이 보장되어야 한다. 위와 같은 조건을 충족시키기 위하여 일반 유압식 조향장치의 조향반력 특성에 영향을 줄 수 있는 설계 변수가 필요한데 그 변수는 아래와 같다.

① 로터리밸브내의 토션바(Torsen Bar)의 스프링 계수
② 로터리 밸브의 오리피스(Orifice)치수
③ 유압펌프의 공급유량 및 릴리프(Relief)압력이다.

토션바의 스프링계수가 작으면 저속에서의 조향력이 작아지는 장점은 있으나 조향핸들의 복원력이 작으므로 고속에서의 직진 안정감은 저하된다. 로터리 밸브의 오리피스 치수는 조향력과 압력상승의 특성에 큰 영향을 준다. 로터리 밸브에 가해지는 유량이 작으면 유량이 클 때보다 같은 부하압력에서 조향핸들을 더 많이 돌려야 하므로 조향력이 승대된다.

위와 같은 단점을 보완하기 위해 차량의 속도에 따른 조향조작력의 조절이 필요하게 되었는데 이 장치가 속도감응형 조향장치 즉 EPS(Electronic Power Steering)이다.

뉴그랜져에 적용되었던 시스템은 기어박스의 입력축에 설치된 반력플런져(Reaction Plunger)에 작용하는 유압을 제어함으로써 조향력에 대한 유압특성을 차속에 따라 변화시켜 차속 및 조향상태에 따라 적절히 조향특성을 얻었고 J2-Car에 적용된 EPS는 유량제어식 EPS로서 로터리 밸브에서 직접 입력회로 압력과 복귀회로 압력을 바이패스(By-Pass)시킴으로 차속제어, 횡가속제어, 캣치업(Catch-Up) 보상제어를 한다.

이 유량제어식 EPS는 반력 플런져식 보다 가격이 저렴하고 주변부품의 변경없이 장착이 가능하고 응답성이 빠른 장점이 있다.

3 7.2 시스템 비교

(1) 유압반력식

① 구조도

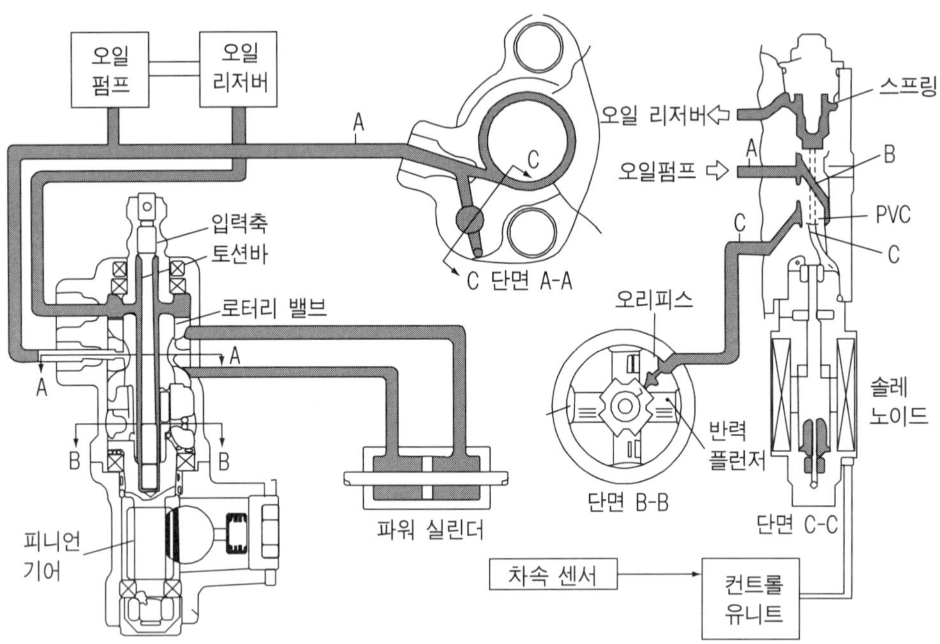

그림 3-22 유압 반력식 구조

② 제원

기어어셈블리	솔레노이드밸브	ECU
1. 유량 : 6~8 l/min 2. 토크특성 -정차시(1A) : 38kgf. cm -고속시(0A) : 90kgf. cm	1. 사용압력 : 10kgf. ㎠ 2. 정격전압 : DC 12V 3. 정격전류 : 1.0A 4. 최대출력 : 10N	1. 정격전압 : DC 12V 2. 동작전압 : DC 10V~16V 3. 소비전류 : 1.2A 4. Fail-Safe 기능 보유

(2) 유량제어식

① 구조도

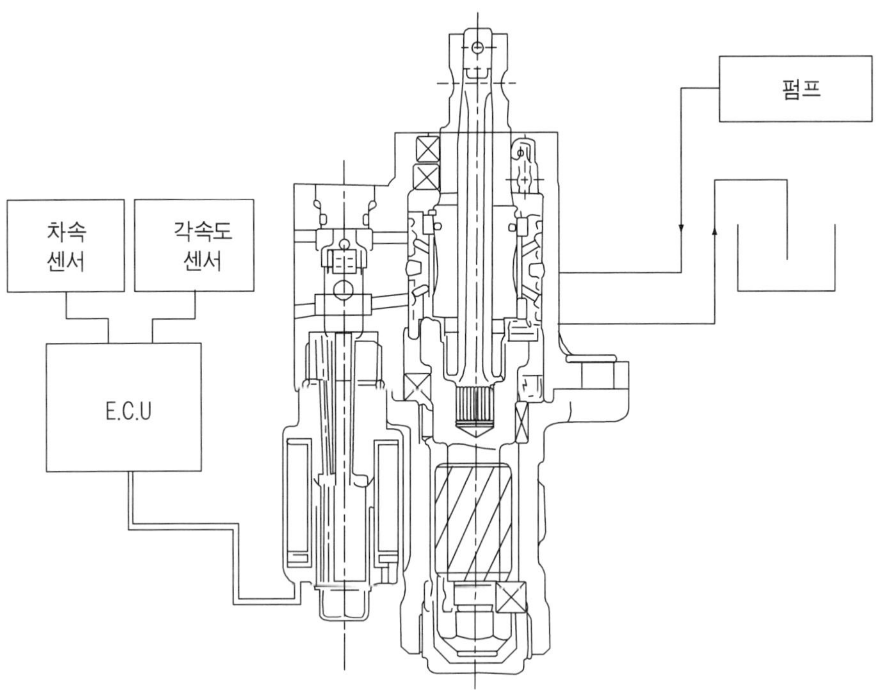

그림 3-23 유량 제어식 구조

② 제원

기어어셈블리	솔레노이드밸브	ECU
1. 유량 : 6~8 l/min 2. 토크특성 -정차시(1A) : 38kgf. cm -고속시(0A) : 90kgf. cm	1. 사용압력 : 10kgf. ㎠ 2. 정격전압 : DC 12V 3. 정격전류 : 1.0A 4. 최대출력 : 10N	1. 정격전압 : DC 12V 2. 동작전압 : DC 10V~16V 3. 소비전류 : 1.2A 4. Fail-Safe 기능 보유

③ 시스템의 특성

- 기존의 파워 스티어링과 일체형임
- Rotary유압밸브에서 직접 입력회로 압력과 복귀회로 압력을 By-Pass시킴
- 기존의 Power Steering과 시스템의 변경없음(Pump공용)
- 기존의 Pump유량 Dropoing방식에 비해 조향응답성이 좋다.

- 조향력의 변화가 크다.
- 회전각 및 횡가속도를 감지하여 Catch-Up보상을 한다.
- 유압반력형 대비 가격이 저렴하다.

Catch-Up : 가속시, 급조향시(유량이 적을 때) 조향 방향 반대로 잡아당기려는 힘

3.8 시스템 구성

3.8.1 유량제어식

(1) ECU 입출력

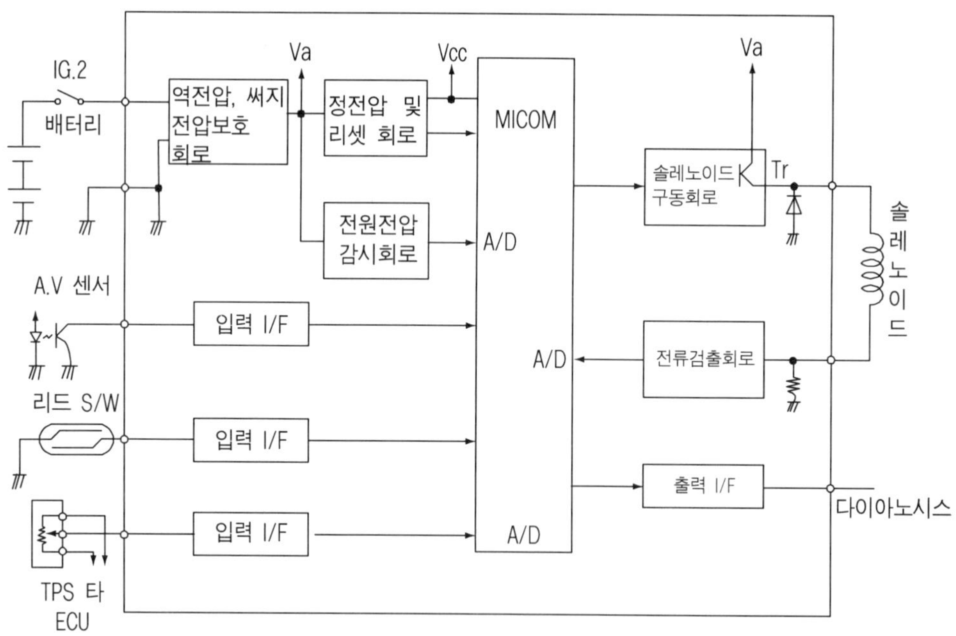

그림 3-24 유량제어식 ECU 입출력 구조

(2) 입출력 구성요소

입력요소	구성 요소별 특성
조향각센서	조행핸들의 조향속도를 측정하여 기존의 파워스티어링 캐치업 현상을 보상하기 위한 센서
차속센서	계기판내의 리드스위치 또는 홀 센서방식의 센서를 통해 차량 속도를 ECU로 입력하기 위한 센서
스로틀위치센서	스로틀개도를 알기 위한 신호로 ECU가 TPS를 감시함으로써 차속센서 고정시 조향력을 적정하게 유지하기 위한 센서
출력요소	구성요소별 특성
유량제어밸브 (Proportion Flow Control Valve)	외부신호인 차속과 핸들조향각에 따라 최적상태로 유량을 제어하는 밸브

3 8.2 유량반력식

(1) ECU 입출력

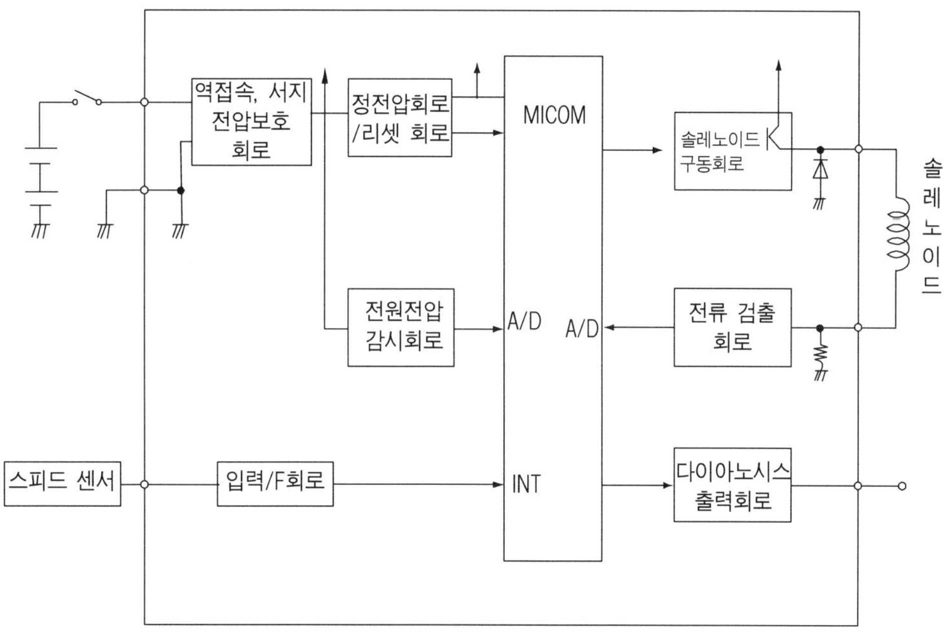

그림 3-25 유량반력식 ECU 입출력 구조

(2) 입출력 구성요소

입력요소	구성 요소별 특성
차속센서	계기판내의 리드스위치 또는 홀센서 방식의 센서를 통해 차량속도를 ECU로 입력하기 위한 센서
스로틀위치센서	스로틀개도를 알기 위한 신호로 ECU가 TPS를 감시함으로서 차속센서 고장시 조향력을 적정하게 유지하기 위한 센서
출력요소	구성요소별 특성
유량제어밸브 (Proportion Flow Control Valve)	외부 신호인 차속과 핸들조향각에 따라 최적상태로 유량을 제어하는 밸브

3.9 시스템의 구조 및 부품특성

3 9.1 파워스티어링 기어

(1) 파워 스티어링 기어 어셈블러

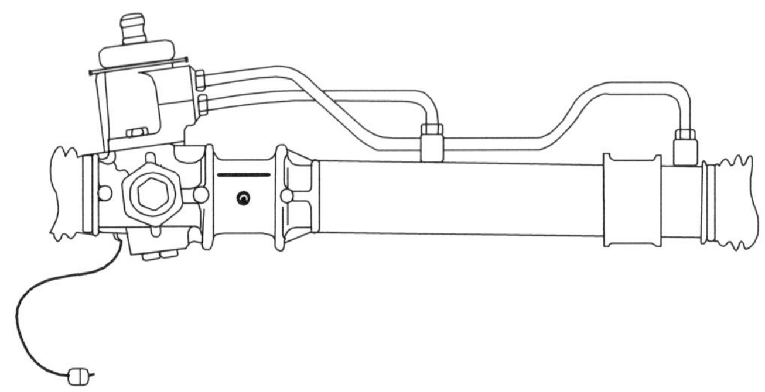

그림 3-25 파워스티어링 기어 구조

(2) 유량 제어 밸브

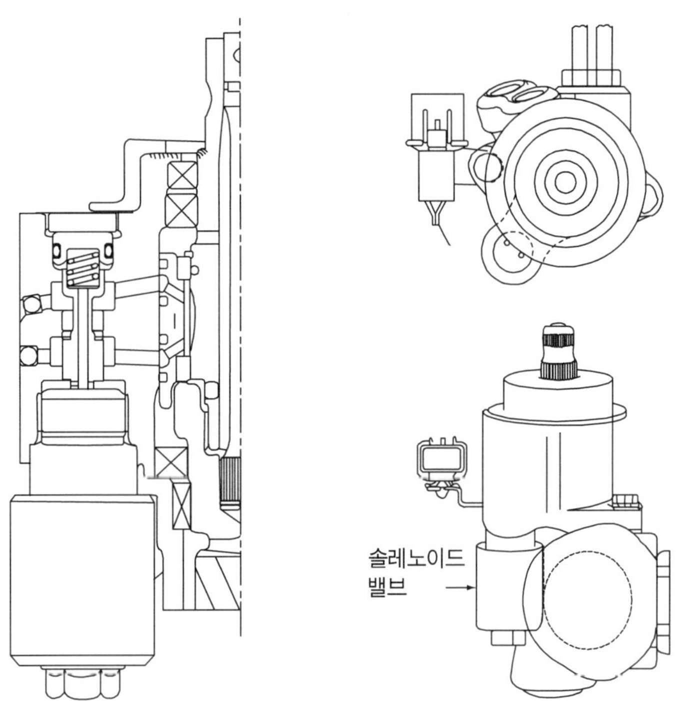

그림 3-26 유량제어 밸브 구조

9.2 솔레노이드 밸브

(1) 주차시 및 저속주행시

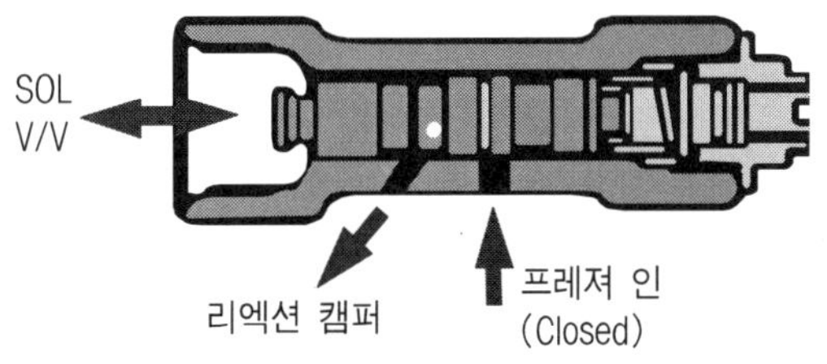

그림 3-27 솔레노이드 밸브 작동(주차 및 저속 주행시)

ECU에서 1A에 가까운 전류를 출력하여 솔레이드 밸브의로드가 P. C. V의 스풀을 우측으로 밀어낸다. 이때 펌프로부터 들어오는 유압이 스폴의 오리피스부를 차단하여 반력부로의 오일 공급은 차단된다. 유압의 공급이 차단되어 가벼운 조향력을 제공한다.

(2) 중고속시

ECU에서 출력되는 전류의 양이 저하되어 솔레노이드 밸브의 로드출력이 감소한다. 스프링에 의해 P. C. V의 스폴이 솔레노이드 밸브쪽으로 열리며 이때 펌프의 유압은 열려 오리피스를 거쳐 피니온 반격부로 이동 반력플런져에 반력을 가하게 된다. 반력플런져는 입력축의 V홈에 반력이 전달되어 무거운 조향력을 제공한다.

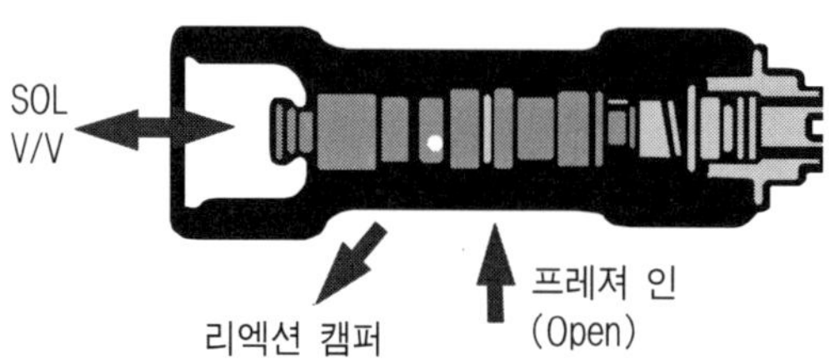

그림 3-28 중고속시의 솔레노이드 밸브 작동

(3) EPS 솔레노이드 밸브 특성

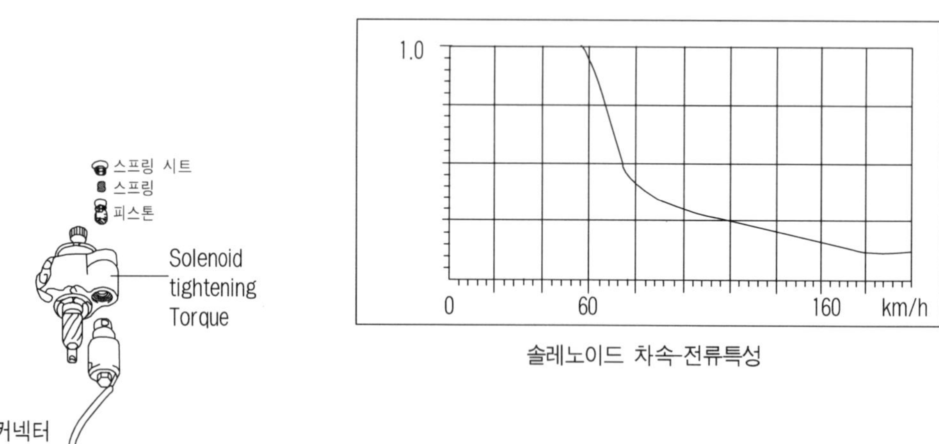

그림 3-29 솔레노이드 밸브 특성

3.10 작동원리

EPS는 전자기술을 활용하여 일반 동력조향장치의 기능에 추가된 기어박스의 입력축에 설치된 반력플런져에 작용하는 유압을 제어하는 방식과 기어박스로 유입되는 오일양 및 리턴되는 오일양을 조절하는 방식이 있다.
조향력에 대한 유압특성을 차속에 따라 변화시켜 차속 및 조향상태에 따라 적절한 조향 특성을 얻을 수 있도록 한 시스템으로 EPS ECU는 솔레노이드 밸브에 대하여 전류제어를 행하며 전류제어는 듀디(Duty)제어 방식으로 차속이 증가할수록 전류값은 낮게 출력시켜 조향력을 적당히 무겁게 하여 안정감을 주고 차속이 저하될 때는 전류값을 높게 출력시켜 조향력을 가볍게 하여 주차편의성을 증대시킨다.

③ 10.1 유압반력식

(1) 정차시 또는 저속주행시

정차 및 저속주행시는 솔레노이드에 ECU로부터 1A의 전류가 보내져 솔레노이드밸브의 플런져에 최고로 큰 출력이 상방향으로 작용한다. 이 때문에 PCV(압력조절밸브)는 상부에 위치한 스프링을 압축하며 위로 상승하여 오일펌프의 오일압력이 작용하는 유로 A와 반력플런져로 가는 유로 D를 막은 위치에 있게 되어 반력플런져에 작용하는 유압을 제한하게 된다(압력0).
이 결과 반력플런져가 입력축을 누르는 힘이 없기 때문에 이때 가장 경쾌한 조향을 할 수 있다.

(2) 중고속 주행 또는 보통 조향시

솔레노이드 밸브플런져 및 PCV의 위치는 중고속 중립의 경우와 동일하며 유로 A에서 유로D에의 통로는 열리게 된다. 이 상태에서 조향휠을 통상의 범위내에서 조작하면 오일펌프의 토출압은 저속 주행시의 경우와 같게 조향각에 대해서 상승한다. 이 결과 조향력에 비례한 출력유압이 얻어져 중 고속 주행시에 적절한 조향 감각을 얻을 수 있다.

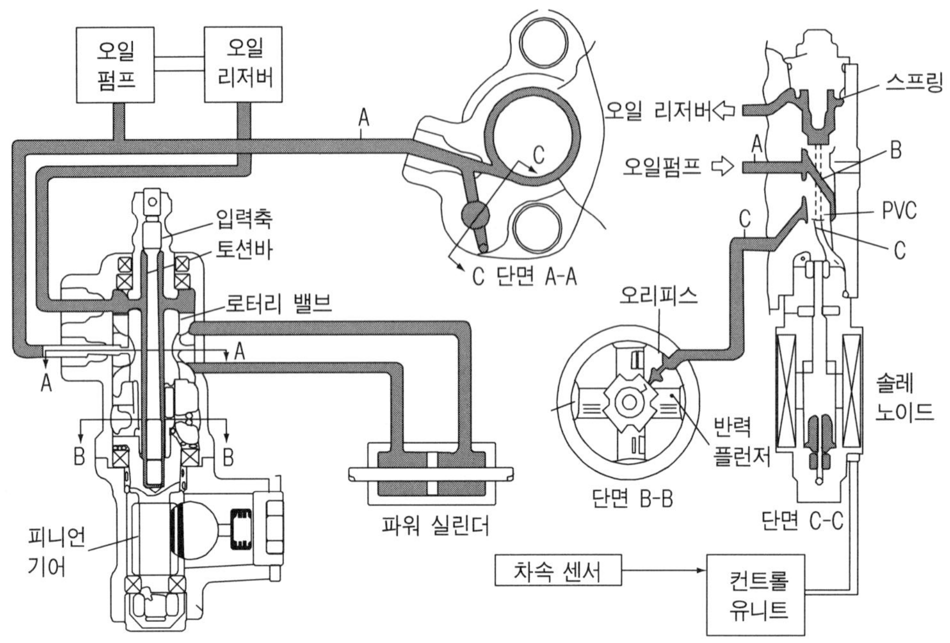

그림 3-30 유압 반력식의 정차 또는 저속 주행시의 작동

(3) 고속주행 또는 큰 조향시

솔레노이드 밸브 플런져 상방향의 출력은 차속의 증가에 따라 적어지므로 PCV는 하단으로 이동하고 유로 B가 열리면서 유로 D로 오일이 공급되어 반력플런져의 뒷면을 밀게 되어 플런져는 입력축을 잡게 되어 토션바와 피니온기어가 일체가 되도록 조향력은 무겁게 된다.

따라서 험한 길을 주행할 경우나 타이어가 펑크가난 경우 노면에서 큰 반력이 작용하면 펌프토출압이 보통 조향시보다 상승하여 반력플런져에 작용하는 유압을 규정 압력 이하므로 제어한다. 이 결과 주행시에 노면에서 큰 힘이 작용한 경우에도 조향력을 일정이하로 조절하여 험한 길 등을 주행하면서도 핸들을 놓치는 일이 없도록 한다.

10.2 유량제어식

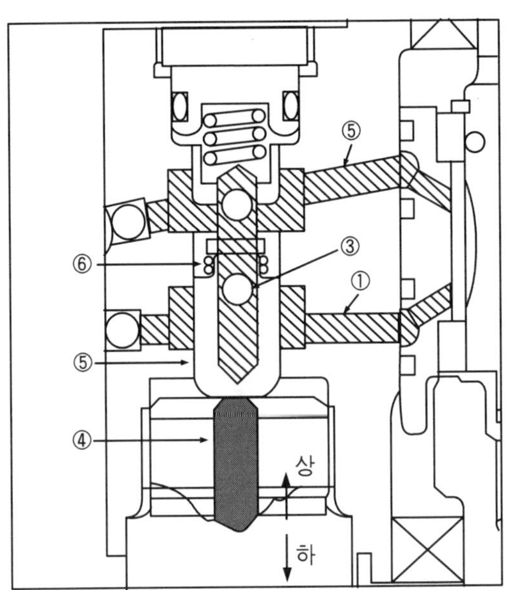

그림 3-31 유량제어식 구조

①번 입력 유로로 들어가는 유량이 ④번 로드에 의해 ③번 HOLE과 연결되는 양(개폐면적)에 따라 조절되어 바이패스(②번 유로)유량을 증감시키며 저속일 때 바이패스량이 작고 고속일 때 바이패스량이 많다.

(1) 정차시 또는 저속주행시

ECU에서 솔레노이드에 약 0.9A의 전류를 보내어 솔레노이드 플런져에 가장 큰 축력이 작용하면 유량조절밸브가 상승하고 밸브(오리피스)홀의 개폐면적이 최소로 조절된다. 이때 유로로 들어가는 유량이 최대가 되는 반면에 바이패스되는 유량은 최소가 되므로 부드럽고 가벼운 조향력을 갖게 된다.

(2) 중고속 주행 또는 조향시

ECU에서 솔레노이드에 약 0.9A의 전류를 보내어 솔레노이드 플런져가 리턴스피링의 탄성과 대치되는 적정선에 위치하게 되고 오리피스 밸브를 통과한 유량이 정차시보다 바이패스되는 양이 조금 증가되며 중속에 있는 조향감을 갖게 된다.

(3) 고속주행시 또는 급회피시

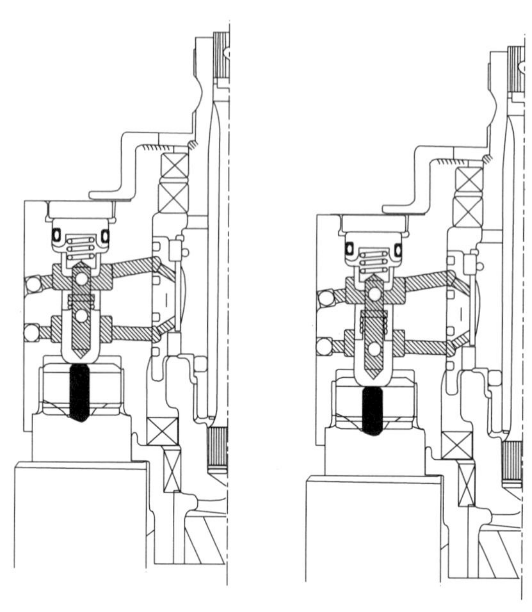

<정차시 또는 저속 주행시> <고속 주행시>

그림 3-32 솔레노이드 밸브 작동

ECU에서 솔레노이드에 약 0.1A~0.4A의 미세한 전류로 솔레노이드가 작동하므로 리턴스프링의 탄성에 의해 하향으로 밸브가 움직여서 입력유량이 바이패스 통로를 통하여 다량의 유량이 바이패스되므로 로터리밸브에 가해지는 유량이 작아지게 되어 유압이 낮아져 조향력은 무겁게 된다. 고속급회피시나 차선변경시엔 유량부족으로 인한 캐치 업을 근본적으로 방지하기 위해 조향각센서에서 신호를 받은 ECU로부터 횡가속도 보상제어가 되어 솔레노이드 플런져가 상승하여 순간적으로 바이패스유량을 감소하면 입력유량이 증가하여 최적의 조향느낌을 갖게 한다.

3.11 고장진단

3 11.1 자기진단(유량제어식-아반테, 에쿠스)

고장코드	고장내용	고장판전조건	처치
11	배터리전압	배터리전압이 8V이하 또는 17V이상이 입력시	OFF
12	차속센서	① TPS전압이 1.2V 또는 이상입력시 ② 차속센서 신호 미입력시	차속시그널 801km/h 고정
13	조향각센서	① 모니터링 전류가 1.28A이상이 1초 이상 입력시 ② 센서배선 단선	차속제어만 실행
14	솔레노이드밸브	솔레노이드단신 또는 회로 단신	진류제이금지

3 11.2 ECU의 위치 및 차동별 단자기능

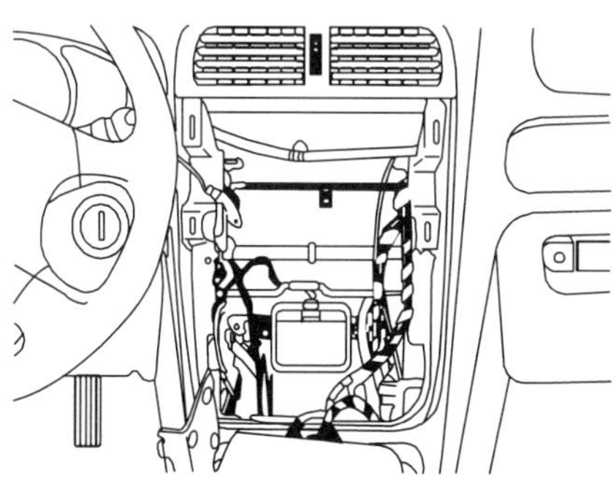

그림 3-33 ECU 구조 및 장착 위치

(1) 유압반력식

핀 배열	기 능(그랜져XG, EF 쏘나타)	기 능(다이너스티)
1	솔레노이드전류 모니터링	솔레노이드전류출력
2	솔레노이드전류출력	솔레노이드전류 모니터링
3	TPS	TPS
4	공 란	자기진단단자
5	자기진단단자	차속센서
6	차속센서	배터리전압(On전원)
7	배터리전압(On전원)	접 지
8	접 지	공 란

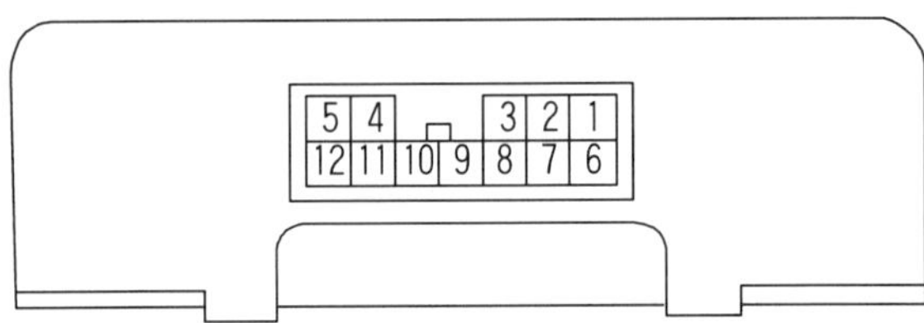

그림 3-34 유압 반력식 ECU 및 장착 위치

(2) 유량제어식

핀 배열	기 능(아반테, 티뷰론)	기 능(에쿠스)
1	TPS	솔레노이드전류출력
2	STN	자기진단단자
3	ST2	ST1
4	접 지	STN 접지
5	솔레노이드전류 모니터링	PTS
6	배터리전압	공 란
7	차속센서	솔레노이드전류 모니터링
8	자기진단단자	공 란
9	ST1	ST2
10	센서접지	차속센서
11	센서전원	접 지
12	솔레노이드전류출력	배터리전압(On전원)

3 11.3 파워스티어링 솔레노이드 밸브

(1) 장착위치도

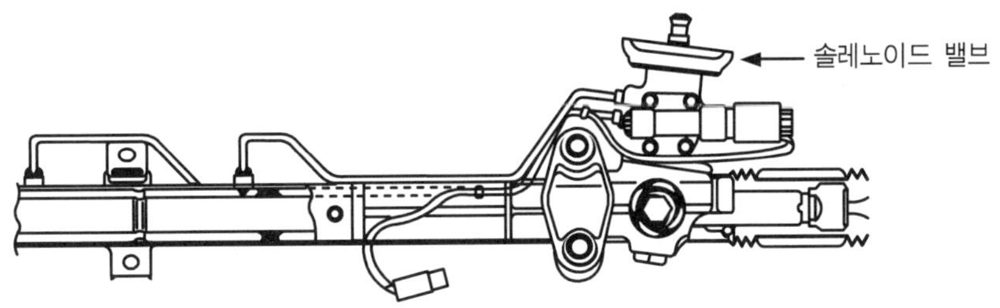

그림 3-35 솔레노이드 밸브 위치

(2) 전류점검

① E. P. S 솔레노이드 밸브의 와이어링 하니스 커넥터(엔진부위의 방수커넥터)를 분리하여 솔레노이드 밸브 커넥터와 보디부위의 하니스에 전압계를 연결한다.

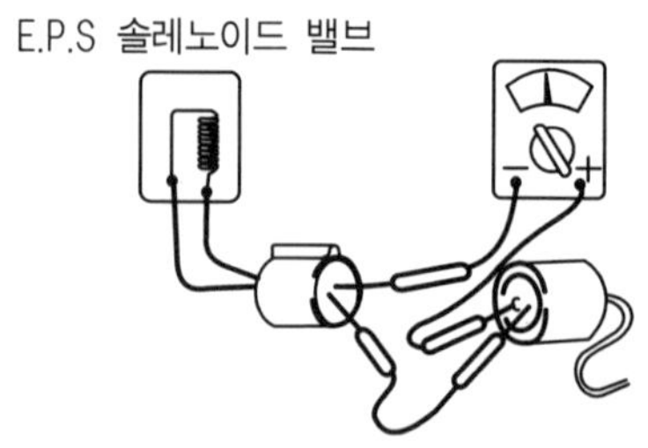

그림 3-36 솔레노이드 밸브 전류 점검 방법

[주의]

· 솔레노이드 터미널은 어스시키지 마십시오.

② 차속이 0km/h일 때 솔레노이드 전류가 표준범위에 있는지 점검하고 차속을 증가시키면서 전류가 감소되는 것을 점검한다. 솔레노이드 전류 1.9~1.1A(차속 0km/h시)

③ 모의 속도를 증가시켰을 때 솔레노이드 전류가 감소하지 않을 때는 고장현상 1을 참조한다.

④ 자동변속기 차량에서 하이스캔을 사용할 때는 페일 세이프 기능에 의해 3속으로 유지된다. 그러므로 하이스캔 사용 점검 후에 3속 고정을 해제하기 위해서는 배터리의 (-)단자를 10초 이상 분리해야한다.

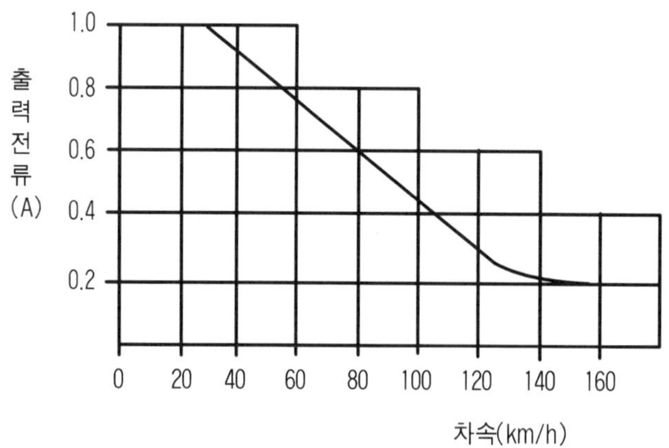

그림 3-37 차속에 따른 출력전류

제4장 MDPS

4.1 개요

4 1.1 MDPS 개요

자동차는 타이어를 사이에 두고 노면에 힘을 전달하여 선회운동을 한다. 이 운동은 운전자가 운전석에서 조향장치를 조작하여 전 후륜을 움직여 제어한다. 조향력 경감, 페일세이프, 조향 분주함의 경감, 조향에 적절한 반력의 피드백, 킥백의 경감, 조타의 유연성, 잘못된 하중에 대한 시스템 보호, 음 및 진동을 방지할수 있도록 배력 장치를 갖춘 조향시스템을 조향장치라 한다.

엔진으로 오일 펌프를 구동하여 발생된 유량을 동력실린더에 보내어 배력시키는 방식을 유압식 파워스티어링이다. 오일펌프는 조절밸브로 조정하고 동력실린더의 작동 방향은 수동식 조향장치의 조향축에서 변경하여 배력 기능측으로 공급하여 이루어진다. 구조로는 제어기능으로 컨트로밸브와 반력기구가 있으며, 배력기능으로 파워 실린더 기구가 있으며, 유로 전달기능으로 배관 및 유로가 있으며, 전달기능으로 기어 상자가 있다.

이번에 적용된 MDPS(Motor Driven Power Steering)은 환경친화적으로 오일을 삭제와 배기가스규제를 하였고, 연비향상, 경량화, 성능향상, 조립성향상, 부품수 감소로 인해서 세계적으로 일본, 유렵, 북미 등에 점차 비중이 많아지고 있는 사항이다.

운전자의 조향의 도를 스티어링휠에 직결된 토크센서를 통하여 감지한다. 이 신호를 ECU가 받아서 현재 차량의 속력등을 고려하여 알맞은 힘을 제공하도록 모터를 구동함으로써 조향력을 보조(assist)한다. 즉, 주정차시나 저속운전시에는 큰힘을 보조하여 운전자의 힘을 덜고, 고속주행시에는 작은 힘만을 보조하도록 하여 차체의 안정성을 유지할 수 있도록 한다.

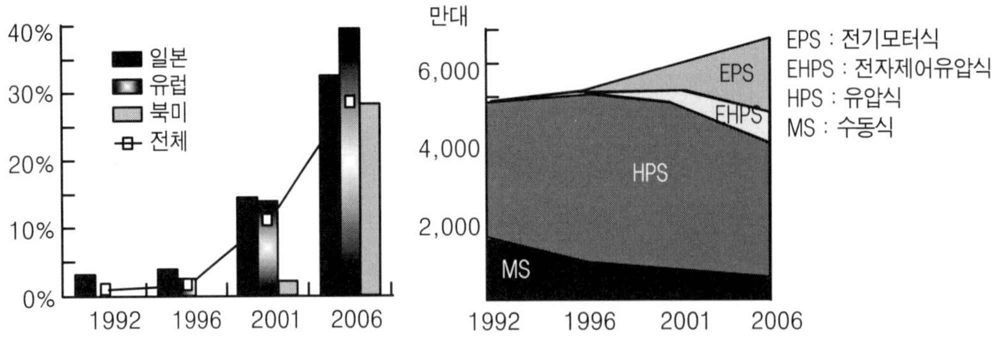

그림 4-1 경차 및 소형차 위주로 적용될 전망

4 1.2 적용효과

MDPS를 적용함으로써 얻을 수 있는 것중 하나가 연비 향상이다. MDPS를 적용하게 되면 기존의 동급 차량에 비해 3~5%의 연비를 절약할 수 있다. 여기서 MDPS의 장점을 살펴볼 수 있는 것이다. 모터 구동타입은 구동시에만 작동하기 때문에 유압식에 비해 절약할 수 있는 것이다. 그럼 여기서 연료비를 살펴보면 리터당 약 1300원에 한달에 4.6L를 절약하게 되는 것이다. 년간으로 확산해보면 55.2L로 금액으로 계산하면 72000원이라는 결과가 나온다.

또한 신차가 파워 스티어링 오일을 1L를 넣고 사용중인 오일에 0.5L를 보충한다고 가정한 후 예상판매량을 넣어 계산해보면 5년 동안 약 4.7억원의 경제적 손실을 막을 수 있는 것이다. 여기서 중요한 내용이 하나 더 있는 것이다. 오일이 없기 때문에 환경 보호를 할 수 있다. 세계적으로 환경을 중시하는 시점에서 환경친화적이라는 말은 더욱 친숙해 질 수 있는 것이다. 사용비도 또한 점차 비중이 높아지는 이유 또한 여기에 있다. 토크에 의해 정확한 값을 넣기 때문에 조향 능력이 높아지는 것은 당연한 것이다. 또한 ECU는 FAIL SAFE기능을 넣었기 때문에 안전성 또한 한층 높아진 것이다. 그리고 튜닝시간이 단축되고 성능 선택의 폭이 확대되면 경량화가 가능하다.

유압식에 비교해 본다면 약 2.5Kg 정도 감소가 됐다. 조립성 또한 간결해 졌다. 유압식은 보통 38개소로 되어 있지만 MDPS는 17개 조립개소가 되어있고 조립부품수를 본다면 유압식 47개에서 19개로 감소됐다. 즉 28개 감소한 것이다. 하지만 유압식에 비해 가격이 상승한다는 것은 단점으로 볼 수 있다.

4 1.3 외관

(1) 정면도

그림 4-2 MDPS 외관

(2) 칼럼 & 모터

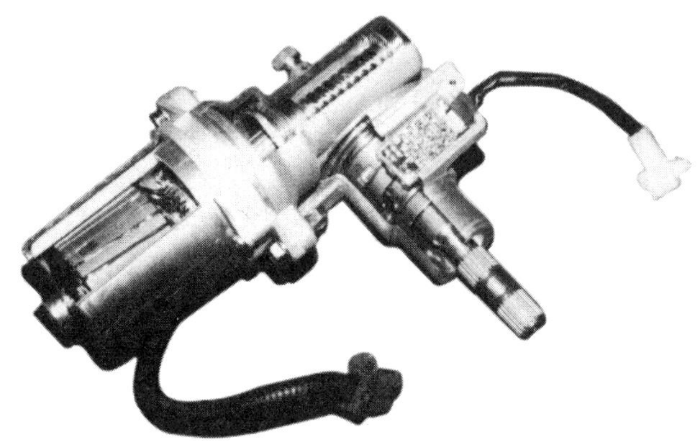

그림 4-3 MDPS 칼럼 및 모터 구조

1.4 제원

MDPS	이론출력	43.3N.m
	랙 보조력	530Kg
ECU	적용형식	내수/EC
	온도측정	내부 더미스터장착
토크센서	형식	비접촉식
모터	형식	브러쉬 DC 모터
	정격전류	45A
	사이즈	77×L121mm
	정격토크	2.8Nm
	정격회전수	900RPM
감속기어	형식	웜과 웜기어
	감속비	1 : 13.67

4.2 EPS 2종류별 특성

2.1 EPS의 종류

가격 : 유압 파워스티어링 대비

명 칭	C EPS	P EPS	R EPS
모터위치			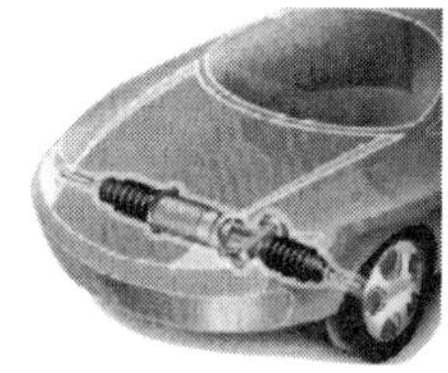
특징	칼럼에 모터 설치 모터 소음 불리 탑재 자유도 제한	피니언에 모터 설치 열해 대책 요구됨 탑재 자유도 제한	랙에 모터 설치 고출력 기어 직경 증대
모터	25~60A	30~60A	60~90A
출력	~600Kgf	~700KgF	700~1,000Kgf
가격	5~15만원	10~20만원	20~30만원

그림 4-4 EPS의 종류별 비교

4 2.2 유압식 스티어링

(1) 개요

전종 모터로 구동되는 유압 펌프의 조향력을 제어한다.

밸브를 통하여 파워 실린더로 전달하여 조향력을 증대하는 기능을 한다.

(2) 구성

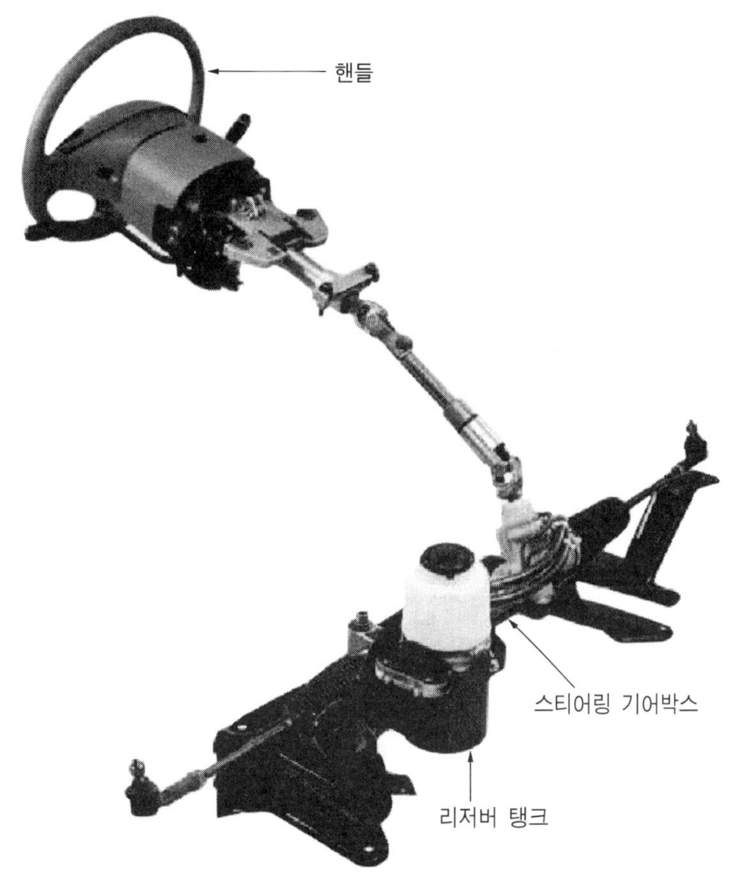

그림 4-5 파워스티어링 구조

(3) 개념도

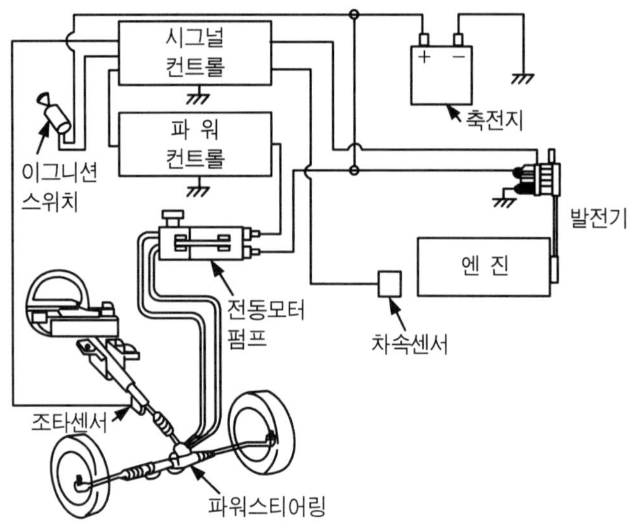

그림 4-6 MDPS의 제어 개념도

(4) 전동 펌프 구조

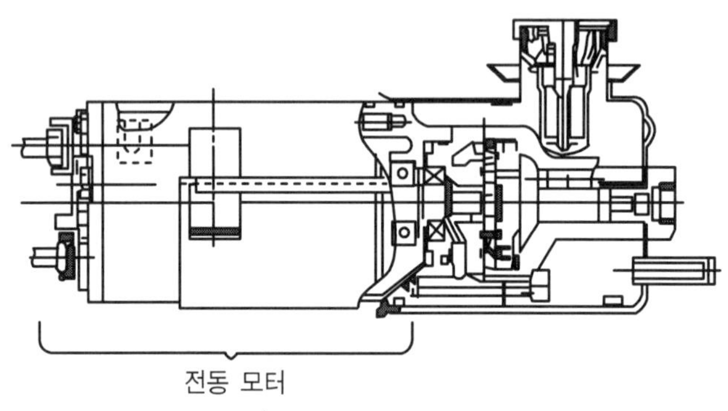

그림 4-7 전동 펌프 구조

(5) 제어개념

ECU가 차속 센서, 압력 센서, 조향각속도 센서 등을 통하여 운전상황을 감지 후 전동 모터를 제어하여 스티어링 기어박스로 전달되는 유량을 제어한다.

(6) 장점

- 연비 저감과 낮은 에너지 소모가 가능하다.
- 모터식 EPS 대비하여 복귀력이 우수하다.
- 엔진 정지시에도 배력이 가능하다.
- 조향특성 튜닝 용이하다.
- 엔진룸의 제작에 설정 용이 및 일체화 용이하다.

(7) 단점

- 기계식에 대비 가격 상승된다.
- 유압 사용으로 인한 환경문제가 있다.
- 추력의 한계로 중대형 차량 적용 곤란하다.

4 2.3 C EPS 형식(Columnassist Electrically Powered Steering)

(1) 개요

전동 모터를 스티어링 칼럼축에 부가하여 클러치, 감속기구(Worm & Wormwheel) 및 토크센서 기구 등을 통하여 조향력 증대를 수행한다(경차 및 소형차에 주로 적용).

(2) 구성

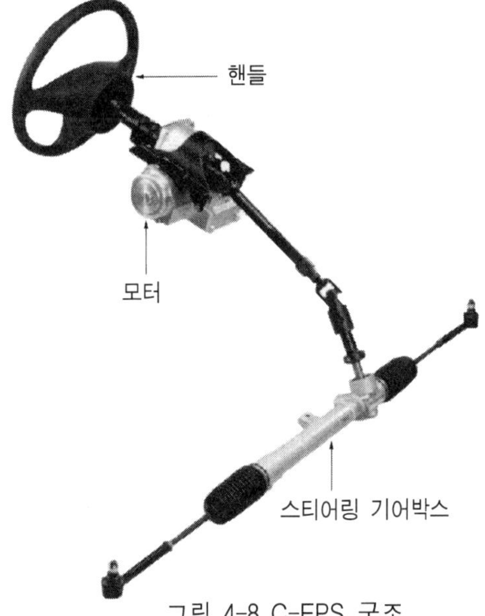

그림 4-8 C-EPS 구조

(3) EPS 칼럼

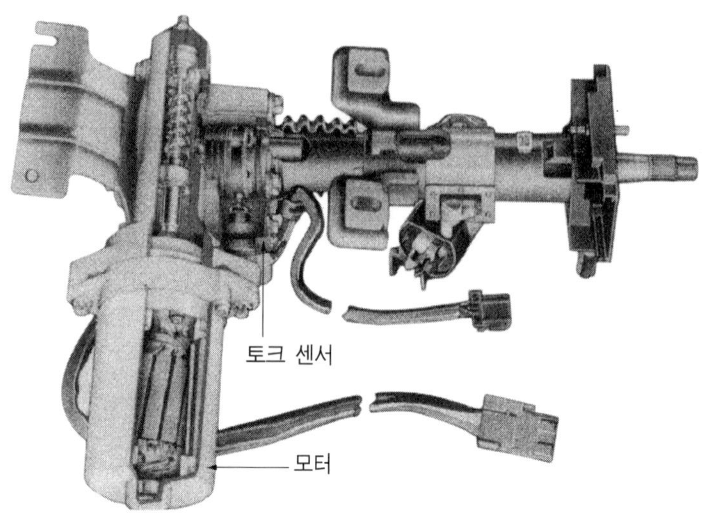

그림 4-9 EPS 칼럼 구조

(4) 제어

ECU가 차속 센서, 조향 토크센서 등을 통하여 운전상황을 감지하여 전동 모터의 구동 토크를 제어함으로써 적절한 조향력 증대를 수행한다.

(5) 장점

- 연비 저감과 낮은 에너지 소모 그리고 단순한 형식이 가능하다.
- 엔진 정지시에도 조향력 증대가 가능하다.
- 조타특성 튜닝이 용이하다.
- 엔진룸 레이아웃 설정 용이 및 모듈화가 용이하다.
- 오일 및 유압관련기구 삭제로 환경친화 및 소음저감 실형이 가능하다.

(6) 단점

- 유압배력식 대비하여 복귀력 열세로 핸들링이 저하된다.
- 토크의 한계로 중대형차 적용 불가능하다.
- 조향성 향상 및 경량필요 그리고 저 관성 모터 개발이 필요하다.

4 2.4 P EPS 형식(Pinionassist Electrically Poweredsteering)

(1) 개요

전동 모터를 스티어링 기어의 피니언 축에 부가하여 클러치, 감속기구(Worm & Wormwheel) 및 토크센서 기구 등을 통하여 조향력 증대를 수행한다(경차 및 소형차에 조로 적용).

(2) 구성

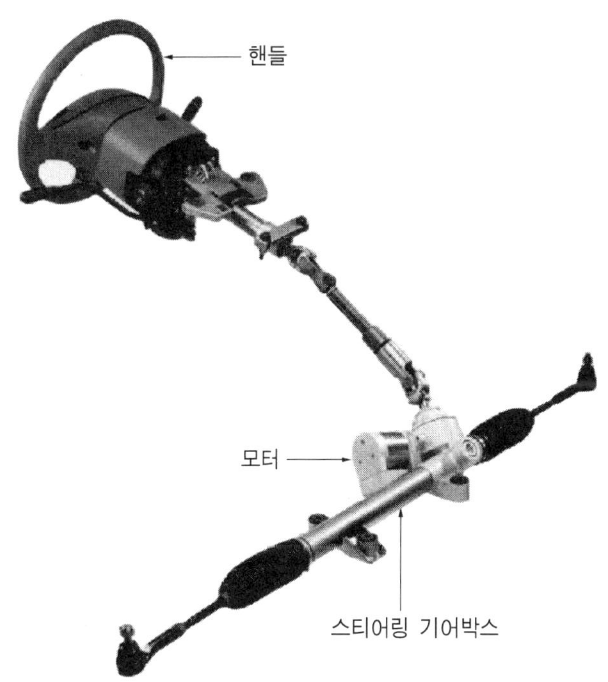

그림 4-10 P-EPS의 구조

(3) EPS 칼럼

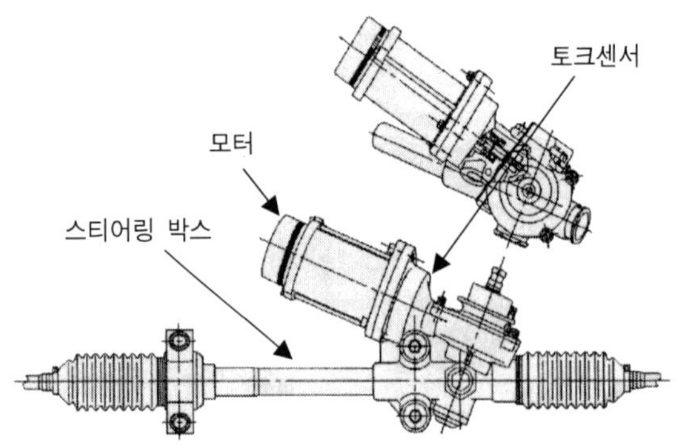

그림 4-11 P-EPS 칼럼

(4) 제어

ECU가 차속 센서, 조향 토크센서 등을 통하여 운전상황을 감지하여 전동 모터의 구동 토크를 제어함으로써 적절한 조향력 증대를 수행한다.

(5) 장점

- 연비 저감과 낮은 에너지 소모 그리고 단순한 형식이 가능하다.
- 엔진 정지시에도 조향력 증대가 가능하다.
- 조타특성 튜닝이 용이하다.
- 엔진룸 레이아웃 설정 용이 및 모듈화가 용이하다.
- 오일 및 유압관련기구 삭제로 환경친화 및 소음저감 실현이 가능하다.

(6) 단점

- 유압배력식 대비하여 복귀력 열세로 핸들링이 저하된다.
- 토크의 한계로 중대형차 적용 불가능 하다.
- 조타감 향상 및 경량 필요 그리고 저 관성 모터 개발이 필요하다.

4 2.5 R EPS 형식(Rackassist Electrically Powered Steering)

(1) 개요

전동 모터를 스티어링 기어의 랙 축에 부가하여 감속기구(Ball Unt & Ball Screw) 및 토크센서 기구등을 통하여 조향력 증대를 수행한다.(중대형 승용차에 사용 가능)

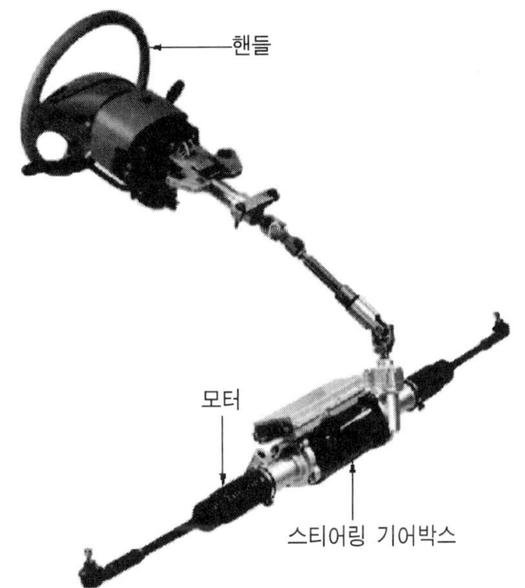

그림 4-12 R-EPS의 구조

(2) 구조도

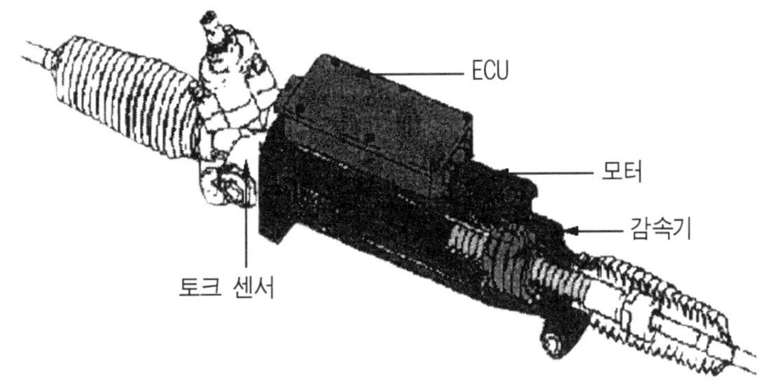

그림 4-13 R-EPS

(3) 개념도

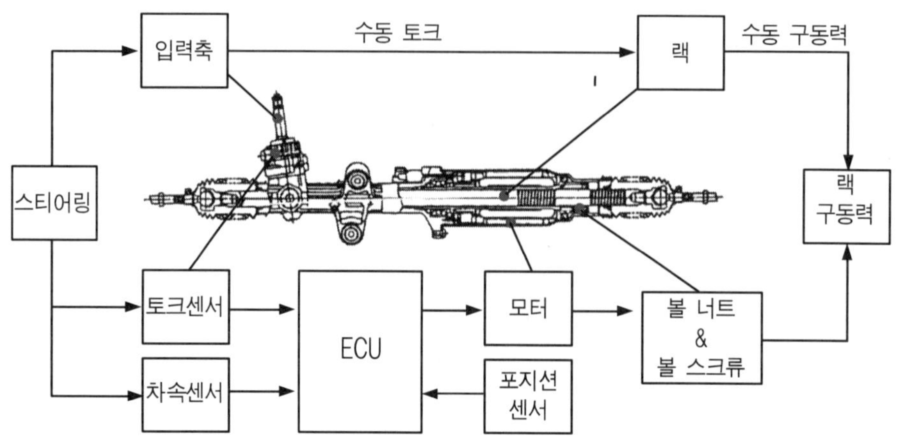

그림 4-14 R-EPS의 제어도

(4) 제어

ECU가 차속 센서, 위치 센서, 조향 토크센서 등을 통하여 운전상황을 감지하여 전동 모터의 구동 토크를 제어 하며, 복원력 및 댐핑 제어로 킥백, 시미 등의 저감 및 최적 조향력 증대를 수행한다.

(5) 장점

· 연비 저감(3~5%)과 낮은 에너지 소모 그리고 단순한 형식사용이 가능하다.
· 엔진 정지시에도 조향력 증대가 가능하다.
· 조타특성 튜닝이 용이하다.
· 엔진룸 레이아웃 설정이 용이 및 모듈화가 용이하다.
· 오일 및 유압관련기구 삭제로 환경친화 및 소음저감 실형
· 고전(42V 전원)에 대응 및 사이즈 축소가 가능하다.

(6) 단점

· 유압배력식 대비하여 복원력이 열세로 핸들링 성능 저하된다.(V.G.R : 가변 기어 비율로 개선)
· 메뉴얼 타입에 대비 가격 상승된다.

· 조타감 향상 및 경량 그리고 저 관성 모터 개발이 필요하다.

4 2.6 유압식과 모터식의 구조 비교

(1) 유압식 스티어링

유압식 파워 스티어링은 엔진의 동력을 이용하여 유압식 모터를 구동하게 된다. 유압모터의 동력은 스티어링 박스의 피니언축으로 유압을 보내어지고 그 유압은 중립을 유지하도록 스티어링 샤프트를 잡아주고 있다. 운전자가 핸들을 돌려서 스티어링의 방향을 결정하면 유체는 그 방향에 동일하게 랙을 움직이게 된다. 여기서 유체는 공전시도 작동을 하게 되는 단점을 가지고 있다.

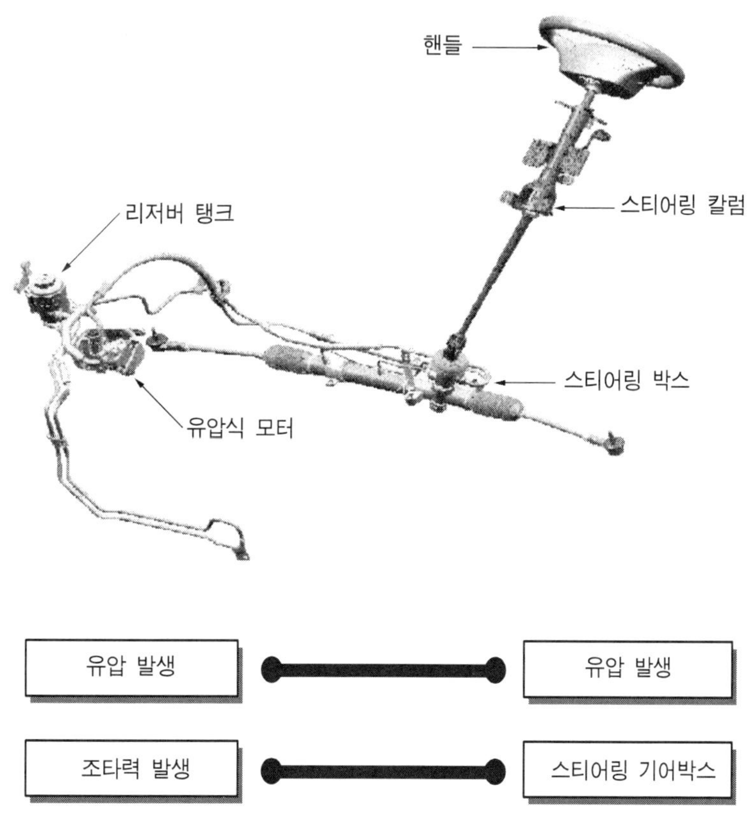

그림 4-15 유압 모터식 조향기어

(2) 전기모터식 스티어링

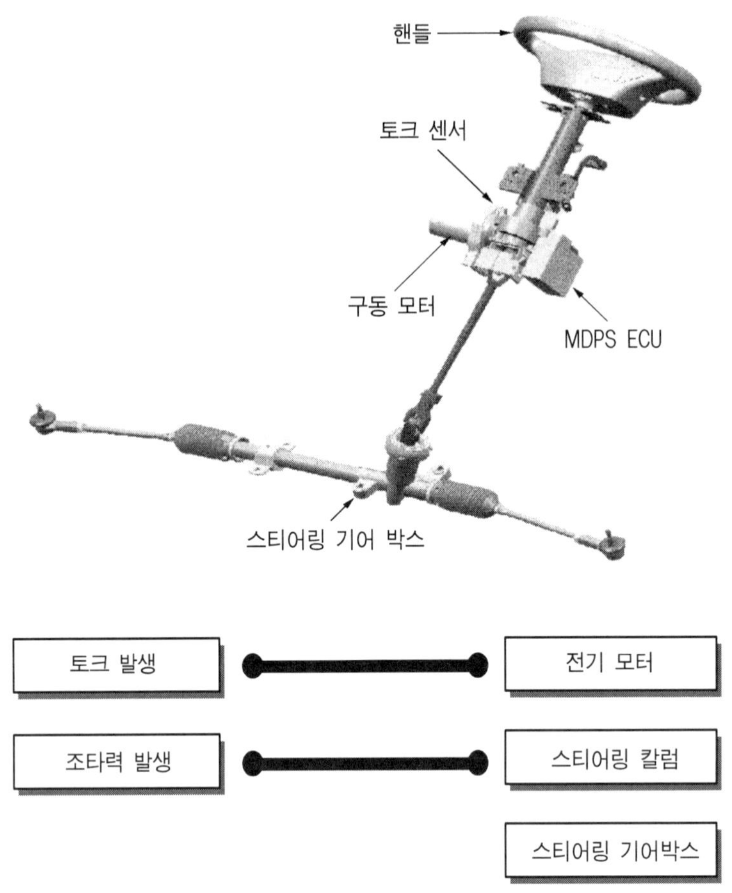

그림 4-16 전기 모터식 스티어링

모터식 파워스티어링은 ECU가 운전자의 움직임과 움직이는 토크의 양을 토크센서를 이용해서 측정을 하게 된다. 측정된 토크의 양을 기본으로 ECU는 구동모터를 운전자와 동일한 방향으로 스티어링 칼럼을 구동하게 되고 운전자의 구동력과 합쳐서 랙과 피니언을 구동하게 된다. ECU는 운전자가 사용을 할 때만 모터를 구동하게 된다.

(3) 파워스티어링 비교표

	유압식	모터식	비고
연비	기준(0%)	절감(약 3~5%)	
오일	1L	없음	보충 : 0.5L
조향성	복귀성이 좋다	조향성 향상	각종제어 복귀성향상
Fale Safe	일부적용	적용	
경량화	기준(0Kg)	절감(약2.5Kg)	
조립개소	38개	17개	21개 감소
조립부품수	47개	19개	28개 감소
가격	기준(0만원)	증가(약 10만원)	단점

4.3 MDPS 구성도

4 3.1 구성도

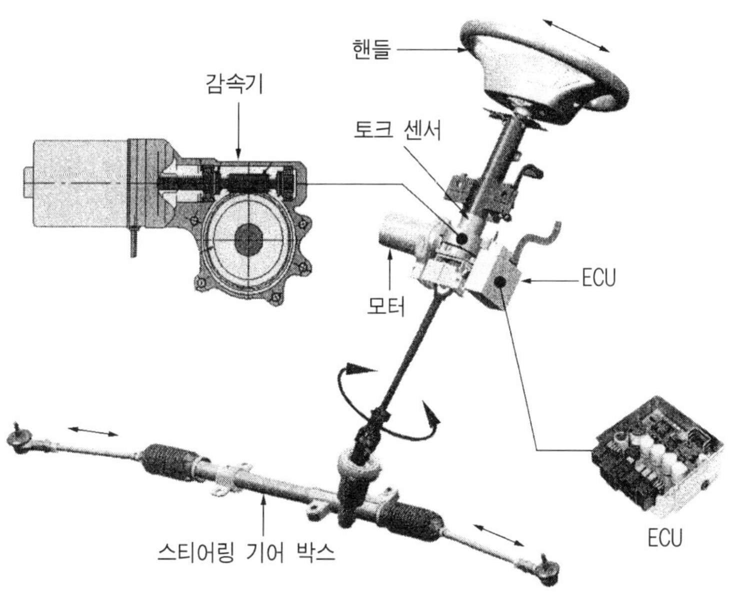

그림 4-17 MDPS의 구성

3.2 MDPS ECU 블록도

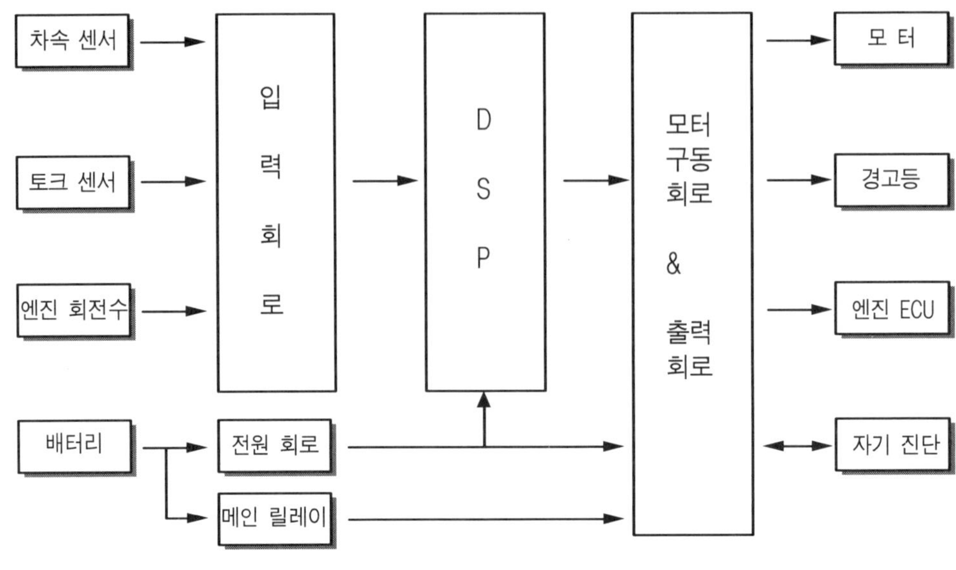

그림 4-18 MDPS ECU

3.3 구성품의 특성

(1) TB용 전동파워스티어링 칼럼 구성

그림 4-19 MDPS용 칼럼(클릭 차량용)

(2) 토크센서

① 장착위치

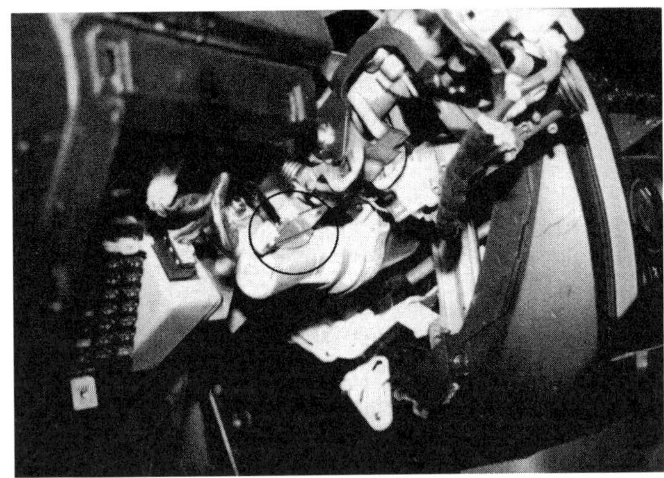

그림 4-20 토크 센서 위치

② 토크센서 증폭회로

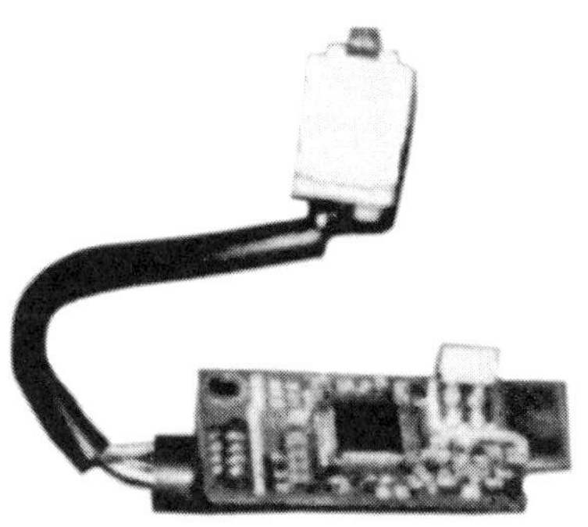

그림 4-21 토크 센서 증폭회로

토크센서는 스티어링 칼럼 중앙에 일체로 달려있다. 토크센서는 일부를 탈거할 수는 없다. 이 센서는 운전자가 핸들을 돌려 스티어링 칼럼을 통해 랙과 피니언의 증대로 바퀴를 돌릴 때 생기는 토크를 측정하도록 되어있다. 칼럼에 비접촉식으로 부착된 형식으로 전류에 생기는 자기장을 이용하여 축의 비틀림에 걸리는 전류의 값을 이용하여 측정하게 되어있다.

③ 토크센서(메인, 서버) 제원

1	작동전압	8.0±0.5(V)
2	작동전류	65(mA)
3	출력 전류	5±0.04(mA)
4	저항	500(Ω)
5	입력 전류범위	0에서 10(mA)
6	인지 전류범위	0에서 10(mA)
7	감지 단위	0.153(Nm)

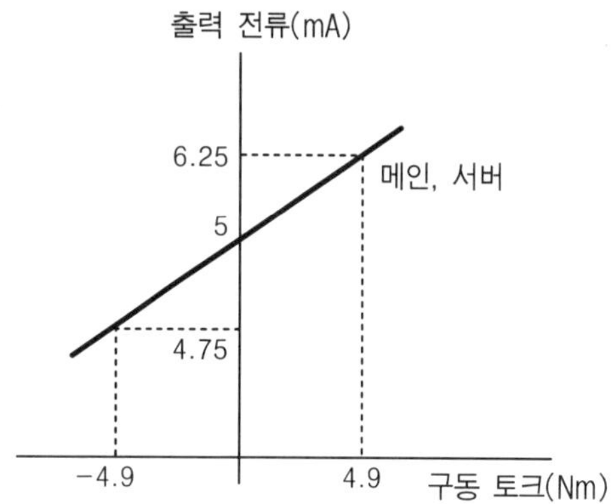

그림 4-22 구동 토크 센서의 출력 전류 및 구동축

④ 오른쪽으로 돌릴 때 토크센서 파형

상부에 있는 파형은 토크센서의 메인 부분이고 하부에 있는 파형은 서브부분이다. 상부의 파형에서 A선의 전압은 약 2.5볼트가 걸리고 있다. 여기는 토크가 걸리지 않은 부분이다. 여기서 토크가 약하게 걸리면 전압이 높아진다. 전압의 높이는 토크의 걸리는 양에 동일하게 올라가고 커서 B에 컬리는 전압. 약 4볼트 가량에서 한계치를 나타낸다. 하부의 서브 파형은 상부와 동일하게 나타나고 있다.

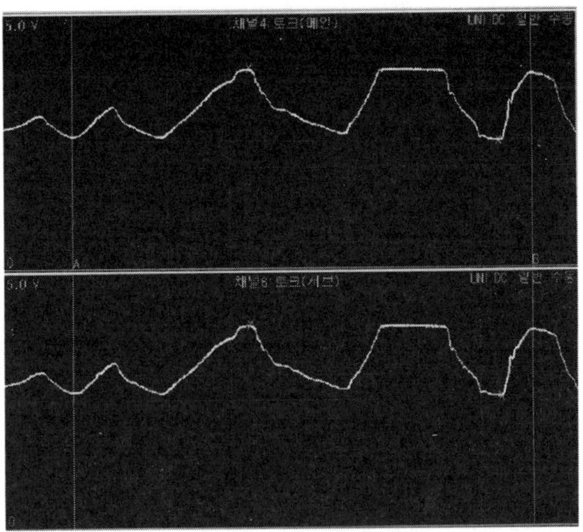

그림 4-23 토크 센서 측정 파형(오른쪽으로 돌릴 때)

⑤ 왼쪽으로 돌릴 때 토크센서 파형

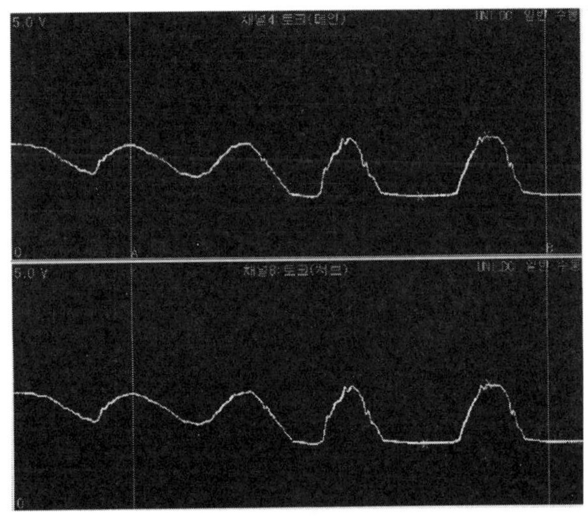

그림 4-24 토크 센서 측정파형(왼쪽으로 돌릴 때)

상부에 있는 파형은 토크센서의 메인 부분이고 하부에 있는 파형은 서브부분이다. 상부의 파형에서 A선의 전압은 약 2.5볼트가 걸리고 있다. 여기는 토크가 걸리지 않은 부분이다. 여기서 토크가 약하게 걸리면 전압이 낮아진다. 전압의 높이는 토크의 걸리는 양에 동일하게 내려가고 커서 B에 컬리는 전압. 약 1볼트 기량에서 한계치를 나타낸다. 하부의 서브 파형은 상부와 동일하게 나타나고 있다.

(3) 구동모터

① 장착위치

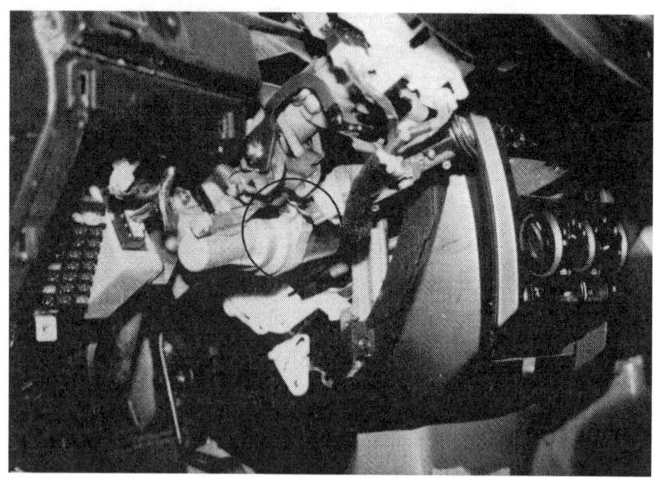

그림 4-25 구동 모터 장착 위치

② 구동모터

그림 4-26 구동 모터 구조

운전자는 핸들을 돌릴 때 모터에 의해 핸들의 구동력을 보조 받도록 되어있다. 이때 사용 되는 모터가 구동모터이다. 브러쉬 타입의 직류 모터로써 스티어링 칼럼에 웜과 웜기어로 칼럼을 구동하도록 되어 있다. 장착위치는 칼럼 중앙에 달려있다.

(4) MDPS ECU

① 장착위치

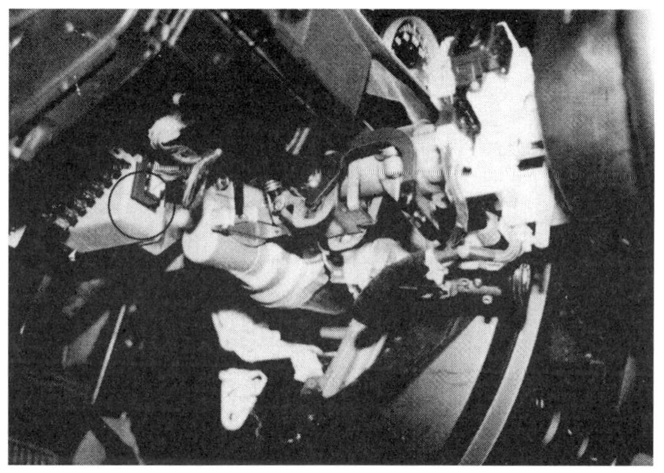

그림 4-27 MDPS용 ECU 장착위치

② MDPS ECU

그림 4-28 MDPS ECU

운전자는 핸들을 돌릴 때 토크센서로부터 조향력을 감지 받는다. 이때 ECU는 구동력을 측정하여 모터를 구동하게 된다. 모터의 구동력은 핸들을 구동하는 토크에 비례하게 구동하게 된다. 장착위치는 스티어링 칼럼에 부착되어있다.

③ MDPS ECU 제원

1	요구 전압	DC12V
2	작동 전압	DC10에서 16V
3	허용전류	1A max
4	보관 온도범위	-30에서 +85℃
5	작동 온도범위	-30에서 +65℃
6	모터 작동 주파수	20kHz
7	모터 작동 전류	0에서 45A
8	정지시 전류	1mA max

(5) 차속센서 제원

① 차속센서 제원

1	형식	홀센서 타입
2	주파수	70.7Hz / 100Km/h
3	듀티	35에서 65%
4	전압감지(Hi)	3.7(V)
5	전압감지(Low)	1.5(V)
6	압력 범위	255(Km/h) 이상
7	인지 범위	0에서 255(Km/h)
8	최소 단위	1(km/h)
9	작동 주기	200(ms)

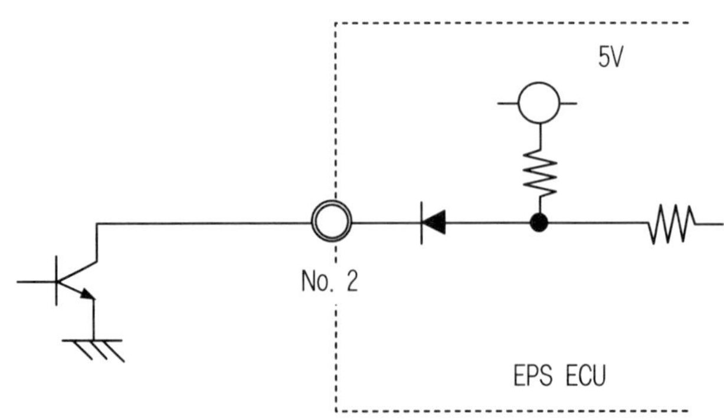

그림 4-29 차속센서 회로도

(6) 엔진 회전수 제원

1	형식	PWM 타입
2	주파스	2펄스/1엔진 회전수
3	듀티	40에서 60%
4	전압감지(Hi)	3.5(V)
5	전압감지(Low)	1.0(V)
6	입력 범위	8000(rpm)
7	인지 범위	160에서 5100(rpm)
8	최소 단위	20(rpm)
9	작동 주기	200(ms)

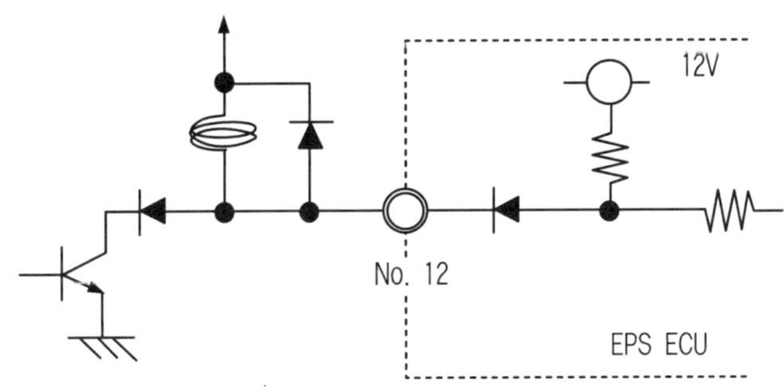

그림 4-30 엔진 회전수 회로도

4.4 MDPS 각종제어

4 4.1 차속에 따른 전류량제어

모터에 가해지는 전류의 세기는 스티어링 토크에 의해 결정되고 있다. MDPS ECU는 운전자가 돌리는 핸들의 세기를 토크센서를 통해 감지하도록 되어있다. 이세기는 전류로 환산되어 ECU로 들어오게 된다. 이 값은 기본 자료로 사용되고 여기에 차속이 결합하여 하나의 테이블형식의 표가 형성된다.

예를 들어 차속이 0Km/h일 경우는 표에서 1번에 해당된다. 즉 토크센서가 5.26mA일 경우부터 모터에 전류를 보내어 지고 6.28mA이상이 되면 모터의 최대전류인 45A가 적용된다. 그 이상의 토크가 생기더라도 모터의 전류는 변하지 않게 되는 것이다. 하지만 여기서 차속이 점차 올라가면 해당되는 전류는 달라지게 된다. 16번 표는 120Km/h의 속도를 의미한다. 이 속도가 도달하면 모터의 전류는 약 12A로 제한이 된다. 즉 운전자의 핸들의 감도가 무거워진다는 것이다. 속도 감응식 스티어링이 적용되는 것이다.

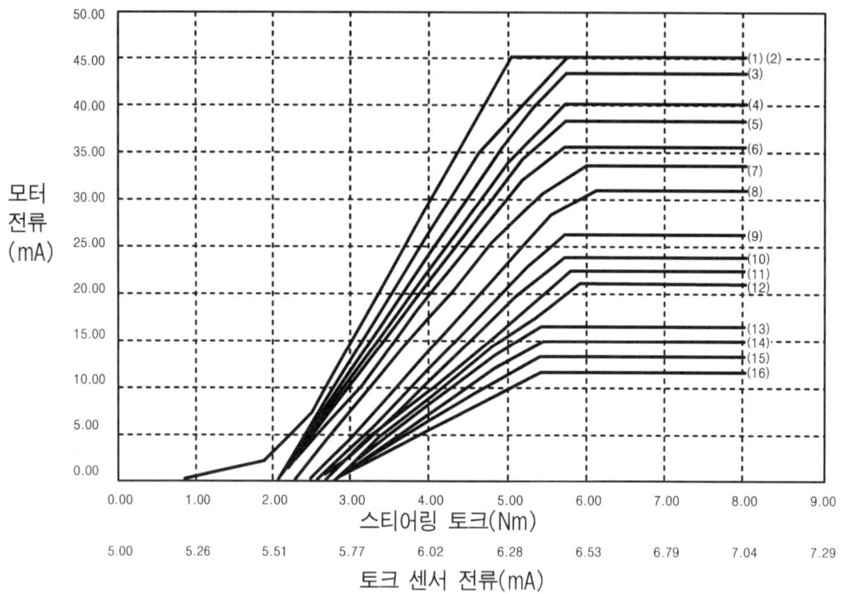

그림 4-31 차속에 따른 전류량제어(차속감응제어)

No	차속 (km/h)	특 성														
(1)	0	0.0	0.4	0.9	1.4	1.9	2.5	3.0	3.5	4.0	4.5	5.0	5.5	6.1	6.6	7.1
		0.0	0.0	0.0	1.1	2.0	7.0	14.6	22.3	29.7	37.4	45.0	45.0	45.0	45.0	45.0
(2)	8	0.0	0.5	1.0	1.5	2.1	2.6	3.1	3.6	4.1	4.6	5.2	5.7	6.2	6.7	7.2
		0.0	0.0	0.0	0.0	0.0	6.98	14.40	21.38	28.36	34.88	41.18	45.0	45.0	45.0	45.0
(3)	16	0.0	0.6	1.1	1.6	2.1	2.6	3.2	3.7	4.2	4.7	5.2	5.7	6.3	6.8	
		0.0	0.0	0.0	0.0	0.0	6.53	13.7	26.8	33.1	39.2	39.2	43.4	43.4	43.4	
(4)	24	0.0	0.6	1.1	1.6	2.1	2.6	3.2	3.7	4.2	4.7	5.2	5.7	6.3	6.8	
		0.0	0.0	0.0	0.0	0.0	5.4	12.6	19.1	25.0	31.1	36.5	40.5	40.5	40.5	
(5)	32	0.0	0.6	1.1	1.6	2.1	2.6	3.2	3.7	4.2	4.7	5.2	5.7	6.3	6.8	
		0.0	0.0	0.0	0.0	0.0	5.4	11.9	18.0	23.6	29.5	34.9	38.7	38.7	3.87	
(6)	40	0.0	0.6	1.1	1.6	2.1	2.6	3.2	3.7	4.2	4.7	5.2	5.7	6.3	6.8	
		0.0	0.0	0.0	0.0	0.0	4.73	10.6	16.43	21.60	27.23	32.4	36.0	36.0	36.0	
(7)	48	0.0	0.7	1.2	1.6	2.3	2.8	3.3	3.8	4.3	4.8	5.4	5.9	6.4	6.9	
		0.0	0.0	0.0	0.0	0.0	4.73	10.1	15.53	20.25	25.66	30.6	33.8	33.8	33.8	

(8)	56	0.0	0.9	1.4	1.9	2.5	3.0	3.5	4.0	4.5	5.0	5.5	6.1
		0.0	0.0	0.0	0.0	0.0	4.28	9.2	14.18	18.90	23.63	28.4	31.3
(9)	64	0.0	1.1	1.6	2.1	2.6	3.2	3.7	4.2	4.7	5.2	5.7	6.3
		0.0	0.0	0.00	0.0	0.00	4.73	9.2	13.73	18.23	22.73	26.5	26.6
(10)	72	0.0	1.1	1.6	2.1	2.6	3.2	3.7	4.2	4.7	5.2	5.7	6.3
		0.0	0.0	0.0	0.0	0.0	3.83	8.1	12.15	16.43	20.48	24.1	24.1
(11)	80	0.0	1.2	1.7	2.2	2.7	3.2	3.7	4.3	4.8	5.3	5.8	6.3
		0.0	0.0	0.0	0.0	0.0	4.05	7.7	11.48	15.08	18.90	22.5	22.5
(12)	88	0.0	1.2	1.7	2.3	2.8	3.3	3.8	4.3	4.8	5.4	5.9	6.4
		0.0	0.0	0.0	0.0	0.0	4.05	7.4	10.80	14.40	17.78	21.2	21.2
(13)	96	0.0	1.2	1.7	2.3	2.8	3.3	3.8	4.3	4.8	5.4	5.9	6.4
		0.0	0.0	0.0	0.0	0.0	3.60	6.8	10.13	13.28	16.65	16.7	16.7
(14)	104	0.0	1.2	107	2.3	2.8	3.3	3.8	4.3	4.8	5.4	5.9	6.4
		0.0	0.0	00	0.0	0.0	2.93	5.9	8.78	11.93	14.85	14.9	14.9
(15)	112	0.0	1.2	1.7	2.3	2.8	3.3	3.8	4.3	4.8	5.4	5.9	6.4
		0.0	0.0	0.0	0.0	0.0	27.0	5.4	7.88	10.58	13.28	13.3	13.3
(16)	120	0.0	1.2	1.7	2.3	2.8	3.3	3.8	4.3	4.8	5.4	5.9	6.4
		0.0	0.0	0.0	0.0	0.0	2.25	4.5	6.98	9.23	11.70	11.7	11.7

(스티어링 토크(Nm) / 모터 전류(A))

그림 4-32 차속에 따른 전류량 표

4 4.2 관성 보상 제어

MDPS에 적용되는 모터는 브러쉬 타입의 전기 모터가 적용된다. 이 모터는 전기적 관성을 보상하지 않으면 운전자가 조작 후 그 관성에 의해 더욱 조향이 될 수 있는 것이다. ECU는 일정한 상수를 두어 제어시 그 값이 맞는 데이터 값을 주어 제어를 하게 된다. 이것을 관성보상이라 한다. 관성보상은 속도에 따른 가속도를 정밀하게 제어하기 위해 있다.

차속(Km/h)	데이터	차속(Km/h)	데이터	차속(Km/h)	데이터
0	76	48	76	96	76
8	76	56	76	104	76
16	76	64	76	112	76
24	76	72	76	120	76
32	76	80	76	128	76
40	76	88	76		

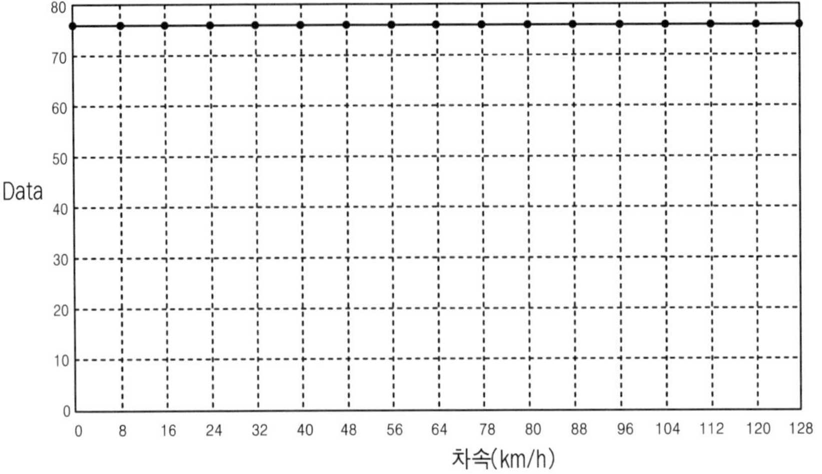

그림 4-33 관성 보상 제어표

4 4.3 댐핑 보상 제어

댐핑보상은 모터의 속도에 따른 진동을 흡수하기 위한 제어이다. 모터의 속도를 제어함에 있어 변화되는 값은 모터가 회전하는 각속도에 영향을 받는다. 모터는 속도의 보상을 위해 위와 같이 기준에 의해 제어된다. 여기서 KBH와 KBL이 있는데 이는 각속도가 12.2rad/s 이상이 되면 KBH로 제어되고 12.2rad/s 이하가 되면 KBL로 제어된다. 즉 각 속도가 빠른 것이고 느릴 때에 따라 제어가 달리된다. 댐핑보상은 모터의 속도에 맞는 보상을 의미하는 것이다.

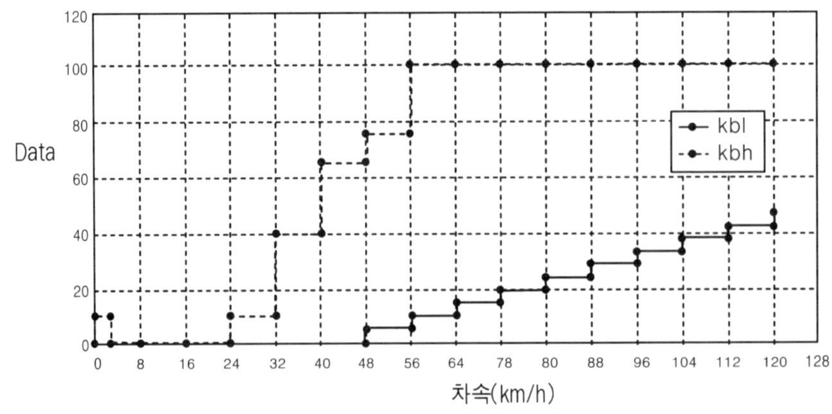

차속(Km/h)	데이터	차속(Km/h)	데이터	차속(Km/h)	데이터
0	10	0	64	100	14
2	0	0	72	100	18
8	0	0	80	100	23
16	0	0	88	100	28
24	10	0	96	100	32
32	40	0	104	100	37
40	65	0	112	100	41
48	75	0	120	100	46
56	100	0			

그림 4-34 댐핑 보상 제어표

4 4.4 마찰 보상제어

마찰제어는 모터가 회전을 할 때 생기는 마찰값에 대한 보상을 의미한다. 기계적으로 보든 물체는 최초 움직일 때 마찰을 갖게 된다. 이를 보상해주는 제어가 마찰제어다. 이 보상값은 모터의 전류에 계산되어 모터가 회전을 원활하게 돌아가는 것을 도와준다. 마찰제어는 최초 움직이는 값을 도와주는 것이다.

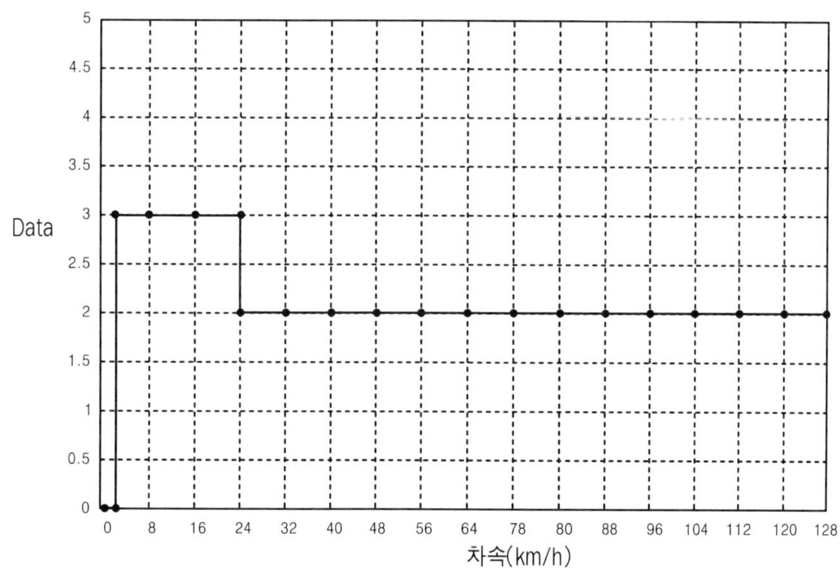

차속(Km/h)	데이터	차속(Km/h)	데이터	차속(Km/h)	데이터
0	0	40	2	88	2
2	3	48	2	96	2
8	3	56	2	104	2
24	2	72	2	102	2
32	2	80	2		

그림 4-35 마찰 보상 제어

4 4.5 과열 보호 제어

차량 정지 상태에서 비정상적인 연속 조타시 모터에 걸리는 전류가 최대 45A이므로 발생하는 열 또한 많게 된다. 이러한 전류는 ECU내부에 열에 의한 영향을 미치게 된다. 이는 회로의 고장을 야기함으로 지향해야 한다. ECU는 내부에 더미스터를 장착하여 ECU에 걸리는 온도를 직접 측정하게 된다. 모터에 일정 시간 동안 계속해서 작동을 하게 되면 일정시간 후에 전류를 제한하기 시작한다. 이 전류는 약 8A 정도까지 제한하게 된다. 미조타 상태에서 최대 20분 정도가 흘러가면 정상상태로 복귀된다. 비정상적인 상태이므로 실주행 및 주차에는 문제가 되지 않는다. 이 시간은 ECU내부에 걸리는 온도에 따라 시간제어가 달라진다.

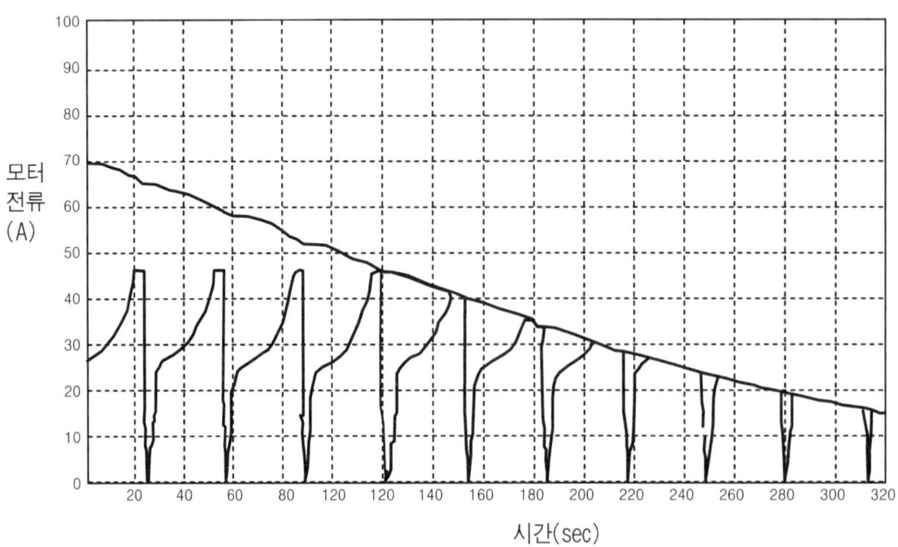

그림 4-36 과열 보호 제어

4.6 연동 회로 보상제어

운전자는 핸들을 통해 차량의 방향성을 제어한다. 이를 도와주는 모터는 같은 방향으로만 돌아야 하는데 이상적인 문제로 반대로 돌 수가 있다. 이를 미연에 방시하는 제어가 연동 회로 보상 제어이다.

일정 소전류에서는 양 방향성을 두지만 일정 토크에서는 한쪽에 걸리는 회로만 두고 나머지 한쪽을 제한다는 회로이다. 이상 현상에 의해 핸들이 오조작되는 것을 보호하는 보상회로이다.

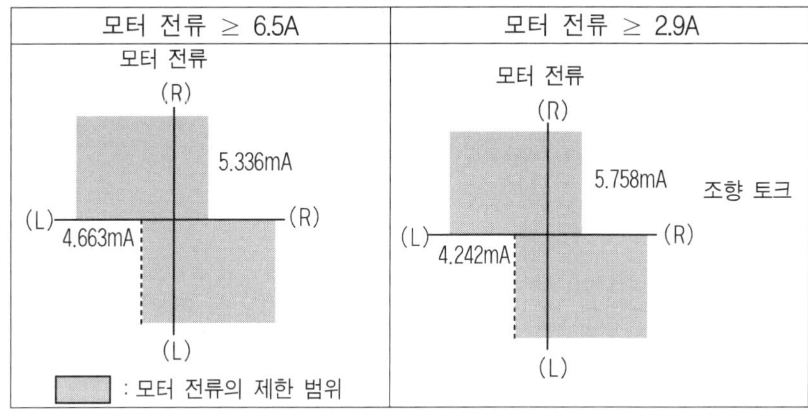

그림 4-37 연동회로 보상 제어

4.7 아이들 업 보상회로

MDPS는 45A를 사용하기에 아이들시 작동을 하게 되면 발전기에 걸리는 부하가 커서 엔진 회전수가 다운될 우려가 있다. 이를 방지하기 위해서 모터에 걸리는 전류가 25A 이상이 되는 경우는 엔진의 아이들 업 신호를 준다.

모터에 걸리는 전류는 다시 25A 이하로 되거나 차량의 속도가 5Km/h 이상이 될 경우는 아이들 업을 하지 않는다. 엔진 ECU는 걸리는 전압을 어스함으로서 아이들 업 신호를 받도록 되어있다.

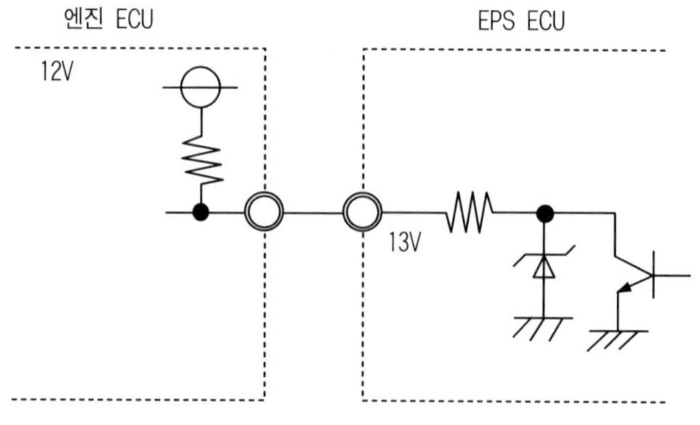

그림 4-38 아이들 업 보상회로

(1) 아디들 업 ON(어시스)-모터 전류≥25A

(2) 아이들 업 OFF(방치)-모터 전류

제5장 4륜 조향장치

5.1 개요

일반적으로 자동차에서는 조향 휠의 조작에 의해 앞바퀴로 조향하여 주행 방향을 변경하였으나 4륜 조향장치는 뒷바퀴도 조향하는 장치이다.
4륜 조향장치의 목적으로는 저속 주행시에 역위상 조향을 하여 선회반경을 적게 하는 것과 중·고속시 동위상 조향을 하여 고속에서의 차선 변경과 선회시의 조향 안전성을 향상시키는 것이 있다.

역위상 조향이란 앞바퀴의 조향 방향과 뒷바퀴의 조향 방향이 반대인 조향을 말하며 동위상 조향은 앞바퀴의 조향 방향과 뒷바퀴의 조향 방향이 동일 방향인 조향을 말한다.

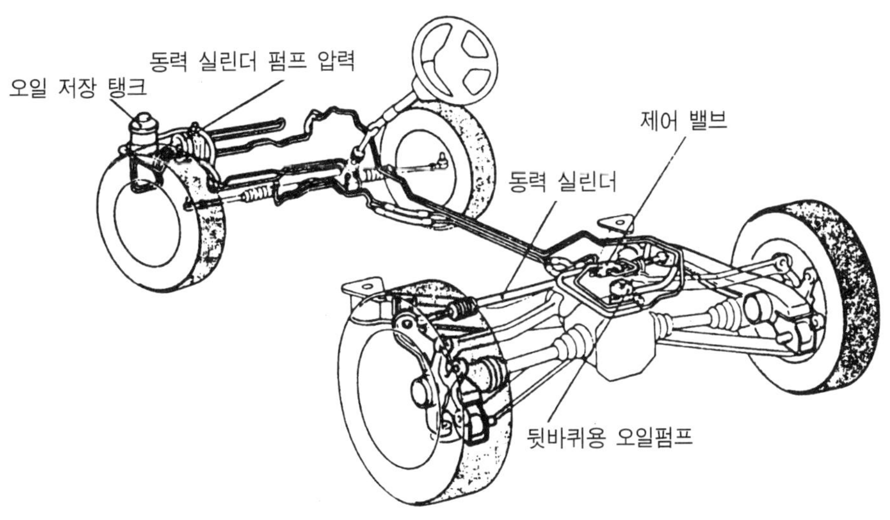

그림 5-1 4륜 조향장치의 구성

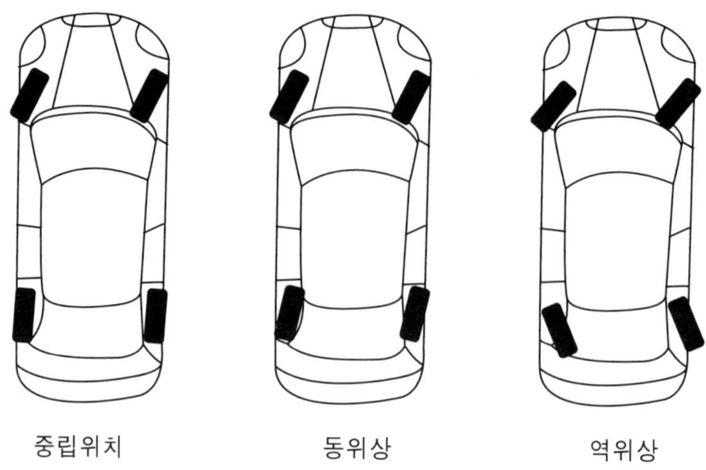

그림 5-2 바퀴의 조향 상태

그리고 4륜 조향장치는 2륜 조향장치에 비하여 다음과 같은 성능을 향상시킬 수 있다.

① 고속 직진성이 안정된다.
② 차선 변경이 용이하다.
③ 선회시 균형이 좋다.
④ 선회 반경이 작아진다.
⑤ On the rail성 향상된다.

5.2 원리 및 특성

일반적으로 고속 선회시에는 차체에 원심력이 크게 작용한다. 그림 5-3과 같이 이러한 원심력 때문에 코너링 포스 C가 필요하며 옆미끄럼각 α를 크게 한다. 2WS 자동차는 고속에서 선회할 경우 운전자가 핸들 회전량을 증가시키므로 앞바퀴의 옆미끄럼각이 증가되고, 후륜은 차체 후부를 바깥쪽으로 향하게 하므로 옆미끄럼각을 크게 한다.

4WS 자동차는 후륜 타이어를 전륜과 동위상으로 조향하므로 차체 후부가 바깥쪽으로 향하는 것이 작게 된다. 따라서 자세 변화(차체의 옆미끄럼각 β)가 적게 되어 차체 후부가 바깥쪽으로 향하는 시간이 단축되므로 고속 직진 안정성, 차선 변경의 용이성, 코너링 밸런스 등을 향상시킨다.

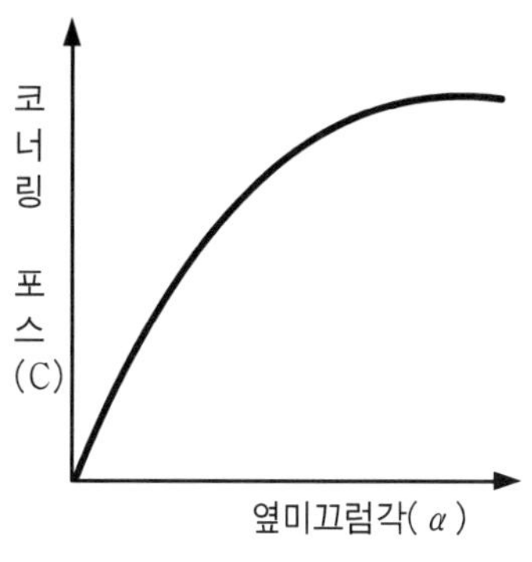

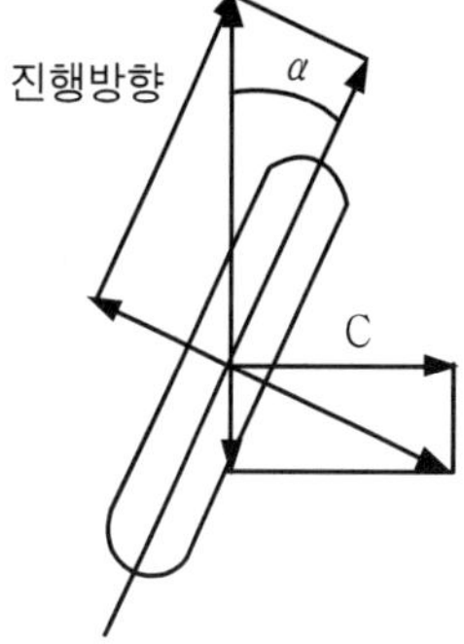

1α : 타이어 옆미끄럼각　　C : 코너링 포스

(a) 2WS 자동차　　(b) 4WS 자동차

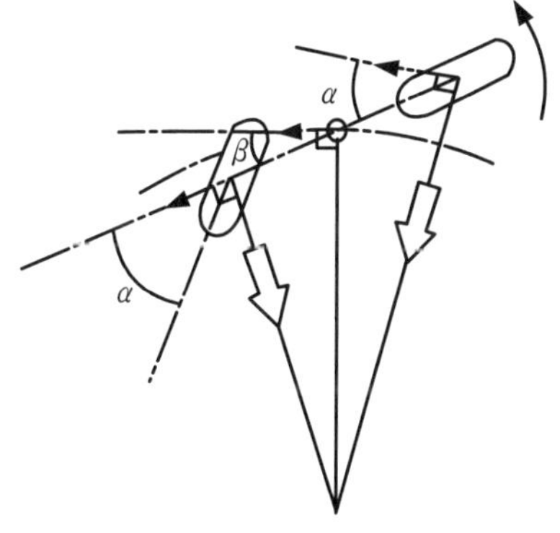

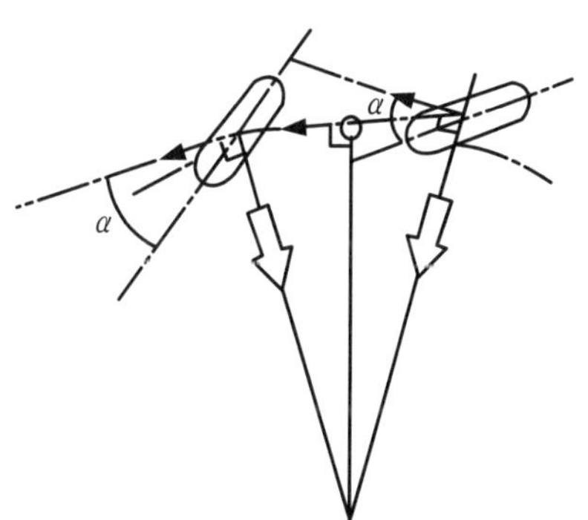

α : 타이어 옆미끄럼각
β : 차체 옆미끄럼각

차체의 진동에 의해 후륜에 횡미끄럼각을 발생케 한다.

후륜 조향에 의해 옆미끄럼각을 발생케 한다.

그림 5-3 2WS와 4WS의 옆미끄럼각 비교

전륜에 대한 후륜의 조향비(Θr/Θf)는 차속에 따라 변하며 그 특성은 그림 5-4와 같다.

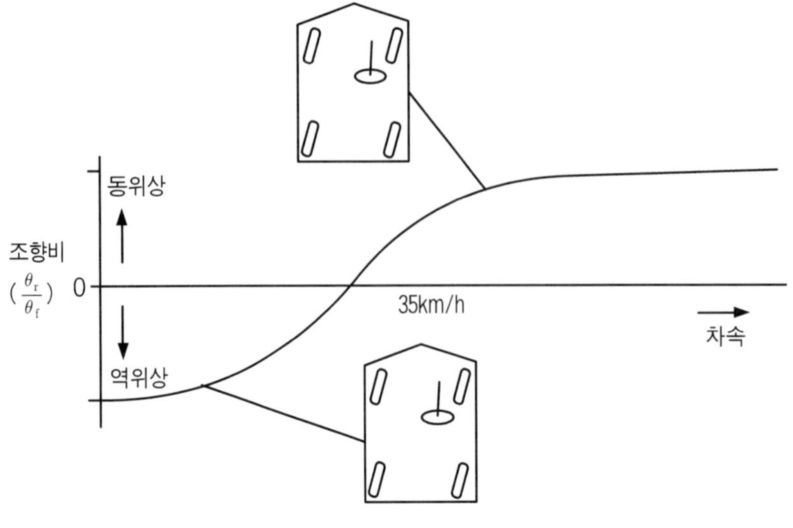

(a) 차속과 조향비의 관계

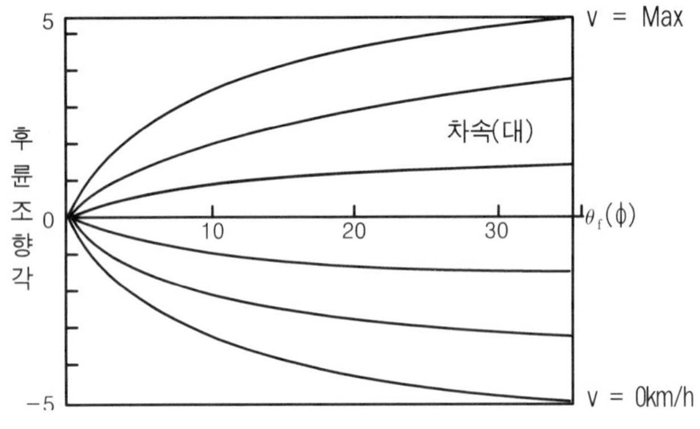

(b) 전륜조향각과 후륜조향각 및 차속의 관계

그림 5-4 차속에 따른 전륜과 후륜의 조향비 특성

차속 35km/h 미만에서는 전륜과 역방향인 역위상이며, 35km/h에서 중립 상태 그리고 35km/h 이상일 때는 전륜과 같은 방향인 동위상으로 설정하고 있다. 따라서 후륜은 다음 식으로 조절한다.

$\Theta_r = f_v \times \Theta_f$

여기서, Θ_r : 후륜 조향량, f_v : 조향비(차속에 대응하여 변한다)

Θ_f : 전륜 조향량

5.3 차속 감응형 4WS의 조종 안정 성능

(1) 고속직진 안정성

고속으로 직진 주행을 하더라도 운전자는 핸들을 조금씩 수정하면서 운전한다. 또 횡풍이나 노면의 요철에 의해 자동차가 외부로부터 변화를 받을 때도 물론 운전자는 핸들을 수정한다.

이와 같을 때 차속 감응형 4WS는 그림 5-5와 같이 후륜이 전륜과 동위상으로 조향되므로 자세 변화가 적어 안정된 주행을 할 수 있다.

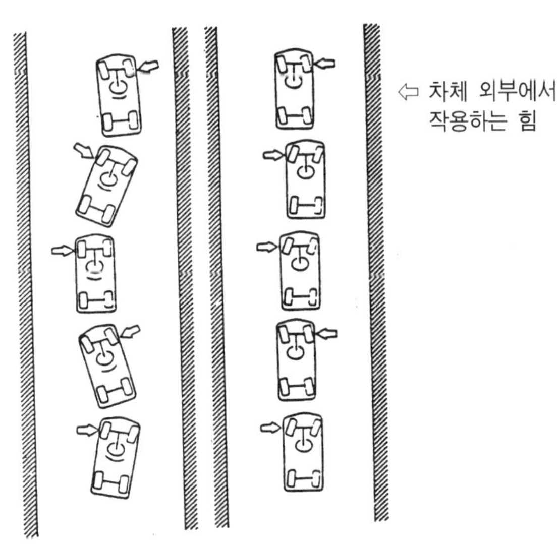

(a) 2WS 자동차 (b) 4WS 자동차

그림 5-5 고속 직진시 안정성의 비교

(2) 차선 변경의 용이성

차선 변경시(35km/h 초과) 그림 5-6과 같이 차속 감응형 4WS는 후륜을 동위상으로 조향하므로 후륜의 코너링 포스 발생개시가 빨라 차체 옆미끄럼각 β가 대단히 작게 된다. 따라서 안정된 차선변 경을 실현할 수 있다.

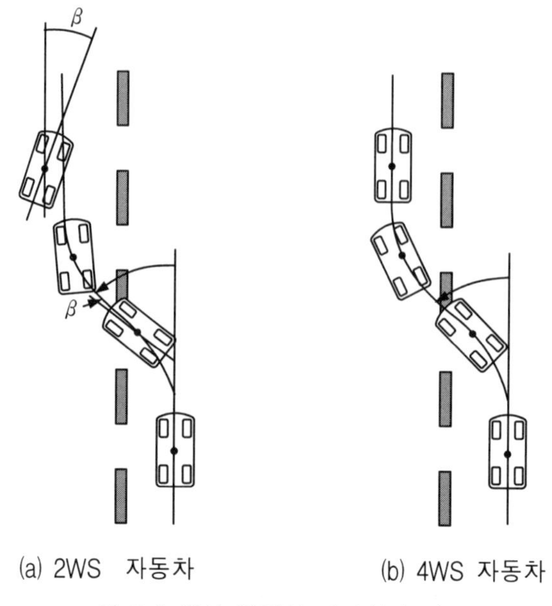

(a) 2WS 자동차 (b) 4WS 자동차

그림 5-6 차선 변경시 안정성의 비교

(3) 코너링 밸런스(cornering balance)

선회시 2WS 자동차의 경우 차체의 옆미끄럼각 β에 따라 처음부터 후륜에 코너링 포스가 발생하기 시작한다. 그러나 4WS인 경우 그림 5-7과 같이 전륜 조향과 거의 동시에 후륜에 코너링 포스가 발생하기 때문에 자세변화가 적어 안정된 코너링을 실현할 수 있다.

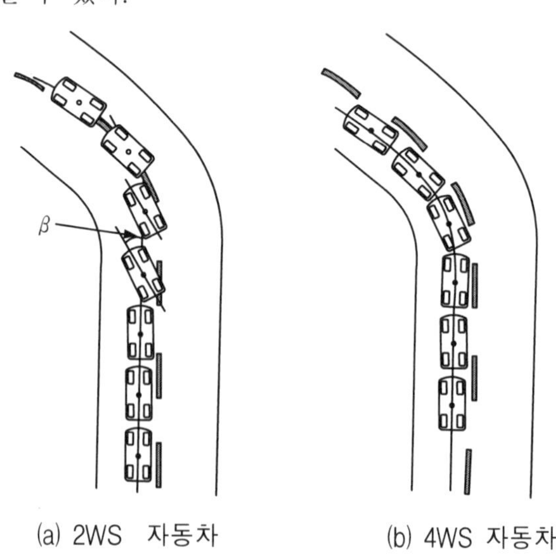

(a) 2WS 자동차 (b) 4WS 자동차

그림 5-7 코너링 밸런스의 비교

(4) 소회전 반경

35km/h 미만에서는 그림 5-8과 같이 후륜은 전륜과 역위상으로 조향되므로 선회중심이 0점에서 0′점으로 이동한다. 따라서 2WS에 비하여 최소회전 반경 R과 내외륜차 W를 작게 할 수 있기 때문에 소회전 반경성을 달성할 수 있다.

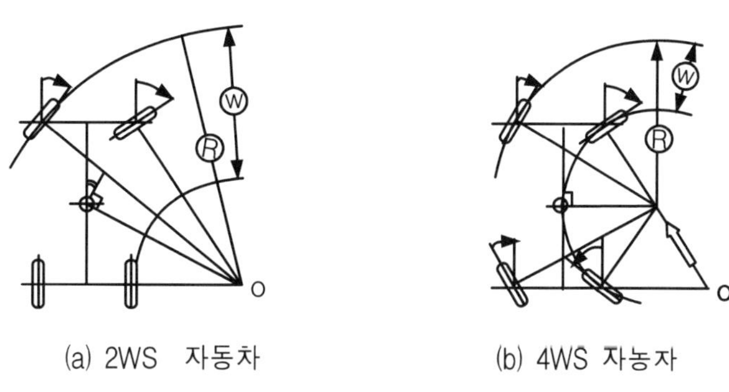

그림 5-8 회전 반경의 비교

(5) On the rail성

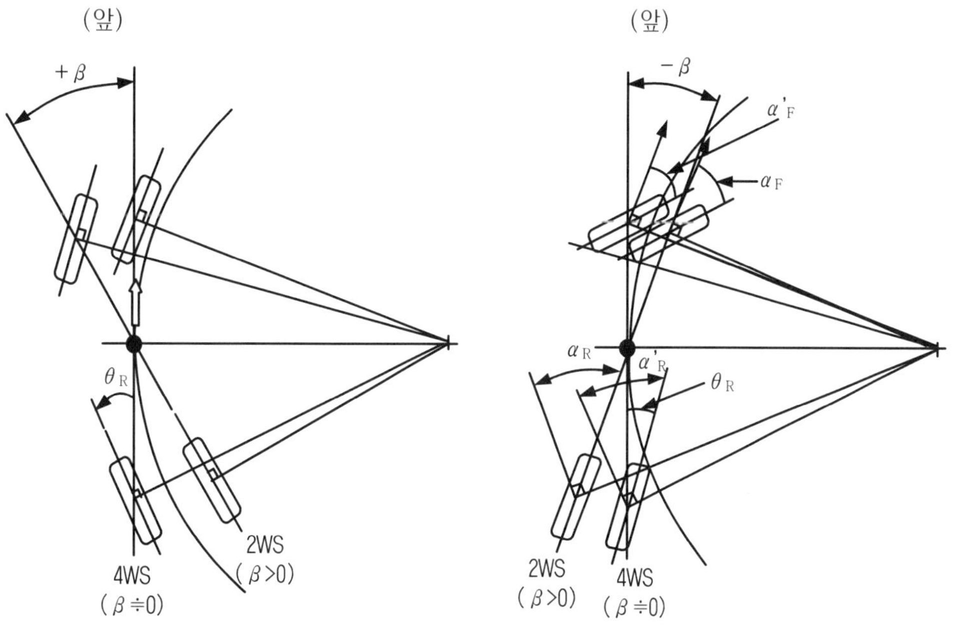

(a) 극저속시 : 4WS 역위상　　(b) 고속시 : 4WS 동위상

α_F : 앞 타이어 옆미끄럼각(2WS 자동차)
α_R : 뒤 타이어 옆미끄럼각(2WS 자동차)
α'_F : 앞 타이어 옆미끄럼각(4WS 자동차)
α'_R : 앞 타이어 옆미끄럼각(4WS 자동차)
θ_R : 뒤 타이어 옆미끄럼각(4WS 자동차)

그림 5-9 On the rail성의 비교

그림 5-9에서 2WS의 경우 차속에 따라 자동차의 자세(차체의 옆미끄럼각 β) 변화는 크다. 극저속 선회시 타이어의 옆미끄럼각은 0에 가까우며, 차체의 옆미끄럼각 β는 +(플러스)로 된다. 고속 선회시는 같은 선회 반경이더라도 원심력이 크게 되기 때문에 그 원심력에 대항하는 큰 코너링 포스가 필요하다. 따라서 타이어 옆미끄럼각이 크게 되고, 차체의 옆미끄럼각 β는 -(마이너스)로 된다.
차속 감응형 4WS의 경우 차속변화에 따라 조향비(후륜 조향량/전륜 조향량)가 변화(역상 : 차속 35km/h 미만, 중립 : 차속 35km/h, 동상 : 차속 35km/h 초과)하기 때문에 차체의 방향을 항상 운동 방향으로 (차체의 옆미끄럼각을 0에 가깝게) 주행할 수 있어 코너링시 On the rail성을 실현할 수 있다.

5.4 4륜 조향장치의 구조

차속 감응형 4륜 조향장치는 앞바퀴를 조향하는 래크와 피니언형 앞 동력 조향장치, 앞바퀴 조향각과 주행 속도에 따라 뒷바퀴를 조향하는 유압조력식 뒤 동력 조향장치 제어 박스, 앞바퀴 조향각을 뒷바퀴로 전달하는 뒤 조향축, 오일펌프 및 차속 센서, 4륜 조향용 ECU 등으로 구성되어 있다. 그리고, 뒷바퀴의 조향장치에 고장이 발생하였을 때 뒷바퀴를 중심 위치로 고정시키고 2륜 조향이 되게 하는 중립 스프링이 있다.

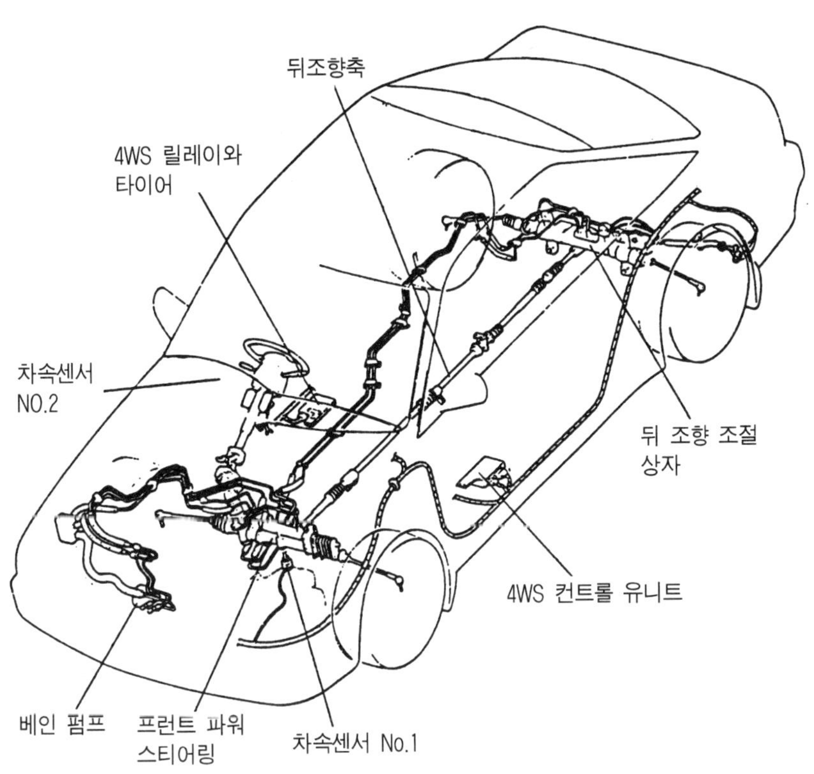

그림 5-10 4륜 조향장치의 구성도

시스템의 작동은 그림 5-11과 같이 4WS 컨트롤 유니트는 차속센서로부터의 신호에 따라 차속에 대응하는 신호를 리어 스티어링 컨트롤 박스 내 스텝핑 컨트롤 모터로 보내어 컨트롤 요크를 회전시킨다. 한편 핸들 조작에 의하여 그에 대응하는 방향과 각도만큼 리어 스티어링 샤프트가 리어 스티어링 컨트롤 박스 내의 베벨기어를 회전시킨다.

이 컨트롤 요크의 회전과 베벨 기어의 회전이 위상 제어기구 내에서 합성되어 컨트롤 밸브로드의 스트로크 방향과 양(스티어링 조작과 차속에 대응하는 방향)을 구한다.

컨트롤 밸브 내에서 유로를 절환하여 파워 로드가 후륜을 조향한다.

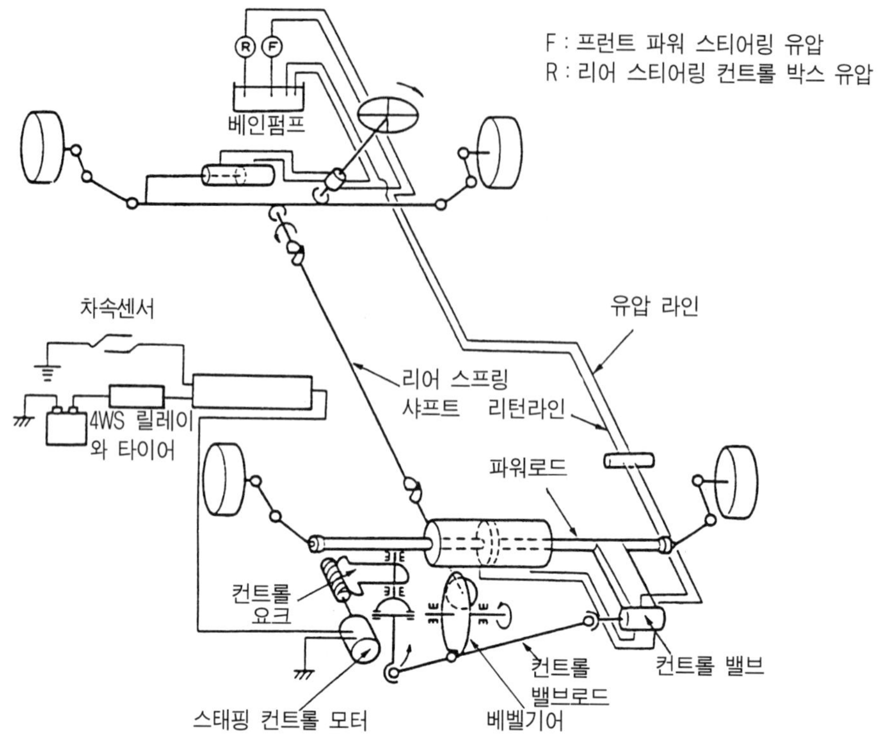

그림 5-11 시스템의 작동

(1) 앞 조향장치의 구조와 작동

앞 조향장치는 래크와 피니언 형의 동력 조향장치로서 오일펌프, 동력 실린더, 제어 밸브 등으로 구성되어 있다. 이 형식은 동력 실린더가 별개로 설치되며, 엔진 회전수 감응형 동력 조향식을 채택하고 있다.

조향 휠을 회전하면 래크가 움직여 조향 바퀴가 움직인다. 이 때 바퀴의 부하에 따라서 제어 밸브가 변환하여 유압을 피스턴으로 보내어 래크의 움직임을 도와준다. 또한, 래크 축에 설치된 출력 피니언이 회전하여 뒤 조향장치로 회전력을 전달한다.

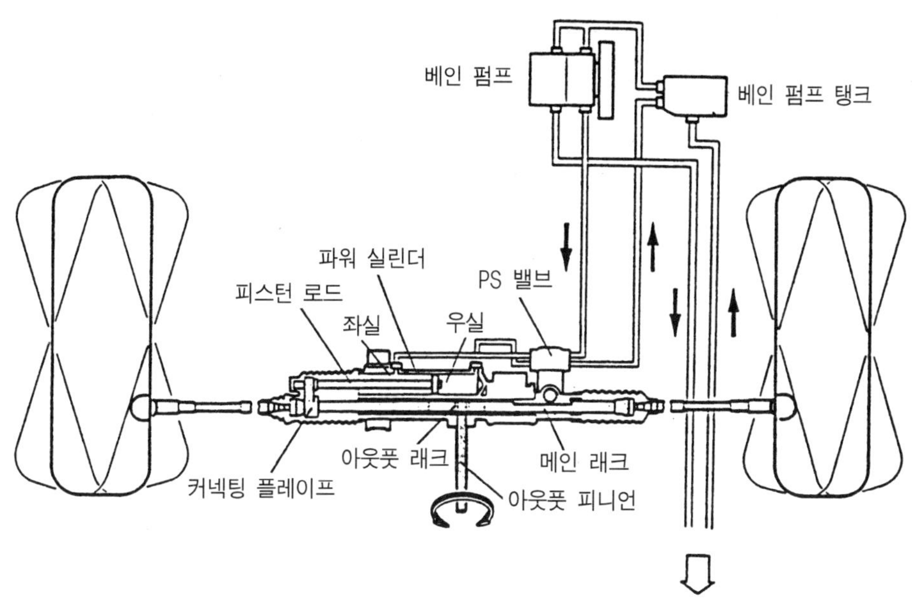

그림 5-12 앞 조향장치의 구조

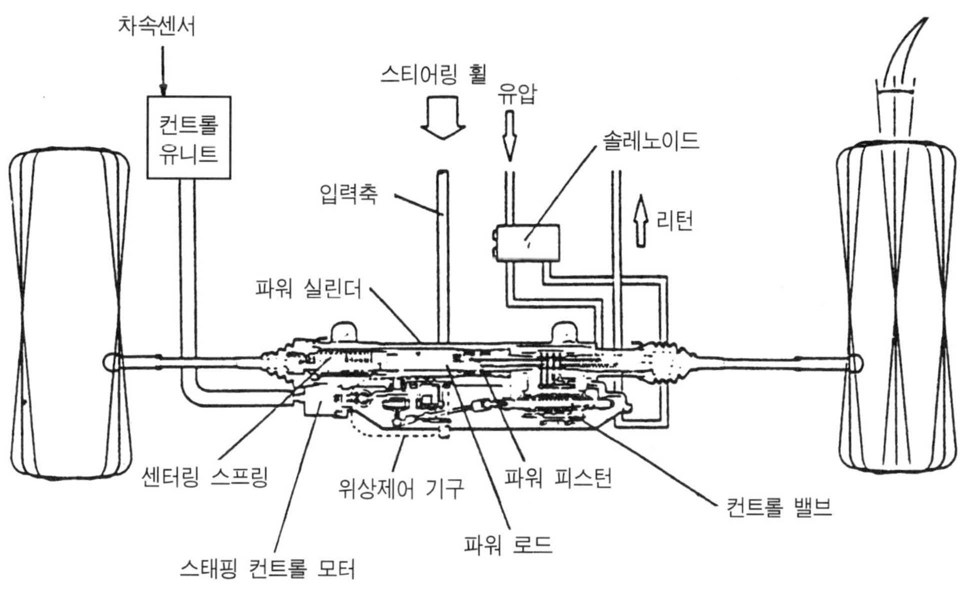

그림 5-13 뒤 조향장치의 구조

(2) 뒤 조향장치의 구조와 작동

뒤 조향제어 상자는 조향 휠의 회전과 주행 속도에 의해 조절되는 유압 조력(助力)식 동력 조향방식이다. 제어 상자에는 뒤 조향축, 스텝모터, 위상 제어기구, 제어 밸브, 출력 로드(power rod), 동력 피스턴 및 실린더로 구성되며 최대 조향각은 제작회사나 차종에 따라서 다르나 약 5° 정도이다.

페일 세이프(fail safe)기구로서 동력 실린더의 유압이 저하되었을 때 뒷바퀴를 중립으로 고정하고 2륜 조향이 되게 하는 센터링 스프링(centering spring)을 출력 로드에 두고 있다.

1 위상 제어 기구의 구조와 작동

위상제어 기구에는 조향비를 결정하는 스텝 모터(step motor), 제어 요크(control yoke), 조향 휠의 움직임 양을 입력시키는 베벨 기어, 제어 밸브를 작동시키는 제어 로드로 구성되며 제어 로드의 한쪽 끝은 스윙 암(swing arm)에 중앙은 베벨 기어에 다른 한쪽 끝에는 제어 밸브 입력로드가 설치되어 있다.

작동은 자동차의 주행 속도에 대응하여 스텝모터가 제어 요크를 회전시켜 제어 밸브의 입력 로드를 좌, 우로 움직이게 한다. 한편, 베벨 기어는 조향 휠의 회전량에 대응하여 회전하고 제어 밸브의 입력 로드를 좌, 우 방향으로 이동시킨다. 이 제어 요크의 회전에 따른 제어 밸브 입력 로드의 좌, 우 방향 이동과 베벨 기어의 회전에 의한 제어 밸브 입력 로드의 좌, 우 방향 이동의 합이 제어 밸브 입력 로드의 이동 방향과 이동량이 된다.

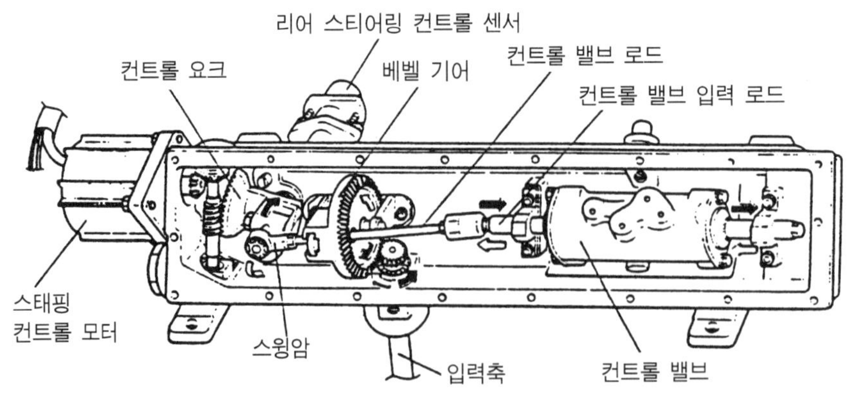

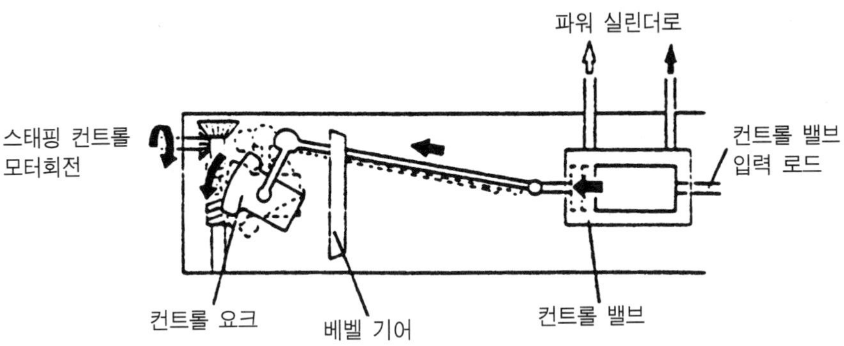

(a) 컨트롤 요크 회전(차속변화)에 의한 로드의 작동

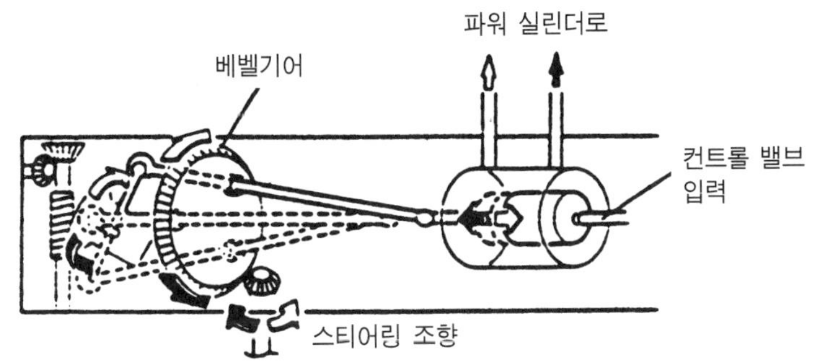

(b) 베벨기어 회전(스티어링 조향량)에 의한 로드의 작동

그림 5-14 위상 제어 기구의 구조

이 위상 제어 기구의 작동은 다음과 같다.

① 35km/h 이하(역위상 제어)

이 때는 제어 요크의 각도가 역방향이 되도록 스텝모터가 제어 요크를 회전시켜 역위상으로 제어한다. 제어 요크가 기울어지면 스윙 암과 일체로 된 자재이음이 기울어져 이동 행정이 발생되므로 뒷바퀴는 앞바퀴가 왼쪽으로 조향되면 역방향의 각도만큼 오른쪽으로 조향된다. 이 때 앞바퀴를 반대 방향의 오른쪽으로 조향하면 역방향의 행정만큼 중앙으로 당겨져 중립점인 중앙으로 복귀하고 스텝 모터가 정방향의 각도만큼 행정이 발생된다.

② 35km/h 이상(동위상 제어)

제어 요크의 각도를 정위치로 기울어지게 하므로 기울어진 양만큼 행정이 발생되어 조향이 된다.

③ 35km/h일 때(중립 제어)

제어 요크의 기울어짐이 없기 때문에 이동 행정이 발생하지 않으므로 조향이 없다. 즉, 제어 밸브 입력 로드의 이동량이 조향 행정량이 되며 제어 밸브 입력 로드의 이동량이 동력 조향장치를 작동하여 뒷바퀴를 조향하게 된다. 이 위상 제어 장치에서 가장 중요한 장치가 스텝 모터이며 차속 센서와 뒤 조향 제어 센서(조향비 센서)가 가장 중요한 역할을 한다.

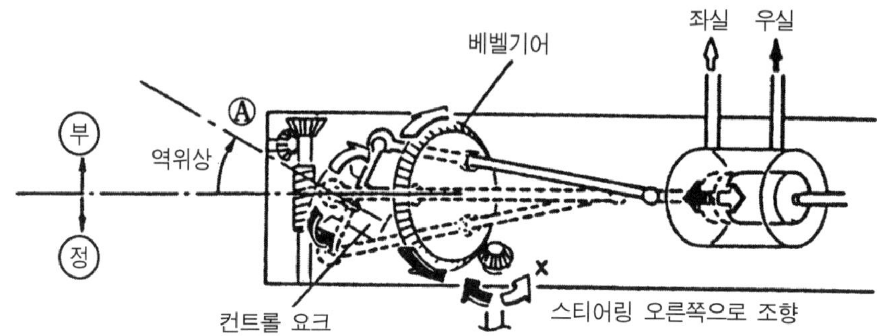

(a) 역위상(차속 35km/h 미만)

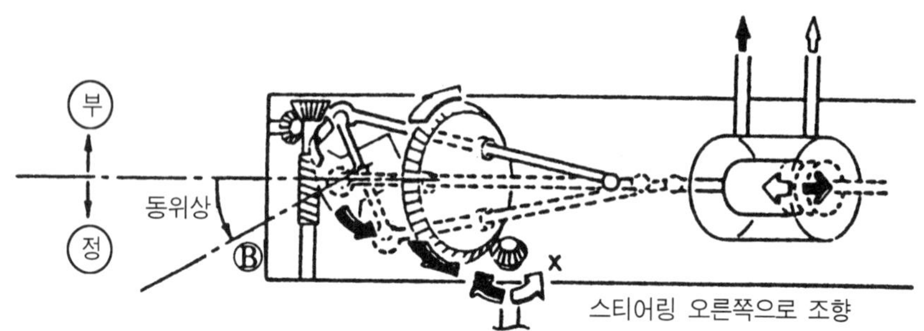

(b) 동위상(차속 35km/h 이상)

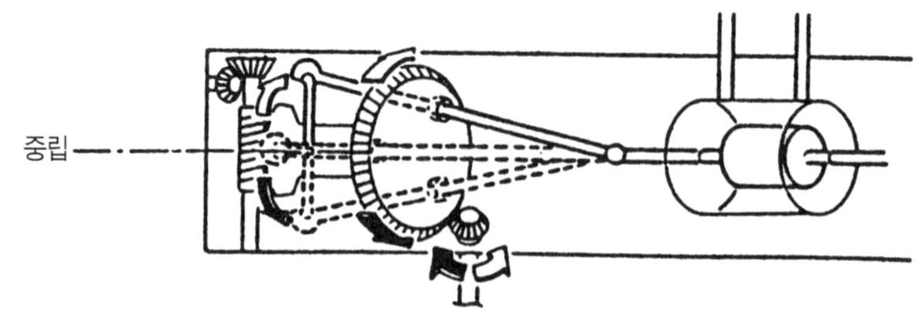

(c) 중립(차속 35km/h)

그림 5-15 위상제어 기본 원리

2 스텝 모터의 구조와 작동

이 모터는 코일, 스테이터, 마그네트로 된 로터로 구성되어 있으며 로터에는 마그네트가 2개, 로터 코어가 4개, 로터 축이 1개 있으며 로터 코어에는 스텝각에 상당하는 수만큼의 자극의 이빨이 있고 4개의 코어는 서로 근접되어 있으며 자극 피치의 반 피치만큼 오프셋되어 있다. 작동은 주행 속도에 따라서 코일에 흐르는 전류를 규칙적으로 변환하는 스테이터 자극(磁極)에 영구자석인 로터를 흡입하여 고유의 스텝각으로 회전한다.

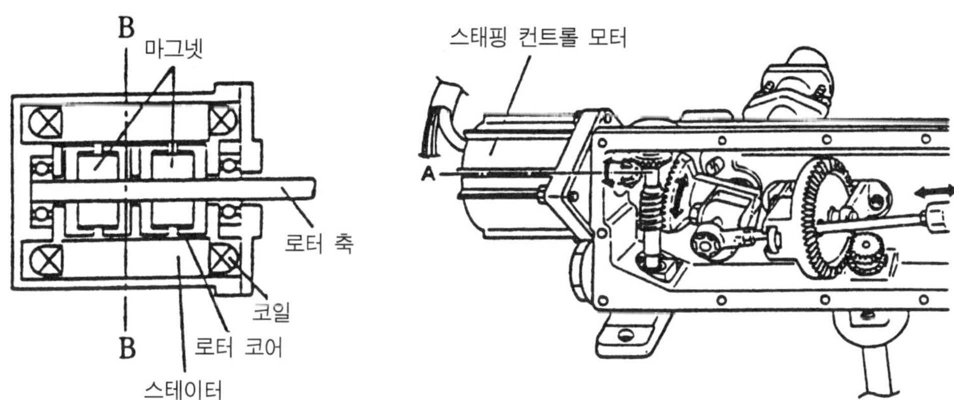

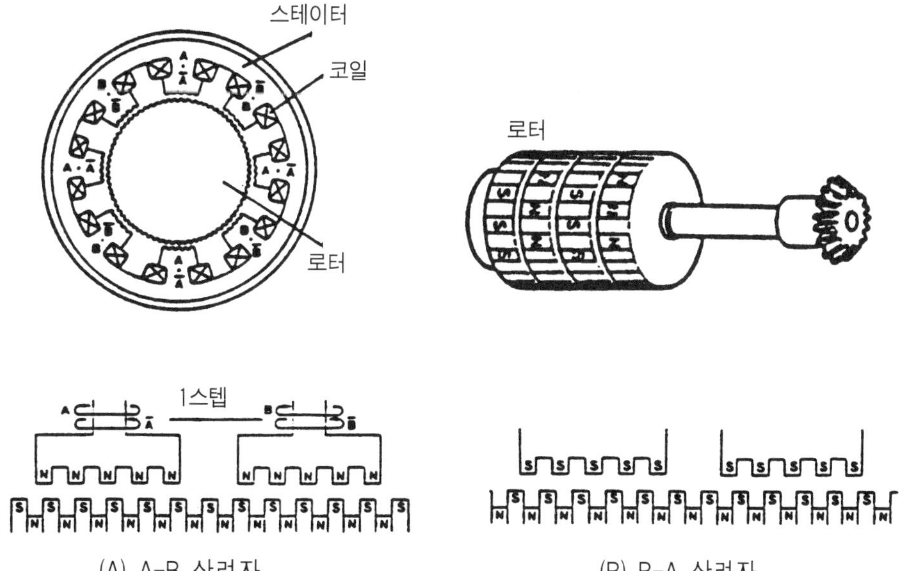

(A) A-B 상려자

(B) B-A 상려자

(C) A-B 상려자　　　　　　(D) B-A 상려자

그림 5-16 스텝 모터의 구조와 작동

3 뒤 조향 제어 센서

이 센서는 제어 요크각에 상당하는 전압을 ECU로 입력시켜 스텝 모터의 작동 상태를 점검한다. 이 센서는 제어 요크의 회전축에 결합된 축과 여기에 설치되는 브러시 고정판, 저항판과 통전판 그리고 이들을 조립한 브러시 등으로 구성되어 있다. 작동은 제어 요크, 회전축과 함께 움직이이는 브러시의 위치가 제어 요크 각도에 해당하는 전압 변화를 저항으로 만들어 ECU로 입력시킨다.

그리고 ECU로 보낸 스텝 모터의 회전량에서 결정한 제어 요크각과 비교하여 다를 때에는 ECU는 페일 세이프 신호를 보낸다.

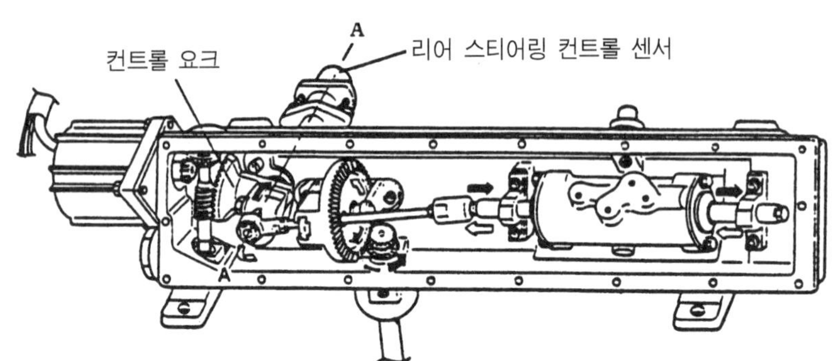

A-A 단면

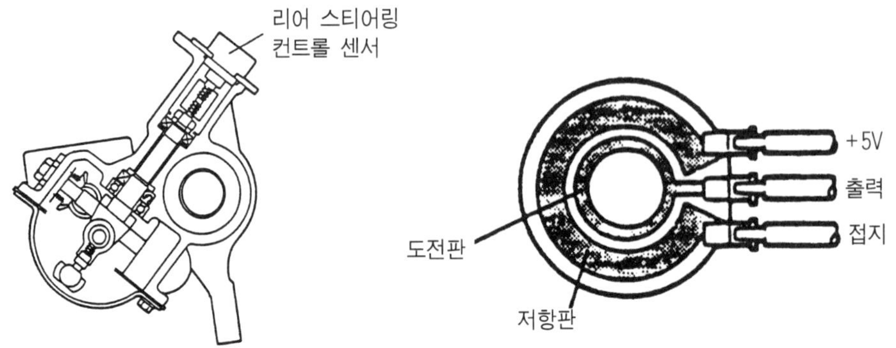

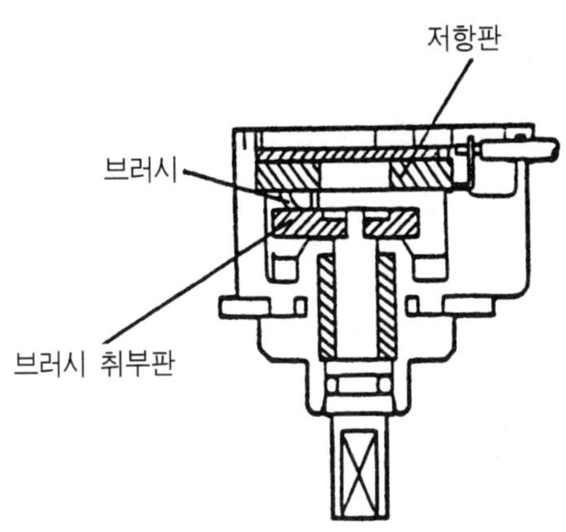

그림 5-17 뒤 조향 센서의 구조

4 제어밸브 및 동력 실린더의 구조와 작동

조향 휠의 회전에 따라 제어 밸브의 입력 로드가 움직이면 슬리브와 일체로 되어 있는 출력 로드가 이동한다.

이때 출력 로드에는 뒷바퀴의 부하와 센터링 스프링 하중이 걸려 있고, 또 센터 스프링의 장력에 비하여 밸브 센터링 스프링의 장력이 약하기 때문에 밸브 센터링 스프링을 압축하여 제어 밸브의 입력 로드와 함께 스풀을 이동시킨다.

스풀은 슬리브에 대해 제어 밸브의 입력 로드와 똑같이 변위하여 동력 실린더의 좌실, 우실에 유압 차이를 발생시켜 출력 로드를 이동시킨다.

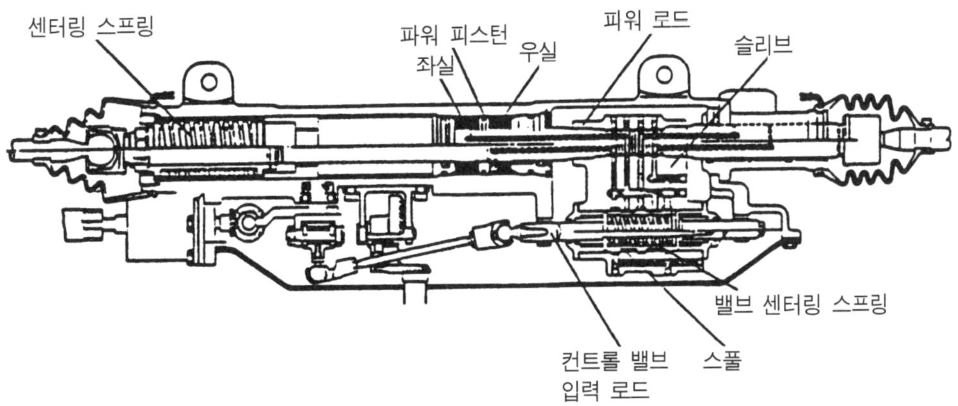

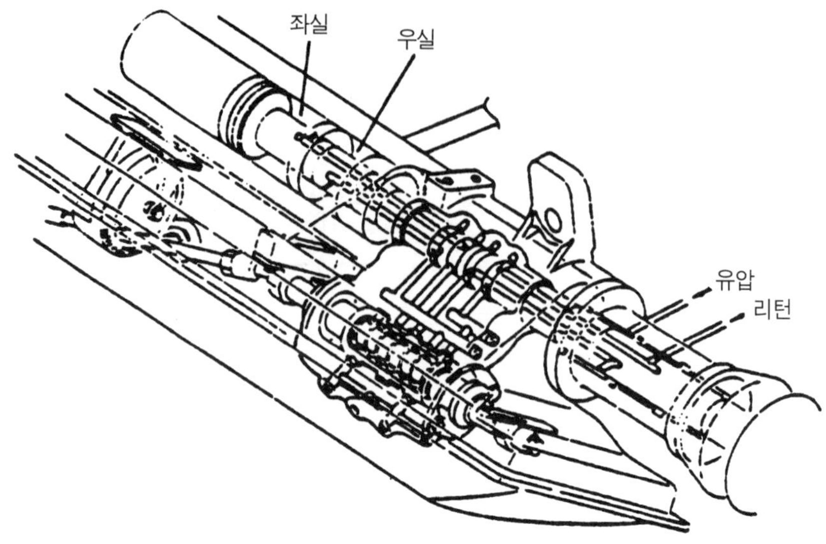

그림 5-18 제어 밸브와 동력 실린더의 구조

출력 로드의 이동에 따라 슬리브와 스풀의 변위차에 따라 유압을 동력 실린더로 보내어 피스턴을 유압으로 작동시키며 출력 로드에 힘을 가하여 뒷바퀴를 조향한다.

그리고 유압 장치에 고장이 발생하였을 때에는 유압이 작용하지 않으므로 센터 스프링에 의해 뒷바퀴가 중립 위치에서 고정되게 한다.

5 후륜 조향시

컨트롤 밸브 입력 로드가 왼쪽 방향으로 움직일 때 그림 5-19와 같이 파워 로드는 후륜의 부하와 센터링 스프링 때문에 움직이지 않고, 파워 로드와 일체로 되어 있는 슬리브도 움직이지 않는다. 이 때 컨트롤 밸브 입력 로드 축위의 밸브 센터링 스프링은 센터 스프링에 비하여 연하므로 압축되어 컨트롤 밸브(제어 밸브) 입력 로드만 왼쪽 방향으로 움직인다.

따라서 슬리브와 스풀 사이에 간격이 생겨 베인 펌프에서 공급되는 오일은 슬리브와 포트를 통하여 파워 실린더 오른쪽 실로 들어가, 파워 로드를 좌측으로 이동시켜 후륜을 오른쪽으로 조향시킨다. 한편 파워 실린더(동력 실린더) 왼쪽 실의 오일은 리턴 포트를 통해 베인 펌프 탱크로 되돌아간다.

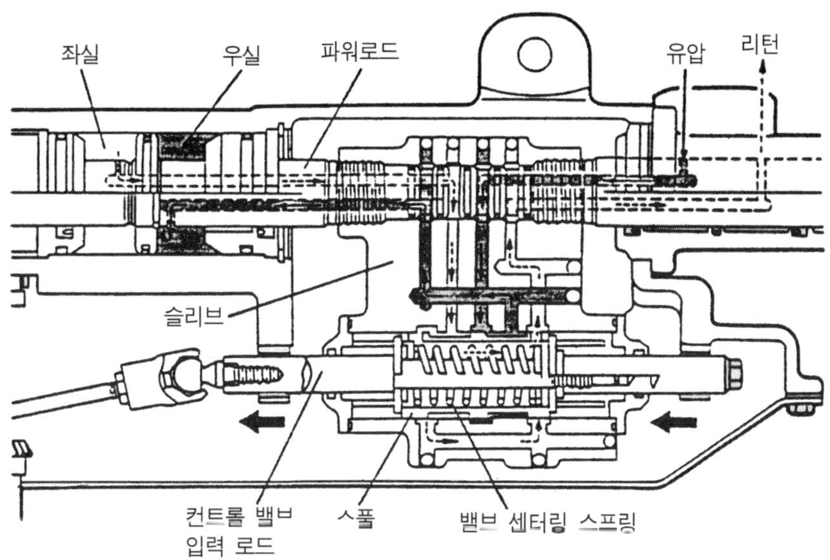

(a) 후륜 우측

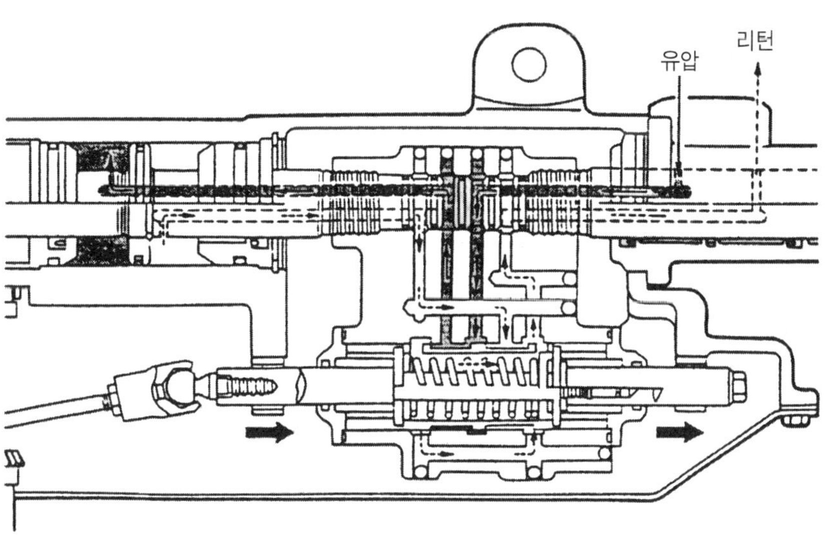

(b) 후륜 좌측 조향

그림 5-19 후륜 조향시의 작동

6 후륜 중립시

컨트롤 밸브 입력 로드가 움직이지 않을 때는 그림 5-20과 같이 슬리브와 스풀과의 사이에 상대 변위는 없고, 스풀은 슬리브의 중립 위치에 있게 된다.
베인 펌프(오일펌프)에서 공급된 오일은 스풀 밸브 내를 통하여 베인 펌프 탱크로 되돌아간다. 좌우 파워 실린더 내에는 유압이 걸려 있으나 유압차가 발생하지 않으므로 파워 로드는 작동하지 않고 후륜은 중립 상태를 유지한다.

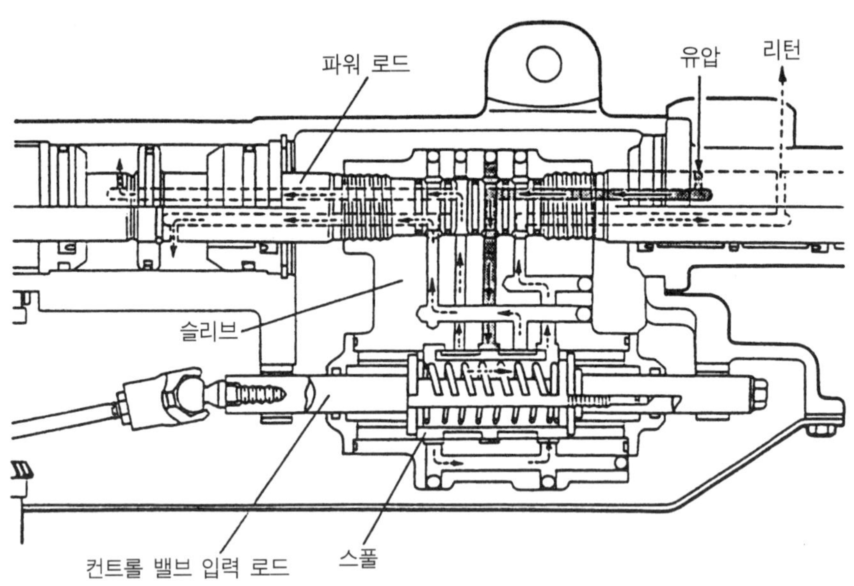

그림 5-20 후륜 중립시의 작동

7 베인 펌프(오일펌프)

베인 펌프는 그림 5-21과 같이 1축에 2개의 베인 펌프를 가진 소위 텐덤 펌프(tandem pump)식이며 1차축은 프런트 파워 스프링에, 2차축은 리어 스프링 컨트롤 상자에 오일을 공급한다.
플로우 컨트롤 밸브 움직임에 의한 유량 특성은 1차축은 가변 유량형, 2차측은 일정 토출 유량형으로 되어 있다.

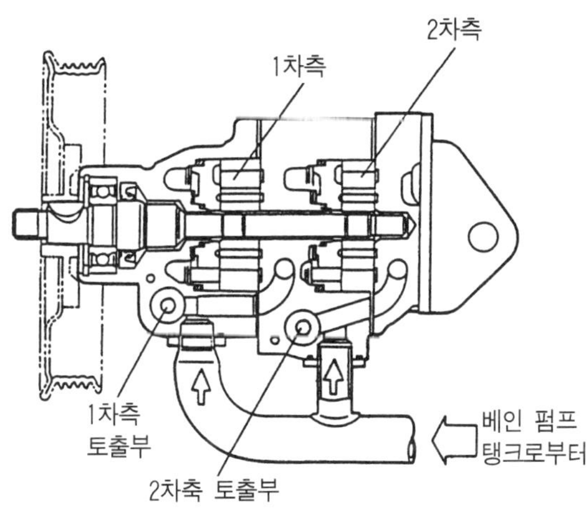

그림 5-21 베인 펌프의 구조와 작동

8 차속 센서

차속 센서는 리드 스위치형이며 스피드 미터 축 1회전에 4펄스의 차속 신호를 발생한다.

차속 센서는 그림 5-22와 같이 2개소에 설치하며 1개소는 스피드 미터 축의 트랜스 액슬 결합부에 다른 1개소는 스피드 미터내에 설치되어 있다.

2개의 차속 센서는 각각의 차속 신호를 컨트롤 유니트로 보내어, 컨트롤 유니트 내에서 상호 체크하여 정상인가를 확인한다.

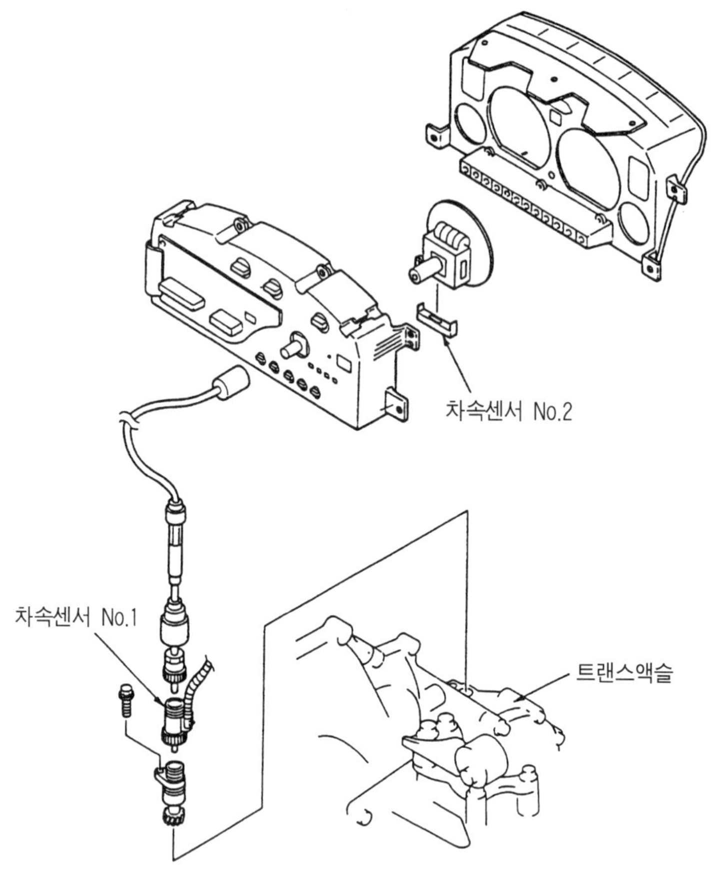

그림 5-22 차속 센서의 구조

9 솔레노이드 밸브

① 구조

솔레노이드 밸브는 전기 계통의 고장시 리어 스티어링 컨트롤 상자로의 유압 공급을 정지하는 밸브이며, 그림 5-23과 같이 코일, 플런저, 스풀, 리턴 스프링 등으로 구성되어 있다. 솔레노이드 밸브는 안전성을 고려하여 같은 것이 2개 병렬로 리어 스티어링 컨트롤 상자 상부에 설치되어 있다.

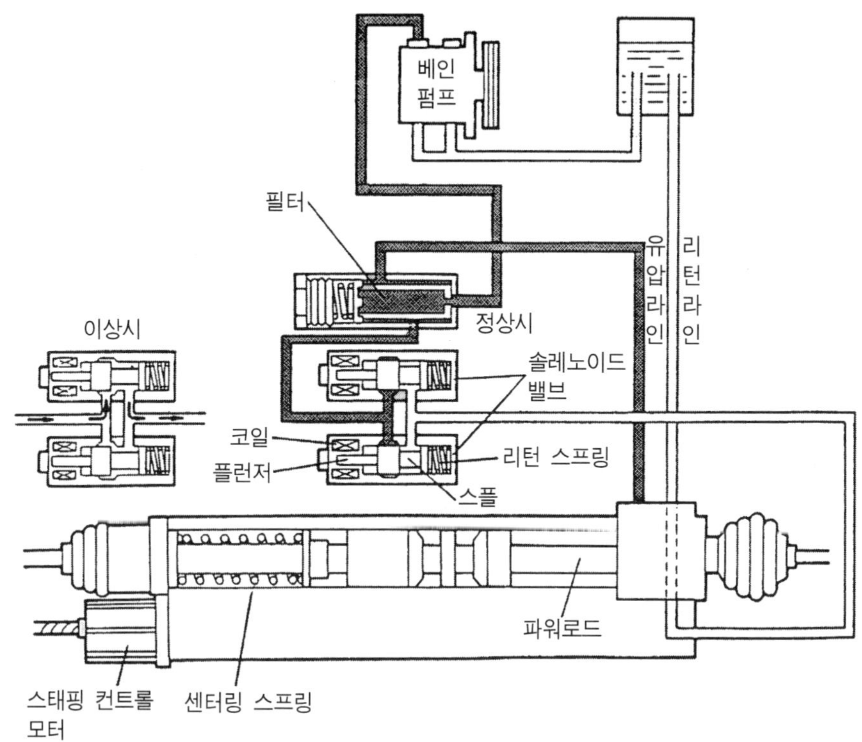

그림 5-23 솔레노이드 밸브의 구조와 작동

② 작동

- 정상시 : 점화 스위치 ON시는 코일에 통전되어 플런저가 리턴 스프링 힘을 이겨 스풀을 움직여 유압 공급 라인과 리턴 라인 사이의 통로를 닫는다. 따라서 파워 실린더에 정상적인 유압이 발생한다.
- 이상시 : 컨트롤 유니트가 이상이 있다고 판단하여 페일 신호를 보내면 코일로의 통전을 컷시켜 스풀은 리턴 스프링에 의하여 되돌아오며 유압 공급 라인과 리턴 라인과의 사이에 유로를 연다. 따라서 파워 실린더 내 유압이 발생하지 않아 파워 로드상의 센터링 스프링에 의하여 후륜 중립 상태가 된다.

10 4WS 컨트롤 유니트

컨트롤 유니트는 보통 조수석 밑에 설치되어 있으며 그림 5-24와 같이 2개의 차속센서와 리어 스티어링 컨트롤 센서 신호를 입력하여 스텝핑 모터를 작동시킨다. 컨트롤 유니트는 자기진단 기능을 가지고 있으며 엔진 시동 후 시스템의 이상유무를 항상 진단한다. 이상을 검지하였을 경우 솔레노이드 밸브로의 통전을 차단하여 스텝핑 컨트롤 모터를 중립 위치로 하여 2WS로 전환시키는 페일 세이프 기능을 갖추고 있다.

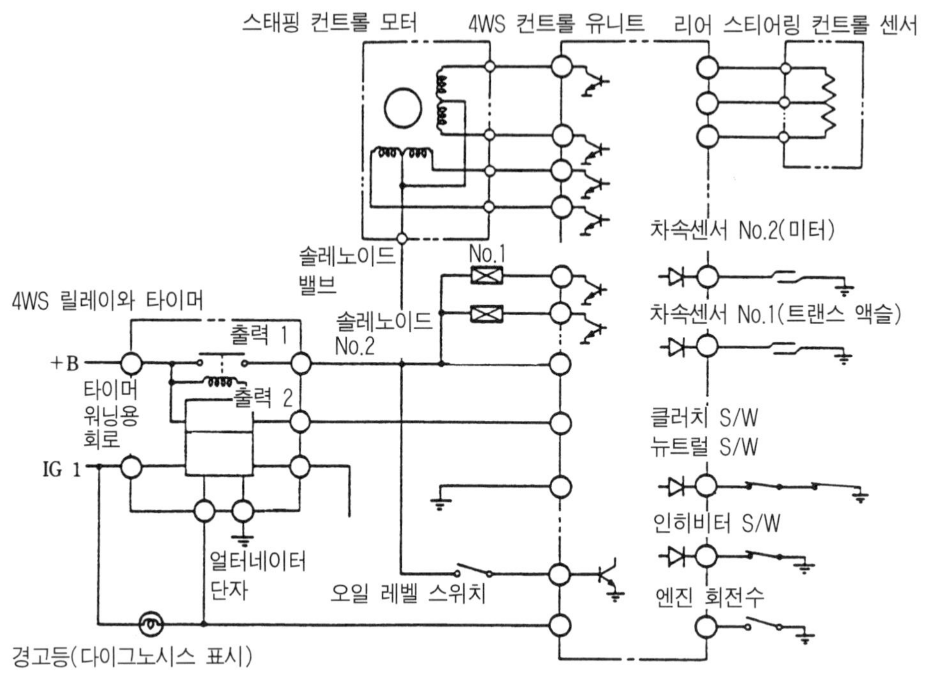

타이머 : IG OFF 후 약 4초간 출력 1 및 2에 전압을 공급한다.
출력 1 : IG ON 후 배터리 전압을 출력한다.
출력 2 : 얼터네이터 L단자 신호(엔진 작동시 12V)
경고등 회로 : 릴레이 및 내부회로 고장시 워닝 램프 점등
뉴트럴 클러치 : 뉴트럴 이외에서 클러치를 밟지 않을 때 ON(MT인 경우)
인히비터 S/W : P 또는 N레인지일 때 ON(AT인 경우)
엔진 회전수 : 2200rpm이상 ON(AT인 경우)

그림 5-24 4WS 컨트롤 유니트

11 4WS 릴레이와 타이머

4WS 릴레이와 타이머는 보통 운전석 밑에 설치되어 있으며 점화 스위치 OFF후 약 4초 동안 컨트롤 유니트로 전압을 공급한다. 4WS 릴레이와 타이머 고장시는 경고등이 점등되고 2WS로 전환된다.

다음 표 5-1은 전자제어 조향장치의 고장 진단에 따른 내용을 정리한 것이다.

표 5-1 전자제어 조향장치의 고장진단표

현 상	가능한 원인	정 비
스티어링 휠의 유격이 과다하다.	① 요크 플러그가 풀림 ② 스티어링 기어 장착볼트의 풀림 ③ 타이로드 엔드의 스터드 마모, 풀림	① 재조임 ② 재조임 ③ 재조임 혹은 필요시 교환
스티어링 휠의 작동이 무겁다.	① V벨트가 미끄러짐 ② V벨트의 손상 ③ 오일수준이 낮음 ④ 오일 내에 공기가 유입됨 ⑤ 호스가 뒤틀리거나 손상됨 ⑥ 오일펌프의 압력부족 ⑦ 컨트롤 밸브의 고착 ⑧ 오일펌프에서 오일이 누설됨 ⑨ 기어박스의 래크 및 피니언에서 과도한 오일이 누설됨 ⑩ 기어박스 혹은 밸브가 휘거나 손상됨	① 점검 ② 교환 ③ 오일을 보충함 ④ 공기빼기 작업을 실시 ⑤ 배관 수리 혹은 교환 ⑥ 수리 혹은 오일펌프 교환 ⑦ 교환 ⑧ 손상품 교환 ⑨ 손상품 교환 ⑩ 교환
스티어링 휠이 적절히 복원되지 않는다.	① 타이로드 볼 조인트의 회전저항이 과도함 ② 요크 플러그의 과도한 조임 ③ 내측 타이로드 및 볼 조인트 불량 ④ 기어박스와 크로스 멤버의 체결이 불량 ⑤ 스티어링 샤프트 및 보디 그로밋의 마모 ⑥ 래크가 휨 ⑦ 피니언 베어링이 손상됨 ⑧ 호스가 비틀리거나 손상됨 ⑨ 오일 압력 조절밸브가 손상됨 ⑩ 오일펌프 입력 샤프트 베어링의 손상	① 교환 ② 조정 ③ 교환 ④ 조임 ⑤ 수리 혹은 교환 ⑥ 교환 ⑦ 교환 ⑧ 재배선 혹은 교환 ⑨ 교환 ⑩ 교환
소음	스티어링 기어에서는 쉿하는 소음이 난다. 모든 파워 스티어링 계통에는 다소 소음이 나는 경우가 있다. 그 중 가장 일반적인 소음은 차량이 정지한 상태에서 스티어링 휠을 회전시킬 때 가장 크게 난다. 이 소음과 스티어링 성능과는 어떤 관계가 없으므로 소리가 아주 심하지 않을 때는 교환하지 않는다. 밸브를 교환해도 약간의 소음이 나며 그 작업이 그 상태를 정비하는 것은 아니다.	
래크와 피니언에서 덜거덕거리거나 삐거덕 거리는 소음이 난다.	① 차체보다 호스가 간섭됨 ② 기어박스 브래킷이 풀림 ③ 타이로드 엔드 볼 조인트의 풀림 ④ 타이로드 엔트 볼 조인트의 마모	① 재배선 ② 재조임 ③ 재조임 ④ 교환
오일펌프에서 비정상적인 소음이 난다.	① 오일이 부족함 ② 오일 내 공기가 유입됨 ③ 펌프 장착볼트가 풀림	① 오일 보충 ② 오일빼기 작업 ③ 재조임

5.5 조향각 비례 제어식 4륜 조향

5.1 개요

조향각 비례제어란 조향 휠의 조향각에 비례하여 저속에서는 역위상으로, 중·고속에서는 동위상으로 뒷바퀴 조향을 실행하는 것이다. 중, 고속에서 조향할 때 앞, 뒤 바퀴의 균형이 안정되어 정상 선회상태가 되었을 때 자동차의 진행 방향과 차체의 방향이 일치되어 안정된 선회 성능을 얻을 수 있다. 조향 초기에 과도한 조작을 하면 앞, 뒤 바퀴에 모두 코너링 포스(cornering force)가 발생되므로 차체가 자전(自轉)보다 공전(空轉)을 하기 때문에 차체가 선회 바깥쪽을 향하는 경향이 있으나 2륜 조행식 자동차의 선회와 비교하면 선회 방향과의 차이를 충분히 감소시킬 수 있다.

5.2 구조와 작용

앞, 뒤의 조향기구는 기계적으로 연결되어 있으며 조향 휠의 회전은 앞 조향기어 상자(래크와 피니언형)로 전달되어 래크가 앞 타이로드를 좌우로 이동시켜 앞바퀴를 조향시킴과 동시에 출력 피니언을 회전시켜 뒤 조향축을 경유하여 뒤 조향 기어 상자에도 전달된다.

(1) 조향 피벗(steering pivot)기구

뒤 조향 기어 상자의 조향 피벗 기구는 큰 베어링으로서 아우터 레이스(outer race)는 섹터 기어(sector gear)와 일체가 되어 피벗 축 주위에 좌우로 기울어지는 구조로 되어 있다. 인너 레이스(inner race)는 릴레이 로드(relay rod)에서 밀려나온 오프셋 축(off set shaft)과 연결되어 있다. 릴레이 로드는 4륜 조향 컨버터의 모터에 의해 조향 피벗 기구 내에서 상하 약 55° 회전시킨다.
뒤 조향축에 의해 입력 피니언이 회전하면 회전력은 섹터 기어로 전달되어 조향 피벗 기구로부터 오프 셋 축을 거쳐 릴레이 로드를 오른쪽 또는 왼쪽 방향으로 이동시킨다. 그리고 릴레이 로드는 뒤 타이로드, 뒤 너클 암을 이동시켜 뒷바퀴를 조향한다.

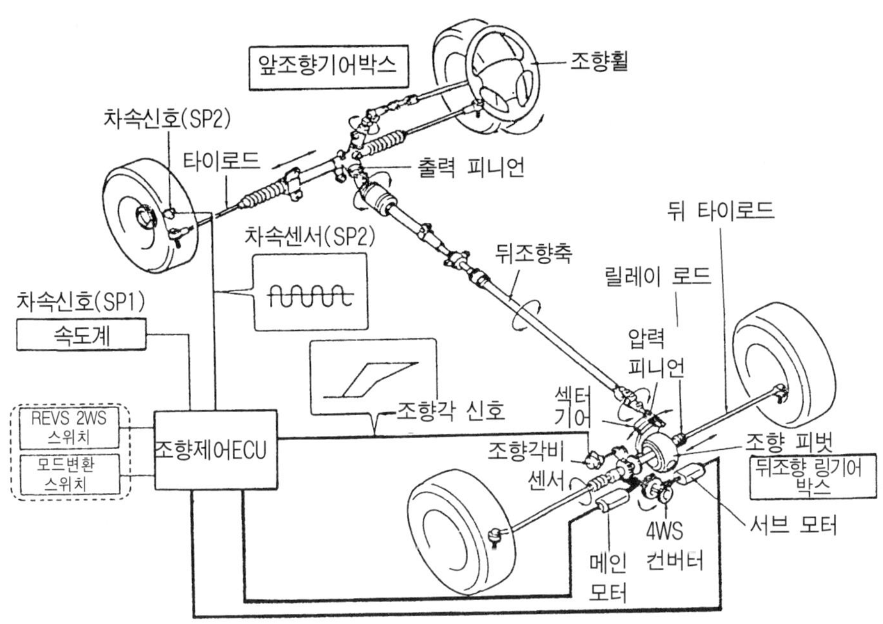

그림 5-25 조향각 비례 제어 4WS 시스템도

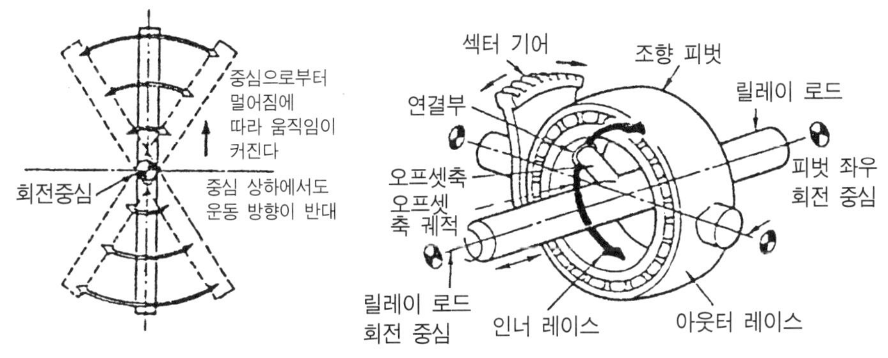

그림 5-26 조향 피벗 기구

(2) 4륜 조향 컨버터(4 wheel steering converter)

이 컨버터는 메인 모터(main motor)와 서보 모터(servo motor)의 구동부와 유성기어 및 릴레이 로드를 회전시키는 웜(worm)으로 구성되어 있다.

통상적으로 메인 모터가 작동하고 서보 모터는 정지되어 있다. 서보 모터의 출력축은 유성기어의 선기어에, 메인 모터의 출력축은 유성기어와 연결되며, 링기어는 컨버터의 출력축으로 되어 있다. 통상시에는 선기어와 고정되어 있기 때문에 메인 모터에 연결된 유성기어축이 회전한다. 따라서 유성기어가 선기어의 주위를 공전 및 자전하여 컨버터 출력축인 링기어를 회전시킨다. 메인 모터가 작동하지 않을 때에는 유성기어는 공전기어가 되어 서보 모터의 회전을 링기어로 전달하여 릴레이 로드를 도위상 방향으로 회전시킨다.

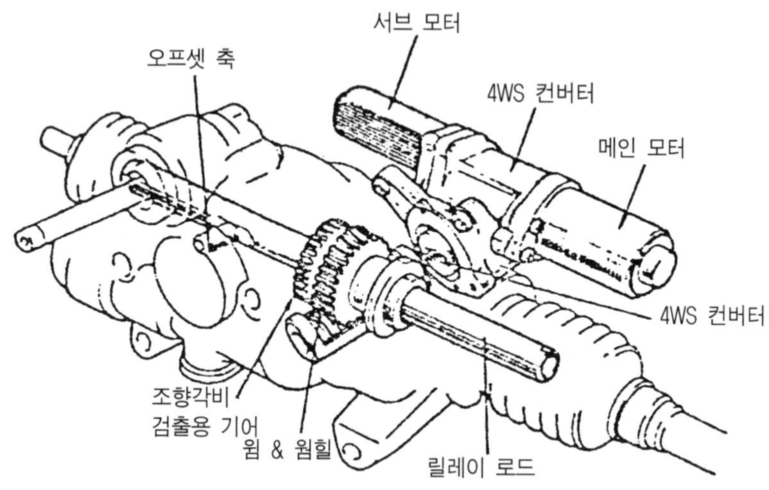

그림 5-27 4WS 컨버터부의 구성

5.6 요 레이트(Yae Rate)비례 제어식 4륜 조향

5.6.1 개요

요 레이트(Yaw rate)란 자동차의 중심 주위에 발생되는 자전 운동의 속도와 회전각속도를 말하며 요 레이트 비례 제어는 요 레이트를 감지함에 따라 뒷바퀴의 조향을 제어하는 것이다.

요 레이트에 의해 자동차의 자전운동의 증감을 직접 검출할 수 있기 때문에 뒷바퀴의 조향각을 증감시켜 주면 자전과 공전의 알맞은 시기가 정해지며 선회 초기부터 차체의 방향과 진행 방향과의 차이를 아주 작게 할 수 있다.

5 6.2 구조와 작동

요 레이트 비례 제어식은 뒷바퀴에 조향각을 주는 뒤조향 기구의 제어 밸브 유로를 변환시켜 동력 피스턴을 좌우로 움직여 작동시킨다.

제어 밸브의 조절은 앞바퀴의 조향에 연동되어 뒷바퀴의 최대 조향각을 5°까지 제어(대조향각 제어)하는 전달 케이블에 의한 기계식 조향 방식과 앞바퀴의 조향과는 관계없이 최대 1°까지 제어(소조향각 제어)하는 펄스 모터(pulse motor)에 의한 조향 방식이 있다. 뒷바퀴의 조향각은 기계식과 전자식이 합성된 것이다.

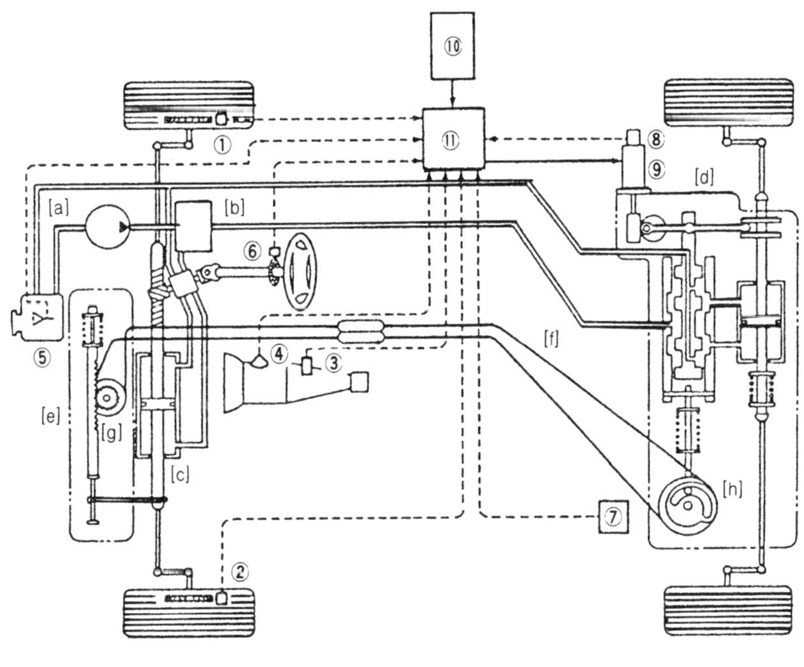

[a] 유압펌프
[b] 유압밸브
[c] 앞조향장치
[d] 뒤조향장치
[e] 뒤제어풀리
[f] 케이블
[g] 앞풀리
[h] 뒤풀리
① RH, ABS 차속센서와 로터
② LH, ABS 차속센서와 로터
③ 차속센서
④ 중립기동스위치
⑤ 오일량 스위치
⑥ 조향 센서
⑦ 요 레이트 센서
⑧ 모터 회전각 센서
⑨ 조향제어 모터
⑩ ABS와 액티브 제어현가 ECU
⑪ 액티브 4WS ECU

그림 5-28 요 레이트 비례 제어 4WS 시스템 구성도

(1) 앞바퀴 조향 기구

조향 휠의 회전이 래크와 피니언으로 전달되고 래크 엔드의 작동에 의해 제어 래크가 직선 운동을 하여 피니언을 회전시킨다. 이에 따라 피니언과 일체로 된 프런트 풀리(front pulley)를 정방향이나 역방향으로 회전시킨다. 프런트 풀리의 회전은 조향각 전달 케이블에 의해 뒷바퀴 조향 기구의 리어 풀리로 전달된다 . 제어 래크에는 불감대 행정이 있으며 조향 휠의 조향각이 좌우로 약 250° 이내에 있으므로 앞바퀴 조향과 연동된 뒷바퀴 조향은 이루어지지 않는다. 고속 주행시에는 커다란 조향이 이루어지지 않으므로 뒷바퀴는 펄스 모터에 의한 전자식 조향만이 된다.

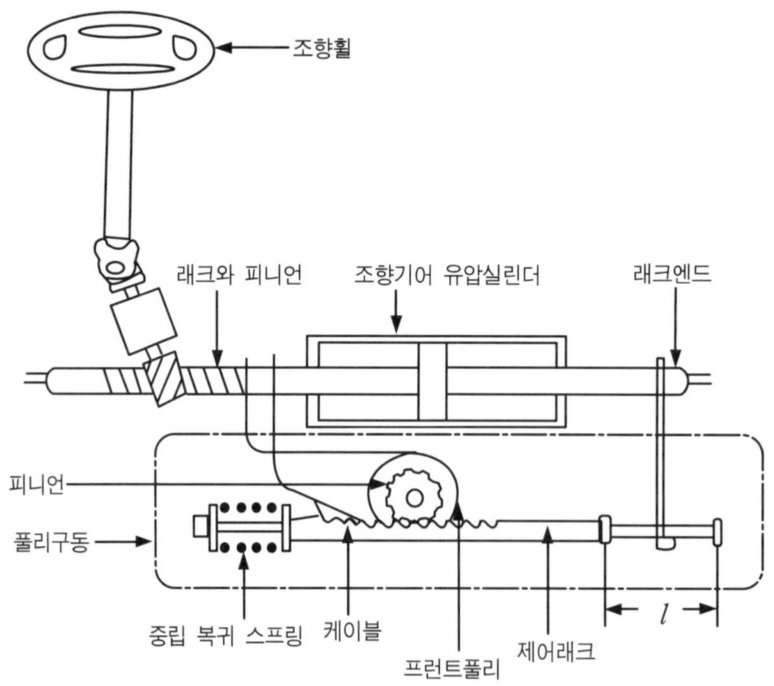

그림 5-29 앞바퀴 조향 기구

(2) 뒷바퀴 조향 기구

기계식 조향의 경우 케이블의 행정이 리어 풀리로 전달되어 제어 캠이 회전하면 캠 프로필을 향하여 움직여 밸브 슬리브(valve sleeve)를 오른쪽 또는 왼쪽으로 이동시킨다.

즉, 조향 휠을 왼쪽으로 회전시키면 리어 풀리는 우회전하고, 캠 프로필은 회전반경에 따라서 반경이 작아지는 방향이 되므로 캠은 밸브 슬리브를 왼쪽으로 이동시킨다. 조향 휠을 오른쪽으로 회전시켰을 때에는 반대로 밀려나와 밸브 슬리브는 오른쪽으로 이동한다. 유압 펌프로부터의 유압작동 회로는 밸브 슬리브와 스풀의 변위 차이에 따라 교체된다. 조향 휠을 왼쪽으로 회전시키면 밸브가 왼쪽으로 이동하여 유압 실린더의 오른쪽에 펌프의 유압이 작동되게 하여 동력 피스턴을 왼쪽으로 이동시키고 피스턴과 일체로 된 실린더 축을 왼쪽으로 이동하게 하여 뒷바퀴를 오른쪽으로 조향시킨다.

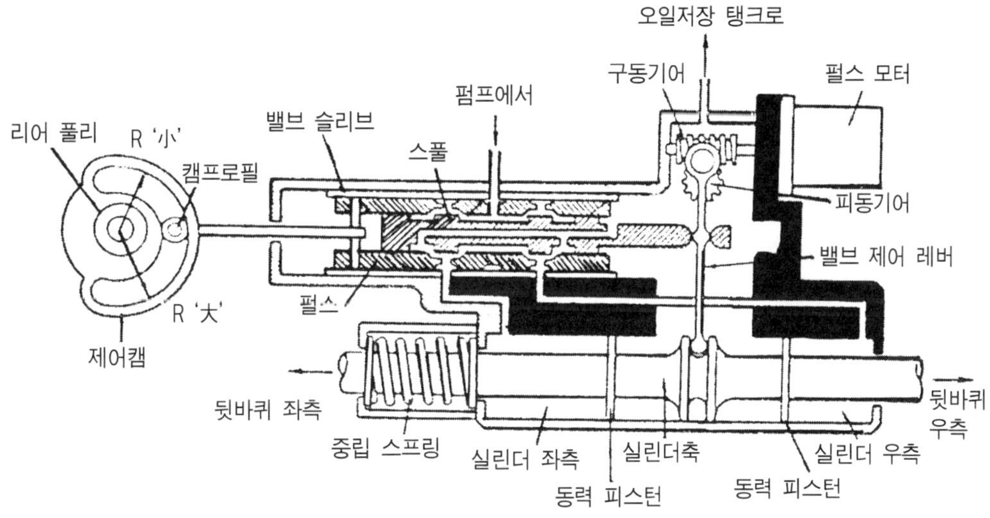

그림 5-30 뒷 바퀴 조향 기구

그리고 앞 바퀴를 오른쪽으로 조향하였을 때는 동력 피스턴을 오른쪽으로 이동시켜 뒷바퀴를 왼쪽으로 조향시킨다. 따라서 어느 경우에나 역위상 조향이 된다. 전자식 조향의 겨우 밸브 슬리브는 고정되어 이동하지 않으나 펄스 모터에 의해 구동되는 밸브 제어 레버의 좌우 움직임에 따라 스풀이 이동하고 기계식 조향시와 같은 원리에 의해 동력 피스턴을 작동시킨다. 펄스 모터는 ECU의 명령에 따라 정방향 또는 역방향 회전이 이루어지므로 앞바퀴의 조향 방향과 관계없이 뒷바퀴의 조향이 가능하다.

(3) 제어 형태

1 대조향각 제어(기계식 조향)

앞바퀴의 조향각이 불감대 범위에 있을 때에는 스풀과 슬리브의 상태 위치 관계는 중립이다. 따라서 유압 펌프로부터의 작동 유압은 오일 저장 탱크로 복귀되어 동력 실린더의 좌우는 유압이 낮으며, 실린더 축은 중립 복귀 스프링에 의해 중립 위치에 있게 된다.

앞바퀴가 왼쪽으로 조향되어 밸브 슬리브가 왼쪽으로 이동하면 스풀 사이에 상대 변위가 생겨 a부와 b부가 압축되며 동력 실린더의 오른쪽에 고압이 가해져 동력 피스턴을 왼쪽으로 밀고 뒷바퀴는 오른쪽으로 조향한다.

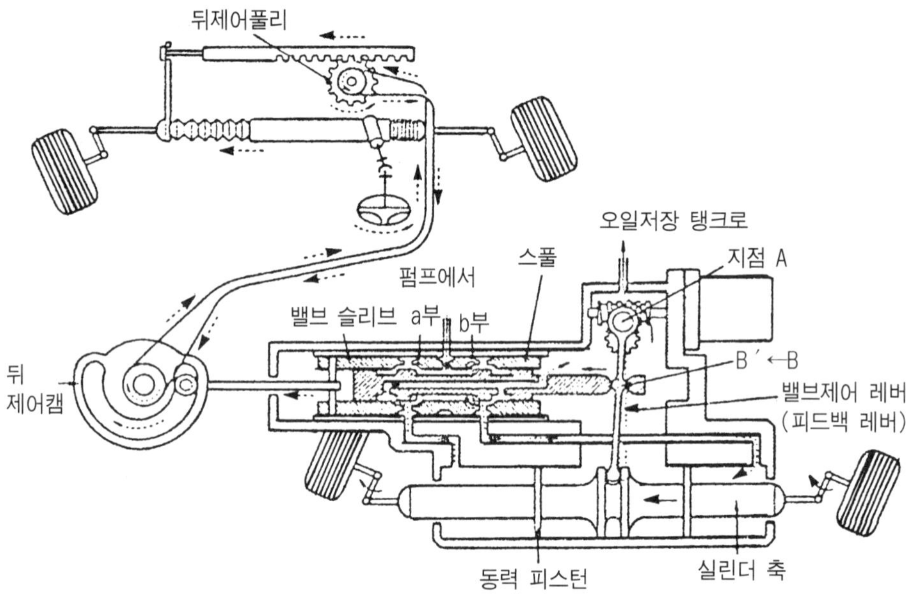

그림 5-31 대조향각 제어(역위상)

실린더 축이 왼쪽으로 이동하면 펄스 모터는 작동하지 않으므로 밸브 제어 레버는 지점 A를 중심으로 회전하여 스풀을 B점에서 B′점까지 이동시킨다. 따라서, a부 및 b의 입구가 열려 동력 실린더 오른쪽의 압력이 저하된다. 이 결과 실린더 축이 목표 위치까지 이동되면 a부 및 b부의 열림이 자동차의 바퀴로부터 외력과 조화를 이루는 위치까지 움직여 뒷바퀴는 더 이상 조향되지 못한다. 외력이 변화하면 실린더 축이 미시적(微視的)으로 변화하는 데 곧 밸브 제어 레버가 스풀에 그 움직임을 피드 백(feed back)하여 외력에 알맞은 동력 피스턴의 외압까지 압축량을 변화시켜 균형을 유지한다.

2 소조향각 제어(전자식)

펄스 모터의 회전 운동을 스풀의 직선 운동으로 변환시키기 위해 웜 기어와 크랭크 축을 조합시킨 기구가 사용된다. 펄스 모터의 회전은 웜기어에 의해 피동 기어로 전달되어 크랭크 축을 지나 밸브 제어 레버를 움직이게 한다. 펄스 모터가 작동되기 시작한 순간에는 아직 뒤 조향장치가 움직이지 않고 있으므로 스풀을 오른쪽이나 왼쪽으로 이동시킨다.

케이블이 작동되지 않을 때에는 스풀은 고정되므로 스풀사이에 상대 변위가 생겨 a부와 b부가 압축되어 동력 실린더의 왼쪽 실린더에 고압이 가해진다. 실린더를 오른쪽으로 이동시키면 A′지점을 중심으로 하여 밸브 제어 레버는 회전하므로 B′지점까지 스풀을 이동시킨다. 여기서, a부 및 b부가 열려 유압을 저하시키므로 대조향각 제어에서와 마찬가지로 균형이 유지된다.

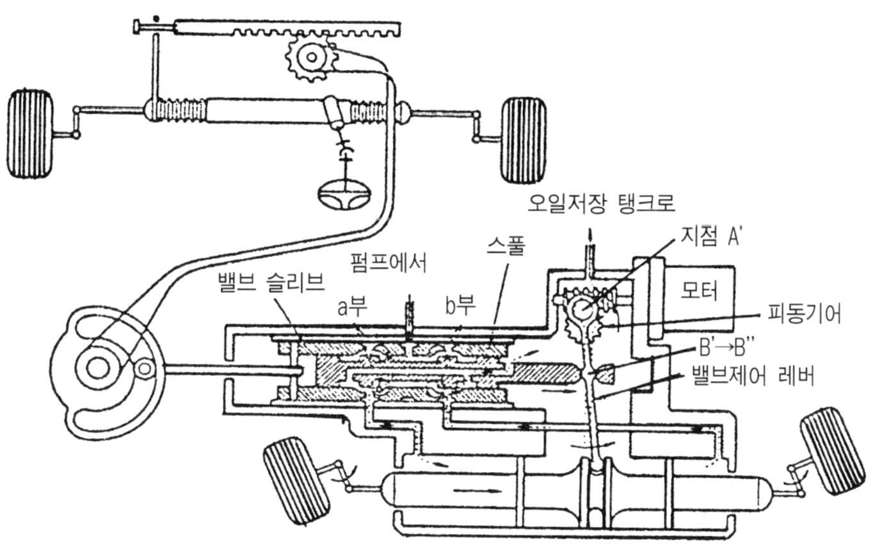

그림 5-32 소조향각 제어(동위상)

제3편

전자제어 현가장치

제6장 전자제어 현가장치의 개요

6.1 전자제어 현가장치 필요성

현가장치는 자동차의 승차감을 향상시키기 위하여 쇽업소버 및 스프링, 각종 링크기구에 의하여 노면에서 발생한 진동이나 충격을 승객에게 전달시키지 못하게 하는 장치로 구성되어 있으나 최근에는 고객의 편의성, 안락감 향상, 승차감 향상이 점점 증가되어 기존의 현가장치로는 이러한 요구 성능을 만족시킬 수가 없이서 진자적으로 현가장치를 제어하는 시스템이 필요하게 되었다.

일반적으로 승차감과 조정 안정성은 서로 다른 경향을 가지고 있다. 예로 노면의 미세한 진동까지 흡수하기 위해서는 스프링을 유연하게 하면 승차감은 우수하나 선회시 롤링이 심하여 제동시에는 다이브(dive) 현상 등 조정 안정성이 불안하게 된다. 이와 반대로 스프링 상수가 클수록 즉 스프링의 상성이 클수록 조정 안정성은 좋지만 노면의 미세한 진동이 차체에 전달되어 승차감이 나쁘게 된다.

따라서 현가장치의 설계시 차량의 특성에 따라 기구학적으로 양자를 적절하게 해야 할 필요가 있으나 이는 기구학적으로 한계가 있어 전자기술을 이용하여 주행상태에 따른 특성을 제어하여 양자를 만족시키는 것이 전자제어 현가장치이다.

전자제어 현가장치의 특징을 요약하면 다음과 같다.

① 급제동시 노스다운(Nose Down 또는 Dive) 방지

② 급선회시 원심력에 의한 차체의 기울어짐(롤링)을 방지

③ 노면으로부터의 차량 높이를 조정

④ 노면의 상태에 따라 승차감을 조정

최근에는 여기에 첨단 전자기술을 응용하여 도로조건 및 주행여건을 미리 감지하는 완전능동형 현가장치가 등장하고 있으며 향후에는 차량자세 제어를 비롯한 지능형자동차와의 연계성을 확보하기 위하여 X-by-Wire라는 시스템을 적용하여 자동차 섀시에 각종 센서와 액추에이터를 장착하여 승차감을 보다 향상시키는 전자제어 현가장치가 등장하고 있으며 다양한 기능을 확보하기 위한 시스템

들이 점점 등장하고 있다. 자동차의 현가특성은 보통 주행시에는 승차감을 향상시키기 위해 부드럽게(Soft) 작동해야 하고 요철도로 및 고속도로 주행시에는 주행 안정성을 확보하기 위하여 딱딱하게(Hard) 작동되어야 한다. 즉, 자동차가 노면의 상태 및 주행조건에 따라 비포장도로를 주행하는 경우에는 차체가 노면에 닿지 않도록 하기 위하여 높아져야 하고 포장도로를 주행하는 경우에는 안전성을 높이기 위하여 낮아져야 한다. 현가장치를 매순간마다 감쇠력이 강하게 또는 부드럽게 현가특성을 가변시켜 자동차의 주행조건의 변화에도 승차감과 안정된 주행 안정성을 확보해야 한다.

또한, 주행 중 노면 상태에 따라 스프링의 상수와 쇽업소버의 감쇠력, 공기 스프링의 회로 압력을 가변시켜 자동차 높이를 제어하거나 차체의 자세를 제어하여 주행안정성과 승차감을 동시에 향상시키기 위해 전자제어 현가장치가 필요하다. 전자제어 현가장치는 컴퓨터, 각종 센서, 액추에이터 등을 설치하여 노면의 상태, 주행조건, 운전자의 선택등과 같은 요소에 따라 자동차의 높이와 현가특성이 컴퓨터에 의해 자동적으로 조절하여 고객의 욕구에 충족되도록 안락감(Ride)과 주행안전성(Handling)을 동시에 향상시킬 목적으로 적용된 제어 장치이다.

전자제어 현가장치는 차체의 좌우, 앞뒤의 자동차 높이, 조향핸들 각속도, 가속페달의 조작속도, 주행속도, 노면의 상태 등을 판단하여 현재 자동차의 조건에 적합하도록 쇽업소버의 감쇠력과 공기스프링의 압력을 조절함으로서 현가특성이 가변되도록 구성되어 있다.

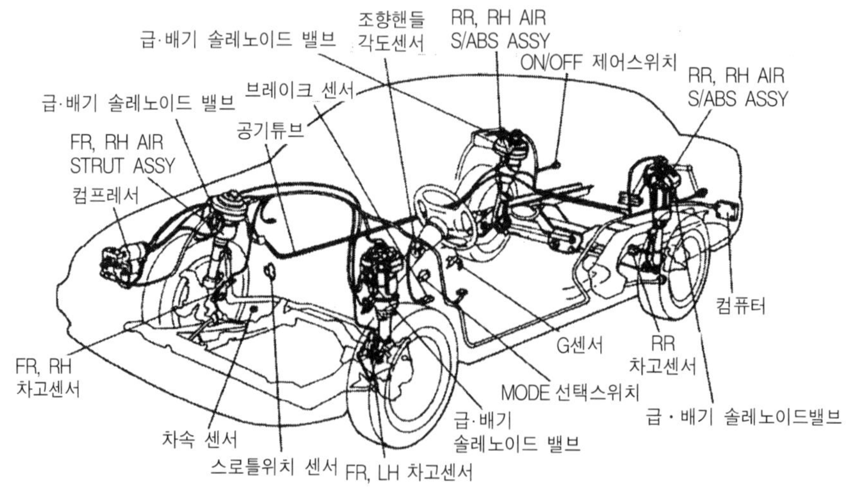

그림 6-1 전자제어 현가장치의 구성품

1. 감쇠력의 정의

감쇠(Attenuation)는 힘이 줄어서 약해지는 것으로 진동계의 요소 또는 그 일부의 운동에 대한 저항력에 의해 상실되는 에너지의 소비를 의미하며 감쇠력이란 스프링의 운동을 멈추려고 하는 쇽업소버의 저항하는 힘을 감쇠력이라고 한다. 감쇠력은 댐퍼를 신축하는 피스톤의 속도에 따라 달라지므로 피스톤 속도 0.3m/s를 기준으로 하며 비교하는 것이 일반적이다. 감쇠력이 너무 크면 스프링 작용에 저항하는 힘이 크기 때문에 딱딱한 느낌이 들며 반대로 너무 작으면 스프링의 힘을 억제하지 못하므로 진동량이 많아 둥실 뜬 승차감이 된다.

2. 감쇠력의 조정원리

쇽업소버 스위칭 로드를 회전시키기 위한 액추에이터, 쇽업소버의 오일 통로를 제어하기 위하여 감쇠력을 하드(Hard) 또는 소프트(Soft)로 변환시키는 스위칭 로드, 자동차의 높이를 조절하는 공기 체임버(Air Chamber)로 구성되어 노면의 상태에 따라 솔레노이드 및 액추에이터에 의해서 자동적으로 감쇠력 및 자동차의 높이를 변환시키는 역할을 한다.

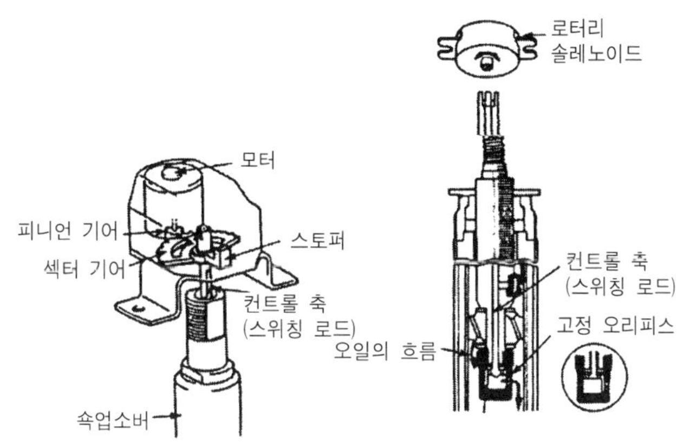

그림 6-2 액추에이터 구조

자동차가 주행하는 상태에서 각종 센서로부터 ECU에 입력되는 신호를 연산하여 액추에이터 및 솔레노이드 밸브를 제어함으로서 감쇠력과 자동차 높이의 변환이 이루어지며 오일의 통로를 제어하는 스위칭 로드는 쇽업소버의 상부에 설치되어 있는 액추에이터에 의해서 회전되기 때문에 감쇠력이 하드 또는 소프트로 조절된다.

또한, ECU에 의해서 솔레노이드 밸브가 작동하면 압축공기가 공기 체임버에 공급 또는 배출되어 차량의 높이를 하중의 변화에 관계없이 항상 일정하게 유지시킨다.

(1) 스위칭 로드(Switching Rod)

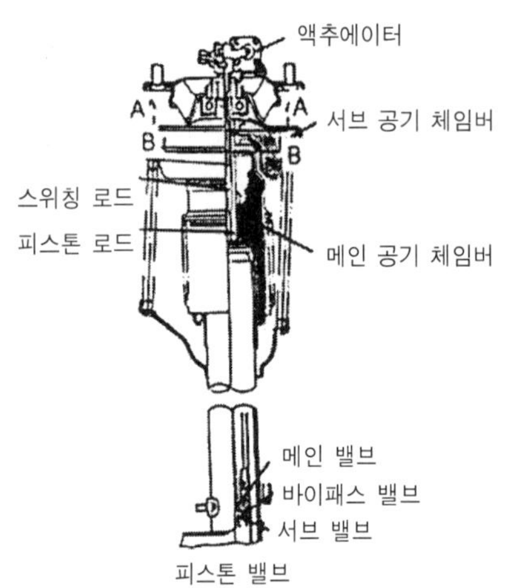

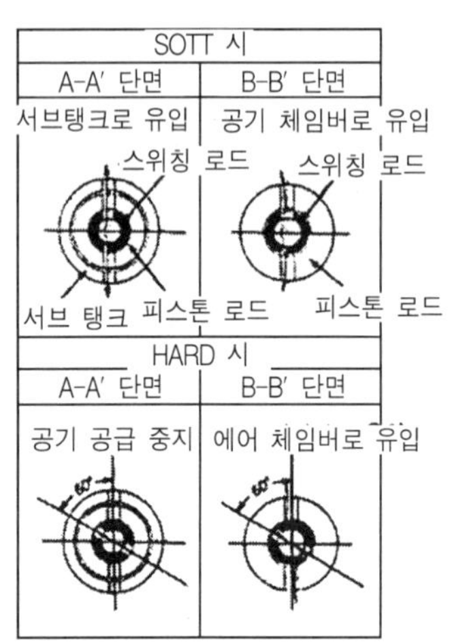

그림 6-3 스위칭 로드 구조

스위칭 로드는 쇽업소버 피스톤 로드 내에 설치되어 액추에이터의 작동에 의해서 약 60° 정도 회전하여 스프링의 상수와 감쇠력을 하드(Hard) 또는 소프트(Soft)로 변환시키는 역할을 한다. 스프링의 상수는 스위칭 로드의 상단부에 설치되어 있는 하드 또는 소프트 선택 밸브에 의해서 하드 또는 소프트로 변환되고 쇽업소버의 감쇠력은 스위칭 로드의 하단부에 설치되어 있는 바이패스 밸브에 의해서 하드 또는 소프트로 변환된다.

(2) 스프링 상수

스프링 상수는 액추에이터에 의해서 스위칭 로드가 회전하여 스위칭 로드 상단부에 설치되어 있는 선택밸브가 하드 또는 소프트로 선택도면 서브 공기 체임버와 메인 공기 체임버를 연결하는 바이패스 통로가 개폐되어 소프트 또는 하드로 변환된다.

스위칭 로드가 하드 위치를 선택한 경우에는 바이패스 통로가 닫혀 메인 공기 체임버의 공기량의 변화가 없기 때문에 스프링의 상수는 커지게 된다. 또한, 스프링 로드가 소프트 위치를 선택한 경우에는 서브 체임버와 메인 체임버를 연결하는 바이패스 통로가 열려 메인 공기 체임버의 공기가 서브 탱크로 배출되어 공기량이 감소되기 때문에 스프링의 상수가 작아져 유연하게 작동된다.

(3) 쇽업소버의 감쇠력 조정

쇽업소버의 감쇠력은 스위칭 로드의 하단부에 설치되어 있는 바이패스 밸브에 의해서 작동 오일이 서브 밸브에 흐르도록 하거나 차단하여 메인 밸브와 소프트 밸브가 동시에 감쇠력이 발생되도록 하는 하드 또는 메인 밸브에서만 감쇠력이 발생하도록 하는 서프트로 변환된다.

스위칭 로드가 하드 위치를 선택한 경우에는 바이패스 밸브가 닫혀 있으므로 작동 오일은 서브 밸브로 흐르기 때문에 메인 밸브와 서브 밸브가 동시에 저항력이 발생되므로 쇽업소버의 감쇠력은 하드 상태로 딱딱하게 작동된다.

또한, 스위칭 로드가 소프트 위치를 선택한 경우에는 바이패스 밸브가 열려 작동 오일이 서브 밸브를 흐를 수 없기 때문에 메인 밸브에서만 저항력이 발생되므로 쇽업소버의 감쇠력은 소프트 상태로 유연하게 작동된다.

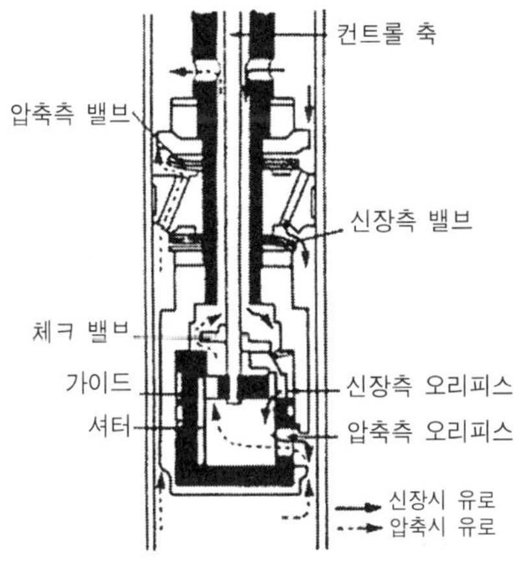

	신장측 오리피스	압축측 오리피스
소프트		
미디엄		
하드		

그림 6-4 쇽업소버의 감쇠력 변환

(4) 자동차 높이 조정의 원리

공기 체임버는 쇽업소버의 외부에 설치된 강화 고무 재질의 롤링 다이어프램으로 공기량에 따라서 체적이 변환되어 자동차의 높이가 조절된다.

가) 자동차의 높이를 높게 할 경우

ECU가 어큐뮬레이터에 설치되어 있는 공기 공급솔레노이드 밸브와 앞뒤 솔레노이드 밸브의 흡입포트를 열어 어큐뮬레이터에 저장되어 있는 압축 공기가 공기 체임버로 공급되므로 공기 체임버의 체적과 쇽업소버의 길이가 증가되어 자동차의 높이가 높아진다.

나) 자동차의 높이를 낮게 할 경우

ECU가 공기 압축기에 설치되어 있는 배기 솔레노이드 밸브와 앞뒤 솔레노이드 밸브의 배기 포트를 열어 공기 체임버 내의 압축공기가 대기 중으로 배출되므로 공기 체임버의 쳇벅과 쇽업소버의 길이가 감소되어 자동차의 높이가 낮아진다.

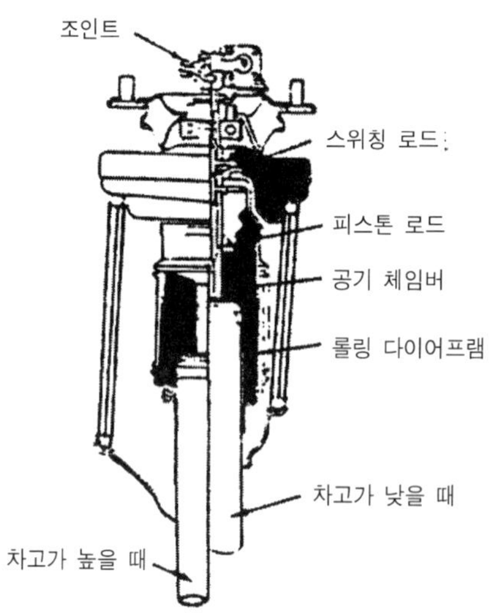

그림 6-5 공기 체임버의 구조

제7장 현가장치의 종류 및 기술동향

7.1 수동식 현가장치(Passive Suspension System)

현가장치는 수많은 형식이 있어서 나름대로 꾸준한 발전을 거듭하고 있지만, 특히 1970년대의 오일쇼크 이후에는 구조가 간단하고 상대적으로 가벼워 급격히 인기를 얻은 맥퍼슨식과, 원가는 맥퍼슨식에 비하여 다소 비싸지만 고성능을 요구하는 차들에 널리 적용되어 왔던 그림 7-1과 같은 인휠(In-wheel)형식의 더블위시본식 등이 승용차 현가장치의 큰 주류를 이루어왔다.

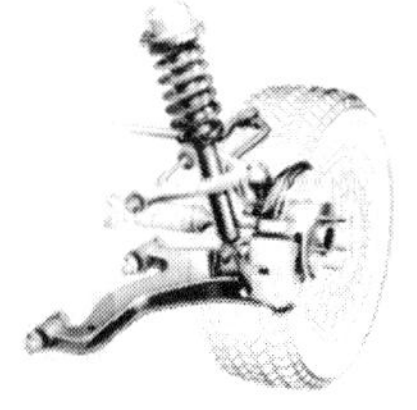

그림 7-1 인휠(In-wheel)형식의 더블위시본 현가장치

1980년대 이후부터는 고출력엔진의 등장과 더불어 소비자의 주행성능에 대한 선호도가 급격히 증가하기 시작함에 따라 운전자의 의지를 유쾌하게 표현할 수 있는 높은 성능을 갖는 현가장치의 출현이 강력히 요구되기 시작하였다. 또한 당시의 제어기술의 급속한 발전은 복잡한 수식 등에 대한 차량동력학적 해석능력을 증대시킴으로써 복잡한 현가장치의 거동에 대한 해석도 가능하게 되어 아주 정교한 현가장치의 설계가 가능하게 되었다. 5링크 현가장치라는 고성능 멀티링크식 현가장치가 벤츠사에 의해 세계 최초로 중하위급 차량의 후륜 현가장치에 선을 보이기 시작하여 이를 필두로 하여 전륜, 후륜 현가장치 형식에 대한 급격한 변화가 오기 시작하였다. 이 변화는 지금도 계속 진행 중이며 최소한 2000년대 중반까지는 계속 진화를 거듭할 것으로 예상되며, 각 자동차 회사별로 나름대로의 독창적인 현가장치 형식을 보유하면서 서서히 2차 안정기로 진입 될 것으로

보여진다. 국내 자동차회사들은 선진 자동차회사들의 설계 기술을 도입하여 독자 설계기술을 확보하고 있는 중이다.

수동식 현가장치의 발전 동향을 전/후륜으로 나누어 대해 좀 더 상세히 살펴보면 다음과 같다.

(1) 수동식 전륜현가장치의 발전 동향

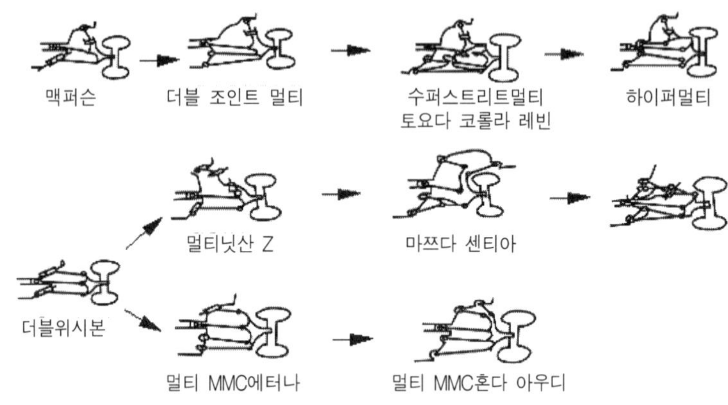

그림 7-2 수동식 전륜현가장치 형식의 발전

후륜이 바운싱 운동(bouncing motion)만을 제어하는데 반해, 전륜 현가장치는 바운싱 운동 이외에 조향 기능이 추가됨에 따라 전륜 현가장치의 기구 설계는 상대적으로 더 많은 제약조건을 갖고 있다 그러므로 전륜 현가장치는 후륜에 비하여 상대적으로 설계 자유도가 작아 다양한 형식이 적용될 수 없었다. 최근까지 승용차의 전륜 현가장치에는 BMW의 5-시리즈 모델에 적용된 더블 위시본식이 주를 이루었다. 1970년대 후반 들어서는 BMW 5-시리즈 모델에 더블 조인트 형식이라는 가상 킹핀축(imaginary kingpin axis)을 갖는 전륜에 4개 링크의 멀티링크 현가장치가 최초로 등장하여 조향 특성의 최적화를 꾀하였다. 1991년에 도요타는 Corolla coupe에 맥퍼슨식이 진보되어 슈퍼 스트럿식(super strut type) 캠버 제어링크가 달린 멀티 링크를, 1992년에는 미츠비시New Galant에 4개의 멀티링크, Mazda Sentia(Luce 후속)에 가상 킹핀축(imaginary kingpin axis)이 없는 5개의 링크를 갖는 멀티링크 현가장치(without imaginary kingpin axis)가 신규 개발 적용되었고, 1995년에 이르러 아우디(AUDI)의 A8, A4에 5개의 링크를 갖는 멀티링크 현가장치가 최초로 대량생산 차종에 적용되었다.

(2) 수동식 후륜현가장치의 발전 동향

후륜현가장치는 고유의 특성에 따라 상당히 다양한 형태로 발전하기 시작하였다. 1970년대를 걸쳐 1980년대 전반에는 보통 소형차에 널리 적용되는 형식인 트레일링암 식(trailing arm type), 토션빔 형식(torsion beam type), 그리고 듀얼링크 형식의 스트럿식 등이 주류를 이루었고, 후륜 구동차에는 세미 트레일링암 형식, 드-디온식, 더블 위시본식, 스트럿 식 등이 주류를 이루었다.

그러나 1980년대 중반부터는 벤츠에서 중소형 차종에 먼저 5개의 링크를 갖는 멀티링크식 현가장치를 적용하여 선을 보이기 시작했으며, 1988년에는 다른 자동차 회사에서도 후륜 구동차에 먼저 멀티링크식을 적용하기 시작하여 유럽에서부터 확장되기 시작했다. 가장 보수적인 볼보(Volvo) 또한 760 모델에 일체식을 대신하여 4개의 링크를 갖는 멀티링크식을 적용하였다. BMW도 세미 트레일링암식의 변형인 3개의 링크를 갖는 멀티링크식을 3-series에 적용하기 시작하여 1990년도부터는 8-series에 멀티링크(5-링크) 현가장치를 개발 적용하고 계속해서 다른 차종에도 확대 적용하였다.

한편, 일본에서도 1988년 후륜 구동차에 우선적으로Mazda 929에 E형 멀티, Nissan 실비아(Silvia)에 멀티링크식(4-링크), 1992년에는 전륜구동차의 후륜 현가장치로서 미츠비시 멀티링크(4-링크), 1994년에는 Nissan의 멀티링크 빔식 등이 계속 양산차량에 개발 적용되어 왔다. 특히 시작 차량으로는 대다수의 회사들이 많은 멀티 링크 등을 개발하여 평가까지 된 상태에서 양산 적용을 계획 중이다.

1990년 초까지 국내의 3대 메이커는 주로 일본의 제품을 도입하여 장착하였고, 1990년 중반부터는 자동차메이커와 부품업체 공동으로 많은 기술을 습득하고 독자적인 모델을 개발 발전시키며 1990년 말을 기점으로 21세기에 와서는 외국의 완성차 메이커로부터의 주문생산을 하게 되었다.

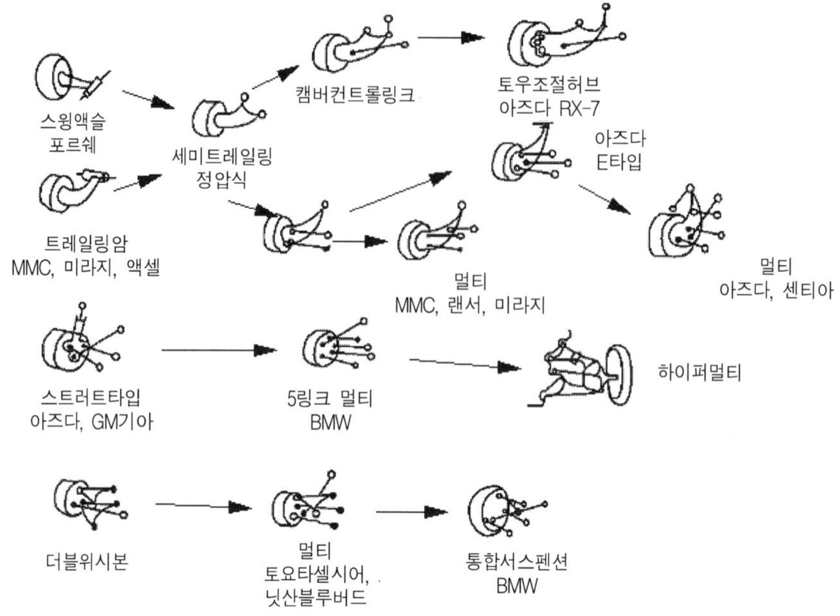

그림 7-3 수동식 후륜현가장치의 발전

(3) 수동식 현가장치의 미래기술

1980년대 이전까지는 수동식 현가장치에서 승차감과 조종안정성을 양립시키는 것은 거의 불가능한 일이라 믿어졌었다. 그러나 1980년도 후반이후 선을 보이기 시작한 멀티링크 같은 현가장치 등은 상당히 정교한 운동특성을 구현함으로써 승차감과 조종안정성의 동시만족에 대한 가능성을 보여 주었고, 심지어는 차량의 고유한 운동특성이 시간에 따라 다른 운동특성(과도상태 : oversteer특성, 정상상태 : understeer특성 등)을 보유할 수 있게끔 하는 설계도 보편화되기 시작하였다. Nissan의 멀티링크 빔 형식과 볼보의 델타링크 현가장치, Yorozu의 하이퍼멀티 등은 그 좋은 예라고 할 수 있다.

그리고 최근까지 이러한 멀티링크형식들이 주류를 이루고 있으며, 앞으로는 아주 값싸고 간단한 형식을 기본으로 하여 그 형식 자체가 기본적으로 가지고 있는 문제점들을 고도의 설계기술 및 아이디어 등으로써 보완 개선함으로서 설계자유도의 크기가 향상된 현가장치들이 더욱 활발하게 개발되어지리라 예상된다.

7.2 전자제어식 현가장치(Electronic Control Suspension System)

기존의 수동식 현가장치를 장착한 차량의 주행안전성능은 승차감과 핸들링의 상반되는 성질 중 한쪽 방향만을 중점적으로 개발해왔다. 따라서 상반되는 이 두 가지 운동 특성을 동시에 향상시키는 방법이 계속하여 모색되어 왔다.

일반적으로 자동차의 현가장치에는 판스프링, 코일스프링, 토션바, 고무스프링, 공기스프링 등의 스프링류와 쇽업소버를 사용해 왔으나 전자기술의 발전과 더불어 자동차의 현가장치를 통하여 노면에서의 미세한 진동과 선회시 롤링 등 불안정한 차의 상태를 최적의 상태로 제어될 수 있도록 설계된 것이 전자제어식 현가장치(ECS)이다.

운전자가 과도하게 조향을 하거나 차량의 거동이 일정한 궤도를 벗어날 경우 하중차이에 의한 쏠림 현상이나 조향력 상실로 인하여 운전자는 차량 전복이나 기타 예측 불가한 위험에 처할 수 있다. 그러나 전자제어식 현가장치가 장착된 자동차는 불규칙한 노면의 주행시 타이어 접지면에서의 수직하중을 적절한 수준으로 유지하여 선회, 제동, 구동시의 차량의 안정성을 확보할 수 있고, 차량의 주행중에 발생되는 노면의 불규칙한 압력을 효과적으로 차단(isolation)함으로써 승객에게 안락한 승차감(ride comfort)과 운전편의성을 제공해 줄 수 있다.

전자제어의 기능별 종류로는 차고제어, 감쇠력 제어, 스프링상수 제어, 자세 제어, 조향력 제어 등을 대표적으로 들 수 있다.

또한, 전자제어식 현가장치는 구조 및 작동 원리에 따라 크게 반능동형(Semi-Active) 현가장치와 능동형(Full-Active) 현가장치로 나눌 수 있으며, 최근에는 노면감지 능동형(Active Preview) 현가장치 등이 개발되고 있다.

1. 전자제어식 현가장치의 기능에 따른 분류

(1) 차고 제어

승차인원이나 적재하중의 변화에 따른 차체 자세의 변화를 방지하고, 고속주행시에는 차량의 높이를 낮춰서 주행안정성을 향상시키며, 험로나 악로를 주행할 때는 차의 높이를 올려서 노면과의 접촉을 방지하는 등의 목적으로 차 높이 조정 기구가 개발되었다. 차고 제어 방법은 유압식과 공압식으로 대별되어지고, 유압식은 다시 재키식과 하이드로뉴매틱식으로 분류된다. 하이드로뉴매틱식은 공압식과 마찬가지이지만 금속스프링을 병용하는 것과 쓰지 않는 것으로 분류된다. 또한 제어방법으로 기계식과 전자제어식이 있다.

가) 유압식

유압식은 각 차륜에 설정된 유압 재키, 전동모터로 구동되는 오일펌프, 오일탱크, 스풀밸브, 프레셔스위치 등으로 구성되고, 차높이 선택스위치나 차속 신호에 따라 오일펌프를 정전 또는 역전시키고 각 재키를 작동시켜서 차량의 높이를 조절할 수 있다.

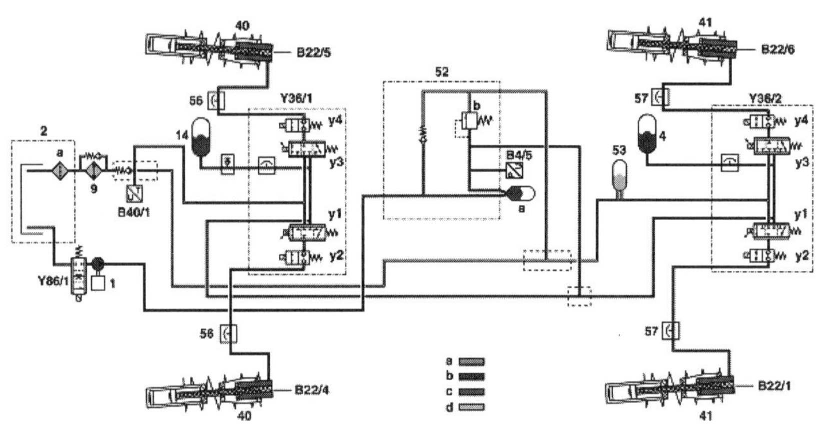

그림 7-4 유압식 차고제어장치

나) 하이드로뉴매틱식

하이드로뉴매틱식에서 사용되는 기계식의 예를 그림 7-5에 나타내었다. 오일펌프에서 토출된 작동유를 압력조정기(pressure regulator)를 이용하여 주축압기(main accumulator)에 저장해 놓고, 레벨링밸브에 의하여 이 유압을 유압실린더로 공급 또는 유압실린더로부터 배출해서 차 높이를 조정하는 것이다.

레벨링밸브는 스태빌라이저부에 설치되며 차 높이의 변화에 따른 스태빌라이저의 변위를 이용하여 레벨링밸브의 스풀을 이용하여 유압의 공급과 배출을 기계적으로 조절해서 차의 높이를 바꾸고 있으며, 레벨링밸브를 수동으로 제어해서 차의 높이를 바꿀 수도 있다. 유압의 급배류량은 공급압이나 실린더압에 따라 달라지기 때문에 차체 전체를 일정 속도로 오르내릴 수 없는 경우가 있다. 공기압식에서도 비슷한 기구의 것이 대형버스 등의 공기 현가장치에 채용되고 있다.

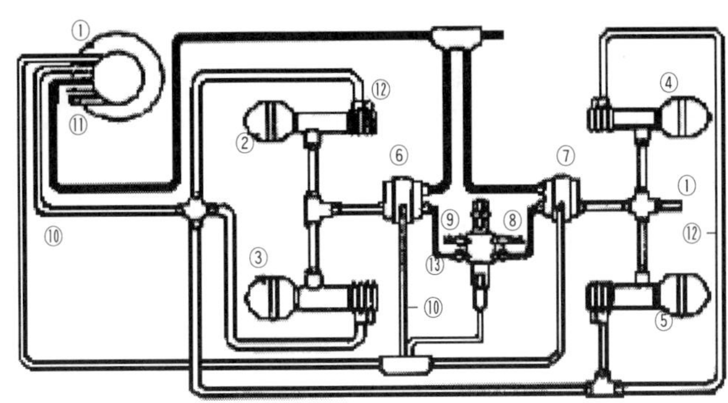

① 오일탱크
②-⑤ 가스스프링 장착유압실린더
⑥ 레벨링밸브(프론트)
⑦ 레벨링 밸브(리어)
⑧⑨ 프레이크 밸브
⑩ 리턴회로
⑪ 오일펌프
⑫ 누설회수회로
⑬ 프라이얼리티밸브

그림 7-5 하이드로뉴매틱식 차고제어장치

라) 전자제어식

전자제어식은 차고센서나 그 밖의 센서 신호를 제어회로에서 처리하며, 공기 현가장치나 하이드로뉴매틱 현가장치의 압력과 스트로크를 제어해서 차의 높이를 조정한다. 기계식에 비하여 광범위하고 높은 수준의 제어를 할 수 있다.

공압식의 전자제어식 차 높이 조정시스템의 예를 그림 7-6에 나타내었다.

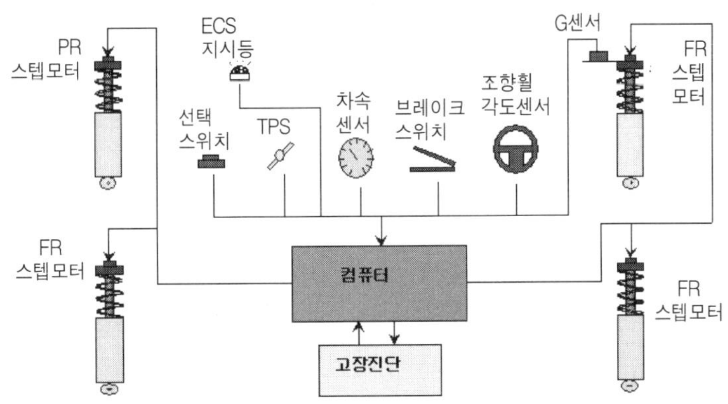

그림 7-6 전자제어식 차고제어장치

공기압 공급 장치는 모터구동의 컴프레서, 드라이어, 에어탱크로 구성되어 있다. 차체자세의 변화를 차고센서로 검출하고 컨트롤러에서 기준위치로 복귀되기까지 솔레노이 밸브를 제어해서 공기 현가장치로 공기를 공급하거나 배출하여 차 높이를 조정한다.

공기현가장치로서는 쇽업소버에 롤링다이어프램을 일체화시킨 구조의 것이 일반적으로 사용된다. 에어탱크는 차 높이의 상승시간을 단축시키기 위하여 사용되는데 컴프레서의 용량을 크게 해서 에어탱크를 쓰지 않는 시스템도 있다.

공압식의 경우는 공압회로 내의 수분 제어가 필요하기 때문에 드라이어로서 수분 흡착제인 실리카겔이 일반적으로 사용되고 있으며, 공기를 배출할 때에 감압 재생을 하는 프레셔스윙 방식에 의하여 수분의 포화를 막는 방식이 채용되고 있다.

차 높이 신호는 노면의 입력, 발진・제동시나 핸들조종을 할 때 등의 자세 변동에 따라 끊임없이 변동되어 차 높이 조정동작이 원활하지 못하게 되는 경우가 있다. 이에 대한 대책으로는 아래와 같은 방법이 채용되고 있다.

– 차고센서에 히스테리시스를 설치한다.

– 차고센서 신호의 샘플링타임을 길게 잡아서 평균값을 제어한다.

차고센서는 전후에 각각 1개씩 사용하는 경우와 정밀도 향상을 위하여 앞쪽에 2개, 뒤쪽에 1개 등 총 3개를 사용하는 경우가 많다. 4개의 바퀴에서 독립적으로 차 높이를 조정하는 것은 불안정성을 가져오게 된다.

차고센서는 직동식과 회전식으로 분류되며 공기 현가장치 속이나 로어암과 차체와의 사이 등에 설치된다. 그림 7-6은 리드스위치식의 예로서 4개의 리드 스위치에 의하여 차 높이를 4개의 영역으로 나누어서 입력회로의 두 트랜지스터에 의해서 2가지 모드를 제어하고 있다.

(2) 감쇠력 제어

현가장치의 쇽업소버에 요구되는 감쇠력은 같은 피스톤 속도라도 주행조건에 따라서 다르기 때문에 각자 주행조건에 대응해서 감쇠력을 변환하는 시스템이 채용된다. 일반적으로 노면이 양호한 도로에서의 주행시에는 감쇠력을 낮게 설정하여 승차감을 확보하고, 급조타, 급발진, 급제동시 등에는 감쇠력을 높임으로써 차체 자세의 변동을 저감시킬 수 있다. 또한, 험로나 악로(惡路) 등을 주행할 때는 감쇠력을 높임으로써 차체 진동을 신속하게 억제할 수 있으며, 타이어의 접지력 변동을 저감시키는 것도 가능하다.

감쇠력 가변기구는 감쇠력가변 쇽업소버, 콘트롤러, 각종 센서 및 감쇠력 변환용 액추에이터 등으로 구성되며, 그 예를 그림 7-7에 나타내었다.

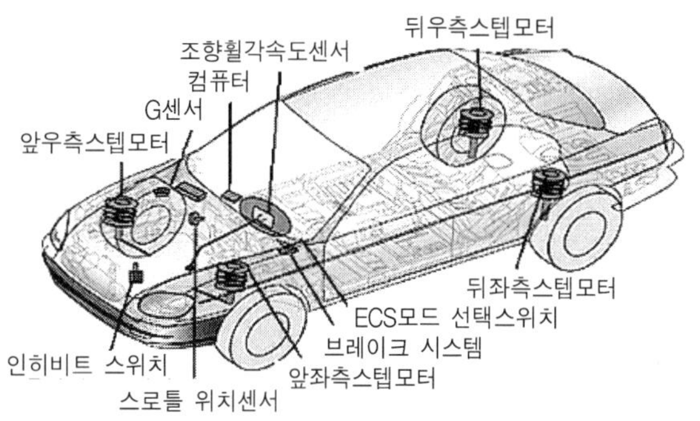

그림 7-7 감쇠력 가변장치

감쇠력 가변기구는 피스톤로드 속을 관통하는 컨트롤로드를 회전시켜서 그 하단에 고정된 셔터가 오일통로를 개폐하여 감쇠력을 조정하도록 되어 있다. 높은 감쇠력(하드)인 경우는 통로를 닫아서 감쇠력 특성은 피스톤에 장치된 제1밸브의 특성이 된다. 낮은 감쇠력인 경우는 통로를 열어서 감쇠력 특성은 제1밸브와 제2밸브의 짜맞춤 특성이 된다.

과거의 감쇠력 가변식 쇽업소버는 오리피스면적만 가변 구조로 되어 있었기 때문에 오리피스 특성만이 가변함으로서 가변 감쇠력 특성의 선정 범위에 제약이 있어서 효과가 현저하지 않는 경우도 있었다.

(3) 스프링상수 제어

일반적으로 현가장치의 스프링상수나 감쇠력이 낮아지면 스프링 위쪽의 가속도가 감소되어 승차감은 좋아지지만 적재하중의 변화에 따른 차 높이 변화 및 주행 중의 롤링, 피치, 바운스 등의 차체 자세 변화가 커진다. 이 때문에 낮은 스프링상수를 갖기 위해서는 차고조정 기능과 스프링상수 가변기능도 필요하게 된다. 또한, 감쇠 계수비를 일정 범위내로 설정하기 위해서는 감쇠력도 동시에 가변으로 할 필요가 있다.

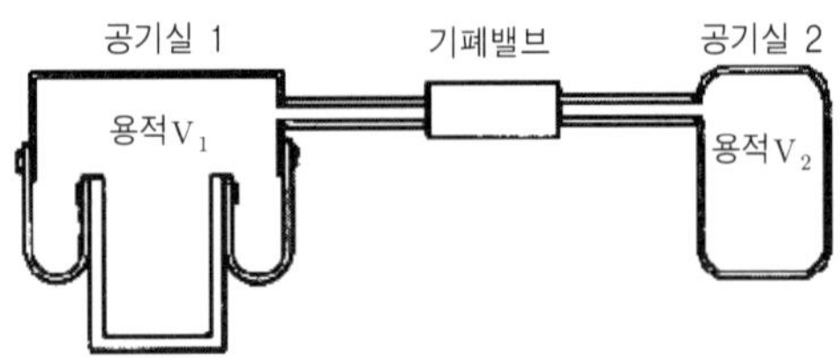

그림 7-8 스프링상수 가변의 원리

스프링상수 가변기구는 공기 현가장치나 하이드로뉴매틱(hydropneumatic) 현가장치 등과 같이 공기 스프링이 이용된다. 공기 현가장치의 스프링상수 가변의 원리를 그림 7-8에 나타내었다. 이것은 공기스프링의 체적을 분할하고, 양자의 연결 통로에 개폐 밸브를 설정하여 구성된다. 공기 스프링상수는 공기실의 체적과 역비례의 관계가 되므로, 앞에서 기술한 구성에 의하여 체적을 나누어 씀으로써 스프링 상수를 가변할 수 있다.

즉, 스프링상수 제어에는 일반적으로 차고제어기능, 감쇠력제어 기능도 포함되어 있기 때문에 종합적인 현가장치 제어라 할 수 있다. 현재 전자제어식 현가장치 장착 차량의 경우에는 차고조절기능, 쇽업소버의 감쇠력제어기능, 압축공기를 이용한 스프링상수제어 기능을 통하여 앤티다이브, 앤티스쿼트, 앤티롤링의 제어와 차속에 따른 스프링상수 변화에 따른 조종안정성 향상을 기할 수 있다.

(4) 자세 제어

[표 7-1]에는 차고제어 기능이 있는 전자제어식 현가장치에 의한 자세제어의 종류의 예를 나타내었다.

[표 7-1] 자세제어 종류의 예

차체 자세 제어	롤 제어	주행 중 선회시
	스쿼트 제어	주행 중 가속시, 출발, 급가속시
	다이브 제어	주행 중 제동시
	시프트스쿼트 제어	변속레버 위치변화시(N-D/N-R)
	피칭/바운싱 제어	요철도로 주행시(작은 요철)
	스카이훅 제어	요철도로 주행시(큰 요철)
	노면대응 제어	고속 주행시
	급속차고 제어	악로 주행시
	통상차고 제어	일반 주행시

자세제어 중에서 대표적인 롤 제어에 대해 살펴보면 다음과 같다.
롤 강성을 가변으로 하는 방법은 쇽업소버의 감쇠력 제어 혹은 현가스프링의 스프링상수 제어에 의한 방법이 있으나, 각각 승차감에 대하여는 악영향으로 되기 쉬우며 제어 방법이 복잡하여진다. 롤강성 제어에 국한하는 경우, 스태빌라이저 바의 비틀림 강성을 가변화한 기구도 사용된다.
그림 7-9는 롤강성 가변기구의 예를 나타내고 있다.

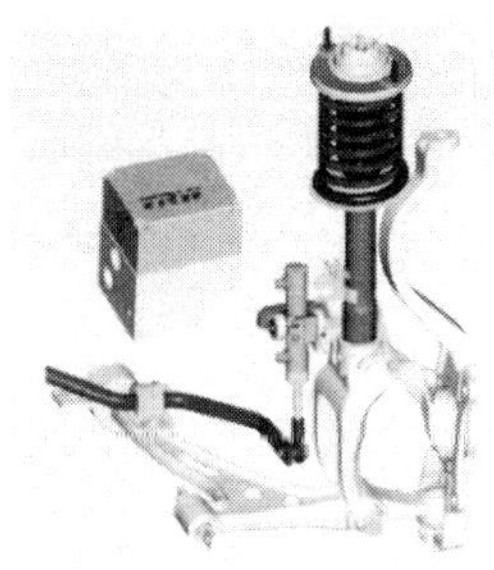

그림 7-9 롤강성 가변기구

스태빌라이저는 좌우 바퀴가 같은 위상으로 스트로크 하는 영역에서는 스프링작용을 하지 않고, 스프링의 고유진동수에 영향을 주지 않는다. 노면의 종류에 따라 다르나, 노면파장이 길수록, 즉 공간주파수가 낮은 노면입력 상태에서는 좌우 바퀴 변위의 상관성이 높고, 좌우 같은 위상에서 스트로크 하는 것으로 되므로 롤 강성을 높일 목적으로 스태빌라이저 바의 비틀림 강성을 높여도 감쇠력 제어나 현가스프링의 스프링상수 제어에 비교하여 승차감에 주는 영향은 적다. 스태빌라이저 바 비틀림 강성을 가변하기 위한 장치로는 기계식과 유압식이 있으며, 어느 경우에도 스태빌라이저 바와 로어 암과의 부착부에 장착하여 결합부의 강성을 변화시킨다.
유압식인 경우에는 신축하는 피스톤로드에 동반하는 피스톤 상하실 사이의 오일의 흐름을 유로조절밸브의 개폐에 의하여 제어하는 기구이다. 피스톤로드가 자유롭게 미끄럼 운동을 하는 상태에서 스태빌라이저로의 입력은 부하되지 않고 롤강성은 낮아진다. 다만, 피스톤로드 스트로크를 초과하는 큰 입력이 부하되면 실린더에 내장된 스토퍼에 의한 스트로크 규제에 의하여 스태빌라이저 본래의 강성으로 되돌아가는 안전설계가 이루어져 있다. 또한 오일의 흐름을 구속하여 피스톤로드를 고정하면 스태빌라이저 자체의 강성이 얻어진다. 이 모드에서는 실린더의 중립 위치에서 리저버실로 연통하는 포트를 마련하여, 어느 상태에서 로크 동작이 이루어지거나 중립위치에서 로크되어 차체 자세에 비틀림을 주는 일은 없다.

기계식인 경우도 유압식의 경우와 같이 피스톤로드의 상하 움직임을 로드에 가공된 홈과 외주 콜릿에 의하여 기계적인 방법으로 상하 움직임의 구속을 한다. 이 경우도 로크는 홈이 있는 중립 위치에서만 로크되어 차체 자세에 변화를 주는 일은 없다.

제어방식은 현재 실용화되고 있는 유압식, 기계식 모두가 케이블 조작에 의한 수동 조정식이고, 길이 좋은 도로에서의 승차감 향상과 악로주행 및 고속주행에 있어서의 롤각저감과 접지성 향상을 목적으로 쇽업소버의 감쇠력과 연동하는 변환 제어를 하고 있는 유압식도 있다.

스태빌라이저의 강성가변제어는 롤강성의 변경을 가능하게 함과 더불어, 앞뒤 바퀴에 설치하면 전후 단독으로 변화시키는 것도 가능하게 되고, 스프링 위 질량 관성의 이동량을 전후륜에서 변화를 줄 수 있어 스티어링 특성도 제어하는 것이 가능하게 된다. 가변장치의 제어 방법도 수동 조정뿐만 아니라 감쇠력 가변기구와 같이 여러 가지 센서 신호를 입력으로 하여 응답성이 좋은 전기력이나 유공압에 의하여 구동되는 컨트롤 시스템화의 가능성도 있다. 또, 유압식 가변장치 경우는 외부의 유압원(power resource)과 실린더의 상하실을 변환밸브를 거쳐 접속시켜 횡가속도 등의 신호에 의하여 실린더 변위 혹은 압력의 제어를 하는 등에 의하여 능동적인 롤 제어를 할 수도 있다.

(5) 조향력 제어

타이어에 횡력 또는 전후력이 가해지면, 현가장치의 탄성변형에 의하여 토우(toe) 각의 변화를 일으켜 그에 따른 스티어링 특성도 달라진다. 이런 토우각의 변화에 따라 목표로 하는 스티어링 특성을 얻을 수 있도록 컨트롤하는 기구가 컴플라이언스 기구이다.

이 기구는 후륜에 설치되는 예가 많고, 선회시에 작용하는 횡력에 의해서 외륜을 토우-인으로 향하도록 하여 후륜의 선회력을 크게 하는 것으로서 고속선회시의 안전성을 향상시키는 것이나, 제동시의 뒤쪽 방향으로 향하는 힘에 의하여 토우-인으로 향하도록 하여 제동시의 안정성 향상을 목적으로 한 것이 있다. 또, 가해지는 가로 방향의 횡력이 작은 경우는 토우-아웃(toe out), 크면 토우-인(toe in)

으로 되도록 설정되어 가로방향 가속도가 낮은 선회에서의 복원성과 높은 선회에서의 안정성 모두를 목적으로 한 것도 있다.

이들은 링크의 배치나 부쉬의 강성 배분에 의하여, 토우변화 특성을 제어하고 있지만, 토우 제어량을 크게 하면 부쉬의 변화량이 커지게 되어 부쉬의 내구성이 저하된다. 또, 토우 제어량을 크게 하는 것은 토우 강성이 저하되고, 노면 요철에 의한 입력으로도 토우 변화를 발생시켜 직진 안정성을 해칠 염려가 있기 때문에 제어량의 설정은 여러 가지 요인을 만족하는 범위에서 이루어져야 한다.

또, 최근에는 유압 등의 외력을 이용하여 토우 변화를 능동적으로 제어하고자 하는 기술이 소개되고 있다. 전후 컴플라이언스를 높게 설정하여 양호한 승차감을 확보함과 동시에 노면이나 운전의 상태를 측정하여, 토우 변화를 정확하고 확실하게 제어함으로써 조종안정성을 높이고자 하는 새로운 시스템의 연구가 진전되고 있다.

그림 7-10은 평행 링크의 배치에 의하여 각각의 링크에 걸리는 힘이 상이한 것을 이용한 것이다. 횡력을 받을 경우 링크의 배치로부터 앞 링크에 작용하는 힘이 뒤쪽 링크에 대하여 커지게 되고, 그것에 상응하여 앞쪽 부쉬의 변위도 뒤쪽에 대하여 크게 되므로 타이어는 토우-인 방향으로 향한다.

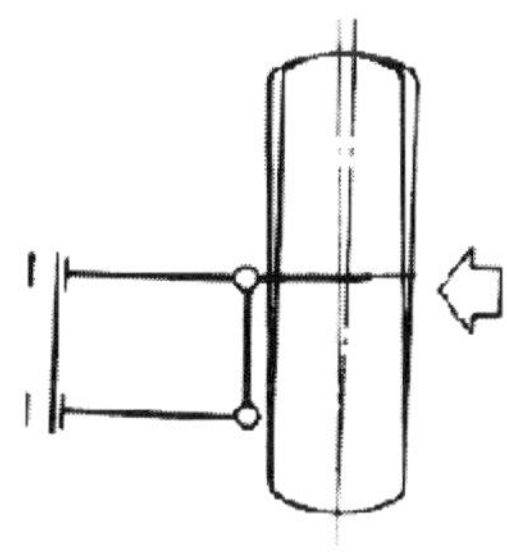

그림 7-10 평행링크식 현가장치에서의 컴플라이언스제어기구

그림 7-11은 기본적으로 횡력, 제동력으로 토우-아웃으로 되기 쉬운 세미트레일링 링크 방식의 현가장치에 보조링크를 추가하여 토우-아웃 경향의 개선을 위한 것이다. 암에 토우-아웃의 모멘트와 요동축에 따라 내측으로 이동시키는 하중이 생겨서 암이 이동하면, 보조링크의 작용으로 암을 토우-인으로 향하는 모멘트가 발생하여 토우-아웃모멘트를 감소시킬 수 있다.

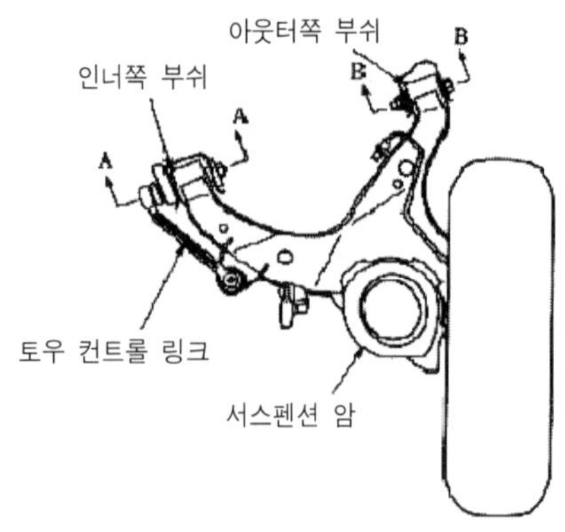

그림 7-11 세미트레일링식 현가장치에서의 컴플라이언스제어기구

2. 전자제어식 현가장치의 구조 및 원리에 따른 분류

전자제어식 현가장치(ECS)는 1990년 초에는 대형 고급차에만 장착되던 것이 1990년대 중반으로 오면서 중형 차량에까지도 보급되기 시작하였다. 현가장치의 발전 과정을 살펴보면, 1980년 말과 1990년 초까지는 능동형(full-active ECS) 장치가 주로 장착되던 것이 현재에 와서는 점차로 반능동형(semi-active ECS) 장치가 장착되는 추세가 되고 있다. 이러한 이유는 다음의 [표 7-2]에서 보인 바와 같이 반능동형의 경우가 적은 비용으로 많은 차량에 장착할 수 있는 장점이 있어 보급률이 높아지고 있기 때문이다.

그림 7-12는 반능동형과 능동형 현가장치의 승차감과 핸들링성능을 비교한 주행 성능특성을 보여주고 있다.

[표 7-2] 전자제어식 현가장치의 비교

System	Forces	Frequency range	Actuator operation	Energy demand	Sensor demand
Adaptive	Force / Speed	Open loop control	sychronous	low	low
Semi-active (discrete)		body wheel	individual	low	medium
Semi-active (continuous)		body wheel	individual	low	medium

Slow-active		body wheel	individual	medium	high
Fully active		body wheel	individual	high	high

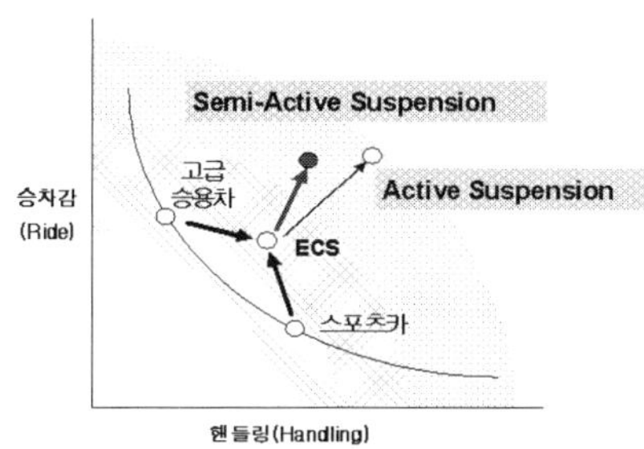

그림 7-12 승차감과 핸들링으로 표현되는 자동차의 주행성능특성

전자제어식 현가장치의 발전 방향을 종류별로 대별하여 정리해 보면 다음과 같다.

(1) 반능동형 현가장치(Semi-Active Suspcnsion System)

이 장치는 차량에 장착된 감쇠기(댐퍼)의 운동특성을 실시간으로 가변시킴으로써 주행안정성 및 승차감을 향상시키는 장치로, 4륜의 감쇠력을 독립적으로 제어함으로서 독립현가장치의 장점을 최대한 보장해주는 시스템이다.

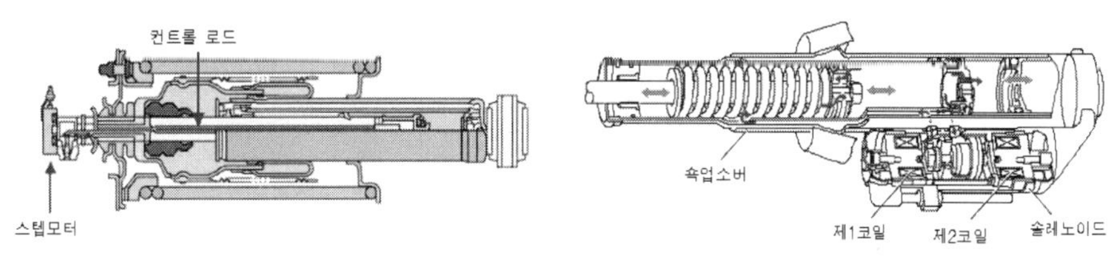

(a) 스탭모터 방식 (b) 솔레노이드밸브 방식

그림 7-13 반능동형 액추에이터의 종류

각 차륜의 상단 차체에는 상하 가속도센서가 부착되어 차륜 각각의 거동을 측정하여 독립적인 제어를 가능하게 한다. 차속센서와 조향각 센서의 신호를 기준으로 운전자의 급조향 거동을 판단하여 감쇠력을 제어해주는 앤티롤 제어로직이 있고, 이 로직에서는 전후롤 댐핑모멘트의 배분제어를 통해 조향안정성과 편의

성을 제어한다. 감쇠력 절환을 위한 액추에이터의 제어에는 스텝모터를 이용하여 감쇠력을 다단계로 하는 방법과 솔레노이드 밸브를 사용하여 연속적인 감쇠력의 절환이 가능하도록 하는 방법이 있다.

반능동형 현가장치에 사용되는 대표적인 구성요소는 다음과 같다.

가) 차고 센서

그림 7-14와 같은 차고 센서는 차체 쪽에 장치되어 있으며, 회전축에서 연장한 링크가 리어 현가장치 암에 결합되어, 링크가 차 높이의 변화에 의해 상하 운동하는 것을 이용하고 있다.

센서는 내부에 포토인터럽터 2개를 링크와 동축의 슬릿판에 대해서 옮겨놓고 설치하고 있으며, 2개의 포토인터럽터의 신호의 조합에 의해 4단계의 차 높이를 검출할 수 있다.

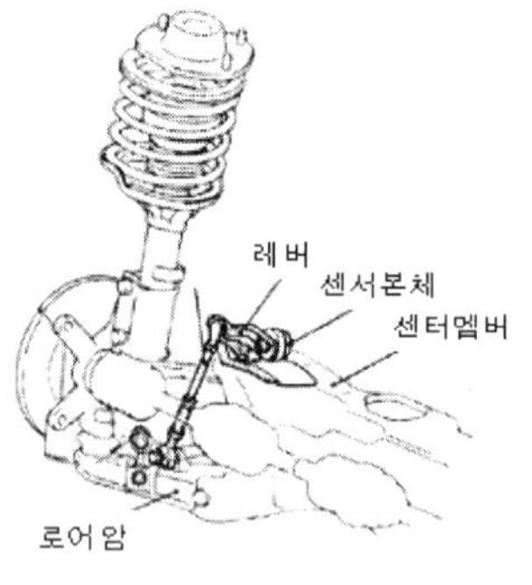

그림 7-14 차고 센서

그림 7-15는 반능동형 현가장치의 차고제어를 위한 센서의 장착 예를 보여준다.

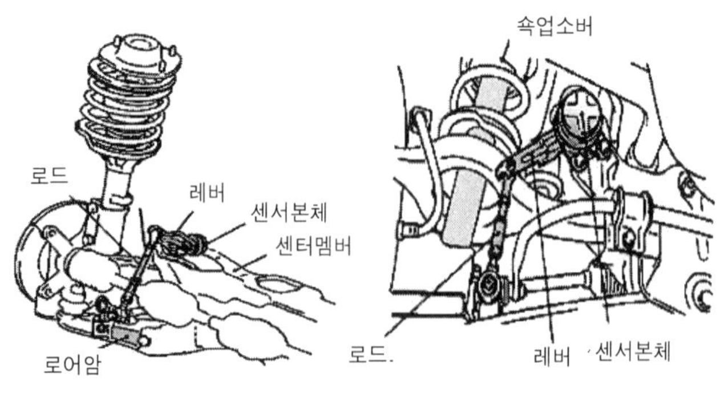

그림 7-15 반능동형 현가장치의 차고센서 장착 예

나) 가속도 센서

차체에 부착되어 차량의 상하운동(Bounce motion)을 측정하기 위한 센서이다. 즉, 상하 차체운동가속도를 중력가속도 단위로 표현하면 이 값을 전기신호인 볼트로 환산하여 출력해주는 센서이다.

다) 차속 센서

그림 7-16과 같은 차속 센서는 리드스위치 형식으로 스피드미터 내에 설치되어 있다. 차속센서는 트랜스미션 디퍼렌셜 케이스의 회전을 전기적인 펄스로 변환시키는 역할을 한다. 이 신호는 ECS 장치뿐만 아니라 다른 전자제어장치(전자제어 엔진 MPI, ELC/T ETACS 등)에서도 사용한다.

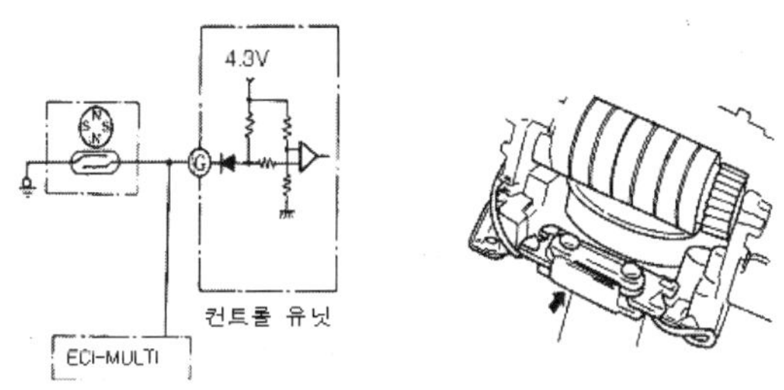

그림 7-16 차속 센서

라) 스로틀포지션 센서(TPS)

그림 7-17과 같은 스로틀포지션 센서는 액셀러레이터의 페달작동속도, 즉 급감속, 급가속을 감지하는 센서로서 MPI, ELC/T에도 동시에 이용된다.

T.P.S의 전원은 정류된 5V 전원이 MPI 컨트롤 유닛에서 센서의 전원터미널로 공급된다.

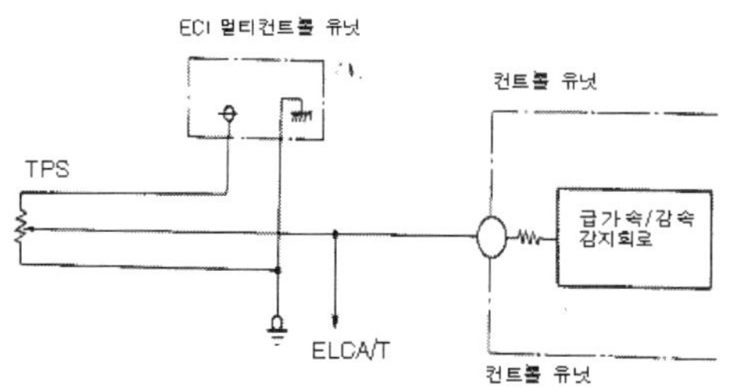

그림 7-17 스로틀포지션 센서(TPS)

마) 솔레노이드 밸브(프런트 및 리어)

① 차고조절 에어밸브

컨트롤유닛으로부터 전원이 공급되면 앞, 뒤 에어 체임버에 공기가 공급되거나 배출되어 차고가 조절된다. 전자장치의 통제(fail safe)시에는 밸브가 닫혀 에어스프링(에어체임버) 내에 일정한 공기량을 유지한다.

② 하드(hard)/소프트(soft)에어밸브

컨트롤유닛으로부터 전원이 공급되면 밸브가 열려 압축공기가 액추에이터에 공급되어 하드(hard) 모드가 되고, 컨트롤유닛으로부터 전원이 차단되면 밸브가 닫혀 밸브 상단부의 통풍구를 통해 액추에이터 내의 압축공기가 대기 중으로 방출되어 소프트(soft) 모드로 된다. 전자장치의 통제(fail safe)시에는 밸브가 열려 액추에이터의 작동으로 하드(hard) 모드를 유지한다.

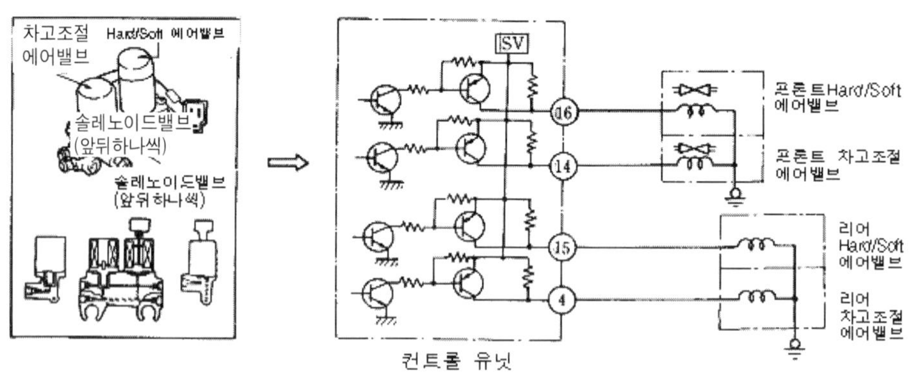

그림 7-18 솔레노이드 밸브

바) 조향각 센서

조향각 센서는 조향 핸들의 다기능스위치 뭉치 안에 장착되며, 광센서방식을 사용한다. 즉, 얇은 디스크판 양쪽에 발광부와 수광부를 설치하여 디스크에 설치된 홈을 통하여 빛의 통과를 감지하여 조향각을 계산하는 방식을 사용한다.

그림 7-19와 같은 조향각 센서는 앤티롤제어를 위해서 필요한 조향 각도 및 방향을 검출하는 것이다. 아날로그 타입의 것을 포함하여 여러 가지가 개발되고 있지만, 여기서는 포토 인터럽터를 사용한 디지털식의 센서에 대해서 설명한다. 포

토인터럽터는 발광다이오드와 트랜지스터가 쌍으로 된 구조로 되어 있으며, 발광다이오드의 빛의 유무에 따라 포토트랜지스터가 ON, OFF하는 반도체디바이스이다.

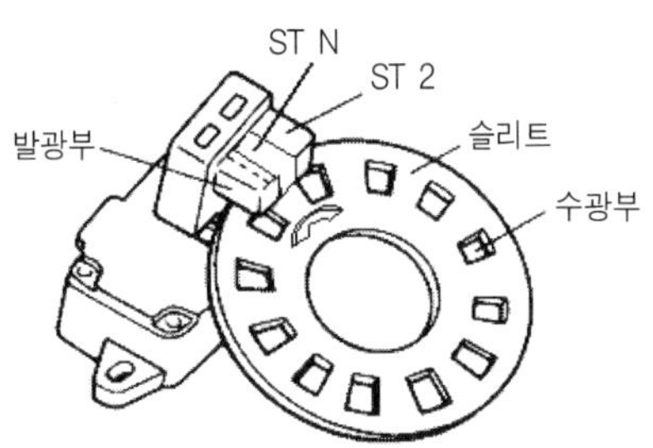

그림 7-19 조향각 센서

조향각 센서는 포토인터럽터 및 발광다이오드와 포토트랜지스터의 사이에 놓은 슬릿판으로 구성되어 있으며, 포토트랜지스터는 조향각 컬럼에, 슬릿판은 조향각 샤프트에 장치되어 있다. 조향각 휠이 회전하면 슬릿판만 회전하고, 포토인터럽터는 ON(통과의 상태)과 OFF(차단된 상태)를 반복하여 조향각의 회전각에 비례한 디지털신호를 발생한다. 그러나 1개의 포토인터럽터에서는 좌우의 회전신호가 같아지며 조향 방향을 검출할 수 없기 때문에, 2개를 사용하여 위상차에 따라 조향방향을 검출하고 있다.

사) 가변댐퍼/액추에이터

반능동형 현가장치에서 사용하는 무단가변 댐퍼는 가변밸브가 댐퍼 측면에 부착되어 있다. 이 측면부착형 가변밸브 안에는 2개의 감쇠조절 밸브가 설치되어 인장/압축 행정시의 감쇠력을 별도로 제어 할 수 있도록 한다.

액추에이터는 직류모터, 기어, 솔레노이드로 구성되며, 모터 및 솔레노이드의 조합으로 전기를 통함에 의해 3단계로 바꾸고 있다.

쇽업소버는 로터리밸브에 3개의 오리피스를, 피스톤로드에 2개의 통로 구멍을 가진다. 액추에이터에 의해 로터리밸브를 회전시켜 오리피스의 개폐 및 유로면적의 증감을 함으로써 감쇠력을 3단계(작은 쪽-A, 중간-B, 큰 쪽-C)로 바꾼다. 작은 쪽일 때는 로터리밸브의 오리피스 A, C가 열리면 되고, 중간일 때는 오리피스 B가 열리면 된다. 큰 쪽일 때는 모두 닫히며, 논리턴밸브만으로 감쇠작용을 발생시키는 구조로 되어 있다.

아) 전자제어기(Electronic Control Unit)

반능동제어식 현가시스템의 전자제어기는 16비트 마이크로프로세서를 사용하고 있고 내부에 각 차륜의 감쇠력을 독립적으로 제어하는 스카이훅로직을 기본으로 하는 제어알고리즘이 구현되어 있다.

또한, 반능동형 현가장치의 발전과정과 적용 예를 살펴보면 다음과 같다.

반능동형의 1세대라고 할 수 있는 감쇠력가변식ECS는 쇽업소버의 감쇠력을 다단계로 변화시킬 수 있는 시스템으로, 쇽업소버의 감쇠력만 제어하므로 구성이 간단하며 중형차에 주로 장착된다. 국내 차종으로는 소나타 등에 적용되었으며, 그림 7-20에는 반능동형 현가장치와 관련된 부품 장착도를 나타내었다.

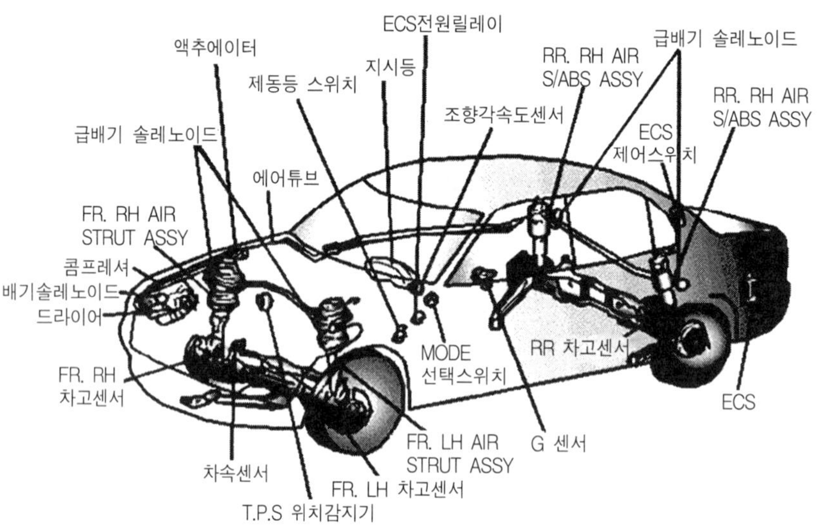

그림 7-20 반능동형 현가장치의 부품장착도

반능동형의 2세대라고 할 수 있는 복합식 ECS는 쇽업소버의 감쇠력과 차고조절 기능을 갖춘 시스템이다. 이것의 특징은 기존 코일스프링이 하던 역할을 공기스프링이 대신하므로 하중변화에도 일정한 승차감과 차고를 유지할 수 있다는 점이며, 중대형 승용차에 주로 장착된다.

진정한 반능동형 현가장치라고 할 수 있는 3세대 시스템은 스카이훅 이론을 바탕으로 개발된 시스템으로 역방향 감쇠력 가변식 쇽업소버를 적용하여 기존의 감쇠력 가변식 ECS와 능동형 ECS의 성능을 만족할 수 있는 시스템이다. 쇽업소버의 감쇠력은 그 외부에 장착된 가변 솔레노이드 밸브에 의해 연속적인 감쇠력 변경이 가능하고, 쇽업소버의 피스톤의 운동시 독립된 감쇠 제어가 가능하다. 국내 적용 차종은 그랜저 XG와 에쿠스 등이 있으며, 그림 7-21에는 제어장치에 입출력되는 신호를 위한 구성요소를 나타내었다.

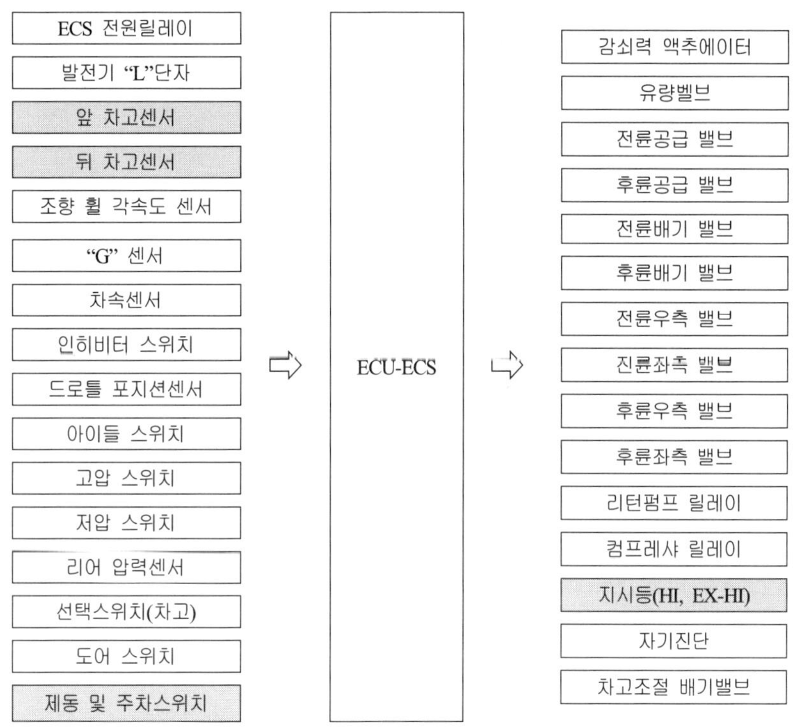

그림 7-21 반능동 현가장치 제어기의 입출력 신호

반능동형 현가장치의 개발을 위해 지금까지 적용되어 온 기술은 대부분 기존의 오일 및 가스댐퍼를 이용한 제어법칙이었다. 따라서 많은 주요 부분은 기계적 장치로 이루어져 있기 때문에 그 구조가 매우 복잡하고 작동시 마찰이나 마모 등으로 소음이 발생하게 되는 원인이 되기도 한다. 이러한 문제점을 해소하기 위해서 액체의 유동 특성이 외부 자기장부하시 특성이 변하는 유체를 이용하여 새로운 개념의 댐퍼를 설계 및 제작하려는 연구가 한참 이루어지고 있다. 이 시스템은 "자기유변형 현가장치"라고 불리며, 반능동형 현가장치의 4세대를 이어나갈 기술로 분류할 수 있다.

(2) 능동형 현가장치(Full-Active Suspension System)

반능동형보다 진보된 형태의 전자제어식 현가장치로서, 외부에서부터 에너지를 공급하여 스프링상수나 감쇠력을 주행조건에 대응하여 적절하게 조절하는 장치이다. 즉, 능동형 현가장치는 적재중량, 노면상황, 주행속도 등 여러 가지의 주행상태에 대응하여 전자제어하고 유압이나 공압의 액추에이터를 사용하여 차높이나 스프링상수, 감쇠력을 적정화시키는 시스템으로, 반능동형 장치와 구분하기 위하여 완전 능동형(full-active)으로 표현하기도 한다.

능동형 현가장치의 효시는 그림 7-22에 보인 로터스(Lotus)의 시제작 차량이라 할 수 있다.

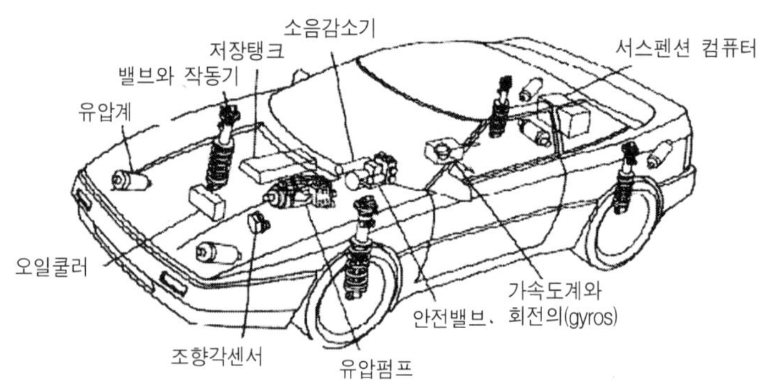

그림 7-22 로터스의 능동형 현가장치

능동형 현가장치의 기본 개념은 자동차의 주행시 서스펜션의 구성요소들이 각각의 상황에 따라 적절히 대응하도록 하는 것으로, 예를 들어 스프링에 가벼운 하중이 얹힐 때에는 탑승자에게 불편함을 주지 않으면서도 자동차의 하중을 충분히 지지할 수 있을 정도까지만 딱딱해지도록 하는 것이다. 다른 예로는 바퀴가 돌출물 등에 부딪혔을 때는 서스펜션이 자유롭게 움직일 수 있도록 쇼크가 부드러워지도록 하며, 갑작스럽게 차선을 변경할 경우 등에는 차체의 안정을 유지하기 위해서 서스펜션이 다시 딱딱해지도록 제어하는 것이다.

수동식이나 반능동형 현가장치로는 이러한 모든 상황에 적절하게 반응할 수 없으나, 능동형 현가장치는 두 가지 중요한 방식으로 이러한 한계점을 극복하고 있다. 첫째로는 스프링과 쇽업소버 대신에 피스톤의 위치와 속도에 따라 독립적으로 힘을 생산해 내는 유압 가진기를 이용하며, 둘째로는 바퀴의 조절과 차체의 조절을 격리시키기 위한 제어 기술을 도입하고 있다.

제어방법으로는 운전자의 조향 조작에 대응하여 특성을 변환시키는 피드-포워드(Feed-forward) 제어, 차량의 거동을 검출하여 노면으로부터의 입력을 대응하여 리얼타임으로 변환하는 피드백(Feed-back)제어 등이 있다.

능동형 현가장치는 기본적으로 유압장치, 제어장치, 제어로직의 3부분으로 구성되며, 작동원리는 다음과 같다.

- 차량 주행시 바퀴와 차체의 상대변위와 서스펜션 마운트의 상하가속도가 센서에 의해 감지된다.
- 센서에서 얻어진 정보를 바탕으로 제어로직에서 각 차륜에 필요한 압력을 계산 한다.
- 압력제어밸브가 유압펌프로부터 각 차륜의 액추에이터로 공급되는 압력을 조절 하여 차량의 자세를 제어한다.

또한, 능동형 현가장치를 실제의 차량에 적용하기 위해서는 다음과 같은 과제를 해결해야 한다.

- 대상차량에 대해 적합한 유압회로를 설계하고, 유압회로를 이루는 각 부품들의 특성을 정확히 파악해야 한다.
- 차량의 동역학적인 특성을 고려한 제어로직을 개발해야 한다.
- 유압제어시스템과 제어로직간의 매칭 즉, 하드웨어와 소프트웨어의 튜닝을 잘 해야 한다.

이 장치는 반능동형이 갖고 있는 감쇠력제어와 차고조절 기능도 모두 갖추고 있으며, 차량의 자세변화에 능동적으로 대처하여 자세를 바로 잡아 줄 수 있는 시스템이다. 자세 제어기능은 롤(roll) 방향, 바운스(bounce) 방향, 피치(pitch) 방향, 앤티다이브(anti-dive), 앤티스쿼트(anti-squat) 등 조종안정성과 승차감의 모든 운동방향을 망라한다.

능동형 현가장치의 기술적 특징을 정리해보면 다음과 같다.

첫 번째로, 능동형 현가장치가 장착된 자동차는 바퀴들이 수동형 현가장치가 장착된 차보다 더 자유롭게 움직인다. 따라서 적절한 제어 알고리듬이 개발 적용되면 훨씬 부드러운 주행을 느낄 수 있게 된다.

두 번째로, 능동형 현가장치의 또 다른 이점은 센서가 컴퓨터에게 차체의 운동과 바퀴의 운동을 구별할 수 있게 해준다는 점으로, 그 차이를 구별해 냄으로써 각자 독립적인 조절이 가능할 수 있다. 자동차가 가·감속하는 경우에는 현가장치에 가해지는 수직하중의 분배도 바뀌게 된다. 전진 가속시에는 하중의 변화는 앞 스프링을 팽창시키고 뒤 스프링에는 압력을 가하게 되어 차의 앞부분을 들리게 하며, 정지 시에는 그 반대현상이 일어난다. 차량 선회시에도 차가 롤방향으로 같은 결과를 나타낸다. 능동 현가장치 차량에서는 이러한 가속이 수직측면 가속도계에 의해 감지된다. 자동차의 이들 센서로부터의 정보를 결합하여 컴퓨터가 실시간으로 각 바퀴에서 발생하는 하중의 변화량을 산출한다. 그 결과를 하중 감지 센서로부터의 정보에 기초하여 각 코너의 실제적 하중과 끊임없이 비교하여 상황에 따라 적절한 반응을 하도록 조정하게 된다.

완전능동형 현가장치는 Lotus의 Esprit 차량이 처음 시험차량으로 개발되었으며, 일본의 경우에는 Toyota의 Soarer에 장착되어 상용화된 경우가 있다. 그러나 앞서 서술한 바와 같이 기술적인 어려움과 비싼 가격 등으로 인해 상품화로 이루어진 예는 많지 않으며, 국내에서는 아직까지 진정한 의미의 능동형 현가장치가 적용된 예는 없다고 할 수 있다.

(3) 노면감지능동형 현가장치(Active Preview Suspension System)

반능동형이나 능동형 전자제어 현가장치(ECS)는 노면의 변화에 대하여 현가장치의 스트로크주기 등으로부터 노면상태를 판단하여 감쇠력을 바꾸거나 압력을 조정하는 방식을 채택하였다.

반면에 노면감지능동형 현가장치는 초음파펄스방식의 프리뷰센서, 수신센서 등을 이용하여 바퀴가 지나갈 노면의 상태를 사전에 검출하여 빠른 시간 내에 쇽업소버의 감쇠력을 바꾸거나 공기스프링의 공기압조정 등을 통하여 충격을 훨씬 부드럽게 하여 승차감을 향상시킬 수 있는 장치이다.

향후에는 구배정보 등을 추가하여 오르막이나 내리막 등의 주행상황에 따라 쇽업소버의 감쇠력과 제어시점을 조정하여 전륜과 후륜의 롤과 선회력을 제어함으로서 조종안정성을 향상하는 기능도 추가되리라 예측된다.

국내에서는 뉴그랜저 등에 장착된 예가 있으며, 그림 7-23에 관련된 구성부품도를 나타내었다.

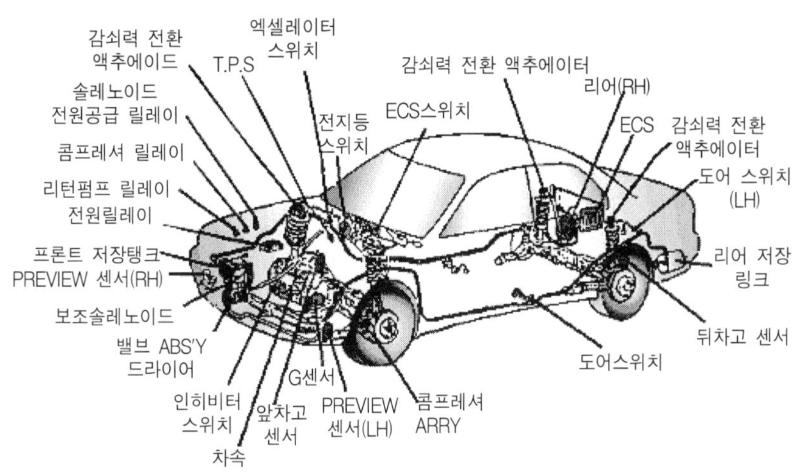

그림 7-23 노면감지 능동형 현가장치의 구성부품도

3. VDC(Vehicle Dynamic Control, 자세제어) 장치

VDC(Vehicle Dynamic Control) 장치 혹은 ESP(Electronic Stability Program) 장치는 위험한 운전상황에서 자동차 스스로 브레이크를 밟거나 엔진의 토크를 제어하여 스핀 또는 언더스티어 등의 발생을 억제하여 이로 인한 사고를 미연에 방지할 수 있게 하는 장치로서 전자제어식 현가장치에 ABS, TCS 기능이 추가된 섀시 통합제어 장치라 할 수 있다. 차량에 스핀이나 언더 스티어가 발생하는 상황에 도달하면 이러한 상황을 감지하여, ABS와 연계되어 자동적으로 안쪽 차륜이나 바깥쪽 차륜에 제동을 가해 차량의 자세를 제어함으로써 이로 인한 차량의 안정된 상태를 유지한다. 또한 TCS와 연계되어 스핀 한계 직전의 경우에는 자동적으로 감속하고, 이미 스핀이 발생된 경우에는 각 바퀴별로 제동력을 제어하여 스핀이나 언더스티어의 발생을 미연에 방지하여 안정한 운행을 도모한다. ABS 장치와의 큰 차이점은, ABS는 브레이크를 직접 밟아 제동하는 과정에서만 효과를 발휘하는 장치이고, VDC는 운전자가 브레이크를 밟지 않아도 스스로 최적의 차량 운행조건을 찾아주는 장치이다. 예를 들어 운전자가 통제하기 어려운 속도로 선회를 하고 있을 경우, 자동차에 장착된 VDC는 센서를 통하여 얻어진 차량 운동량과, 추정을 통하여 얻어진 노면 상태 정보 등을 이용하여 정해진 안정 기준값보다 실제 차량 운동량이 큰 경우에 적절하게 차륜을 제어함으로서 차량의 안정성을 확보하여 준다.

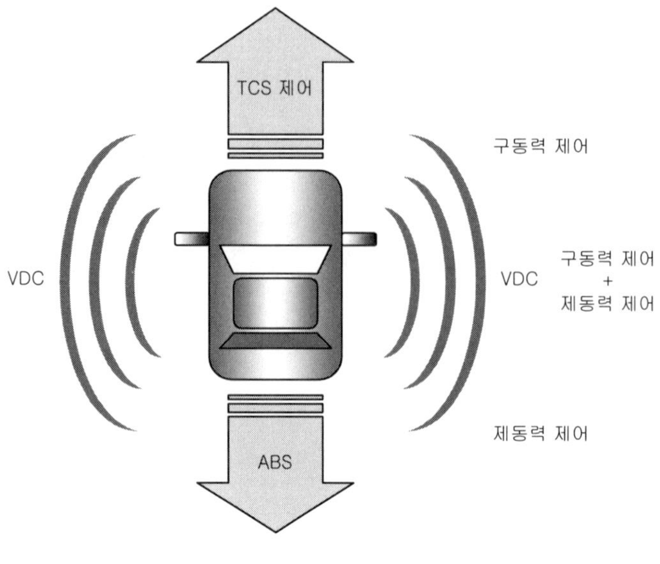

그림 7-24 VDC 제어

(1) 작동원리

요-모멘트는 차체의 앞뒤가 좌/우측 또는 선회시의 내륜측/외륜측으로 이동하려는 힘으로서, 요-모멘트로 인하여 언더-스티어, 오버-스티어, 횡력(DRIFT-OUT) 등이 발생되어 직진 주행 중이나 선회 주행시 차량의 주행안전성이 저하된다. VDC에 의한 자세 제어는 주행안정성을 저해하는 요-모멘트가 발생되면 제동을 제어하여 반대방향의 요-모멘트를 발생시켜 서로 상쇄되게 하여 차량의 주행 및 선회 안정성을 향상시키고 필요에 따라서 엔진의 출력을 제어하여 선회 안정성을 향상시키기도 한다.

먼저 타이어와 노면 사이에 접착 한계에 도달하는 경우에는 오버스티어 현상이 나타난다. 이때 VDC는 전륜의 제동장치를 제어함으로서 전륜에 의해 발생하는 과도한 선회모멘트를 줄여준다. 반대로 전륜에서 먼저 타이어와 노면의 접착한계에 도달하는 경우에는 언더스티어 현상이 발생한다. 이때 차량은 미끄러지면서 정상적인 선회반경을 넘어서게 된다. VDC는 이러한 현상 모두를 제어하여 위급한 상황에서 운전자가 원하는 방향으로 차량을 제어하여 안정성과 조향성을 유지시켜 준다.

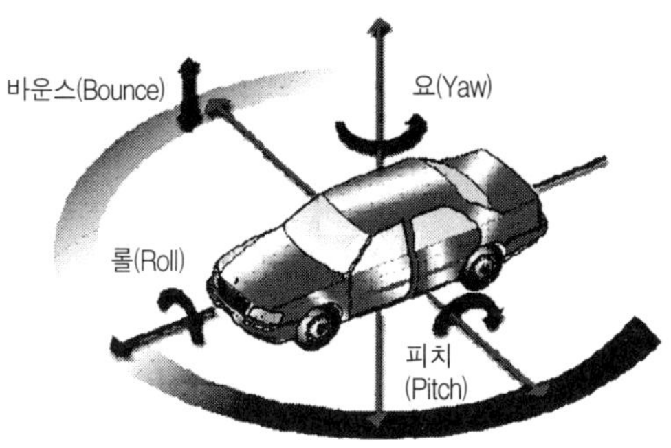

그림 7-25 요(Yaw) 운동

(2) 제어장치의 구성

ESP 장치는 하이드로릭 유니드(HU, Hydraulic Unit), ECU, 요레이트 센서, 횡가속도 센서, 조향각 센서, 마스터실린더 압력센서, 휠스피드 센서 등으로 구성된다.

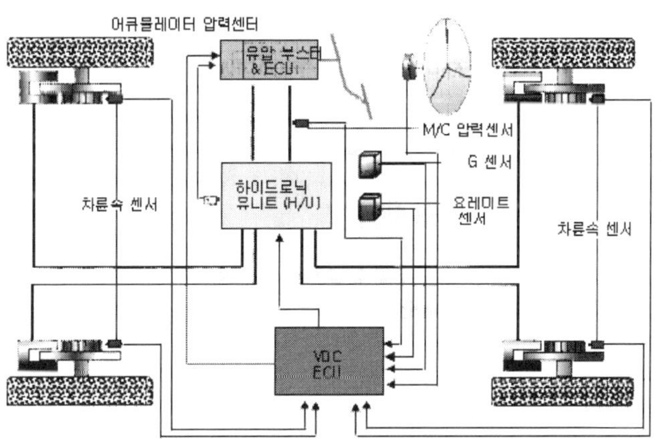

그림 7-26 VDC의 제어장치

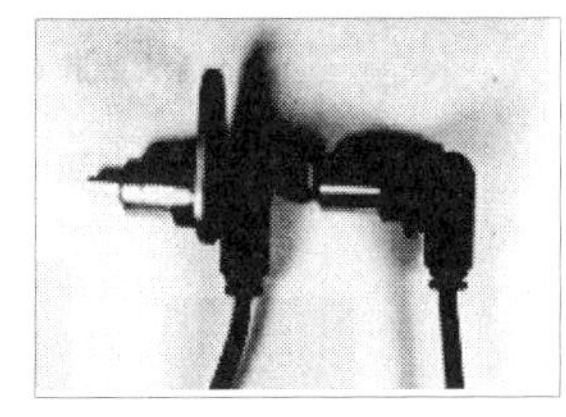

(a) 차속 센서

(b) ECU

(c) 하이드로릭 유니트

그림 7-27 VDC 제어장치의 구성 부품

(3) 제어의 종류와 효과

요 레이트센서, 마스터실린더 압력센서, 차륜속도센서, G센서 등의 입력값을 연산하여 자세제어의 기준이 되는 요-모멘트와 자동감속 제어의 기준이 되는 목표하는 감속도를 산출하여 이를 기초로 4륜 각각의 제동 압력과 엔진의 출력을 제어한다.

VDC는 요-모멘트제어, 자동감속 제어, ABS 제어, TCS 제어 등에 의해 스핀방지, 오버-스티어제어, 굴곡로의 주행시 요잉의 발생방지, 제동시의 조종안정성 향상, 가속시 조종안정성 향상 등의 효과가 있다.

현재 적용되고 있는 VDC 장치는 브레이크 제어식, TCS 시스템에 요 레이트 센서, 횡가속도 센서, 마스터실린더 압력센서를 추가한 구성이 일반적이다. 속도센서, 조향각센서, 마스터실린더 압력센서로부터 운전자의 조종의도를 판단하고, 요 레이트센서, G센서로부터 차체의 자세를 계산하여 운전자가 별도의 제동을 하지 않아도 4륜을 개별적으로 자동적으로 제동하여 차량의 자세를 제어하여 차량 모든 방향(앞, 뒤, 옆 방향)에 대한 안정성을 확보한다.

한편 타이어의 공기압이 변화하면 타이어의 직경이 변화되어 휠 속도센서의 값이 변화되므로, 타이어 공기압의 변화를 감지하여 경고등을 점등하는 TPW(Tire Pressure Warning)도 VDC에 내장되어 타이어의 공기압이 부족하면 경고등을 점등하여 운전자에게 알려주는 장치도 있다.

그림 7-28은 벤즈에 장착된 VDC 장치의 예를 보여준다.

국내에서도 고급 대형 승용차에 적용이 시작되고 있으며, 향후 다양한 차종으로 확대 적용될 것으로 보인다. 현재는 현대자동차의 에쿠스 모델에 적용되고 있다.

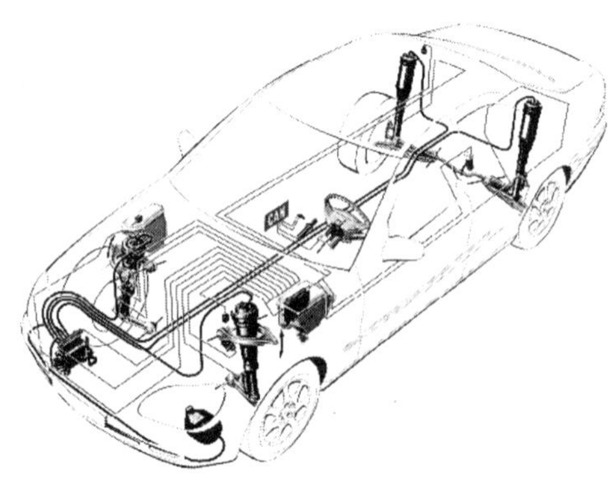

그림 7-28 벤즈에 장착된 VDC 장치

제8장 현가장치의 설계 및 방향

8.1 현가장치의 역할

1) 차체와 road wheel을 연결하면서 각 방향으로 적절한 강성을 유지

① 상하방향 : spring과 shock absorber를 통하여 차체를 지지
완충기능 및 전후 pitching
Balalnce유지

② 횡방향 : 높은 횡강성을 유지하면서 이상적인 compliance상태 확보

③ 전후방향 : 큰 compliance를 지니면서 tyre의 toe변화 작게
ride harshness 및 impact feel 개선
직진 및 제동 안정성

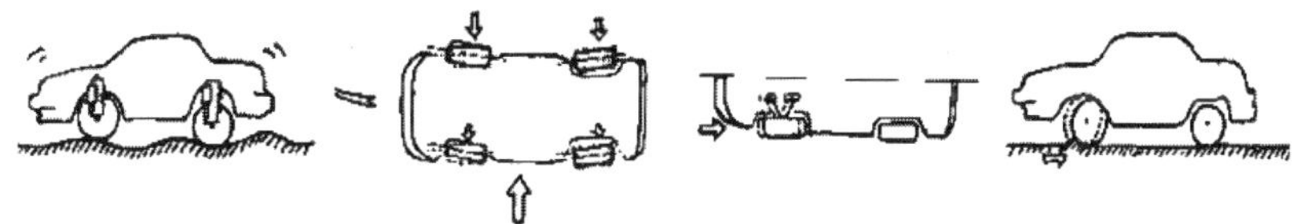

2) 차체와 tyre간의 상대운동을 제어하여 tyre의 grip력을 최대한 발휘할 수 있도록 최적의 wheel alignment를 확보(wheel geometry)하고 차체는 차체 나름대로 최상의 자세를 유지하게 함

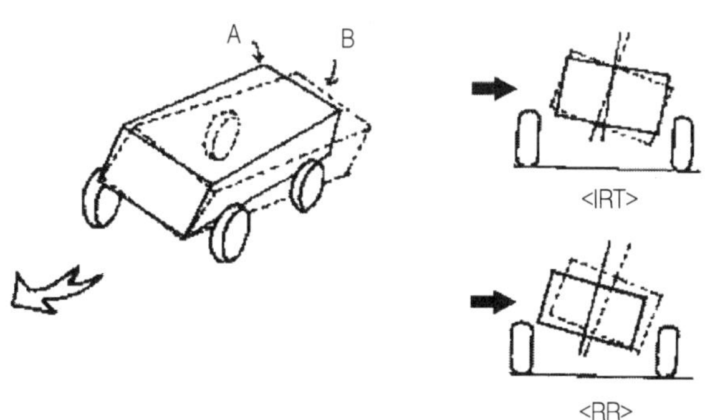

8.2 현가장치의 발전방향

가) 발전방향

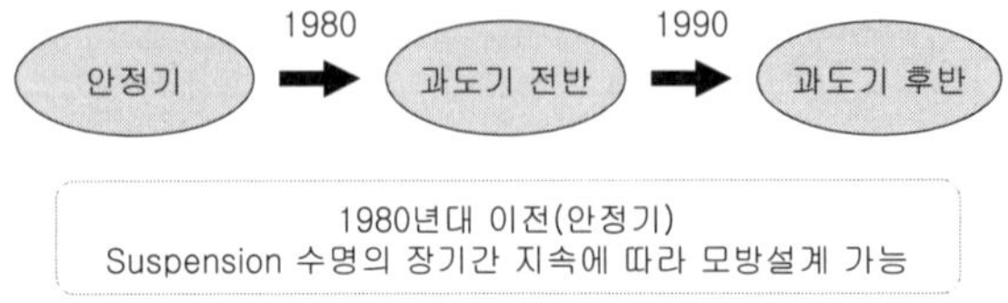

(FRT)

- McPherson strut type(1945년 특허~)
- Old double-wishbone type(1925년 특허~) 등

(RR)

- Solid-axle type
- Trailing arm type
- Torsion beam axle type
- Old double-wishbone type 등

① 1980~1990(과도기 전반)

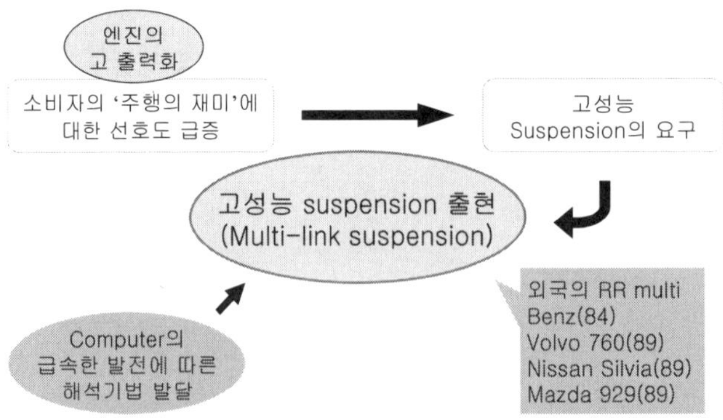

기존의 보수적 설계에서 탈피하여 급격히 변화(특히, 보수유럽 Benz, Volvo, BMW, Audi 등)

② 1990~현재(과도기 후반)

▪ FRT

Multi-link → FRT, RR 전 세계적으로 확대적용

– MMC New Galant(1992)

– Audi A4, A8(1994)

New Double-wishbone 등장

– Toyota Soarer, Celsior

– Mercedes Benz C-class에 적용

– Chrysler Cirrus(1994)

– Honda Accord(1998)

▪ RR

특수 **RR Suspension** 등장(성능과 **package** 양립)

– Volvo Delta-link type(850 GLE '93)

– Nissan Multi-link beam

– BMW Central-link type, Integral suspension 등

– Honda Watt link type의 multi-link

Suspension system의 life cycle이 급격히 줄어듬(대다수가 특허) → 기술 동향 변동에 따른 대처능력 필요

나) 기구학적 측면 발전방향

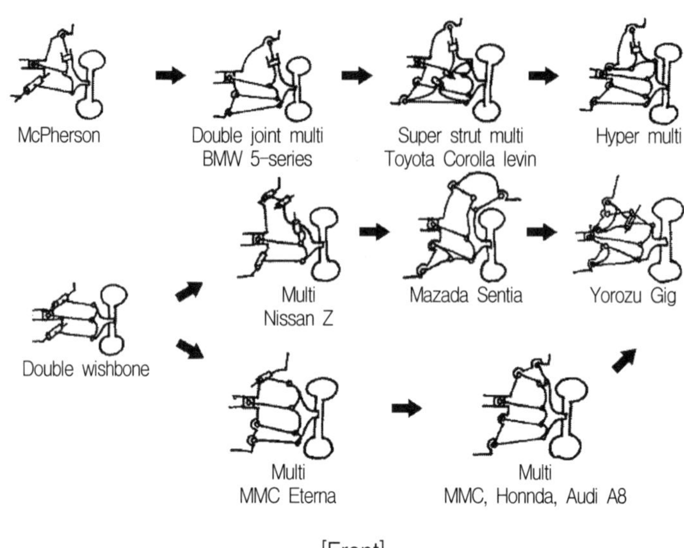

[Front]

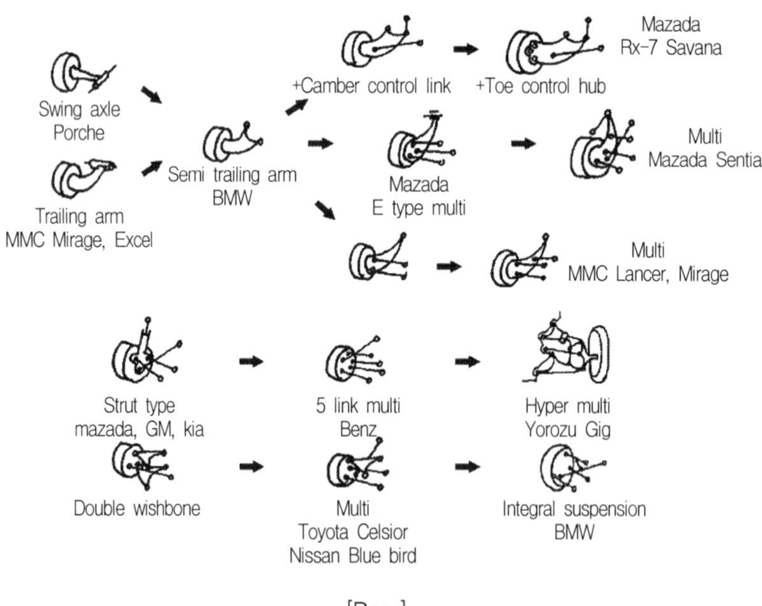

[Rear]

다) 현가장치는 왜 발전해야 하는가?

① Suspension의 결정 요인

Suspension은 차종과는 무관하다. 그러나 Engine Room Layout 구동방식 차량의 용도 등에 따라 여러 type으로 변경 설계
더욱 큰 결정요인은 설계목표와 설계 자유도의 크기의 관계이다.

② Suspension의 설계목표

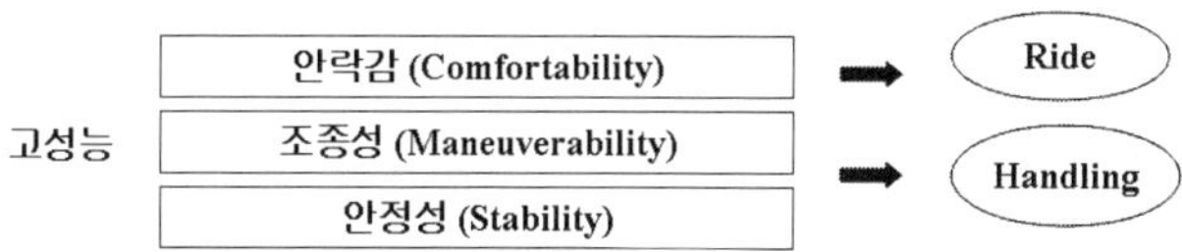

– 저 cost 및 저 중량 ← 가격 경쟁력 확보 및 배기규제 관련
– 높은 space 효율 ← 양호한 package 및 lay-out 특성
– 안전도에 대한 기여 ← 차체 구조형성 및 충돌시험 규제에 대한 안전도 수준 달성을 위한 lay-out 특성

③ 각 suspension type의 결계 자유도 한계

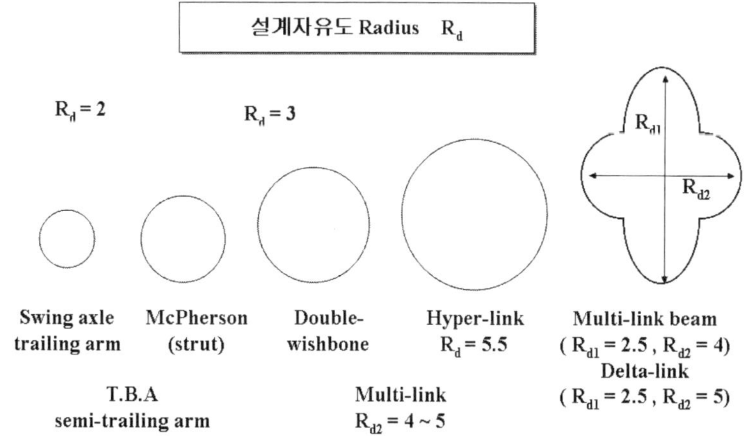

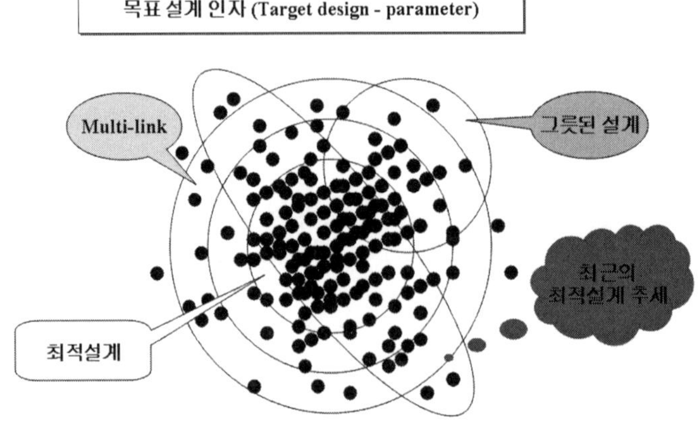

Suspension type과 최적 설계와의 관계

8.3 현가장치 설계

(1) Suspension 설계과정(Mechaproto 기준)

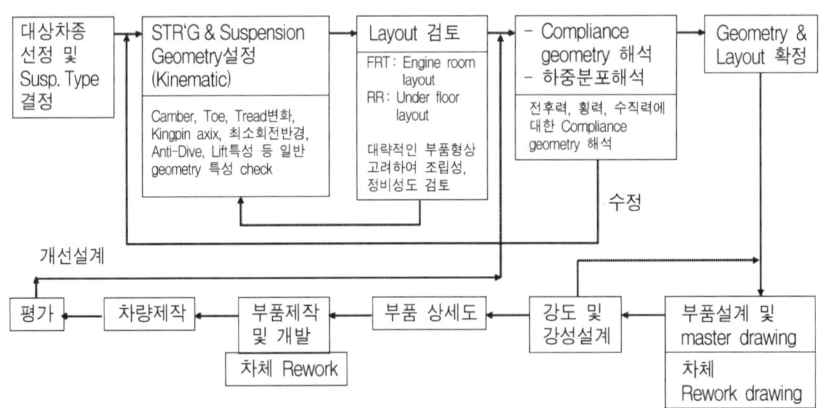

※ '평가 후 개선설계'하는 과정을 2~3회 반복 후 신규 Susp.System개발완료 가능

가) Geometry 및 layout 설계

STR'G & suspension geometry는 layout 고려하여 설계

- FRT : engine room layout
  ENG, T/M위치, DIFF-CTR, 부대부품 장착위치 등
- RR : under floor layout
  F/Tank 용량, muffler-route 및 조립 정비성, 후방 및 측면 충돌안전성 고려
- 최근에는 충돌특성 및 NVH 고려하여 'Body structure 최적화' 위한 suspension layout 검토는 필수
  - STR'G Tie-rod 궤적
  - Subfame 및 LWR-arm 구조, 형상 등
- STR'G & suspension geometry(kingpin축 설정은 대단히 중요)
  - Fixed kingpin axis
    조향시 kingpin offset, caster trail, effective arm 등이 고정적 변화
  - Moving kingpin axis
    조향시 kingpin offset, caster trail, effective arm 등이 일정경향을 지니어 크게 변화 → 최적화 기능(∵Multi-link의 가상kingpin축 설정기준)

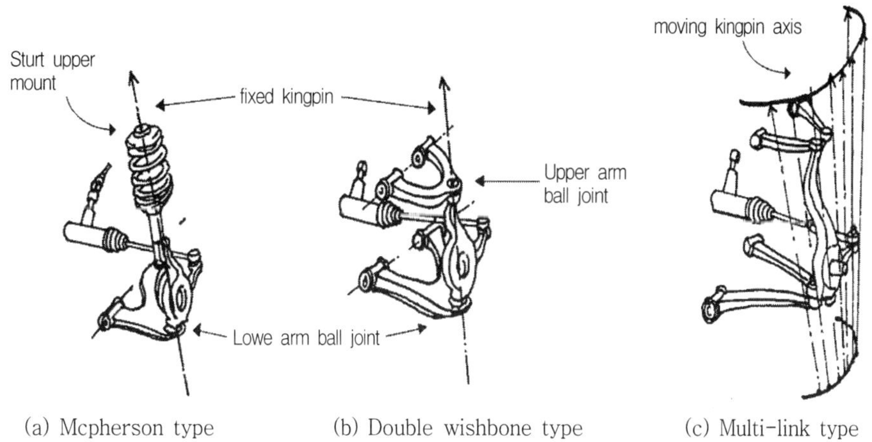

(a) Mcpherson type (b) Double wishbone type (c) Multi-link type

기타 최소회전 반경, 최적 ackerman 경향

- Suspension geometry

① kinematic geometry 해석 → 설계 초기단계에 대단히 효율적
(Camber, Toe, Roll center, 조향시 camber변화 등)

② Force & Moment 해석(Friction 포함) → 적절한 하중 분포는 설계의 기본 → S/ABS & spring 위치선정은 대단히 중요

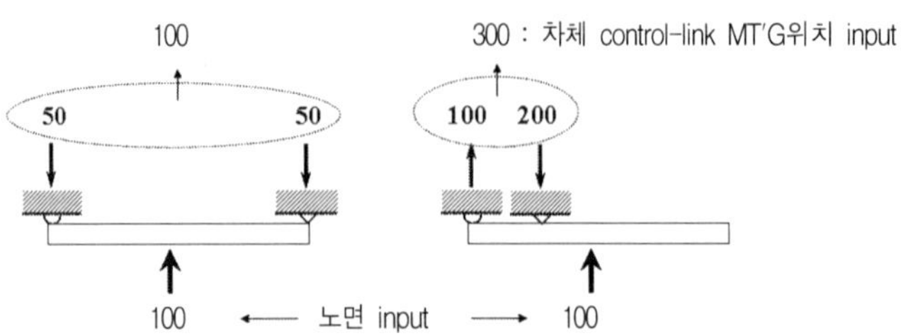

나) Compliance geometry 해석

- 전후강성 → compliance의 크기 → inpact ride에 영향
- 전후력 steer FRT : 직진 제동 안정성
  RR : 선회 제동 안정성
- 횡강성 → 강할수록 유리
- 횡력 steer → 선회안정성, 횡 안정성 등 기본적인 조종안정성에 영향
- Anti-Dive/Lift
- C.G point 및 Roll-CTR point의 migration은 대단히 중요

Suspension특성의 일반적 범위

Suspension 특성항목	특성치	비고
Toe 변화	전륜 : 0 ~ -0.5。/50mm Bump 후륜 : 0 ~ +0.3。/50mm Bump	최근에는 거의 0
Camber 변화	대차 : -2 ~ +0.5。/500 Bump	Suspension 형식에 따라 다름
Kingpin 경사각	7~13。	작은 쪽이 바람직
Kingpin offset	-10 ~ +30mm	작은 쪽이 바람직(FF차량은 0 부근)
W/C offset	30 ~ 70mm	작은 쪽이 바람직
Caster 각	FF차 : 0~3。 , FR차 : 3~10。	
Trail	0 ~ 30m	
Tread 변화	-5 ~ +5mm/50mm Bump(한쪽 바퀴당)	작은 쪽이 바람직
Roll Center Height	0 ~ 150mm(독립현가)	
Roll 강성	(차량 제원에 따라 다름)	Roll rate : 2~5。
전후 강성	2 ~ 5mm/100kgf	
전후력 compliance steer	Out 0.5。 ~ in 0.5。/W/C 100kgf 하중 Out 0.5。 ~ in 0.5。/접지점 100kgf 하중	일반적으로 0

횡강성	0.3 ~ 2.0/접지점 100kgf 하중	
횡력 compliance steer	FR : 0~ out 0.2。/100kgf 안쪽방향하중 FR : 0~ out 0.12。/100kgf 안쪽방향하중	
하중 변형 특성	Bump stroke : 70~120mm, Rebound : 80~130 Suspension Rate : 차량제원에 따라 다름	Unsprungmass 기준으로 1~2 Hz
감쇠력 특성	차량제원에 따라 다름	감쇠계수비(C/Cc) 기준 : 0.2~0.8

8.4 미래의 현가장치

가) Passive suspension

① 고기능 mechanism들의 운동구현 특성에 대한 잠재력은 상당함
→multi-link, hyper multi 등

② 기본 mechanism+부분특성 control mechanism
→경제적이며 효율적인 고성능 mechanism

③ 각 사별로 독창적 고유 suspension 개발 예상
→대응능력 미보유시 경쟁력 상실

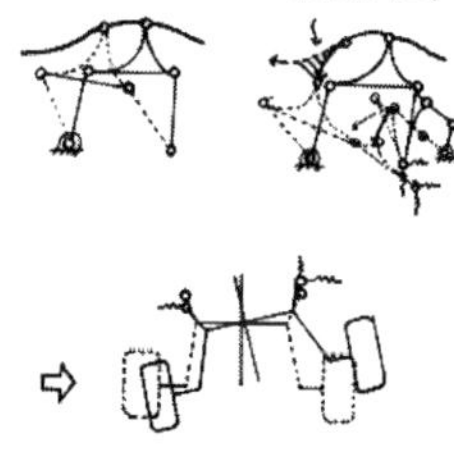

나) Active suspension

■ 현재의 문제점

- 어떤 순간에서의 차량의 거동은 다양하며 느끼는 관점에 따라 수많은 성능이 공존→다양한 성능에 대한 제어는 복잡하고 비효율적
- 어떤 특정조건 하에서 작동하는 ECS를 개발하는 것은 가능→circuit이라는 특정 course를 주행하는 F1 car에서는 가능
- 현상을 제어
  →energy 소비 최대
  →고비용, 고중량

■ 개선방향

- 현상을 제어하기 보다는 원인을 제어
  → $W=\vec{F}\cdot\vec{S}\approx 0$이 될 수 있는→저가격, 고효율

예 1) roll제어의 기본은
"roll이 얼마나 크고 작은가?"가 아니라
"roll이 어떤 상태로 진행되었나?"가 더욱 중요

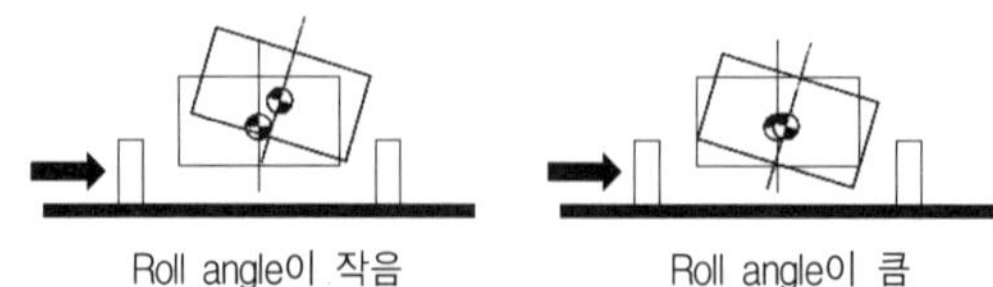

예 2) Independent 4WS

- RR의 LH/RH wheel이 연성되어 inertia가 큼
  →inertia를 순간적으로 극복키 위해 큰 유압 필요
- 실제 효과는 주로 외륜에 의한 것

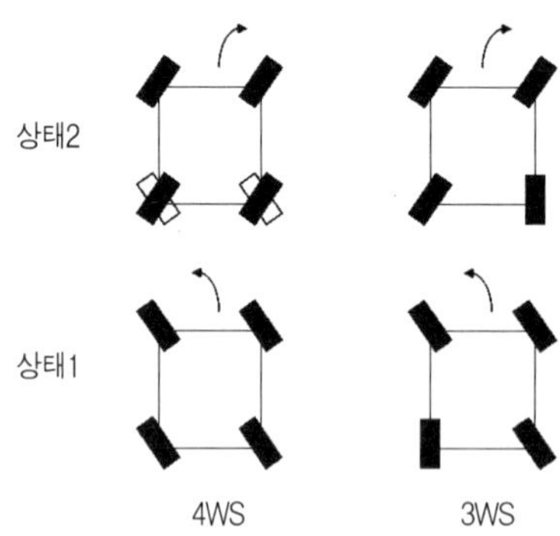

미래의 조종성 관련 chassis기술의 발전추이

80년대 이후 수많은 chassis기술들의 출현 및 퇴조 그리고 개선되어 재출현이 반복되는 가운데 chassis 기술은 서서히 하나의 맥을 이루어 한 방향으로 진행되어 나가는 것으로 보여지고 있다.

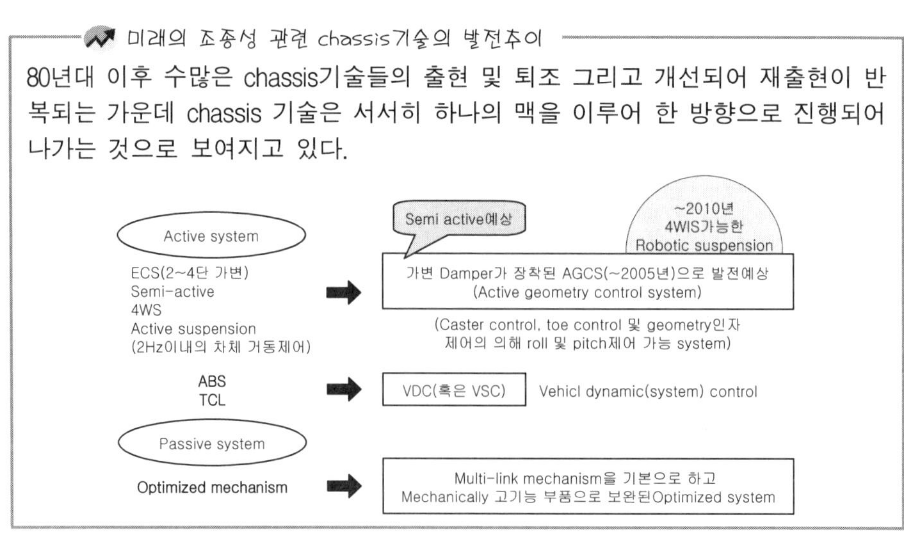

다) 기타 Chassis 관련 신기술 동향

- Luxury 혹은 일부 고급 Upper Medium Seg.Model에 적용되던 기술 및 사양이 Small Seg.Model까지 확대 적용

Item	Mini Seg			Small Seg			Medium Seg			Luxury Seg		
	북미	유럽	일본	북미	유럽	일본	북미	유럽	일본	북미	유럽	일본
ABS	O	O	O	S/O	S	S	S	S	S	S	S	S
VDC	–	–	–	O	O	–	O	O	O	S	S	S
TCS	–	–	–	O	S/O	–	S/O	S/O	S/O	S	S	S

※ S: STANDARD, O: OPTION

제9장 전자제어 현가장치의 자세제어와 방법

9.1 자세제어 종류

1. 롤링(Rolling)

롤링은 자동차가 주행 중 핸들을 조작하여 선회시 좌우로 흔들리는 현상으로 차체는 원심력에 의해 선회하는 차체의 내측은 올라가고 외측은 내려간다. 이로 인하여 차체는 내측으로 더욱 쏠리게 되어 조향성이 불량해진다.

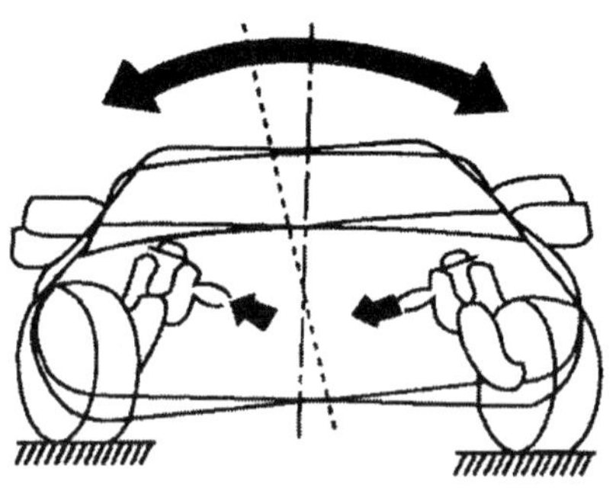

그림 9-1 롤링

이 경우 ECS ECU는 조향휠 각속도 센서, 차속센서, G센서 신호를 기초로 하여 차량의 속도와 핸들의 조작속도, 차체에 발생되는 쏠림 정도를 G 센서가 판단하여 쇽업소버의 감쇠력 변환과 공기 스프링에 공기를 급배기 한다.

감쇠력	AUTO	MEDIUM 또는 HARD
	SPORT	HARD
급배기	개시	외륜:급기, 내륜:배기
	복귀	좌우 공기통로 연결

따라서 감쇠력은 변환되고 1초 후 1단계 내력이 유지된다. 단, G값이 아래와 같을 때는 다음의 표와 같이 제어된다.

2. 스쿼트(Squart)

차량을 출발시키거나 가속을 하기 위해 가속페달을 급격하게 밟으면 차량의 무게 중심이 뒤쪽으로 이동하면서 차량의 앞쪽은 올라가고 뒤쪽은 내려간다. 이러한 차체의 자세를 스쿼트라 하며 일명 노오스 업(Nose Up)이라고 한다. 이로 인해 전륜구동의 차량인 경우 접지 구동력이 작아지게 되어 슬립이 발생될 수 있으며 급가속시 조향휠의 접지력 부족으로 조향 안정성이 저하될 수 있다.

그림 9-2 스쿼트

이 때 ECS ECU는 차속신호와 TPS의 신호를 기초로 급출발 또는 급가속이 판단되면 전륜의 공기 스프링은 배기하고 후륜의 공기 스프링에는 급기하며 쇽업소버의 감쇠력은 MEDIUM 또는 HARD로 변환시켜 제어를 실행한다.

감쇠력	AUTO	MEDIUM 또는 HARD
	SPORT	HARD
급배기	개시	전륜 : 배기, 후륜 : 급기
	복귀	전륜 : 급기, 후륜 : 배기

3. 다이브(Dive, 일명 노오스 다운)

다이브는 자동차가 주행 중 브레이크 페달을 밟으면 차량의 무게 중심이 앞쪽으로 이동하면서 차체의 앞쪽은 내려가고 차량의 뒤쪽은 들리게 되는 현상으로 노오스 다운(Nose Down)이라고도 한다.

그림 9-3 다이브

이 때 ECS ECU는 일정속도 이상에서 브레이크 페달을 밟으면 브레이크 스위치 신호와 차속센서의 신호를 기초로 하여 감속도를 계산하여 공기 스프링에는 급기하고 후륜 공기 스프링에는 배기하며 쇽업소버의 감쇠력은 MEDIUM 또는 HARD로 변환하여 다이브 제어를 실행한다.

감쇠력	AUTO	MEDIUM 또는 HARD
	SPORT	HARD
급배기	개시	전륜 : 급기, 후륜 : 배기
	복귀	전륜 : 배기, 후륜 : 급기

4. 시프트 스쿼트(Shifr Squart)

자동변속기 차량이 정지상태에서 승객의 승하차나 변속레버를 조작시에 발생하는 차량의 진동을 시프트 스쿼트라고 하며 이를 방지하기 위한 제어를 안티 시프팅(Anti Shifting)이라고 한다.

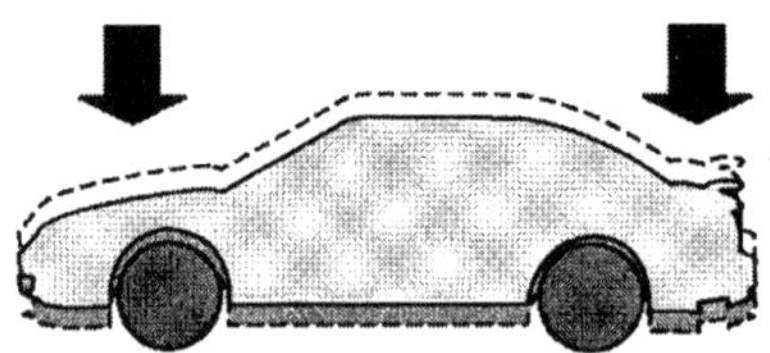

그림 9-4 시프트 스쿼트

이 때 ECS ECU는 자동변속기의 P, N위치를 검출한다. 차량의 정지 상태에서 승객의 승하차나 변속레버 조작시에 발생할 수 차량의 진동을 예측하여 쇽업소버의 감쇠력을 Soft에서 Hard로 변환시키며 전륜 공기 스프링에는 배기하고 후륜 공기 스프링은 급기한다.

차량이 출발하여 규정속도 이상이 되면 다시 쇽업소버의 감쇠력은 Soft로 복귀시키고 전륜 공기 스프링은 급기시키고 후륜 공기 스프링은 배기시켜 시프트 스쿼트 제어를 실행한다.

감쇠력	AUTO	MEDIUM 또는 HARD
	SPORT	HARD
급배기	개시	전륜 : 배기, 후륜 : 급기
	복귀	전륜 : 급기, 후륜 : 배기

5. 피칭/바운싱(Pitchin/Bouncing)

피칭은 스쿼트와 다이브 현상이 교대로 반복되는 현상이며 바운싱은 차체가 전체적으로 균일하게 상하로 직진하는 진동현상으로 요철이 심한 도로를 주행하는 경우에 발생된다.

그림 9-5 바운싱

이 때 ECS ECU는 차고센서로부터 스트로크 주파수를 검출하게 되면 스트로크 변화(피칭, 바운싱)에 대하여 쇽업소버의 감쇠력은 Soft에서 Hard로 변환시키고 공기 스프링에는 급배기를 하여 피칭, 바운싱 제어를 한다.

감쇠력	AUTO	MEDIUM 또는 HARD
	SPORT	HARD
급배기	개시	신장측 : 배기, 수축측 : 급기
	복귀	신장측 : 급기, 수축측 : 배기

9.2 기타 조건에 따른제어

1. 스카이 훅 제어(Sky-Hook)

차체에 발생하는 상하방향의 가속도와 주파수를 검출하여 상하 G(중력가속도)의 크기에 따라 대응하여 공기 스프링의 급배기 제어와 동시에 쇽업소버의 감쇠력을 Hard로 제어하여 차체가 가볍게 뜨는 것을 감소시킨다.

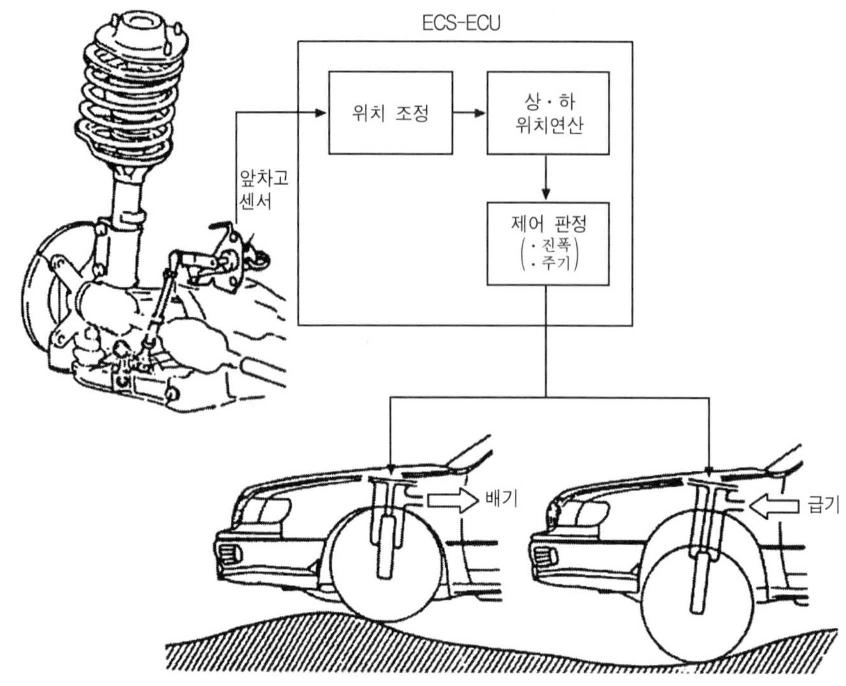

그림 9-6 스카이 훅 제어 원리

2. 고속 주행시 안정성 제어

차량이 고속으로 주행하게 되면 주행 안정성을 높이기 위하여 ECS ECU는 차속 센서의 신호를 기준으로 쇽업소버의 감쇠력은 Soft에서 Medium으로 변화시키며 차속이 일정 속도로 감속되면 해제시킨다.

그림 9-7 고속 안정성

주행 중 차속 센서를 통해 차속을 검출하여 차속이 100km/h를 초과하게 되면 고속 안정성을 확보하기 위해 컴퓨터는 쇽업소버의 감쇠력 및 차고를 제어한다. 차속이 90km/h 이하로 감속되면 쇽업소버의 감쇠력과 차고를 복귀시킨다.

감쇠력	AUTO	Super Soft→Soft
	SPORT	MEDIUM
급배기	개시	NORMAL→LOW
	복귀	LOW→NORMAL

3. 프리뷰 제어(Pre View)

앞 범퍼 좌우에 설치된 2개의 프리뷰 센서가 차량의 전방에 있는 노면의 돌기와 단차를 초음파에 의해 검출하여 차량이 돌기 또는 단차를 넘기 전에 쇽업소버의 감쇠력을 최적으로 제어하여 승차감을 향상시킨다.

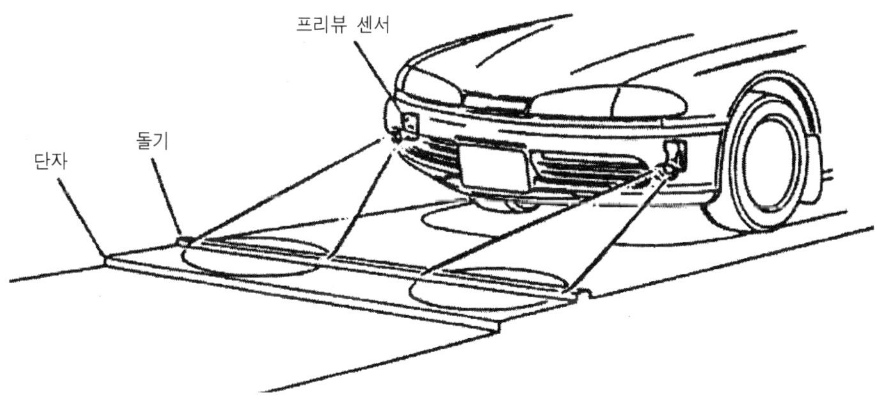

그림 9-8 프리뷰 제어

돌기 검출시에는 쇽업소버의 감쇠력을 Soft로 변환시켜 돌기를 넘을 때 충격을 흡수하고 단차 검출시에는 쇽업소버의 감쇠력을 HARD로 변환시켜 단차를 통과할 때 쇽업소버의 스토퍼가 접촉되는 것을 방지한다.

4. 악로주행

자동차가 주행 중 악로를 검출하면 급속하게 차고를 올린다.

① 차송은 3km/h이상 40km/hal만(3km/h≤차속≤40km/h)이고 악로 검지시 제어한다. 악로란 전륜측 차고센서가 2초 이내에 HI 이상을 2회 이상 출력되고 후륜측 차고센서가 2초 이내에 LL 이하를 2회 이상 출력될 때 판정한다.

② 전륜을 450ms 급기 후 후륜을 400ms 급기한다.

③ 뒤 압력 7.0kg/㎠ 이상(2.25V 이상)되더라도 제어를 실시한다.

④ 그 후 악로 조건에 해당되면 차고를 HIGH로 올린다.

⑤ 급기 제어 중에는 감쇠력을 HARD로 제어하고 급배기 개시 1초 후에 감쇠력을 복귀시킨다.

그림 9-9 악로 피칭 바운싱

감쇠력	AUTO	MEDIUM 또는 HARD
	SPORT	HARD
급배기	개시	신장측 : 배기, 수축측 : 급기
	복귀	신장측 : 급기, 수축측 : 배기

제10장 ECS Ⅱ 장치

10.1 ECS의 제어 종류

종류	제어의 조건
Roll 제어	주행중 선회시
Squart 제어	출발시, 주행중 가속시, 스톱시
Dive 제어	주행중 정지시
Shift Squart 제어	변속레버 위치변화시(R←N→D)
Piching-Bouncing 제어	요철도로 주행시(작은 요철)
Sky-Hook 제어	요철노도 수행시(큰 요절)
기타 제어	노면대응, 급속차고, 통상차고

10.2 중요구성부품

액추에이터

뒤차고 센서

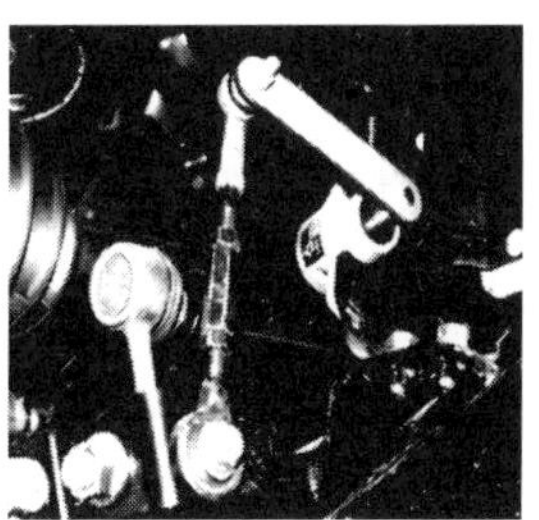

앞차고 센서

고저압 스위치

G센서

릴레이

10.3 각 구성부품별 기능

코드	부품명	부품별 기능
11	G센서	롤 감지. Anti Roll 제어
12	발전기 L단자	시동여부 판단, 시스템 가동여부 판단
13	저압 S/W	저압측탱크압력 감지. 리턴펌프 구동신호
14	TPS	악셀위치 감지. Anti Squart제어
15	고압 S/W	고압측 탱크압력 감지. 콤푸레셔 구동신호
22	차고센서	차의 높이 감지
24	차속센서	차속 감지, 노면대응제어, 차속에 따는 차고제어
25	뒤압력센서	뒤공급측 압력감지. 압력에 따른 급배기 제어
26	정지등 S/W	제동여부감지. Anti Dive제어
31	R레인지 신호	후진여부감지. Anti Dive제어를 전진시와는 반대로
74	조향휠센서	조향위치 및 속도검출. Anti Roll제어

10.4 공기배관도 및 작동도

(1) 공기배관도

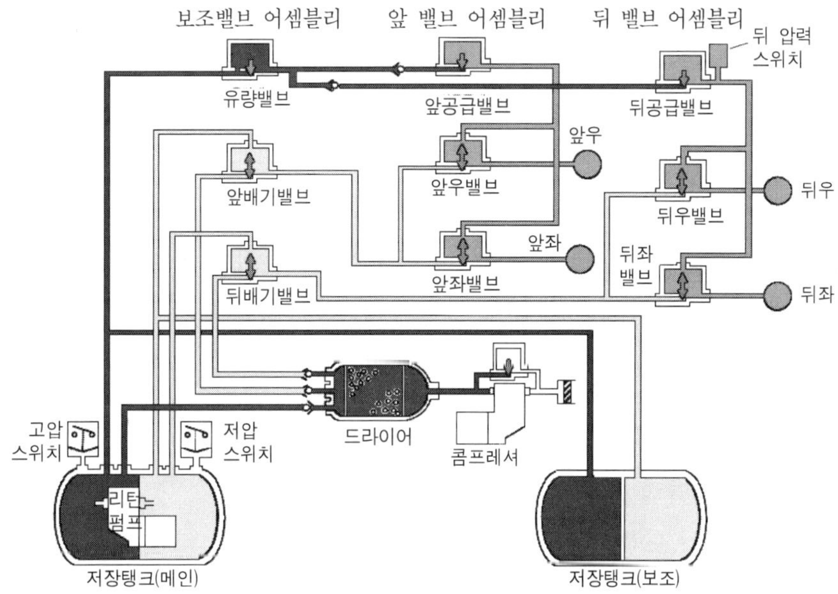

(2) 롤링 제어시 작동도(좌회전시)

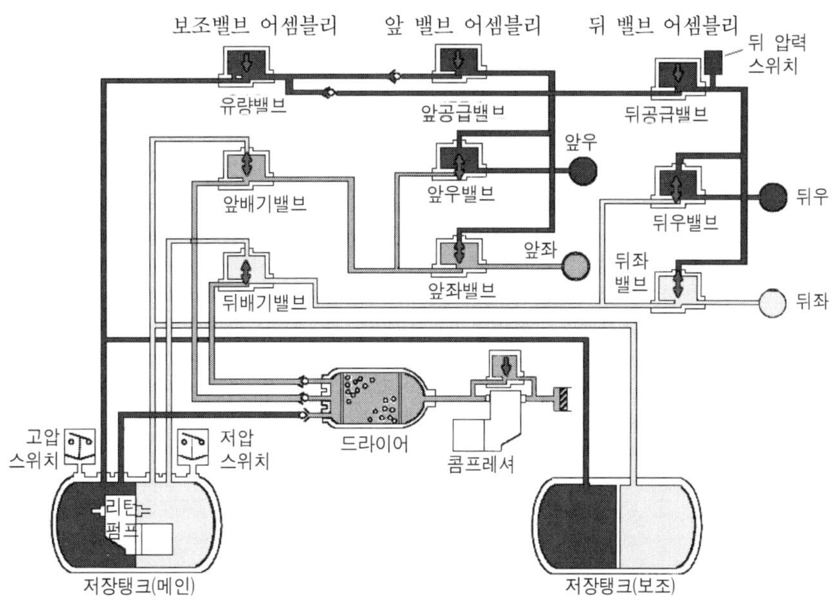

10.5 압축기 및 리턴펌프 제어

(1) 압축기 제어

- 고압탱크압력 7.6kg/㎠ 이하(고압S/W On시) 작동
- 고압탱크압력 9.5kg/㎠ 이상(고압S/W Off시) 중지
- 배기제어 중 또는 리턴펌프작동 중에는 미작동
- 작동시간은 4분 이내(경고등 점등)
- 상승제어 후 6초 이내 고압S/W 미On시 3분간 강제구동
- 일단 릴레이 작동되면 200ms동안 Off금지

(2) 리턴펌프 제어

- 저압탱크압력 1.4kg/㎠ 이상(저압S/W Off시) 작동
- 저압탱크압력 0.7kg/㎠ 이하(저압S/W On시) 중지
- 작동시간이 2분 초과시 중지/2분 후에 재작동(10회 이내)
- 차속이 3km/h 미만시는 미작동(단 3km/h 이상시는 정상조건)
- 차속이 3km/h 미만시라도 고압S/W On/저압 S/W Off일 때
- 일단 릴레이 작동되면 200ms동안 Off 금지

10.6 고장진단

(1) ECS Ⅱ/Ⅲ비교

구분	ECS II	ECS III
차고센서	TR방식	가변저항방식
스텝모터	4P제어(2-2상여자)	3P제어(1-1상여자)
G센서	차동 Trans형	피에조소자방식
저장탱크	앞범퍼우측사이드	앞범퍼좌측사이드
보조탱크	뒷범퍼좌측사이드	좌측트렁크내부

(2) 고장진단 코드

코드	고장항목	표시형식	코드	고장항목	표시형식
11	G센서단선단락	V	45	차고조정밸브	
12	L단자단선단락	mV	46	유량조절밸브	
13	저압 s/w단선	On/Off	47	자세배기밸브	
21	조향휠센서	On/Off	51		
22	F/차고센서	mV	52	앞밸브	
23	R/차고센서	mV	53	뒤밸브	
24	차속센서	km/h	54	차고조정이상	
25	뒤압력센서	V	55	차고조정이상	
42	sol' v/v릴레이		56	공기누설이상	
43	콤푸릴레이		61	F/Step Motor	
44	R/pump릴레이		63	R/Step Motor	

제11장 전자제어 현가장치의 종류

전자제어 현가장치의 종류에는 일반적으로 감쇠력 가변식, 복합식, 세미 액티브 방식(Semi-Active), 액티브 방식이 있으며 이는 차고제어, 자세제어, 감쇠력 제어 등에 따라 분류할 수 있으며 최근에는 차량주행조건 및 도로조건에 따라 능동적으로 제어하는 완전능동형 전자제어식 현가장치가 등장하고 있다.

11.1 감쇠력 가변식

감쇠력 가변식 전자제어 현가장치는 쇽업소버의 감쇠력만 주행 조건에 따라 Soft, Mediun, Hard의 3단계로 변화시킬 수 있는 방식으로 쏘나타 II, 쏘나타III, EF 쏘나타에 적용되고 있다.

감쇠력 가변 제어장치는 감쇠력 가변 쇽업소버, 컨트롤러(ECU), 각종 센서 및 감쇠력 변화용 액추에이터 등으로 구성되어 쇽업소버의 감쇠력만 제어하기 때문에 시스템이 복잡하지 않고 간단하며 주로 중형차에 장착된다.

노면의 상태가 젖은 도로에서 보통 주행시에는 쇽업소버의 감쇠력을 낮게 설정하여 승차감을 확보한다.

그러나 급조향시 급출발, 급제동시에는 쇽업소버의 감쇠력을 크게 하여 차체의 자세변동을 저감시키며 돌기부를 넘거나 악로의 주행시에는 쇽업소버의 감쇠력을 높임으로서 차체 진동을 신속하게 저감시킴으로서 타이어의 접지력 변동을 저감시킨다.

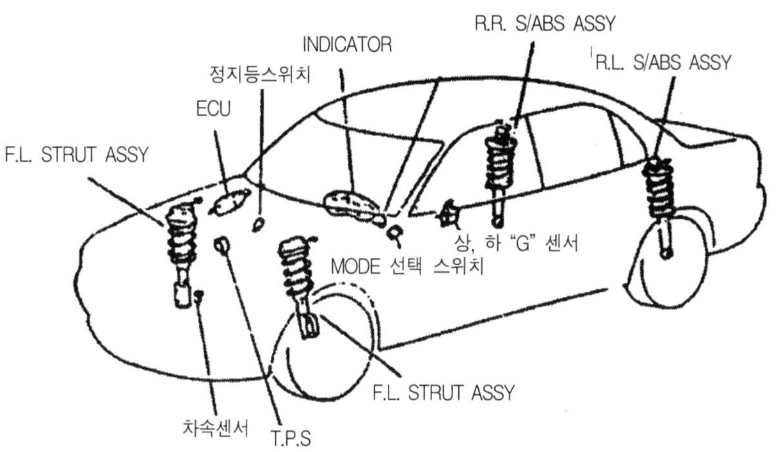

그림 11-1 감쇠력 가변식 ECS의 구성

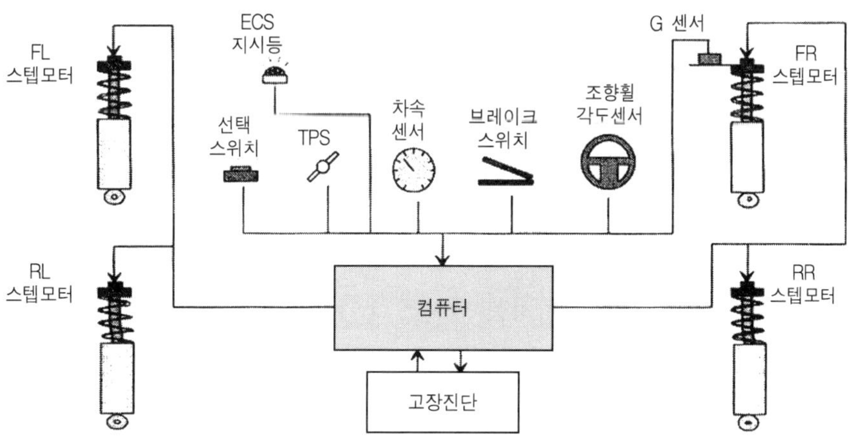

그림 11-2 감쇠력 가변식 ECS 시스템 구성

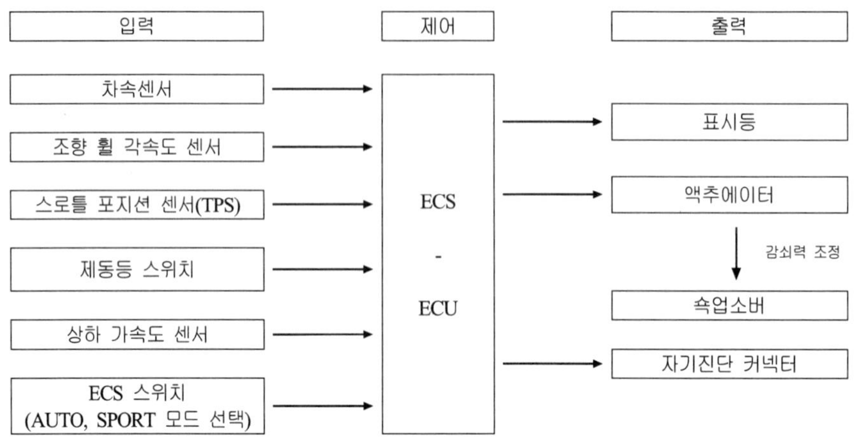

그림 11-3 감쇠력 가변식 ECS의 입출력 신호 블록 다이어그램

11.2 복합식

복합식 전자제어 현가장치는 쇽업소버의 감쇠력과 자동차의 높이를 조절하는 기능을 갖춘 방식으로 마르샤에 적용되고 있다. 복합식은 쇽업소버의 감쇠력을 Soft와 Hard의 2단계로 제어하며 자동차의 높이는 Low, Normal, High의 3단계로 제어한다.

특징은 코일 스프링이 하던 역할을 공기 스프링이 대신하기 때문에 하중의 변화에도 일정한 승차감과 자동차의 높이를 유지할 수 있다. 구조는 비교적 간단하며 중대형 승용차에 장착된다. 일반적으로 현가장치의 스프링 상수와 감쇠력이 낮아지면 스프링 위의 가속도가 감소하여 승차감은 좋아지지만 적재 하중의 변화에 의한 자동치의 높이 변화 및 주행 중의 롤, 피치, 바운싱 등 차체의 자세 변화가 커진다. 이 때문에 스프링의 상수가 낮게 하기 위해서는 자동차의 높이 조절과 스프링 상수의 가변 기능이 필요하다.

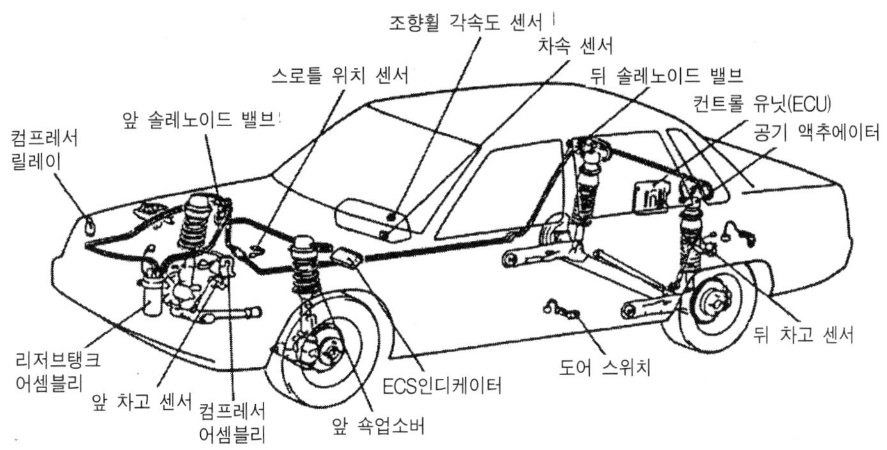

그림 11-4 복합식 ECS의 시스템 구성도(1)

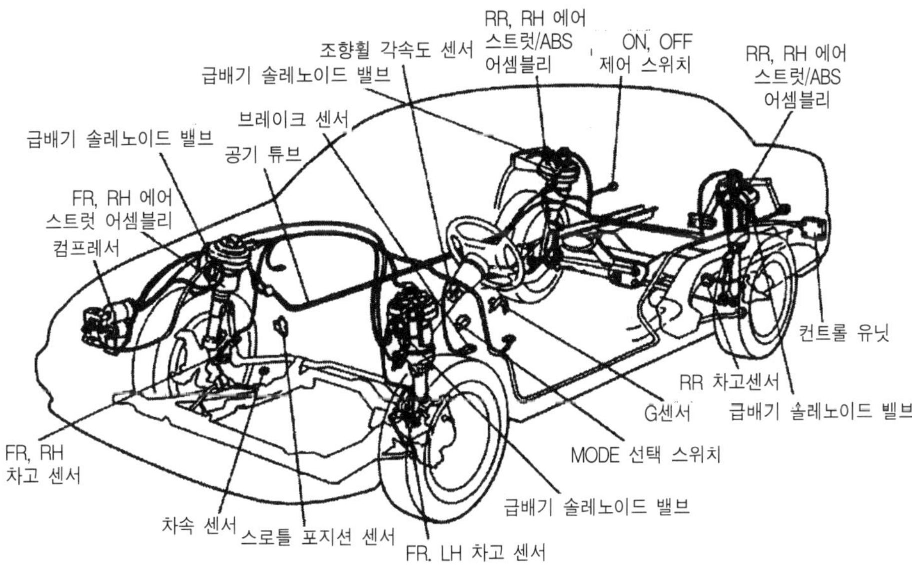

그림 11-5 복합식 ECS의 구성도(2)

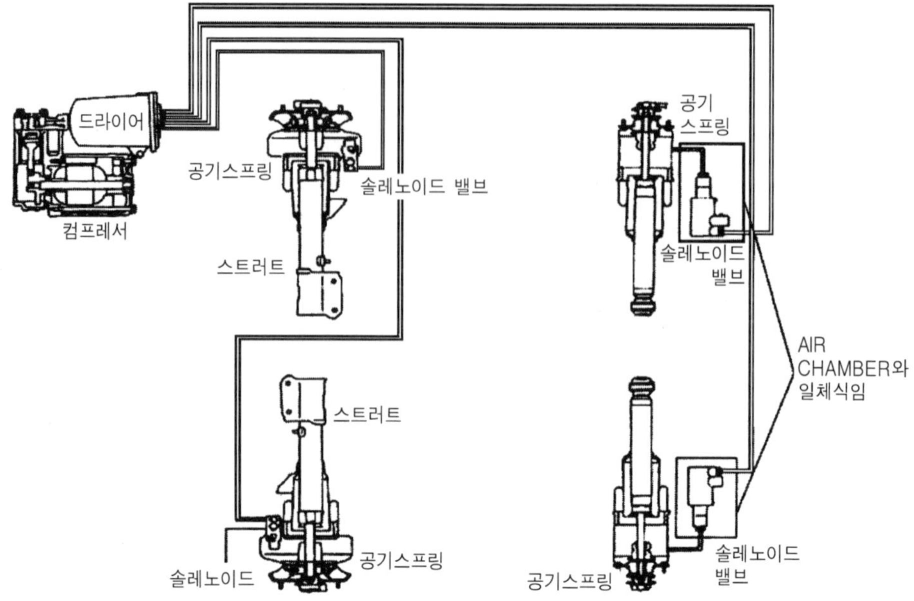

그림 11-6 복합식 ECS의 차고 조절용 공기 배관도

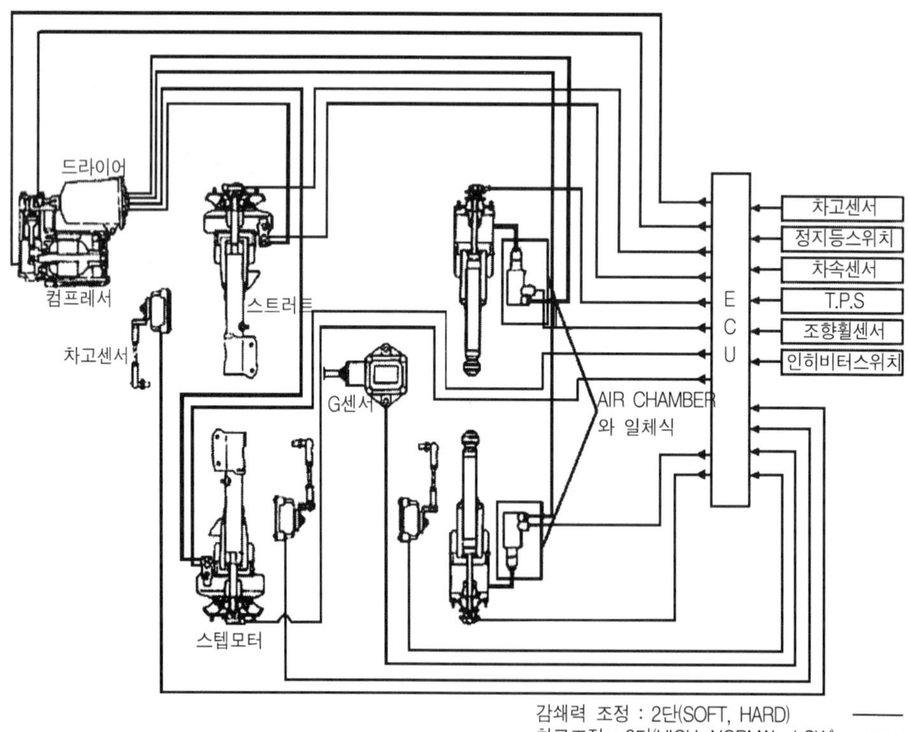

그림 11-7 복합식 ECS의 제어 블록도

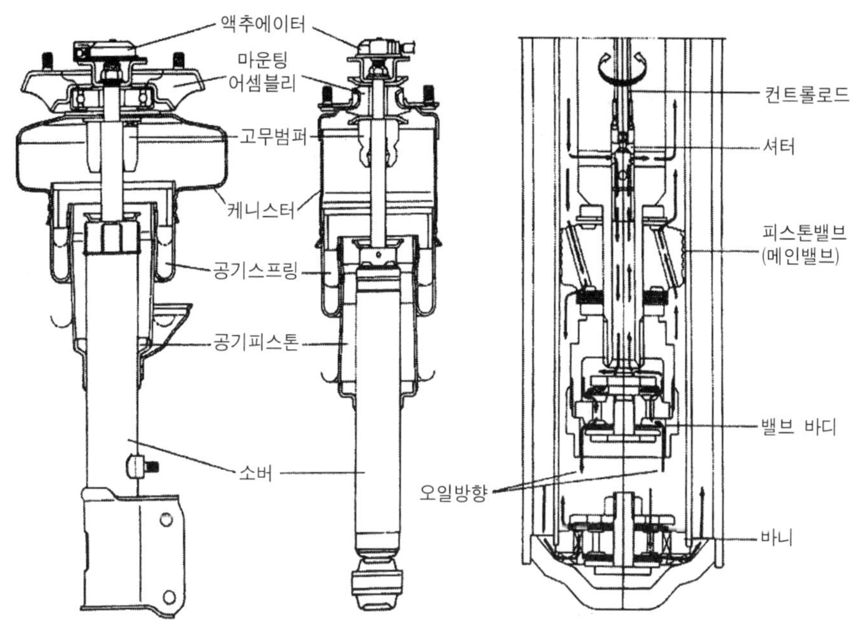

그림 11-8 복합식 ECS의 쇽업소버 내외부 구조

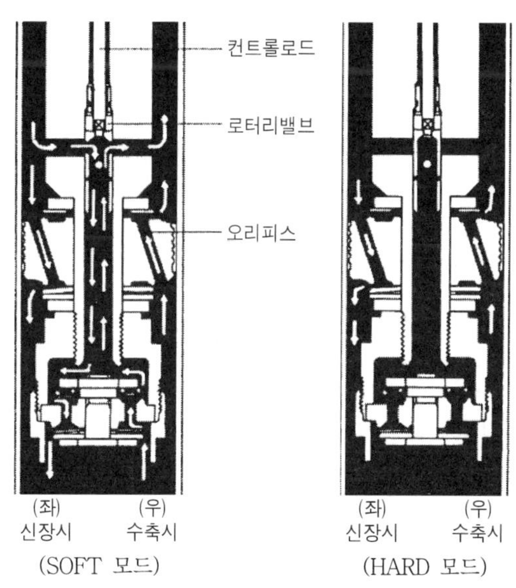

그림 11-9 복합식 ECS의 쇽업소버의 감쇠력 변환 작동 오일 흐름

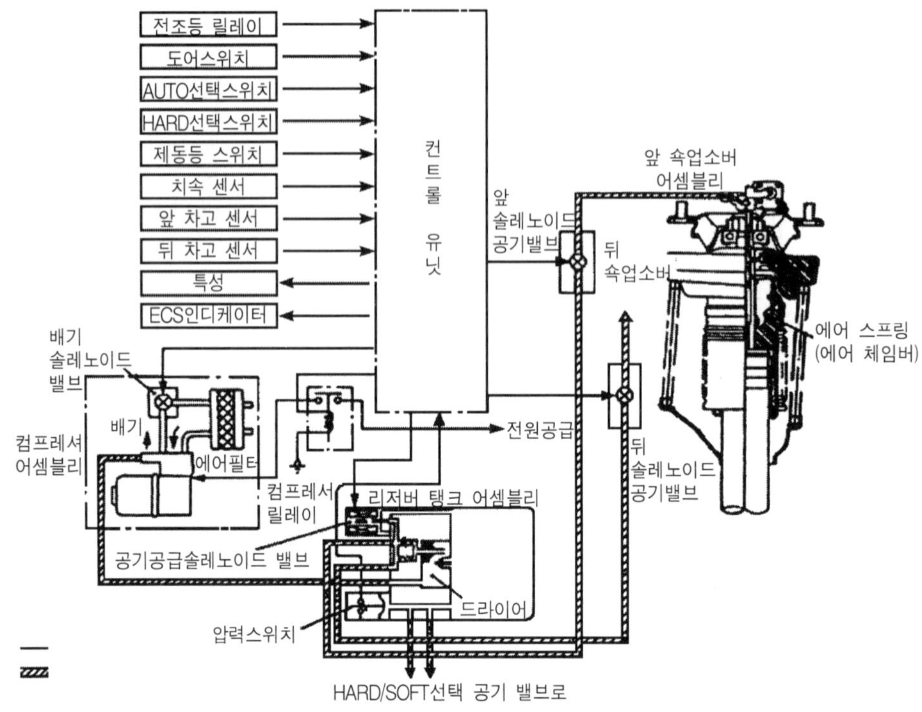

그림 11-10 복합식 ECS의 차고조절 기능

11.3 세미 액티브 방식

(1) 개요

자동차는 주행조건에 따라 승차감과 핸들링에 많은 변수를 가지고 있으며 ECS는 차량의 주행조건의 변화에도 승차감과 안정한 핸들링을 확보하는데 그 목적이 있다고 할 수 있다.

승차감은 어떠한 주행조건의 변화에도 현가장치가 노면으로부터의 충격에 적절히 대응하여 차체의 무게중심의 변화가 없는 상태를 완벽한 승차감이라 할 수 있다.

그러나 핸들링은 타이어의 접지력이 커야하므로 타이어의 접지력을 높이기 위해서는 차체와 타이어의 반발력이 커야 한다. 결국 현가장치는 딱딱해져야 되며 승참감은 저하될 수밖에 없는 것이다. 그래서 일반적으로 고급 승용차는 승차감,

스포츠 카는 핸들링 위주로 현가장치가 튜닝이 되며 일반 승용차는 고급 승용차와 스포츠 카의 중간 정도로 튜닝이 된다고 할 수 있다.

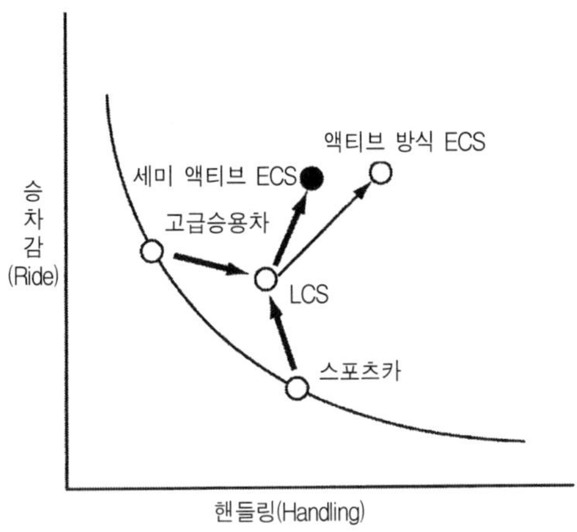

그림 11-11 승차감과 핸들링의 비교

(2) 시스템의 구성

세미 액티브 방식은 스카이 훅(Sky-Hook) 이론에 바탕을 두고 개발된 것이며 역방향 감쇠력 가변식 쇽업소버를 사용하여 기존의 감서력 가변식 전자제어 현가장치의 경제성과 액티브 방식의 전자제어 현가장치의 성능을 만족시킬 수 있는 장치로서 그랜저 XG, 에쿠스 3.0, 에쿠스 3.5, 오피러스에 적용되고 있다.

특히 세미액티브 방식의 특징은 다음과 같다.

① 승차감이 우수하다.

② 차고센서가 불필요하다.

③ 소음이 적다

④ 연속적인 감쇠력 가변이 가능하다.

⑤ 쇽업소버 피스톤의 팽창과 수축시 독랍된 감쇠력 제어가 가능하다.

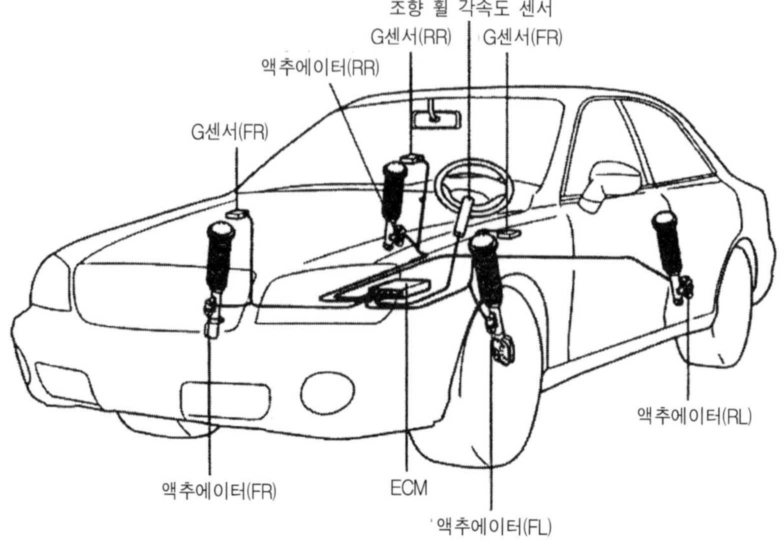

그림 11-12 세미 액티브 방식 ECS

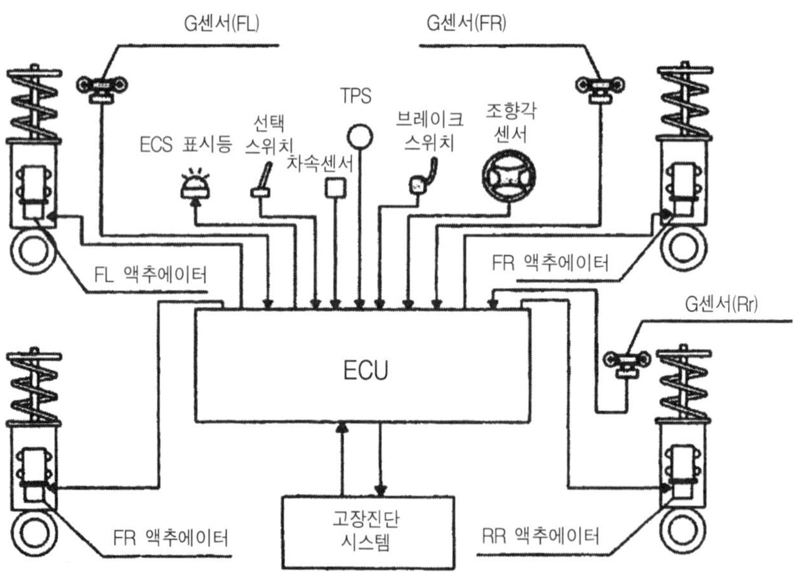

그림 11-13 세미 액티브 방식의 ECS 제어 블록도

11.4 액티브 방식

액티브 ECS는 감쇠력 제어와 차고조절기능을 갖추고 있으며 차량의 자세변화에 대처하기 위하여 자세를 바로 잡아줄 수 있는 자세제어가 추가된 시스템이다. 쇽업소버의 감쇠력 제어는 액티브 ECS Ⅱ의 경우 소프트(Soft), 오토 소프트(Auto Soft), 미디움(Medium), 하드(Hard)로 제어되고 액티브 ECS Ⅲ의 경우는 슈퍼 소프트(Super Soft), 소프트(Soft), 미디움(Medium), 하드(Hard)의 4단계로 제어되며 차고조절은 로(Low), 노멀(Normal), 하이(High), 엑스트라 하이(Extra High)의 4단계로 제어된다.

또한, 자세제어 기능으로는 앤티 롤(Anti Roll), 엔티 바운싱(Anti-Bouncing), 앤티 피칭(Anti Pitching), 앤티 다이브(Anti Dive), 앤티 스쿼트(Anti Squart) 제어 등을 수행하며 구조가 복잡하고 가격 또한 고가이기 때문에 일부 대형 고급 승용차인 그랜저, 다이너스티, 에쿠스 4.5 리무진에 적용되고 있다.

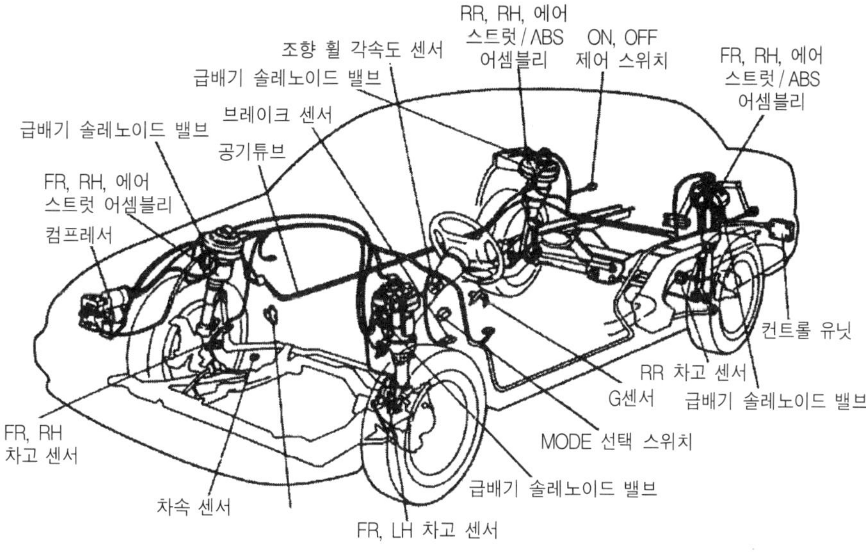

그림 11-14 액티브 ECS의 구성

표 11-1 액티브 ECS의 제어 시방 비교

순	제어기능 \ 사양		ECS Ⅱ	ECS Ⅲ	비고
1	적용차종		뉴 그랜져 3.0&3.5 다이너스티 3.0	다이너스티 3.5 에쿠스 4.5 리무진	
2	감쇠력 전환		4단계 SOFT, SOFT(AUTO) MEDIUM, HARD	4단계 SUPER SOFT SOFT, MEDIUM, HARD	
3	차고조절		4단계 LOW, NORMAL HIGH, EX-HIGH	4단계 LOW, NORMAL HIGH, EX-HIGH	
4	차고높이	EX-HIGH	N+50	N+50	
		HIGH	N+30	N+30	
		NORMAL(전륜)	398±5	398±5 413±5	
		NORMAL(후륜)	366.5±5	366.5±5 392±5	
		LOW	N-10	N-10	
5	통상 차고제어		◎	◎	
	급속 차고제어		◎	◎	
6	감쇠력제어 및 자세제어	안티-롤제어	◎	◎	
		안티-다이브제어	◎	◎	
		안티-스쿼드제어	◎	◎	
		피칭제어	◎	◎	
		바운싱제어	◎	◎	
		안티-쉐이크제어	◎	◎	
		안티-시스트스커트제어	◎	◎	
		FUZZY제어 노면대응제어	기능없음	◎	능동적 자세제어
		FUZZY제어 동강판제어	기능없음	◎	능동적 자세제어
		PREVIEW제어	기능없음	◎	전방노면감지
7	SKY-HOOK제어		기능없음	◎	승차감확보

제12장 AGCS 장치

12.1 AGCS 시스템 개요 및 작동원리

1. 기존 Active suspension의 문제점

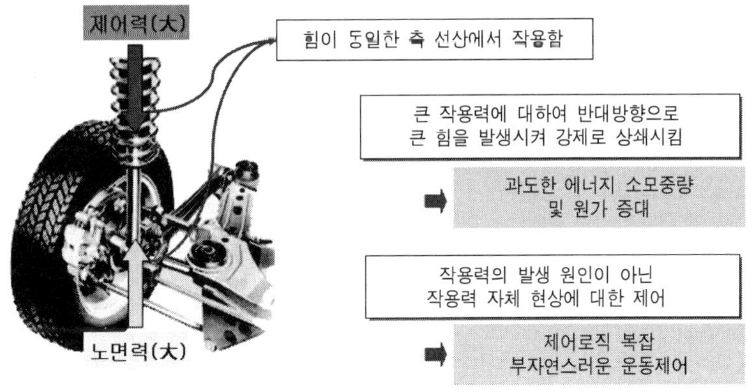

2. AGCS의 종류

(1) 개요

AGCS(Active Geometry Controlled Suspension)은 후륜 서스펜션 Link의 장착 위치를 제어하여 서스펜션의 기하학적 형상을 변경함으로서 차량의 조종안정성을 개선하는 Active Suspension System

(2) AGCS 종류

① Active Rear Toe Control

② Active Rear Camber Control

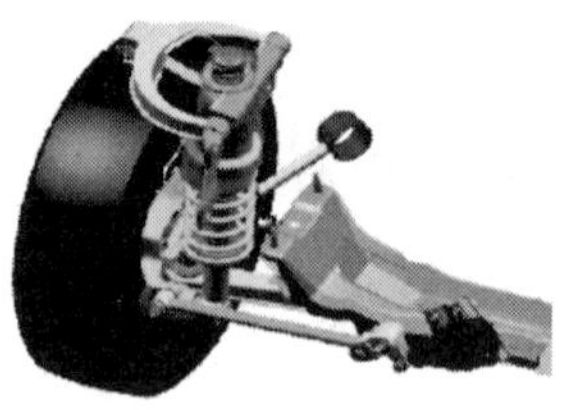

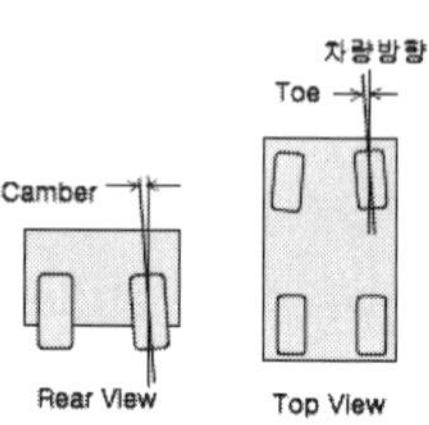

3. Active Suspension 비교

	ABC (Active Body Control)	ARC (Active Roll Control)	Dynamic Roll Stabilization	Active Camber Control	AGCS
장착 차량	Benz S-Class(1999)	LAND ROVER DISCOVERY	BMW 7-Series	Benz F400	HMC
Maker	SACHS	TRW, DELPHI	BILSTEIN	-	-
액추에이터	유압실린더	유압실린더	유압실린더	유압실린더	모터
제어 대상	Coil Spring 길이 변위	Stabilizer 장착 위치	Stabilizer 롤 강성	캠버각	토우각 제어
시스템 구성도					
사용 센서	3축 가속도센서 요레이트 센서 변위센서, 조향각 센서	횡방향 가속도 센서 조향각 센선	횡방향 가속도 센서 조향각 센서	-	횡방향 가속도 센서 조향각 센서

4. AGCS 동작원리

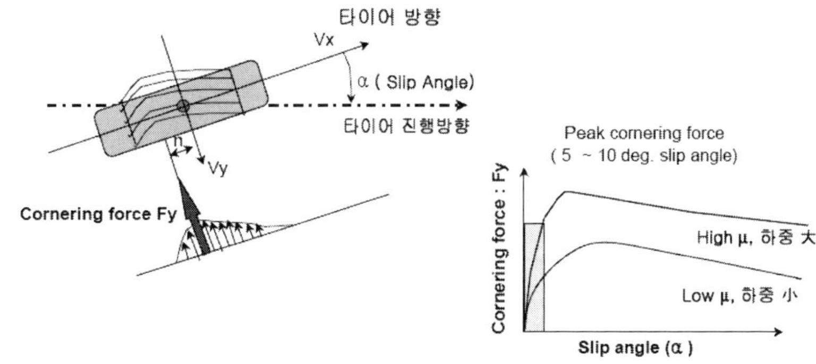

타이어 특성

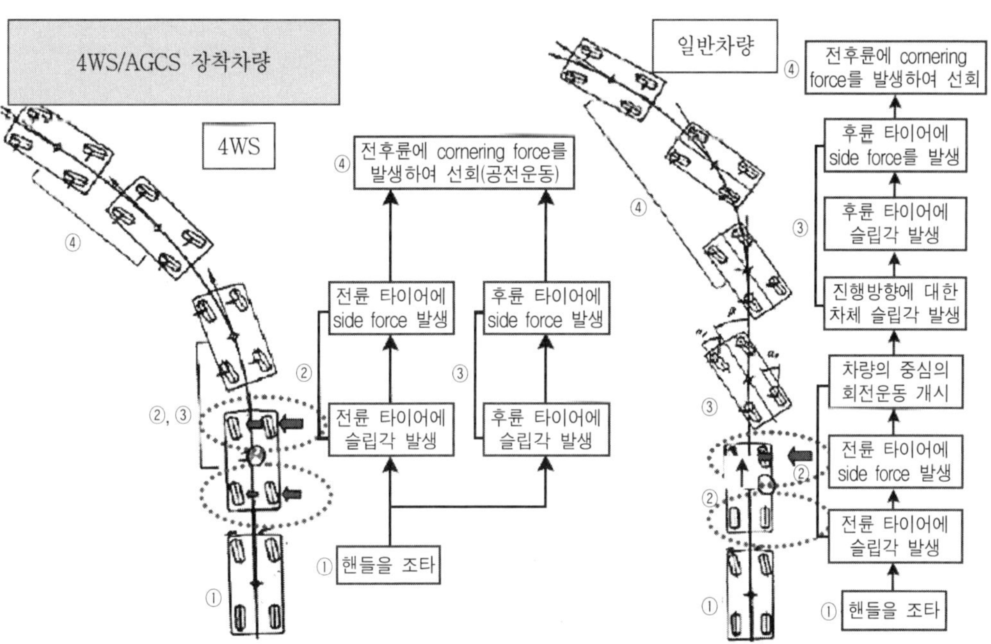

- 차량의 Bump 거동시 Toe-in 변화량을 증가시켜 4WS 선회거동과 유사 특성을 가짐

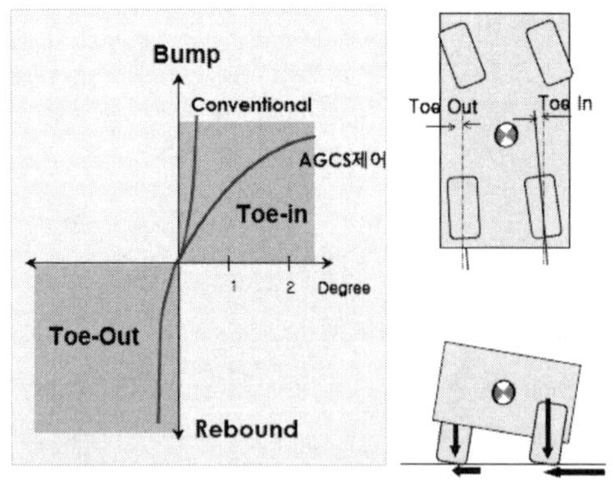

■ AGCS System 특징

① Bump시만 외륜제어

- System Fail에 Robust함(발생원인 제어)
- Quick Response

② Improved Stability

- Ride 중심으로 Suspension 튜닝
- 4Wheel Steering System 특성
- Speed Sensitive Steering 특성
- 직진 주행성능 향상

5. 시스템 구성

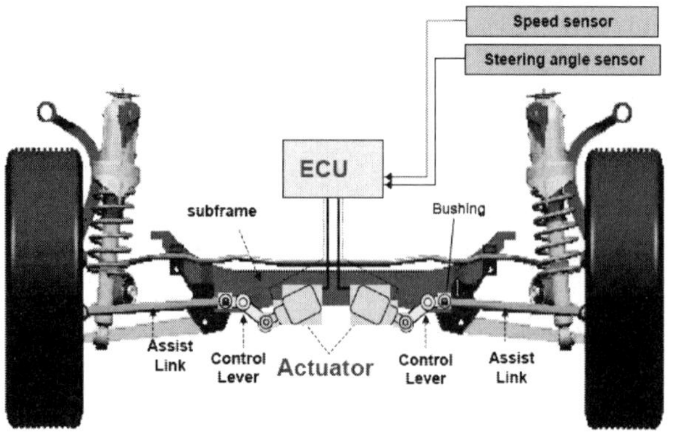

AGCS System Layout(Rear view)

6. AGCS Camber Control System

Camber force : 10% - 30%

Lateral acceleration profits

Addition of both effects by using an asymmetricaltir contour

Material properties : 20% - 30%

Normal conditions : Car tire

Low wearout if driving straight ahead : camber angle 0˚

If required : Race tire

High friction factor if cornerign : camber angle up to 20˚

30% - 50% more cornering force

12.2 시스템 개요 및 작동원리

가) 시스템 Concept

차량 선회시 후륜 토우각을 능동적으로 제어하여 선회 가능 영역을 연장함으로써 선회 안정성을 향상 시켜주는 시스템

나) 작동 원리

차속, 조향각에 따라 ECU에서 액추에이터를 제어하면 제어레버 회전축을 중심으로 회전하여 Assist Link 절점을 하향 이동시켜 최적의 토우 값으로 제어

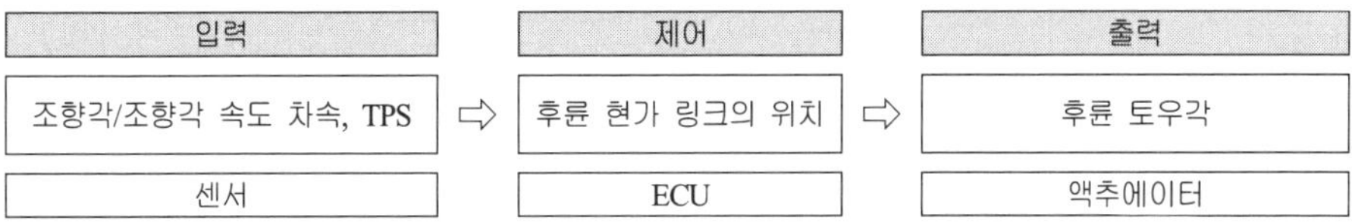

입력	제어	출력
조향각/조향각 속도 차속, TPS ⇨	후륜 현가 링크의 위치 ⇨	후륜 토우각
센서	ECU	액추에이터

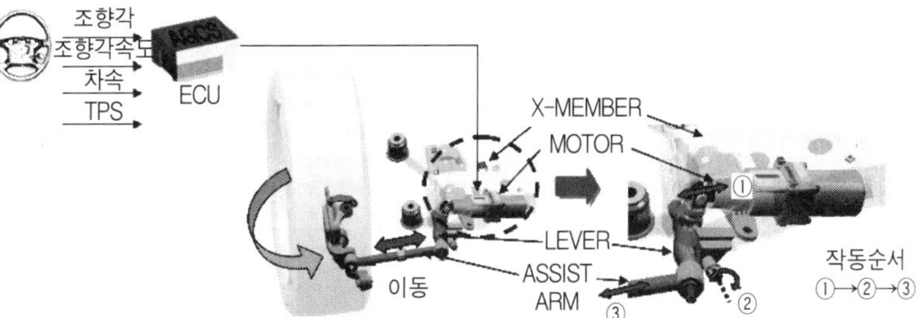

12.3 AGCS 작동시 차량 거동

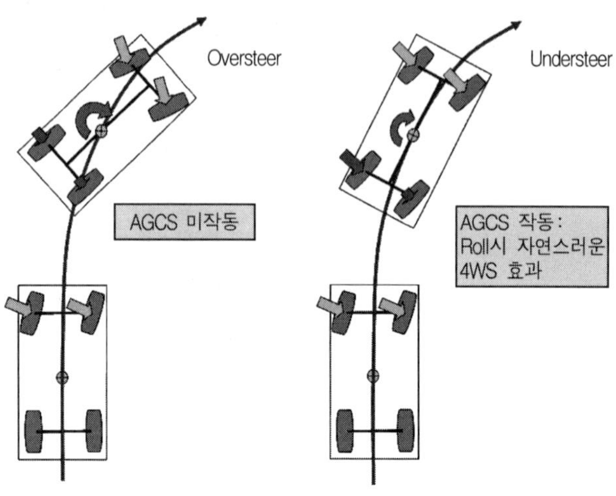

12.4 시스템 적용 효과

■ 작동효과

- 고속 직진 주행시 토우 크기를 작게 하여 고속 직진 주행안정성 향상
- 고속 선회시와 횡풍시 토우 크기를 크게 하여 횡방향 주행안정성 향상

구분	후륜 Geometry	안정성	효과	비고
고정 토우각 차량 (기존차)	후륜토우각 = 0인 차량	안정성 (직진시) ⟷ (급회선시) 횡가속도	직진 : 大 선회 : 小	
	후륜토우각 = 小인 차량	안정성 (직진시) ⟷ (급회선시) 횡가속도	직진 : 小 중저속 선회 : 大 고속 선회 : 小	
	후륜토우각 = 大인 차량	안정성 (직진시) ⟷ (급회선시) 횡가속도	직진 : 小 중저속 선회 : 小 고속 선회 : 大	
가변 토우각 차량 (AGCS)	후륜토우각 = 가변 차량	안정성 (직진시) ⟷ (급회선시) 횡가속도	직진 : 大 중저속 선회 : 大 고속 선회 : 大	AGCS의 기본개념

12.5 작동효과

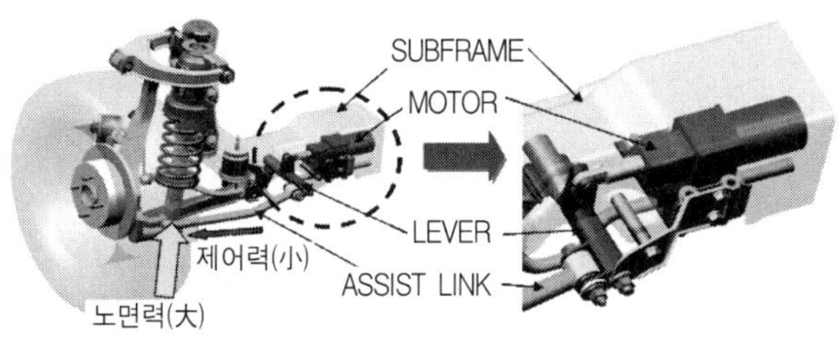

• 작은 제어력으로 큰 노면력을 제어함
• 부드러운 움직임이 가능

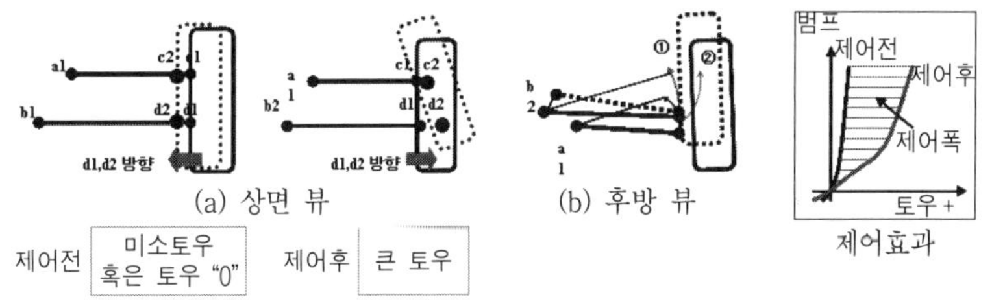

AGCS의 작동 방법

12.6 제어효과

• 급선회 주행 시 차량 안정성 향상
• 선회 중 Power Off시 차량 안정성 향상

⬇

• 요 각속소, 횡가속도, 차체 미끄러짐 각 감소
• ESP 작동 빈도 및 BRAKE 제어 압력 감소
• Counter Steer 입력량 감소(운전 편의 증대)

12.7 AGCS 작동시 차량 거동

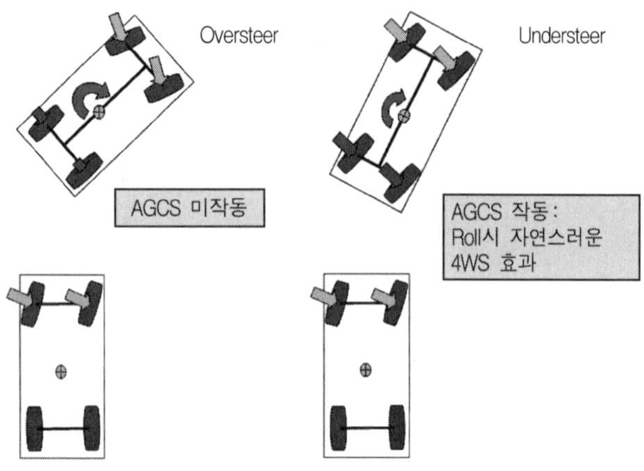

12.8 시스템 부품 구성

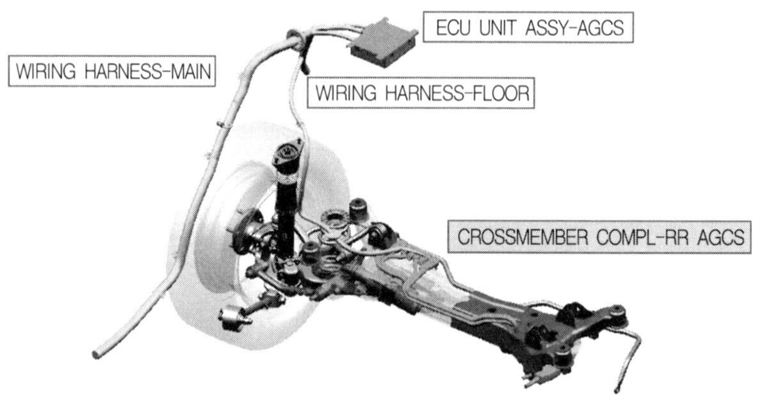

12.9 시스템 구성도

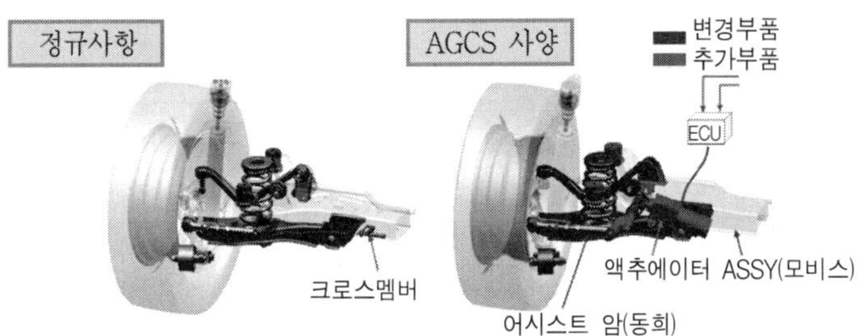

■ 시스템 구성부품

• **변경 및 추가 부품**

– 변경부품 → 리어크로스 멤버, 리어 어시스트 암

– 추가부품 → 액추에이터 ASSY, ECU

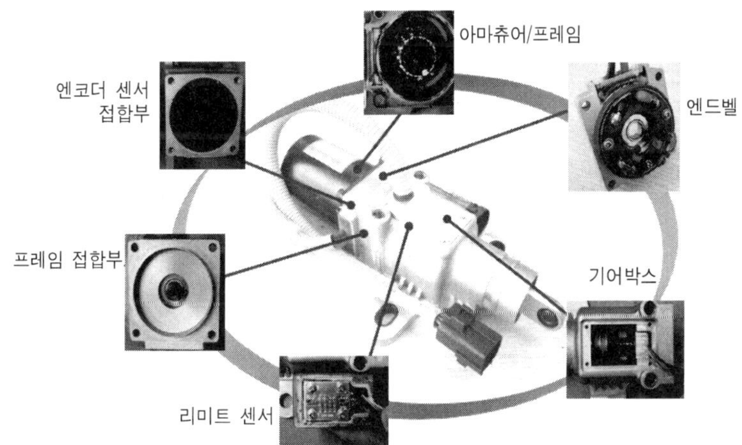

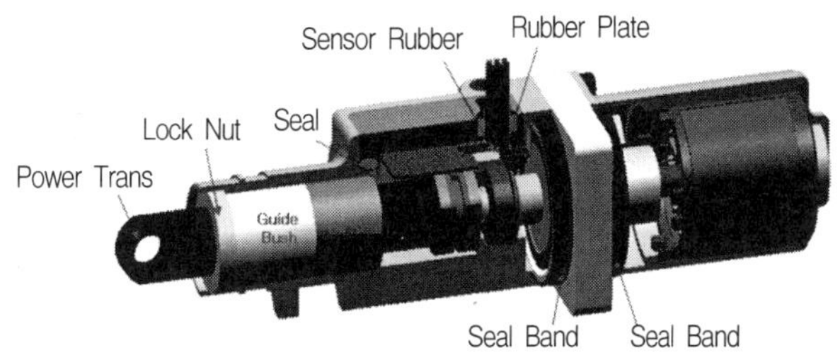

12.10 시스템 블록도

◆ 기능 블록도

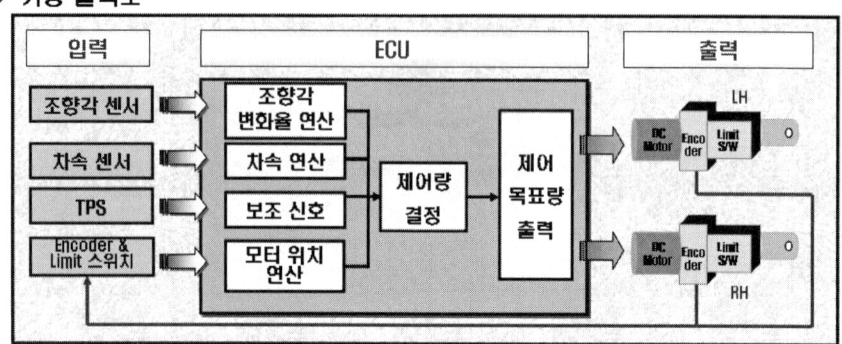

12.11 AGCS의 핵심부품 구성

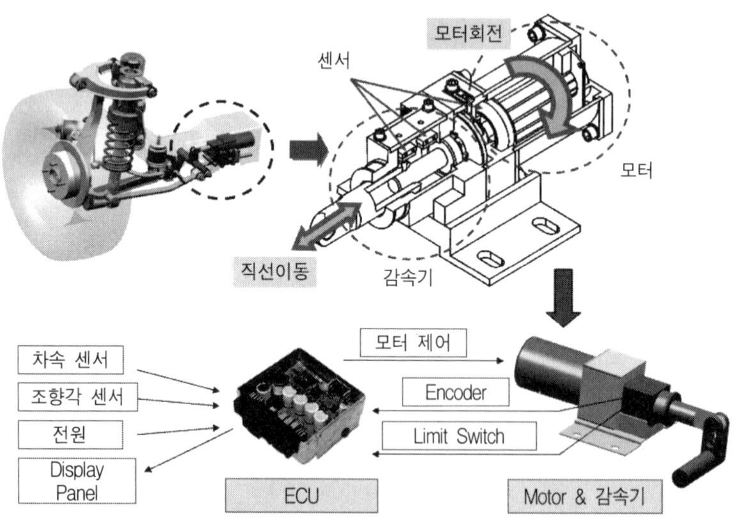

12.12 AGCS의 변경 부품도

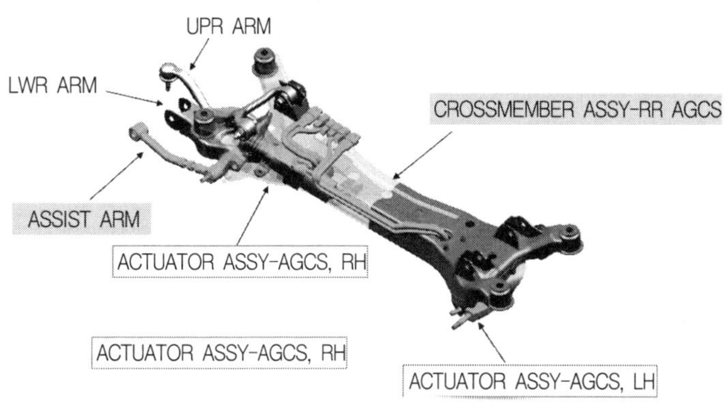

12.13 조향각 센서

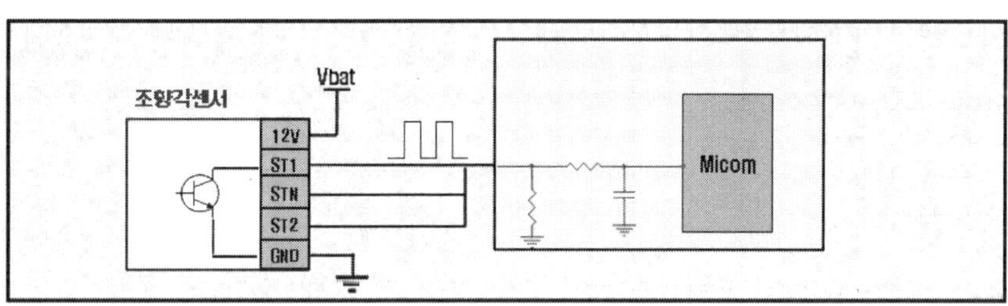

센서출력 형식	Open Collector Type
펄스 수/1회전	45 pulse (Pulse cycle 8°)
Duty ratio	(50±10)%
동작전압	IGN1(9V~16V)
출력전압	1.3V≤VOL≤2V, 3.0V≤VOH≤ 4.1V
Sink current	50mA 최대

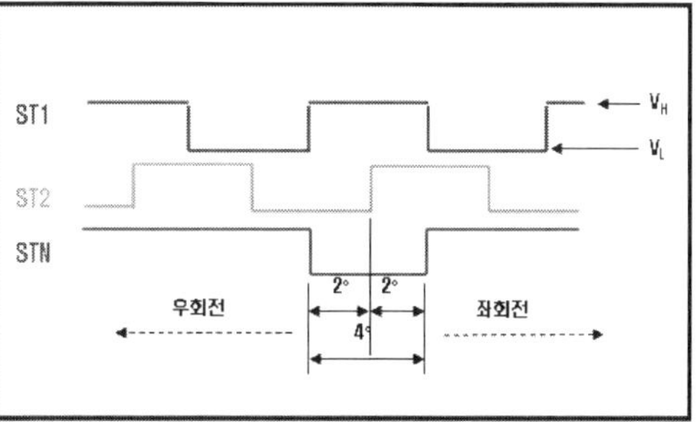

12.14 차속센서

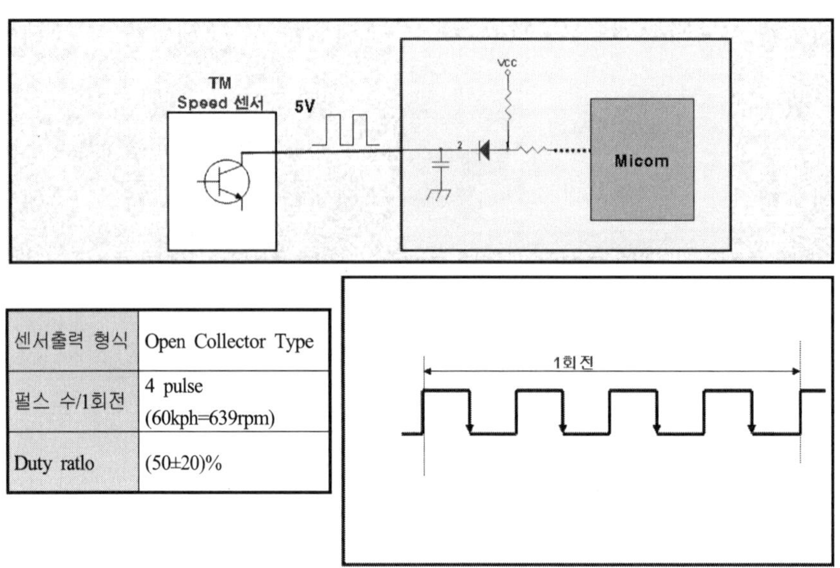

센서출력 형식	Open Collector Type
펄스 수/1회전	4 pulse (60kph=639rpm)
Duty ratlo	(50±20)%

12.15 엔코더 센서

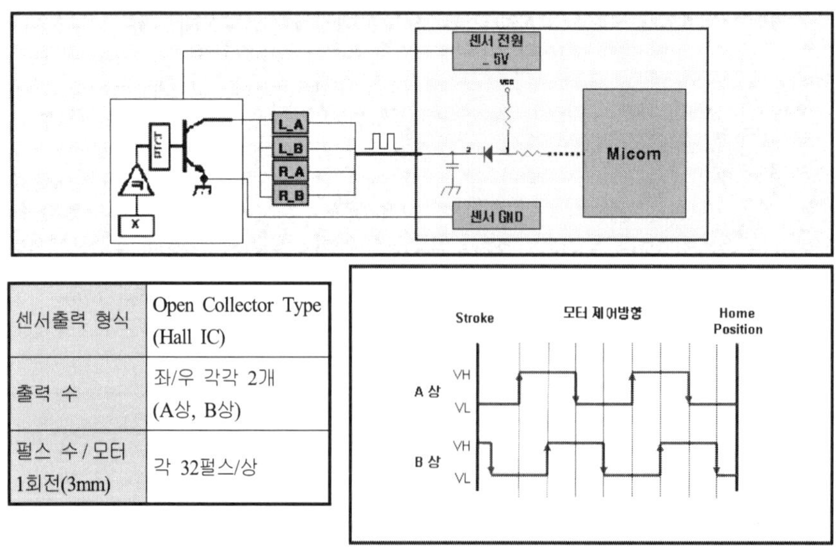

센서출력 형식	Open Collector Type (Hall IC)
출력 수	좌/우 각각 2개 (A상, B상)
펄스 수/모터 1회전(3mm)	각 32펄스/상

12.16 리미트 스위치 센서

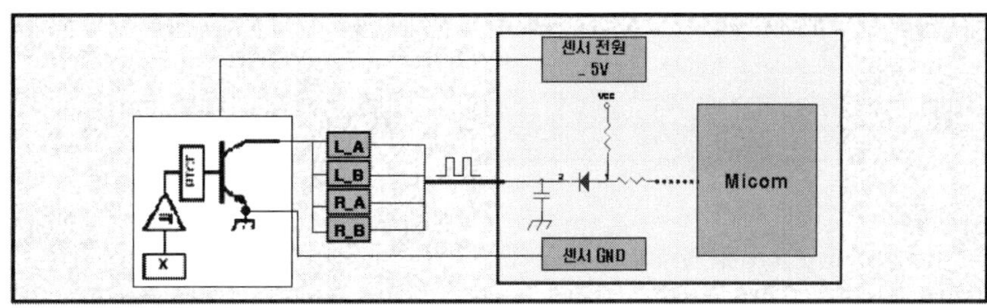

센서출력 형식	Open Collector Type (Hall IC)
출력 수	좌/우 각각 2개 (A상, B상)
Sink 전류	Max 25mA/상

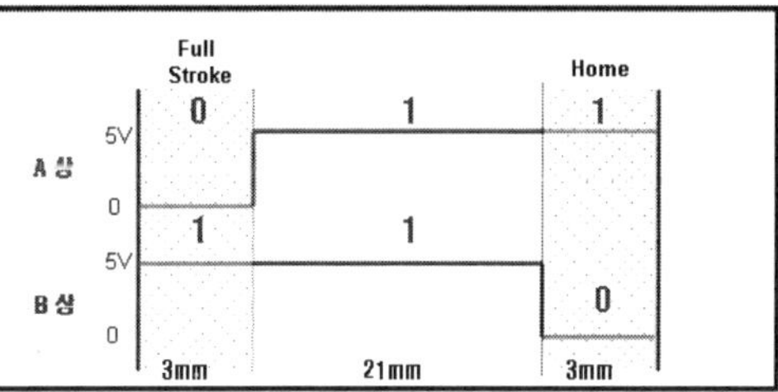

제13장 Anti Roll Control System

13.1 개요

■ What is Active Roll Control

Active Roll Control is a new active suspension system to improve vehicle roll behavior and ride Comfort

■ What is Benefits of Active Roll Control

- Roll Angle Control
- Ride and Handling Improvement
- Improve Subjective Agility

■ Types of Active Roll Control

- Rotary Type : Stabilizer 중앙에 설치된 Actuator에서 Moment 인가하여 Roll 방지
- Linear Actuator Type : Stabilizer 끝단에 설치된 Hydraulic Actuator 이용

– ARC의 장점

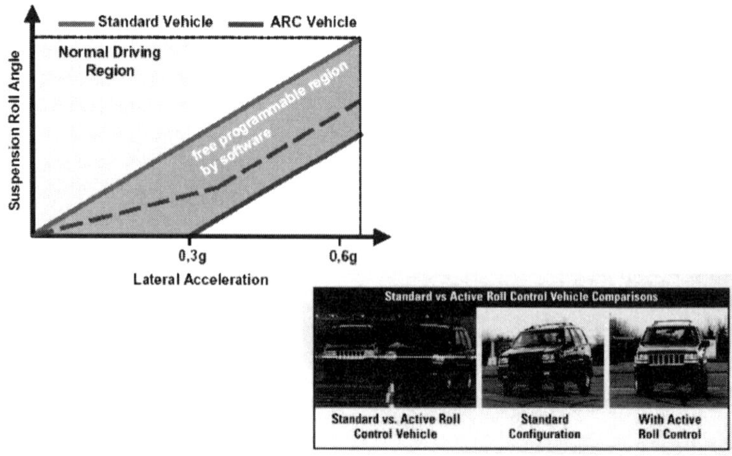

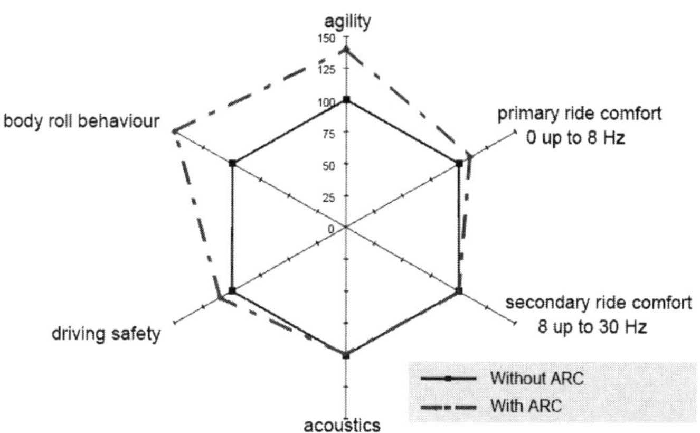

13.2 ARC의 종류

(1) 로터리 형태

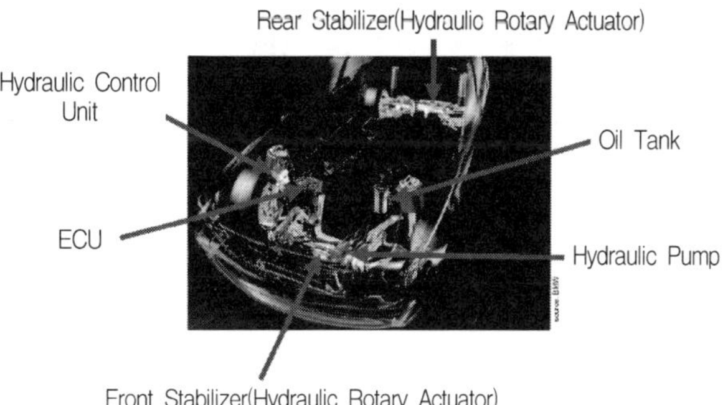

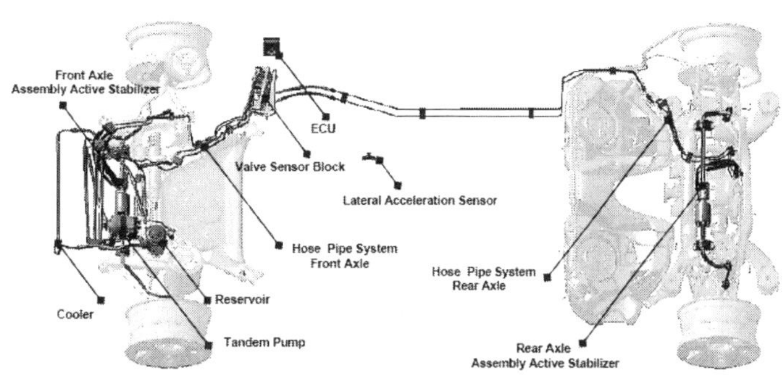

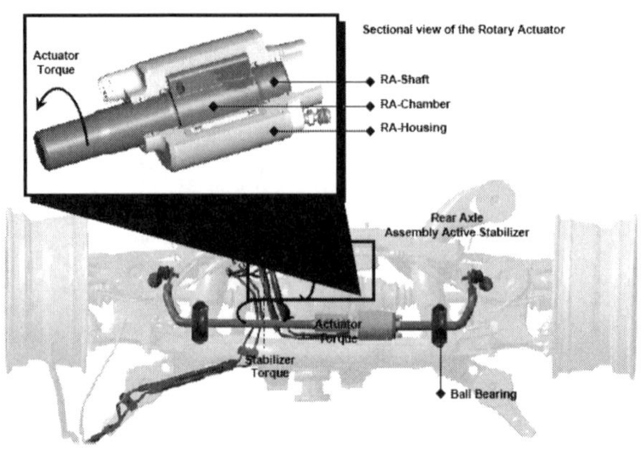

가) Active Stabilizer Assembly

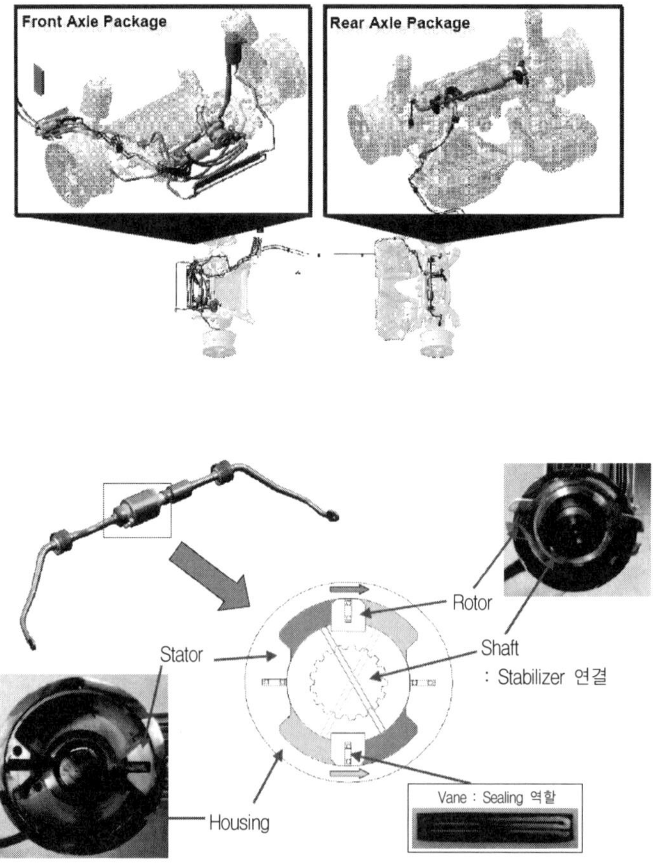

나) Valve Sensor Block

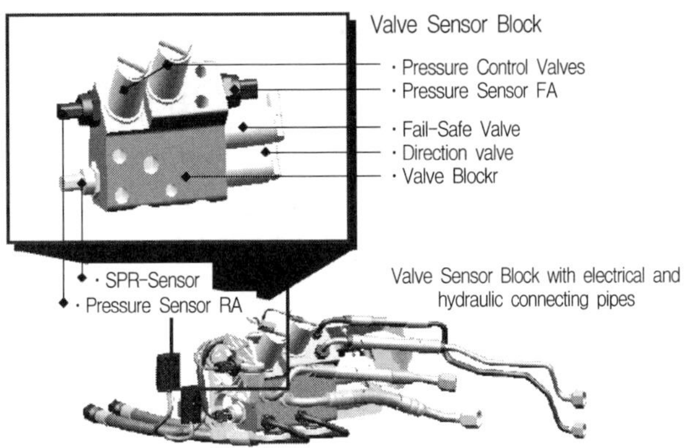

(2) Linear Actuator 형태

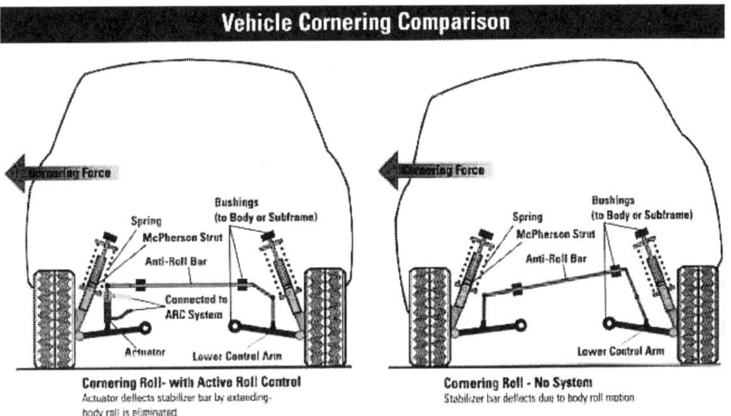

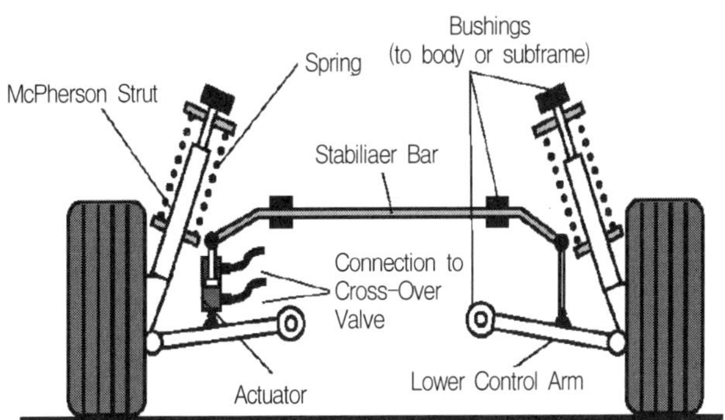

가) 구성품

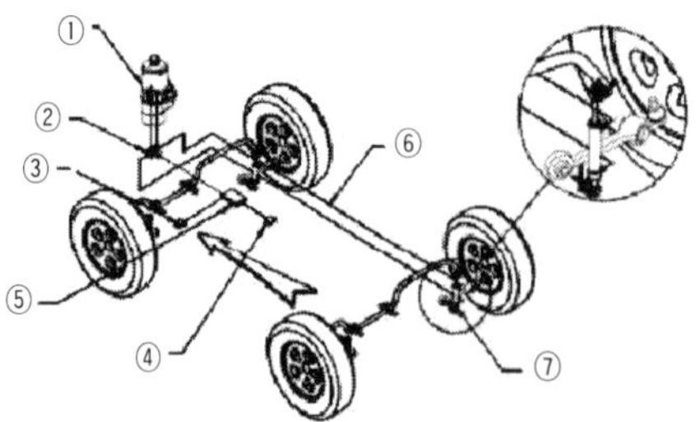

나) Linear Actuator

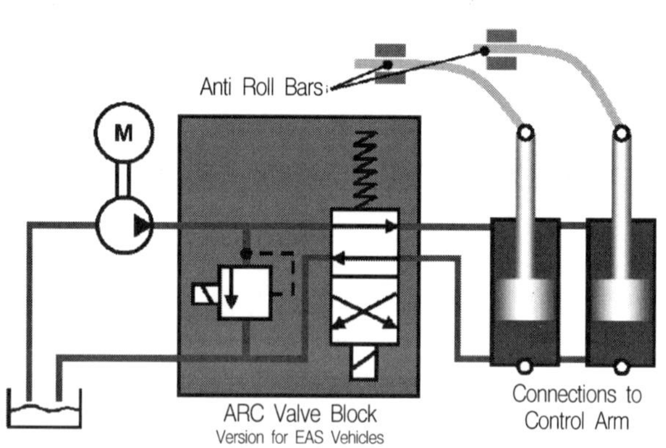

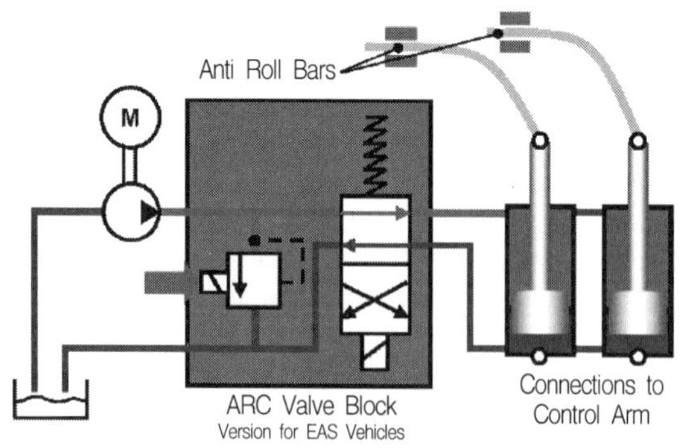

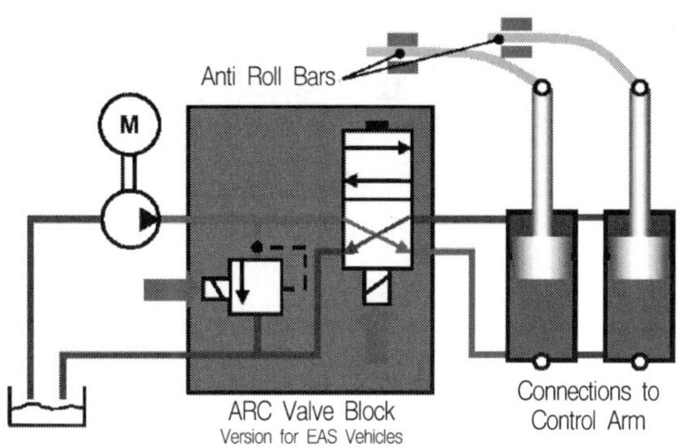
Anti Roll Bars
M
ARC Valve Block
Version for EAS Vehicles
Connections to
Control Arm

다) 기타 구성품

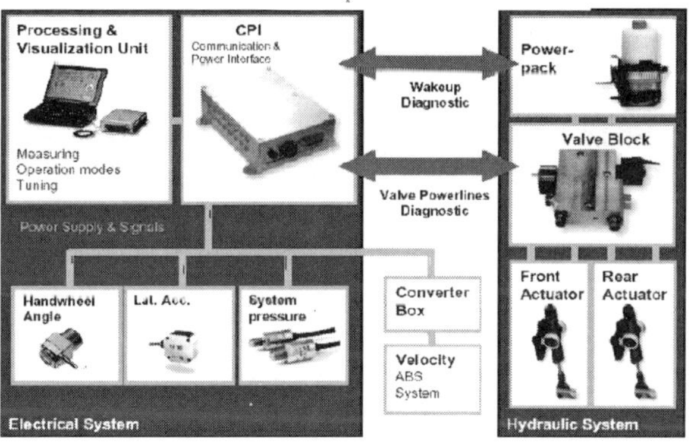
Processing &
Visualization Unit
Measuring
Operation modes
Tuning
CPI
Communication &
Power Interface
Wakeup
Diagnostic
Valve Powerlines
Diagnostic
Power-
pack
Valve Block
Power Supply & Signals
Handwheel
Angle
Lat. Acc.
System
pressure
Converter
Box
Velocity
ABS
System
Front
Actuator
Rear
Actuator
Electrical System
Hydraulic System

제14장 셀프 레벨라이저 장치

14.1 개요

가) Self-Levelizer의 목적

- 후륜의 하중변화가 큰 SUV, VAN 및 Wagon형 차량의 지상고를 일정하게 유지

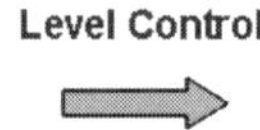

약 3~4Km 주행 후

나) Level Control의 필요성

- 하중에 무관하게 신장/압축 Stroke 이용 가능 ⇒
- Wheel Position(Toe-in, Camber 등) 일정하게 유지 ⇒ 타이어 마모 최소화, 주행안정성 향상
- Head Lamp 조사각을 일정하게 유지 ⇒
- 적재하중에 의해 감소한 Ground Clearance 보상 ⇒

14.2 적용

가) SUV/SUT의 적용

나) Sedan/Wagon의 적용

14.3 Level 조절 장치 비교

	Conventional Type	Active ECS Type	Self Levelizer
구성품	• 일반 쇽업소버	• 에어 스프링 • 에어 컴프레샤 • 솔레노이드 밸브 • 차고센서 등	• Self Levelizer (일반 쇽업소버 대체)
제어 방식	• 별도의 제어장치 없음	• 전자제어 • 차고센서의 신호에 의해 에어 스프링 내의 압력 조절	• 쇽업소버 내부 Mechanical Height Sensor 설치 • 주행시 내부 Pumping으로 차고상승
특징	• 화물 적재시 차고 하강 • 헤드라이트 조사각도 변경 • 단순 구조 • 저가	• 차고제어 선택가능 • 시스템 고가	• 적재 중량에 무관하게 일정 차고 유지 • 헤드라이트 조사각도 유지 • 성능대비 저가
승차감	• 적재 하중에 따라 변경	• 전자제어를 통해 적재 하중, 노면 및 하속에 따른 최적의 승차감을 유지	
조종 안정성	• 차고 변화에 따른 차량 자세 제어 안정성 부족	• 주행 조건에 따른 차고 조절로 안정성 확보	• 적재하중과 무관한 일정한 차고유지로 안정성 확보 • 타이어 노면 접지력 증대
적용차종		• 대형 최고급 승용차 • 최고급 SUV	

14.4 레벨 적용과 미적용 차이

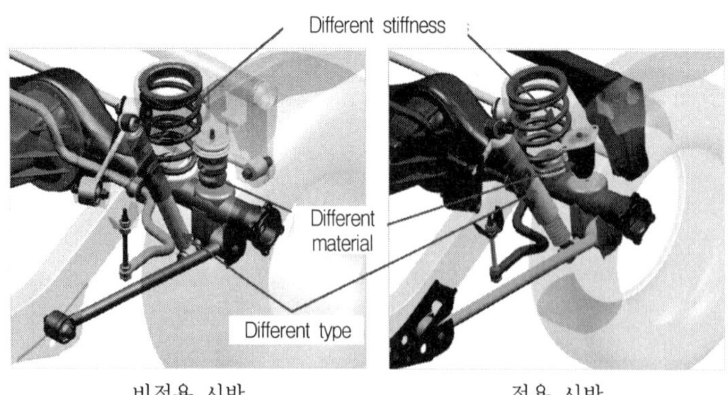

비적용 시방　　　　적용 시방

14.5 셀프 레벨라이저의 기본 제어원리

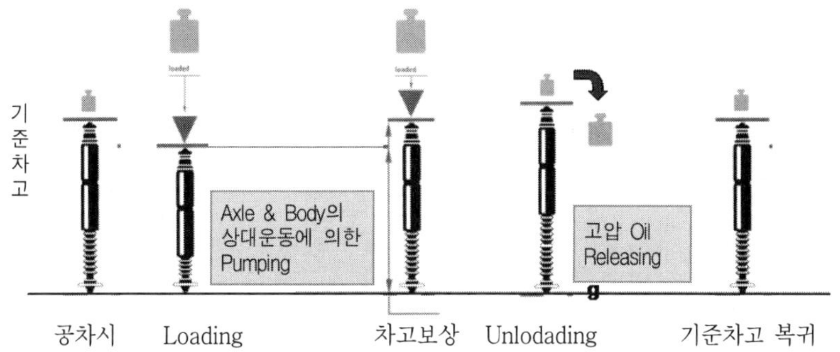

- 공차시 : Bypass 기구에 의한 펌핑 미발생→기준차고 유지
- Loading : 차고하강→Bypass 폐쇄→댐퍼 리바운드/펌프시 펌핑 발생 →차고 상승
- Unload : 펌핑시 증가된 Force에 의해 차고일시 상승→Releasing 기구작동
- 차고복귀 : Releasing에 의한 Leveling Force 감소→기준차고 복귀

14.6 구성부품 개요

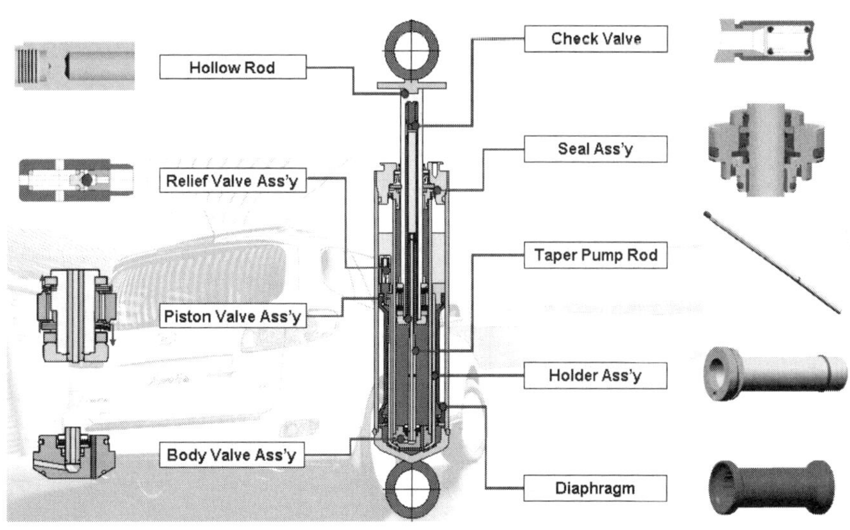

14.7 작동원리

■ 작동원리-1

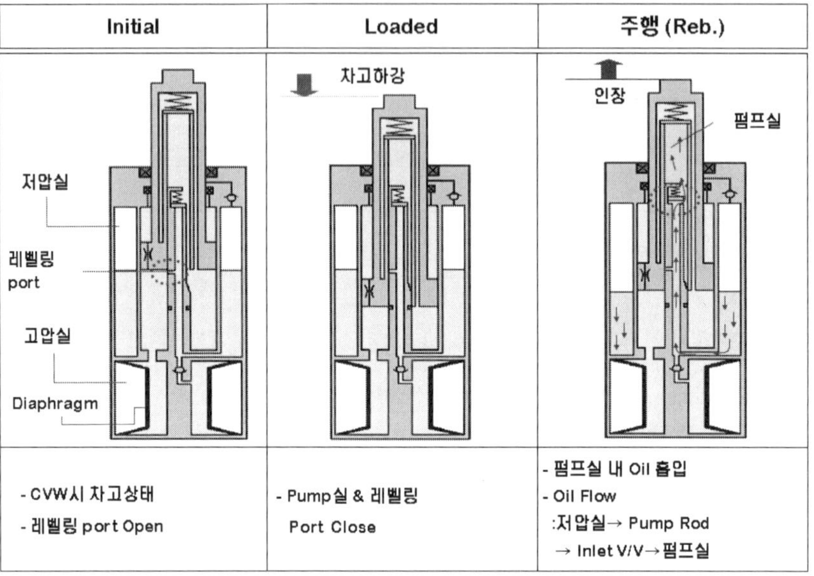

Initial	Loaded	주행 (Reb.)
- CVW시 차고상태 - 레벨링 port Open	- Pump실 & 레벨링 Port Close	- 펌프실 내 Oil 흡입 - Oil Flow :저압실→ Pump Rod → Inlet V/V→펌프실

■ 작동원리-2

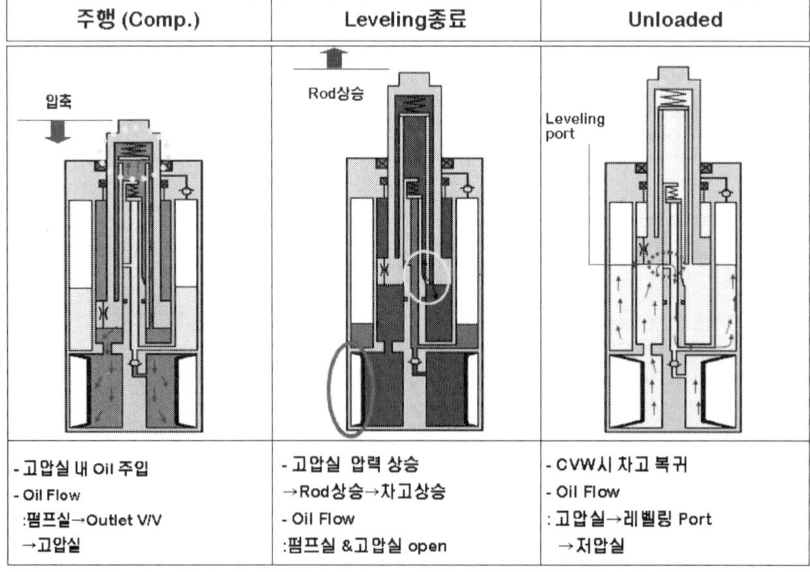

주행 (Comp.)	Leveling종료	Unloaded
- 고압실 내 Oil 주입 - Oil Flow :펌프실→Outlet V/V →고압실	- 고압실 압력 상승 →Rod상승→차고상승 - Oil Flow :펌프실 &고압실 open	- CVW시 차고 복귀 - Oil Flow : 고압실→레벨링 Port →저압실

14.8 설계목표

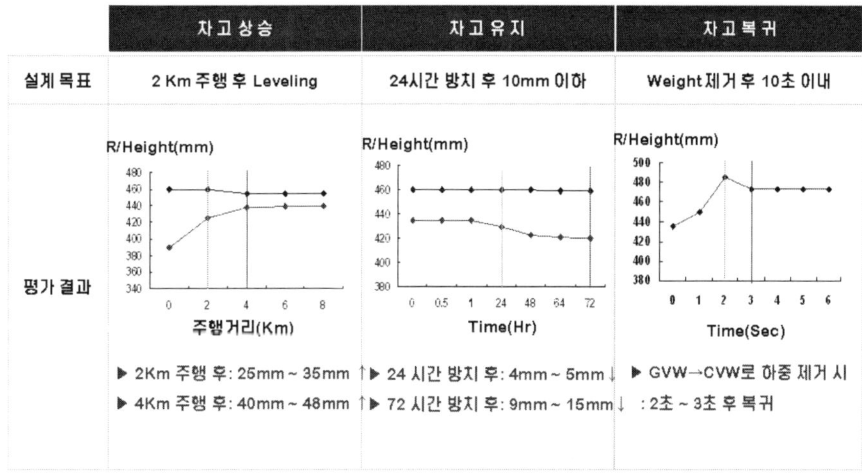

	차고상승	차고유지	차고복귀
설계목표	2 Km 주행 후 Leveling	24시간 방치 후 10mm 이하	Weight 제거 후 10초 이내
평가 결과	R/Height(mm) 주행거리(Km) ▶ 2Km 주행 후 : 25mm ~ 35mm ↑ ▶ 4Km 주행 후 : 40mm ~ 48mm ↑	R/Height(mm) Time(Hr) ▶ 24 시간 방치 후 : 4mm ~ 5mm ↓ ▶ 72 시간 방치 후 : 9mm ~ 15mm ↓	R/Height(mm) Time(Sec) ▶ GVW→CVW로 하중 제거 시 : 2초 ~ 3초 후 복귀

※ GVW란? Gross Vehicle Weight (차량 총 중량)
CVW : Complate Vehicle curb Weight (공차 중량)

14.9 고장진단

■ SELF-LEVELIZER 고장유형 및 추정원인

Car Maker	S/ABS Maker	고장유형	고장영향 및 진단방법	고장원인	대처방법
SYMC	MANDO	1) 레벨링 성능불량	적재 후 목표차고 도달불량 (기준값 참조)	1) 오일누유 2) 펌프 어셈블리/릴리프 밸브 불량 3) 내부누유(O-Ring계통)	
		2) 차고유지 성능불량	정차시 차고하강 (기준값 참조)	1) 펌프 어셈블리 불량 2) 내부누유(O-Ring계통)	
		3) 차고복귀 불량	하중제거	릴리프 오리피스 막힘 (이물질 침투 추정)	
VOLVO	SACHS	1) 레벨링 성능불량	적재후 주행중 차고복원 불량	Damper Gas 또는 Oil 누유	결함있는 Damper만 교체
		2) 좌/우측 높이차 발생	차고복원 후 좌/우측 높이차 : 15mm이하일 것	레벨링 성능불량 - Oil/Gas 누유	결함있는 Damper만 교체
		3) 차고 내려앉음 현상	몇 시간 정차시나, 적재시 차고 내려앉음 현상발생	Damper 고장 아님	2~4km 주행시 차고복원

■ Self Levelizer 점검 기준 및 복원량(규정값)

<table>
<tr><th>Car Maker</th><th>S/ABS Maker</th><th>점검기준(공차상태)</th><th>점검항목 및 규정값(적재상태)</th><th>차고 측정 기준점</th></tr>
<tr><td>SYMC</td><td>MANDO</td><td>1) 타이어: 255/65R
(공기압:30psi)
2) 차량상태: 공차상태
3) 노면: 평지
4) 측정기준: 2~3km
주행 후 측정</td><td><table>
<tr><th></th><th>공차상태
A값</th><th>적재량
(공차상태에서)</th><th>복원량 참고치
A값</th></tr>
<tr><td>1</td><td rowspan="4">기준값 :
A=
459±10mm</td><td>화물적재 100kg</td><td>456±10mm</td></tr>
<tr><td>2</td><td>화물적재 200kg</td><td>452±10mm</td></tr>
<tr><td>3</td><td>화물적재 300kg</td><td>446±10mm</td></tr>
<tr><td>4</td><td>화물적재 400kg</td><td>444±10mm</td></tr>
</table></td><td>리어 휠하우스 하단부와 타이어 상단부 거리</td></tr>
<tr><td>VOLVO</td><td>SACHS</td><td>1) 차량상태: 공차상태
2) 노면: 평지
3) 측정기준: 2km
주행 후 측정</td><td>1) 공차시, 2km 주행 후 높이: 좌/우측
2) 150kg 적재시, 4km 주행 후 높이: 좌/우측
3) 적재 전/후 높이 편차: 좌/우측
4) 허용편차: -20mm ~ +8mm
5) 좌/우측 높이편차: 최대 15mm</td><td>리어 휠하우스 하단부와 휠링의 최저점 거리</td></tr>
</table>

14.10 셀프 레벨라이저의 점검

■ 기준값

공차상태 : 465±10mm

GVW상태 : 446±10mm

※ GVW란? Gross Vehicle Weight(차량 총 중량)

→ 7인승차 + 30kg 적재 상태

1. 쇽업소버의 외관상 구분 방법

외관상으로는 셀프레벨라이져 적용 방식의 형상과 직경, 디자인 등이 일반 쇽업소버와 차이가 있다.

- 셀프레벨라이져 적용 방식 직경－68ϕ
- 일반 쇽업소버 직경－45ϕ

※ 좌/우의 구분 또한 있음

2. 셀프레벨라이져 교환주기

셀프타입의 수명은 일반 쇽업소버와 같으나, full laden 상태로 험로를 자주 운행할 경우 수명은 단축될 수 있다.(일반 쇽업소버도 마찬가지...)
일반적인 상태에서는 차량 life-time동안 사용이 가능하다.

3. 사용 중 내부 이상으로 일반 쇽업소버의 기능만을 수행할 수 있는지?

가능하다.
그러나 레벨링의 기능 또는 댐핑의 문제가 하나라도 있을 경우는 해당되는 쇽업소버만 교환하는 것이 원칙이나.

4. 교환시 주의사항

① 셀프 레벨라이져 적용 방식은 기본 하중에서도 높은 gas압력(약 40bar)을 가지고 있으므로 취급에 주의가 필요하다.

설치는 높은 가스 압력으로 인해 Max.length에서 가능하다.

Max length에서 설치 후 upper 및 lower mounting을 정확한 torque로서 level position이 되도록 조여준다.

이것은 side load 및 noise 방지를 위해 중요하다.

② Coil Spring/Stopper/Shock absorber가 셀프 레벨라이져 미 적용사양과 차이가 있음. 또한 수출 지역에 따라 튜닝의 상태가 다름.

※ ex) 스프링의 경우 일반용보다 Soft하지만 쇽업소버의 내부 특성이 스프링의 기능을 하게 되어 전체적으로는 Hard함.

5. 레벨링 점검 방법

① 자동차에 weight가 없는 상태에서 차 뒤축의 높이를 지면에서 wheel-arch까지 좌, 우측을 측정한다.

좌, 우측의 차이는 15mm(기계적 spring 공차) 이내.

② 차에 짐을 약 200kg 적재하면 차체가 내려앉게 된다. 이때 차량 높이를 측정해 둔다. 그리고 차를 3-4km 운행한 후 짐이 적재된 상태에서 차량 높이를 다시 측정한다. 3-4km 운행 후 높이가 일정량 증가하면 Leveling 기능은 이상이 없는 것이다.

짐을 적재하고 정차된 상태에서 몇 시간 경과 후 차량 높이를 다시 확인하여 내부 가스가 새는지를 검증한다.

주행 후 상승된 차고가 완전히 내려가는 데는 대략 12시간 이상이 소요된다.

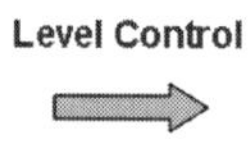

약 3~4Km 주행 후

제15장 공기 스프링형 현가장치

15.1 시스템 비교

항목	에쿠스/다이너스티	BH
시스템	• Open Loop • 4 Corner	• Closed Loop • 4 Corner
반응속도(25mm 상승)	21~26초	약 5초
차고제어 모드	Low, Normal, High, EX-High	Low, Normal, High
감쇠력 모드	Soft, Auto Soft, Medium, Hard	무단제어
댐퍼 감쇠력 조정	Step Motor 장착	솔레노이드 외장형
에어 스프링	• (코일)+에어스프링 조합 • 내압 6bar(차고조정 느림) • 가이드 없음	• 에어스프링 단독 장착 • 내압 10bar(쾌속 차고조정) • 알루미늄 가이드 부착형
에어 공급	Open Loop System(저 응답성)	Closed Loop System(신속)
차고조정 기능	고속도로 및 험로주행 기능	고속도로 및 험로주행 기능

15.2 스프링 형상 비교

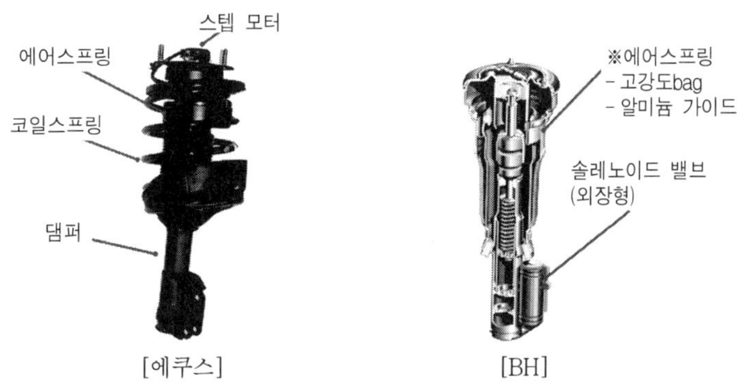

[에쿠스] [BH]

15.3 구성품 장착 위치

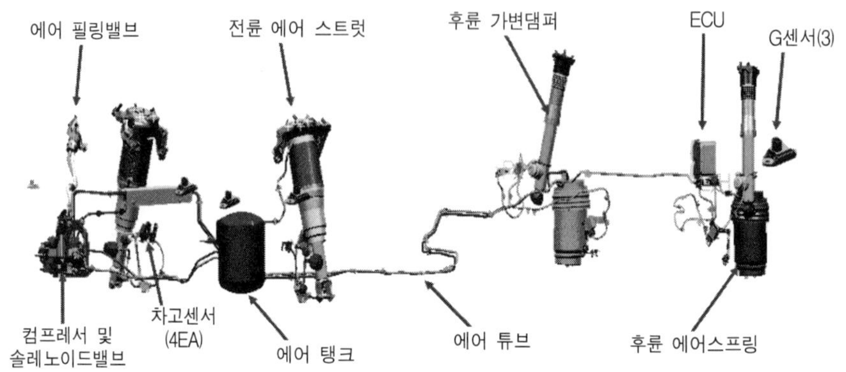

15.4 공압회로 비교

가) 공압회로

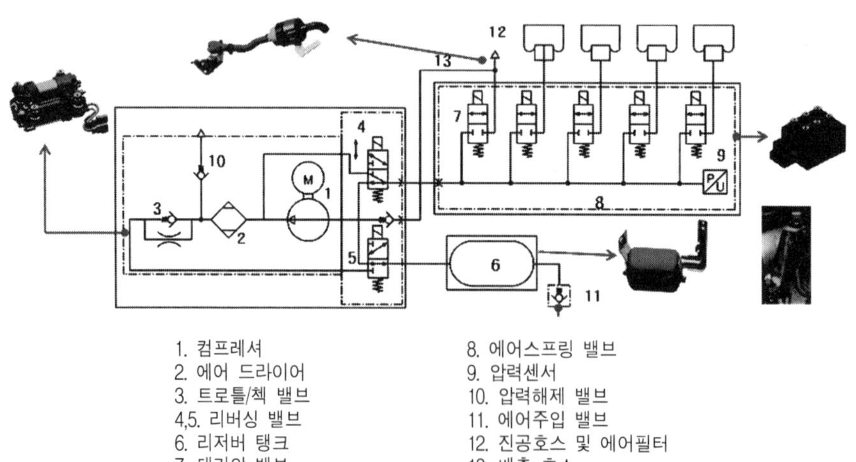

1. 컴프레셔
2. 에어 드라이어
3. 트로틀/첵 밸브
4,5. 리버싱 밸브
6. 리저버 탱크
7. 대기압 밸브
8. 에어스프링 밸브
9. 압력센서
10. 압력해제 밸브
11. 에어주입 밸브
12. 진공호스 및 에어필터
13. 배출 호스

나) 공압회로 구성품

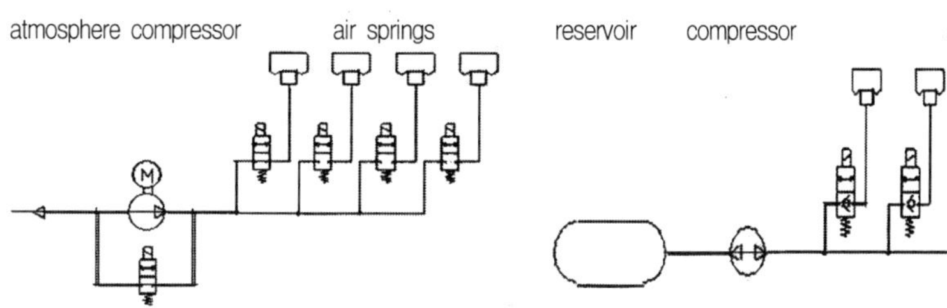

[Open Loop 시스템]

- 급, 배기시마다 외기와 교류
- 저압 시스템/고압 시스템 적용
- 차고 제어 속도가 느림
- 에너지 효율이 낮음

[Closed Loop 시스템]

- 누기, 온도 보정시만 외기와 교류
- 고압 시스템 적용
- 차고 제어 속도가 빠름
- 에너지 효율이 높음(Open Loop 대비 20~30%)
- 컴프레셔 작동시간 및 체적 최소화

다) 에어 주입

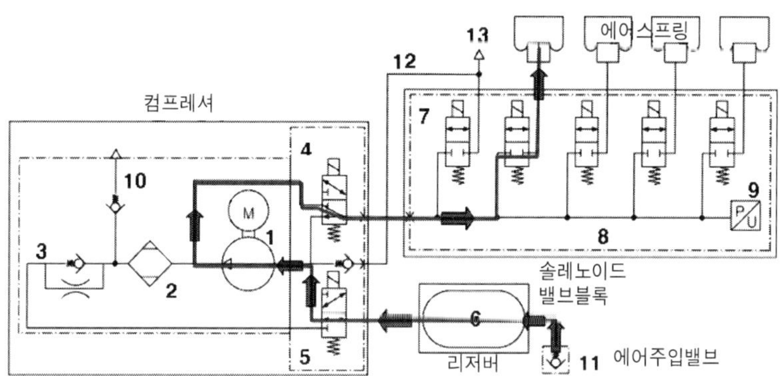

11.에어 주입밸브→6.리저버→5.리버싱 밸브→1.컴프레셔
→4.리버싱 밸브→8.솔레노이드 밸브 블록→에어 스프링

라) 차고상승

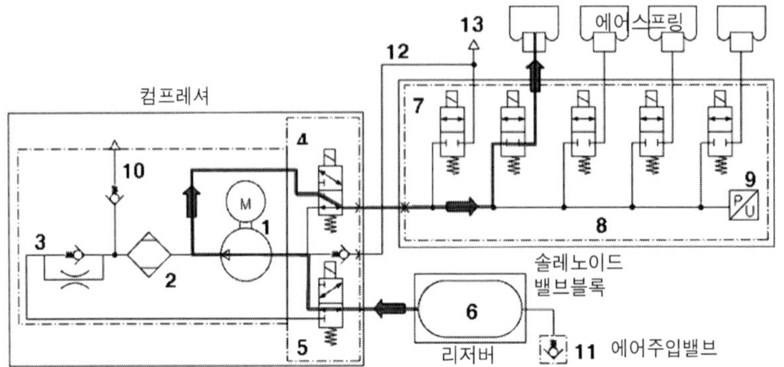

6.리저버 → 5.리버싱 밸브 → 1.컴프레셔 → 4.리버싱 밸브
→ 8.솔레노이드 밸브 블록 → 에어 스프링

마) 차고하강

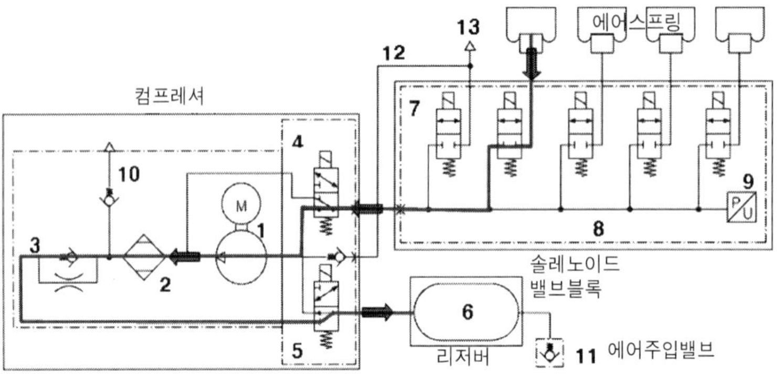

에어 스프링 → 4.리버싱 밸브 → 1.컴프레셔 → 2.드라이어
→ 3.체크밸브 → 5.리버싱 밸브 → 6.리저버

바) 에어보충

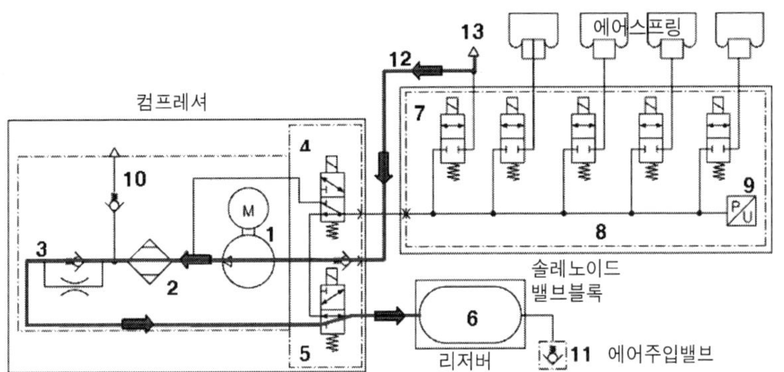

13.에어 필터 → 1.컴프레셔 → 2.드라이어
→ 3. 책 밸브 → 5.리버싱 밸브 → 6.리저버

사) 에어 배출

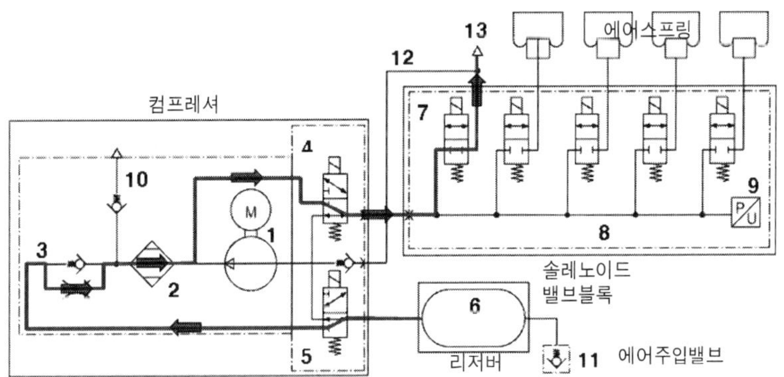

6.리저버 → 5.리버싱 밸브 → 3.스로틀 → 2.드라이어
→ 4.리버싱 밸브 → 7.대기압 밸브 → 13.에어 필터

15.5 ECS 구성품

(1) 전륜 스트러트

① 구성 : 에어스프링부, 가변댐퍼부

② 기능

– 에어스프링 : 차량의 높이 실시간 조절

– 가변댐퍼 : 노면의 상태에 따라 감쇠력 조절

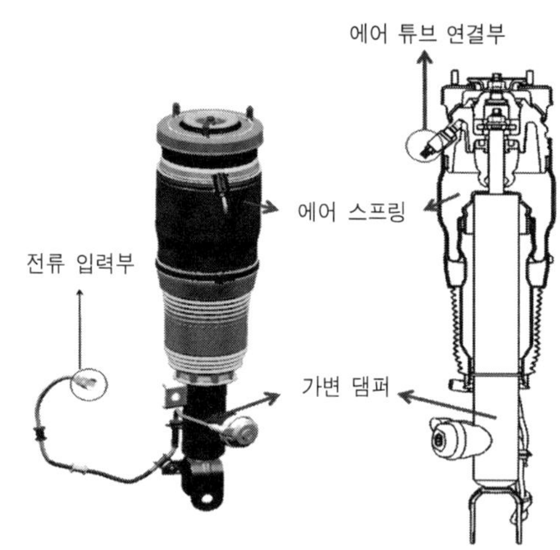

(2) 후륜 에어 스프링

① 구성 : 에어 스프링부와 충격 완화를 위한 우레탄 패드, 그리고 이물질 유입 방지프로텍터로 구성

② 기능 : 차고 실시간 조절(에어 스프링)

③ 작동 원리-에어 스프링 : 에어 튜브를 통해 공기를 주입 또는 배출시켜 차고 조절

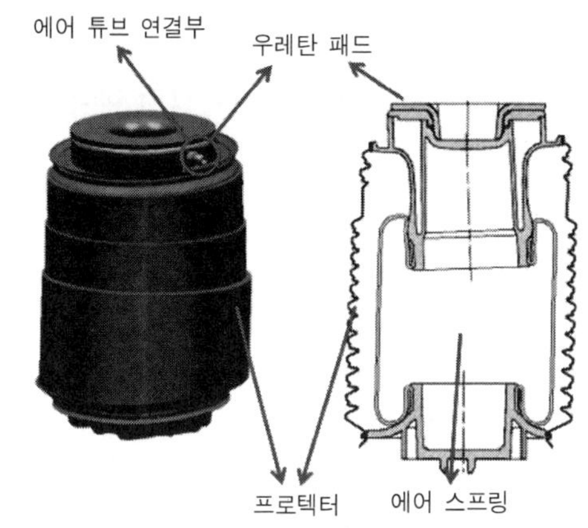

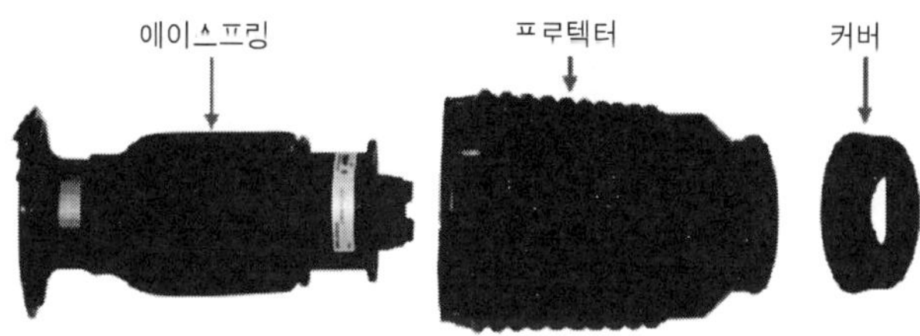

(3) 후륜 가변 댐퍼

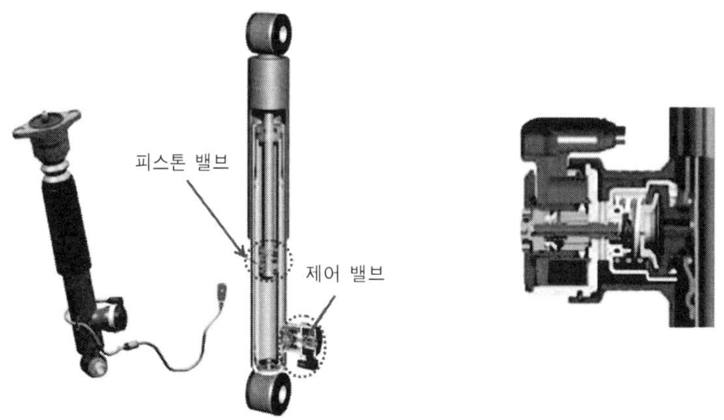

제어 밸브의 세부 구조

① 기능 : 노면의 상태에 따라 감쇠력 조절(가변 댐퍼)

② 작동원리

– 입력 전류의 신호에 따라 제어 밸브 안의 Slider가 횡방향으로 유동

– 밸브를 통과하는 유량을 실시간 제어하여 감쇠력 조절 가능

(4) 감쇠력 조절 및 특징

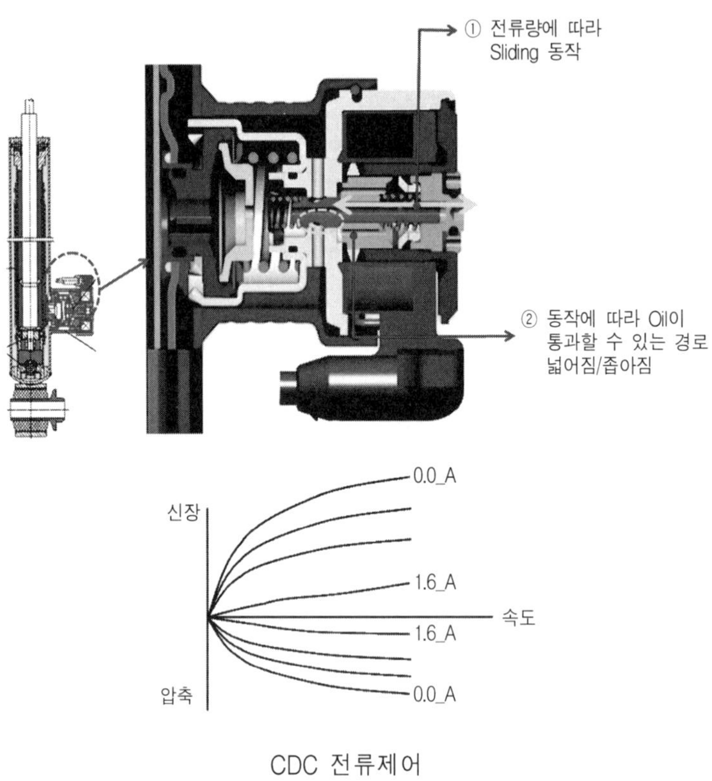

CDC 전류제어

(5) 리저버 탱크 및 에어필터

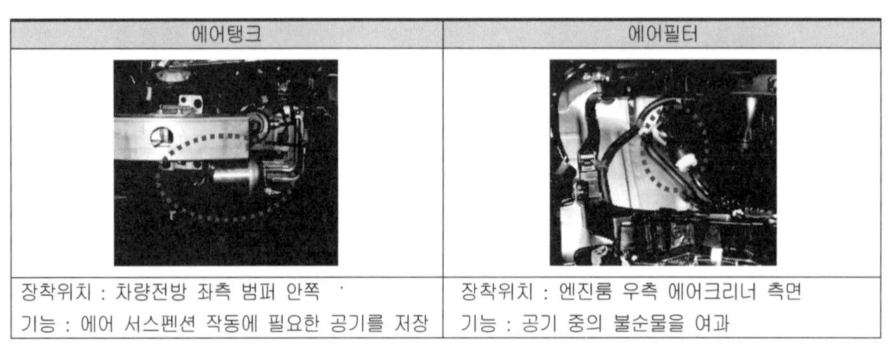

에어탱크	에어필터
장착위치 : 차량전방 좌측 범퍼 안쪽 기능 : 에어 서스펜션 작동에 필요한 공기를 저장	장착위치 : 엔진룸 우측 에어크리너 측면 기능 : 공기 중의 불순물을 여과

(6) 에어 튜브

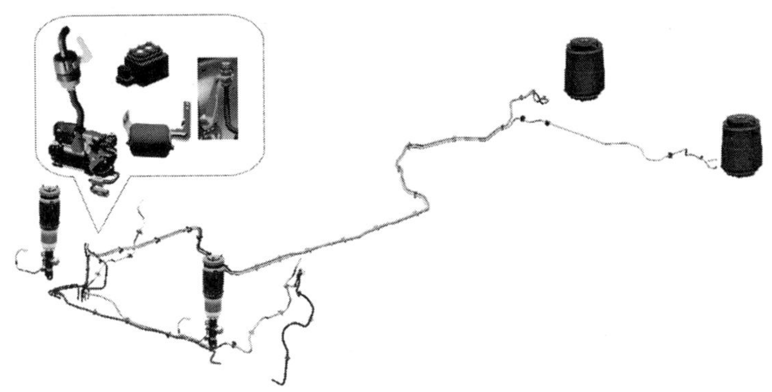

- 에어튜브는 취급시 꼬임이 발생되지 않게 조립할 것
- 에어튜브의 양 끝단부 마개는 조립 이외에는 제거하지 말 것
- 튜브 색상 확인하여 조립하고 조립 후 당겨보아서 이탈여부를 확인할 것

(7) 에어 주입 밸브

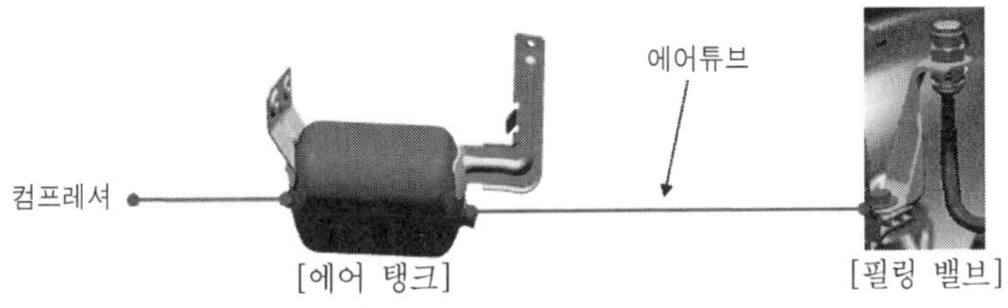

① 장착위치 : 컴프레셔 하단에 장착

② 기능 : 에어를 주입하기 위한 밸브(에어 주입기 및 진단장비 이용)

※ 에어탱크 교환시는 고압공기가 완전히 빠질 때까지 충분한 시간을 가지고 해체작업 할 것.

(8) 에어회로 구성

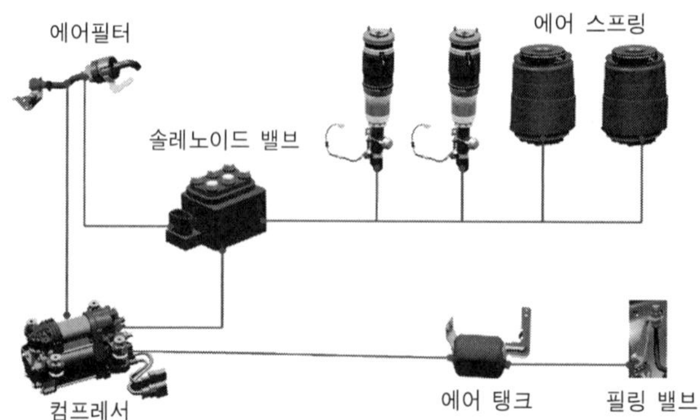

15.6 ECS ECU입출력 및 각종 센서/스위치

(1) ECU입출력

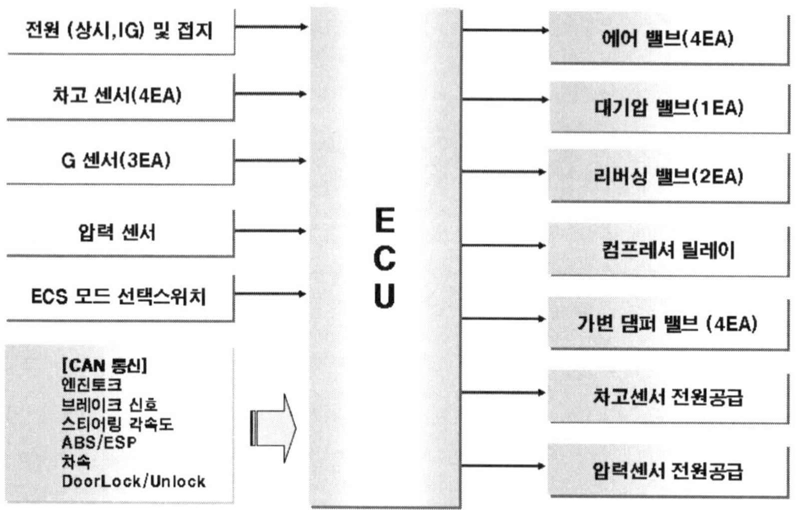

(2) ECU 장착 위치

(3) 차고센서

차고센서

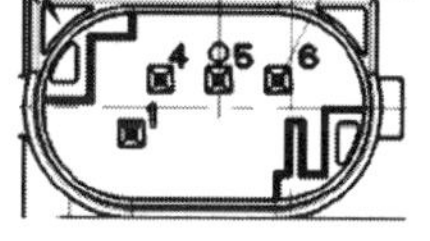

차고센서 커넥터

- 차고센서 : 4개 장착됨
- 센서전원 : 5V
- PWM주파수 : 800Hz
- 출력범위 : 5(-54°) ~ 95(+54°)%

PIN	이름
1	GND
4	아나로그 시그널(사용안함)
5	+5V
6	PWM 시그널

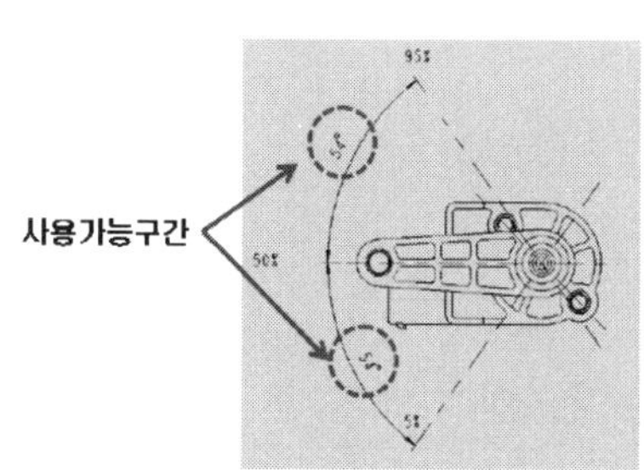

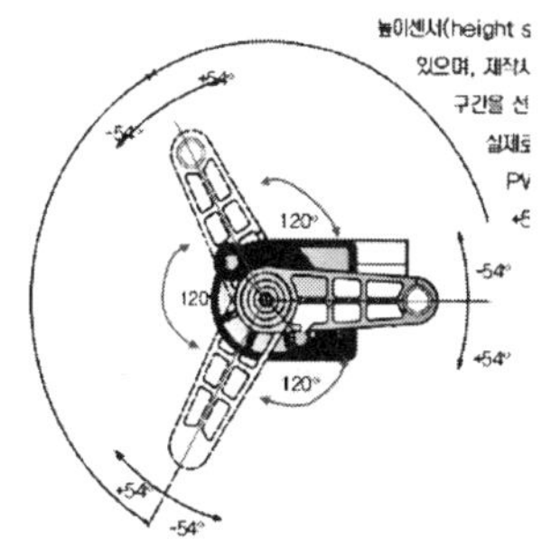

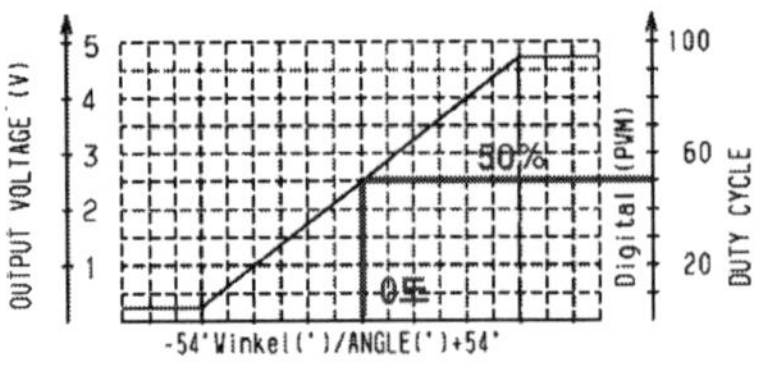

- 특징 : 360도 모든 구간에 사용 가능함
- 주의사항 : 오장착

(4) 입력요소

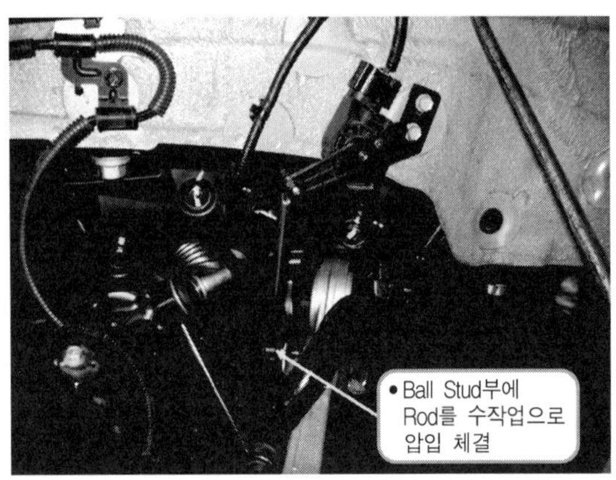

가) 차고센서 파형

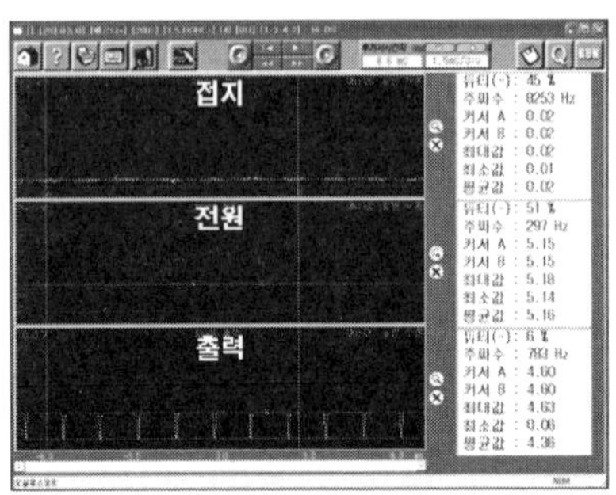

최고 차고　　　　　최저 차고

나) 차고센서 초기화

① 차고센서 높이 초기와

초기화시기 : 에어 주입 작업 후, 차고센서 교환 후

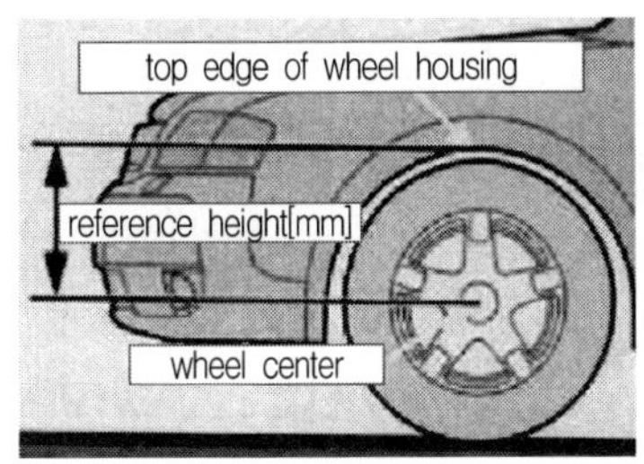

② 초기화 작업

차량 시동 On 차량 노말 상태에서 현재의 차량의 높이를 측정하여 진단장비에 입력하여야 한다.

③ 노말 상태(Normal level) 차고확인 조건

- 공차 상태
- 타이어 규정 공기압
- 지면은 평지 상태일 것
- 측정부위 : 타이어 중심선에서 휠하우스 끝단까지의 수직거리

```
진단기능 선택                9/11
차    종 : 제네시스
제어장치 : 현가장치

04. 센서출력 & 자기진단
05. 센서출력 & 미터/출력
06. VARIANT CODING
07. SERVICE FUNCTION
08. AIR FILLING SETUP
09. 차고센서 초기치 설정
10. 주행데이터 검색
```

```
현가장치
차    종 : 제네시스

FL

READ : 393 mm
WRITE : 393 mm
선택후 [ENT]키를 누르십시오
```

```
현가장치
차    종 : 제네시스

FR

READ : 393 mm
WRITE : 393 mm
선택후 [ENT]키를 누르십시오
```

```
현가장치
차    종 : 제네시스

차고센서 초기치 설정
FL : 380 mm
FR : 380 mm
RL : 386 mm
RR : 386 mm
선택후 [ENT]키를 누르십시오
```

※ 입력순서 : FL, FR, RL, RR의 순으로 측정값을 입력한다.

- 차고 높이 초기화 완료 후 다시 한 번 실제차량의 높이를 측정하여 규정 범위에 있는지 그 값을 확인한다.

다) G센서

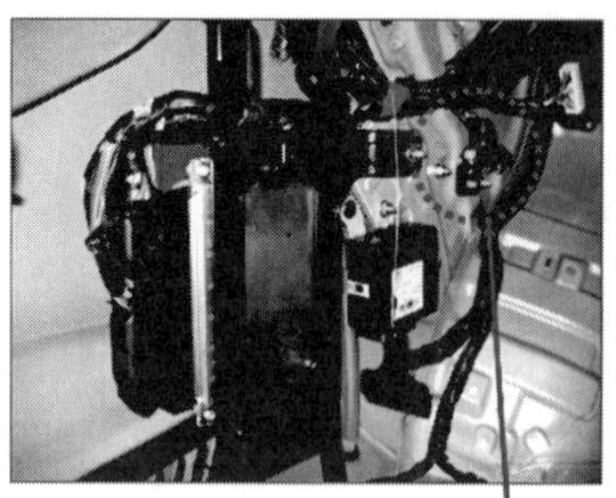

리어가속도 센서

■ 기능

- 차량의 상하 가속도를 감지하기 위해 앞에 2개, 뒤쪽에 1개 장착되어 있다.
- G센서의 출력 값을 입력 받아 감쇠력 가변 솔레노이드 밸브를 제어한다.

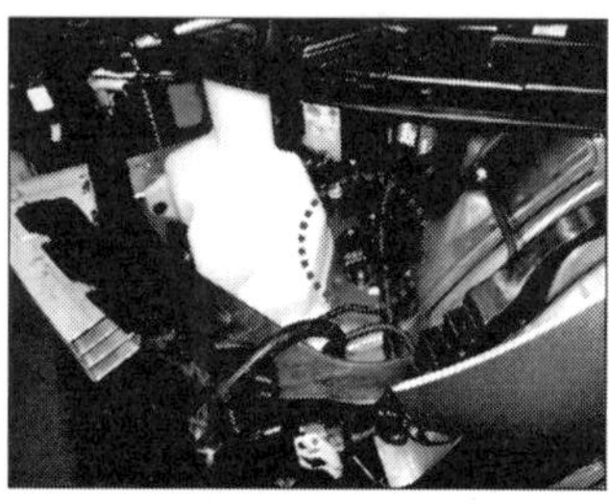

앞 좌측 G센서

앞 우측 G센서

라) ECS 스위치

차고모드	앞차고	뒤차고
높음(High)	+30mm	+30mm
보통(Normal)	0mm	0mm
낮음(Low)	15mm	15mm

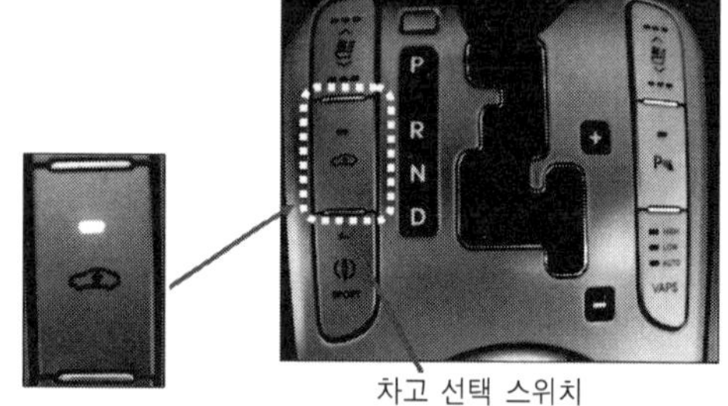

차고 선택 스위치

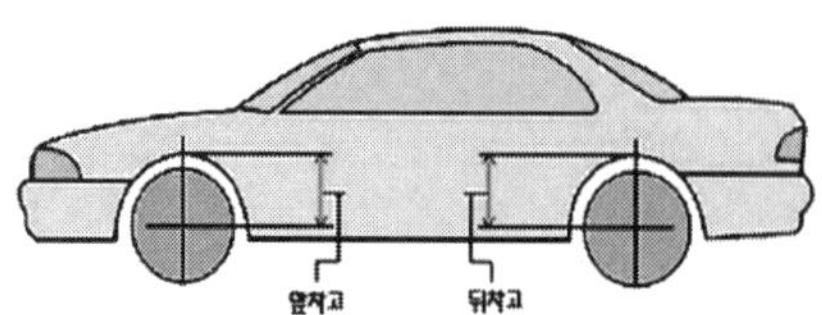

사양	전륜(mm)	후륜(mm)
일반 서스펜션 차량	399±10	392±10
에어 서스펜션 차량	393±5	386±5

※ 허용 공차 : 상하 ±5mm,
좌우차 ±5mm

■ 감쇠력 제어 스위치

- 스포츠(Sport) 모드 : 감쇠력 높음
- 자동(Auto) 모드 : 감쇠력 자동제어

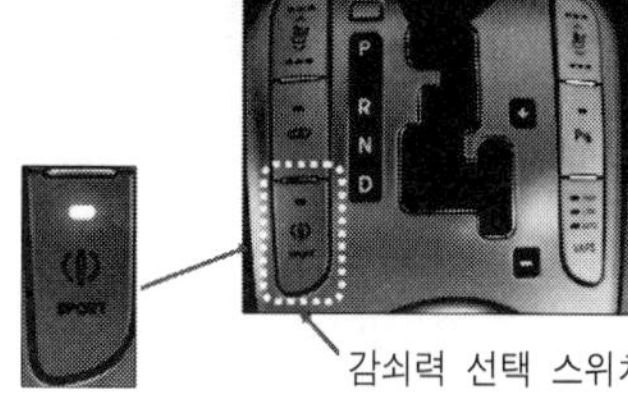

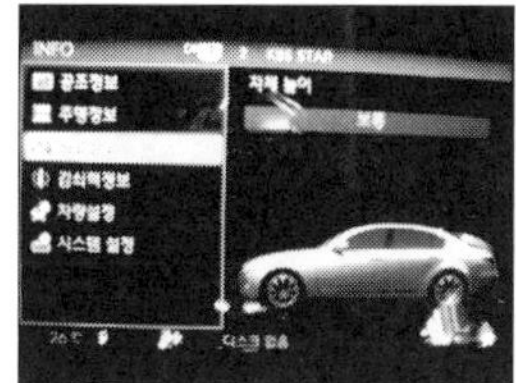
[차고제어-보통]

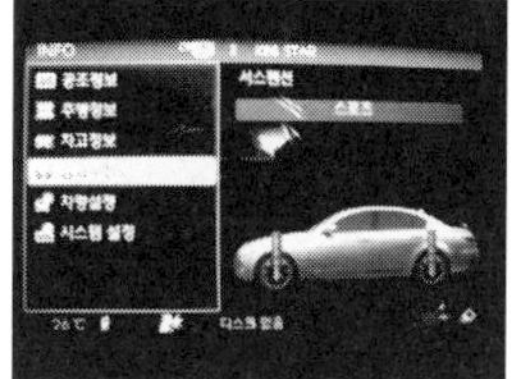
[감쇄력 – 자동]

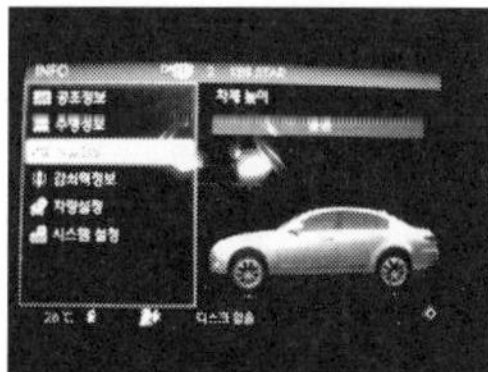
[차고제어-높음]

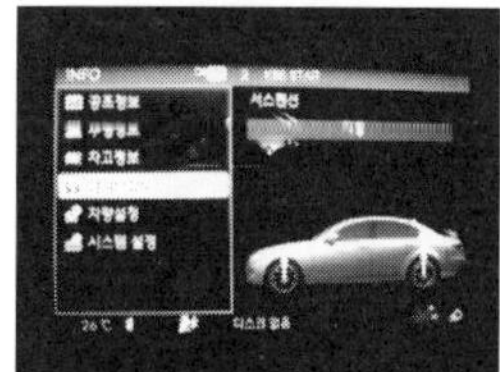
[감쇄력-스포츠]

마) 차고제어

레벨	앞 차고	리어 차고	전환 조건
하이 레벨 (High)	+30mm	+30mm	- 운전자가 스위치 조작으로 작동 - 약 70kph 이하에서 작동
기준 레벨 (Normal)	0mm (D.II : 393)	0mm (D.II : 386)	- 하이 레벨에서 스위치 조작으로 기준 레벨로 조작 가능 - 하이 레벨에서 70kph 이상 속도로 10이상 주행시 자동으로 기준 레벨로 전환됨
로우 레벨 (Low)	-15mm	-15mm	- 자동 모드 - 기준 레벨에서 120kph이상 10초 이상 주행시 기준 레벨보다 낮아짐(조정 안정성 확보) - 하이웨이 레벨에서 속도 40kph 이하시 기준 레벨로 자동 전환됨 - 하이웨이 레벨에서 속도 40kph~70kph 사이의 속도에서 오프로드 레벨 전환 가능(2step)

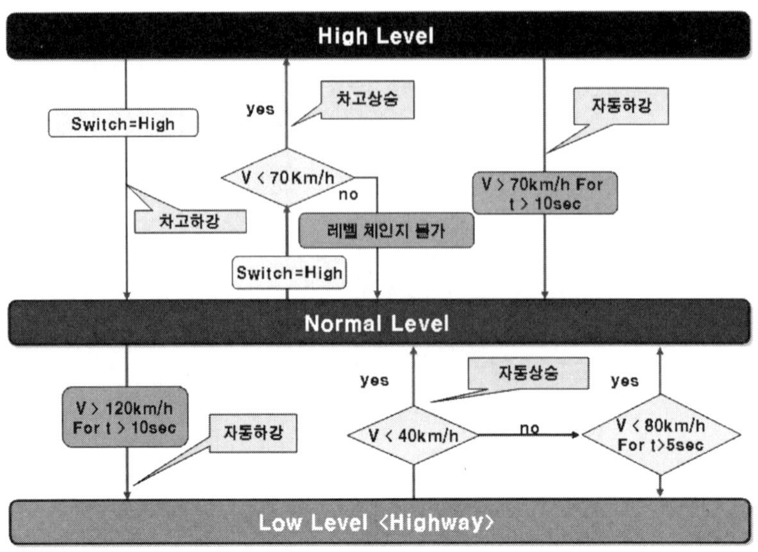

(5) 출력요소

가) 압축기

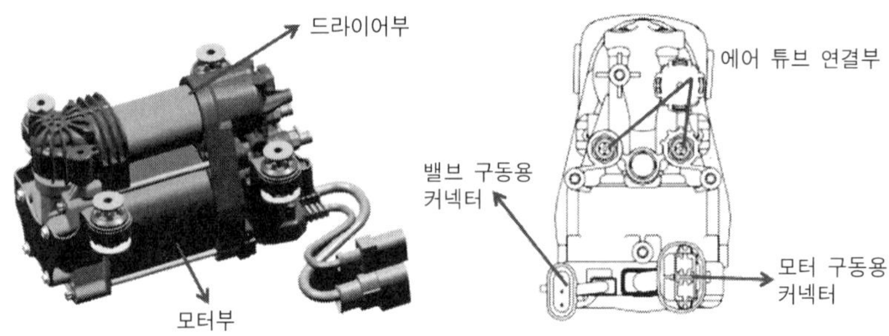

- 구성 : 모터, 드라이어 등으로 구성
- 기능 : 시스템 내의 공기를 압축, 이동시킴
- 작동원리 : 공기 흐름에 따른 밸브 입력 신호에 따라 필요한 밸브를 개폐
  내부에 있는 모터를 가동하여 공기를 압축
  필요시 공기의 건조 작업을 드라이어를 이용하여 실행함

컴프레셔 장착 위치

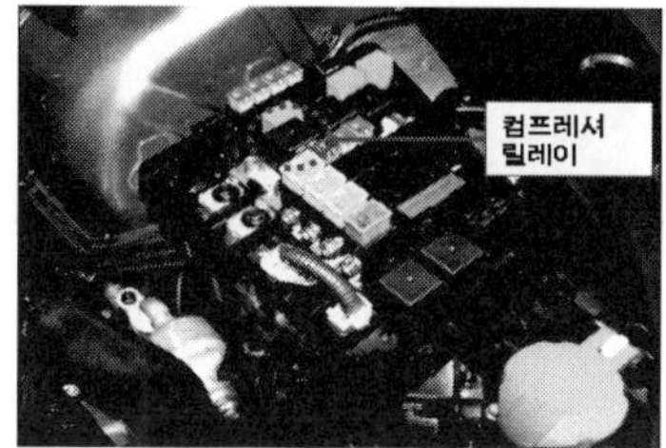

컴프레셔 릴레이

나) 밸브 블록

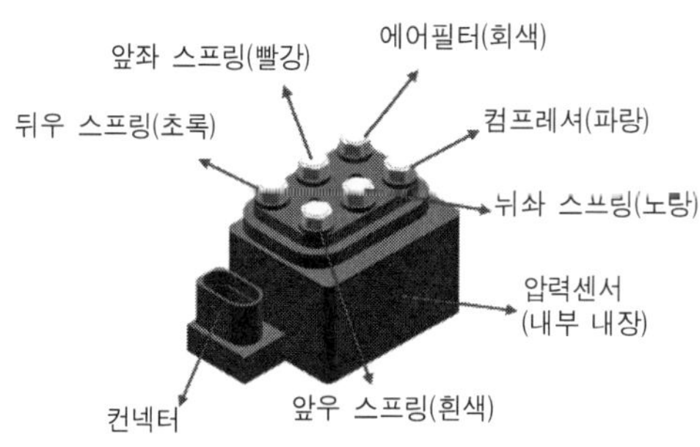

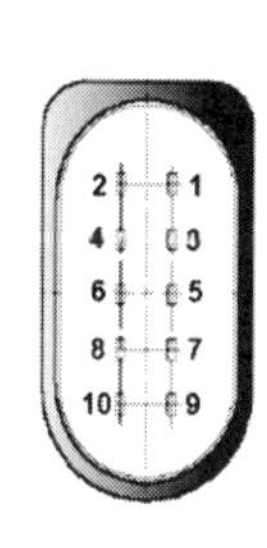

1. FL에어 스프링 밸브
2. 보조밸브
3. RR 에어 스프링 밸브
4. RL 에어 스프링 밸브
5. 솔레노이드 밸브 전원
6. 솔레노이드 밸브 전원
7. 압력센서접지
8. FR 에어 스프링 밸브
9. 압력센서 출력
10. 압력센서 전원

① 구성

5개의 솔레노이드 밸브, 압력센서, 에어 포트로 구성

② 기능

솔레노이드 밸브 작동에 의한 에어 포트를 개폐

• 장착위치 : 프론트 범퍼 우측 하단부 콤프레셔 옆면에 장착됨

- 기능
  - 5개의 솔레노이드 밸브로 구성됨
  - 각 에어스프링에 에어의 공급과 배출
  - 시스템내의 에어를 외부로 배출

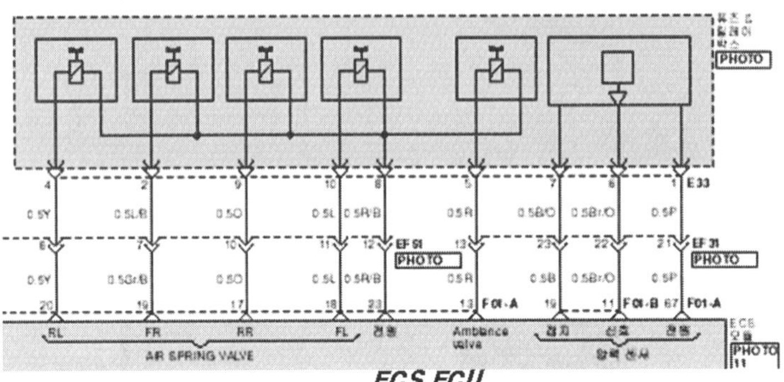

솔레노이드 밸브 회로

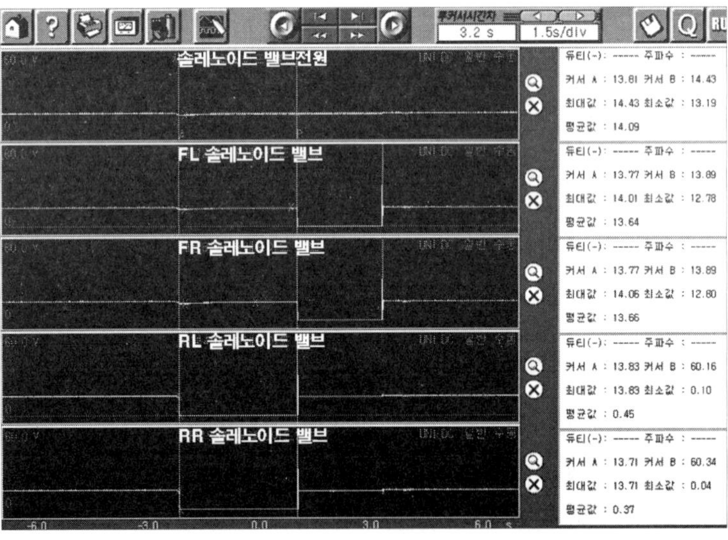

기준→하이

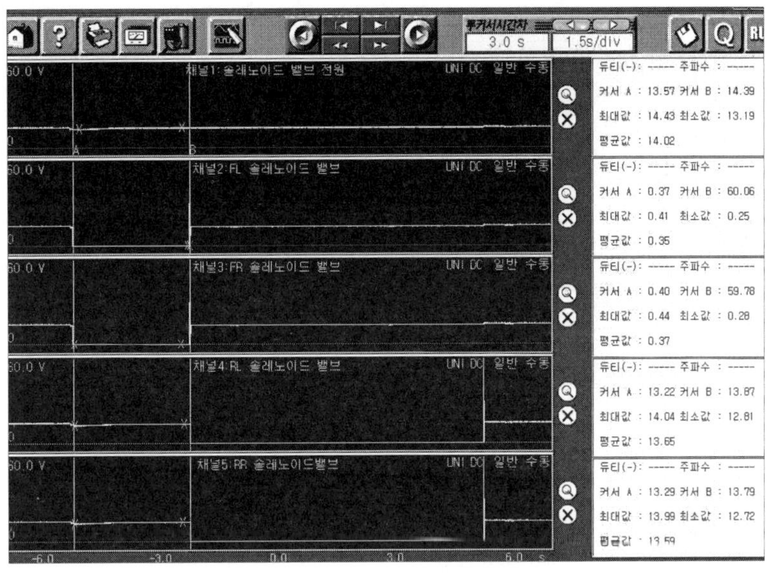

하이→기준

15.7 공기 주입

가) 공기 주입 장치

라인에서 공급되는 일반 압축공기(5bar)를 건조 및 필터링을 하고, 12bar로 증압하여 차량에 주입할 수 있게 하는 장비

차량 Control - 진단장비 사용

먼지 등급	입지사이즈(㎛)	5
	밀도(㎎/㎥)	5
습기 등급	압력 노점(℃)	-40℃
오일 등급	최대오일 함유량	<0.01

※ 시스템 공기는 반드시 전용 공기 주입 장비를 사용 할 것

나) 공기주입장치 각부 명칭

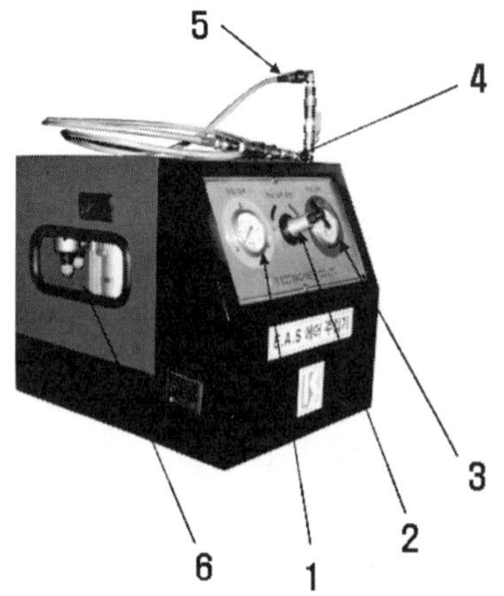

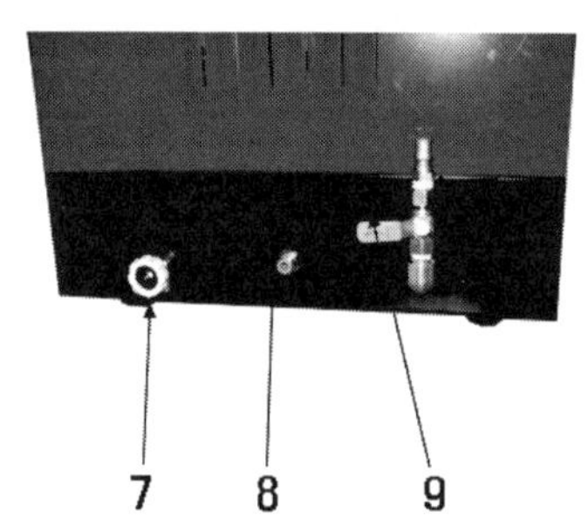

1. 인입 압력게이지 : 인입하는 콤프레셔 압력을 표시(약 5~8bar)
2. 주입 압력 조정기 : 차량에 주입하는 압력을 조정(12bar로 셋팅)
3. 주입 압력게이지 : 차량에 주입하는 압력을 표시
4. 주입 노즐 : 차량 필링밸브와 연결
5. 주입 호스 : 고압용 호스
6. 필터 점검창 : 필터의 상태 확인

7. 에어 탱크 드레인 밸브
8. 수분 오토 드레인 : 필터내에 걸러진 수분을 자동으로 배출
9. 인입 Nozzle : 공장내 에어 연결

다) 공기 충전 순서

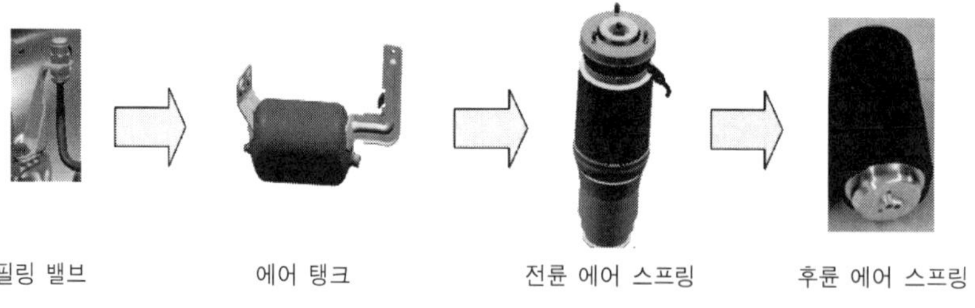

필링 밸브 에어 탱크 전륜 에어 스프링 후륜 에어 스프링

■ 시스템 공기 주입 조건

- 공기주입은 차량 리프트 업 상태에서 실시한다.
- 외부 공기 압력 : 12±2 Bar
- 에어탱크/전륜 에어 스프링/후륜 에어 스프링 순으로 공기 충전이 된다.

15.8 정비시 주의 사항

진단기능 선택 8/11
차 종 : 제네시스
제어장치 : 현가장치
04. 센서출력 & 자기진단
05. 센서출력 & 미터/출력
06. VARIANT CODING
07. SERVICE FUNCTION
08. AIR FILLING SETUP
09. 차고센서 초기치 설정
10. 주행데이터 검색

AIR FILLING SETUP
목적 : ECS시스템 내 RESERVOIR 및 AIR STRUCTS 에어 주입
조건 : 차량을 리프트에 고정시키고 공기주입기를 FILLING STATION에 장착후 작업수행
IG, 키 ON, 엔진 OFF
준비되면 [ENT]키를 누르십시오

진단기능 선택 7/11
차 종 : 제네시스
제어장치 : 현가장치
05. 센서출력 & 미터/출력
06. VARIANT CODING
07. SERVICE FUNCTION
08. AIR FILLING SETUP
09. 차고센서 초기치 설정
10. 주행데이터 검색
11. 단위변환

현가장치
차 종 : 제네시스
01. 에어 압력 체크
02. 차고 센서 체크
03. 차고 레벨 선택
04. 대기압 벨브 체크
05. 댐퍼 밸브 체크
06. 테스트 기능 종료
07. 에어 수입(선택)
08. 에어 방출(선택

에어 주입(신딕)
01. FL
02. FR
03. RL
04. RR

15.9 공기 주입 순서

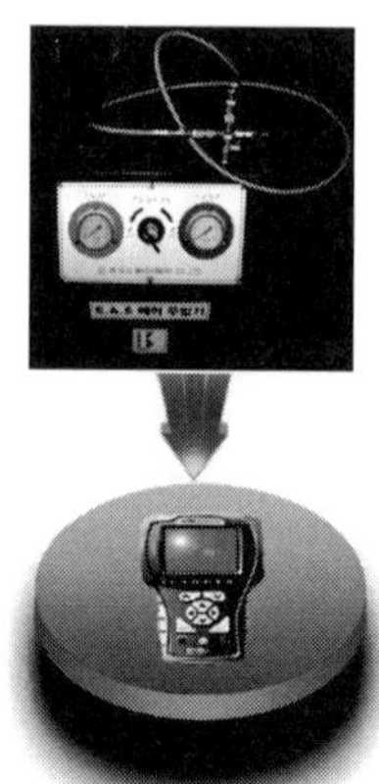

1. 차량을 리프트 업 시킨다.(시동OFF)
2. 에어 주입 장비를 차량에 연결한다.
3. 진단장비 장착한다.(IG ON)
4. 진단장비의 에어주입항목을 작동시킨다.
5. 에어주입이 완료되면 차량을 하강시킨다.

※ 주의 〉 에어주입 전 모든 휠의 상태가 풀 리바운드(Full Rebound) 상태에서 에어를 주입하여야 한다.

(1) 차량 주저앉음 발생시 주의사항

■ 공기 주입시 주의

- 차량이 바닥에 주저앉은 상태에서 공기를 주입하면 에어 스프링의 좌굴 현상 발생
- 헤어 주입시 항상 리프트-업 후 작업할 것

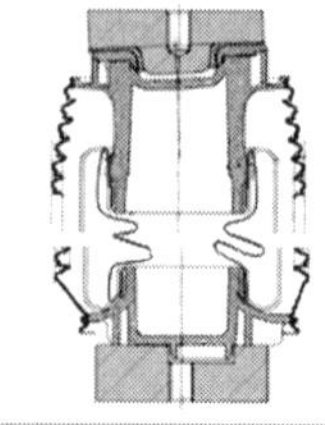

차량 주저앉음 시
RR Air Spring Bellow의 형상

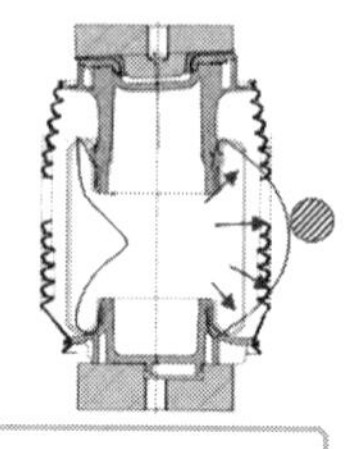

간섭 발생!!

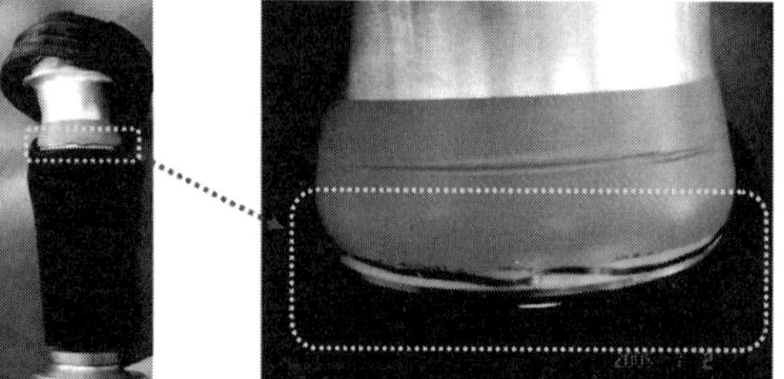

리어 에어스프링 상단부 벨로우즈 클램핑부 터짐 발생

(2) 공기 미 주입 상태에서 차량 이동시

■ 차량 이동시 문제점

- 에어 스프링 찌그러져 이탈 현상 발생
- 에어 스프링 파손 예상

■ 주의사항

- 대차 또는 지게차로 이동 요망

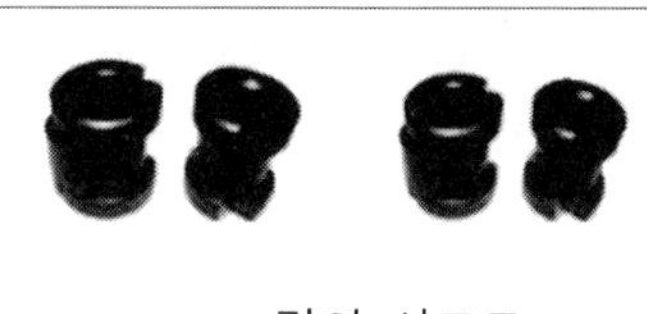

견인 서포트

견인시 보조 발판 사용

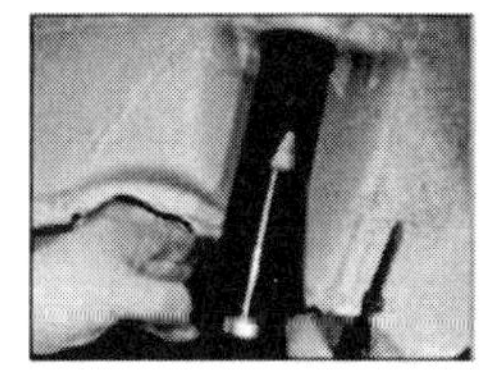

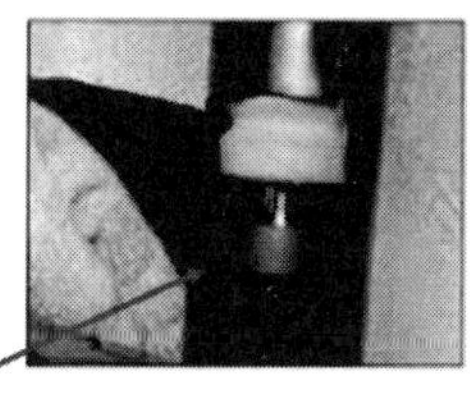

서포트 장착 상태

15.10 에어 튜브 분해/조립시 주의사항

가) 에어 튜브 분해

- Tube가 연결된 Air Connector를 반시계 방향으로 돌려서 탈거. Air Connector는 자유롭게 회전함(오링 및 그립 링에 의해)
- Tube를 내측으로 밀어 그립 링이 돌출되도록 함.
  Connector 내측의 그립 링을 벌려서 Tube를 분해.
- 사용한 Connector는 재사용하지 말 것.

※만일 에어 튜브 끝단이 손상, 훼손된 경우 약 3mm정도 자른 후(전용 툴 사용) 작업 실시

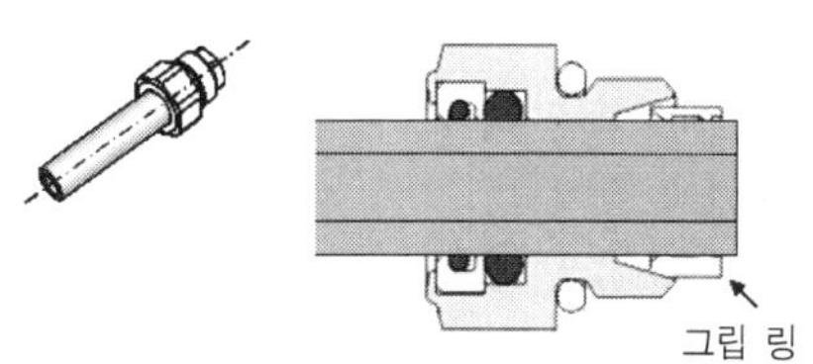

나) 에어 튜브 조립

- 신규 Connector 조립시, 적정 토크 인가하여 손으로 조심스럽게 조립할 것 (2.0Nm+/-0.5) : 토크 초과시 하우징 손상됨.
- Connector 마개 조립 상태로 필히 조립할 것(그립 링 이탈 방지)
- Tube 조립시까지 마개 분리하지 말 것
- Tube 초입 작업시 각도를 맞추어(비스듬히 삽입 주의) 삽입할 것(O-Ring 훼손 방지)

※단, 삽입 전 튜브 끝단 훼손 여부 확인할 것(훼손시 오 링 손상 가능성 있음)

- 마킹부까지 필히 삽입 후 2~3회 당겨서 확인할 것
- Air 주입 완료 후 각 연결 부분 비눗물로 누기 유무 확인할 것

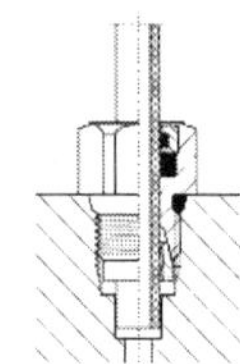

다) 에어 튜브 교환

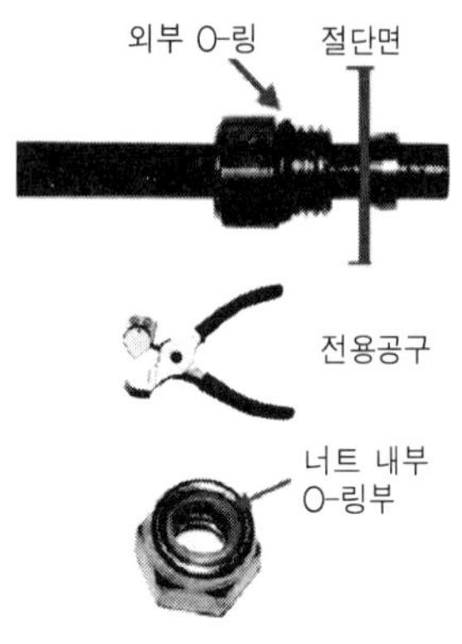

① 탈거한 에어호스의 클램프가 물려 있는 부분을 수직으로 깨끗이 잘라낸다.
(전용공구 사용)

※ 주의사항
- 기존 장착부위를 전용공구를 사용하여 일직선으로 자를것
- 너트와 클램프는 교환

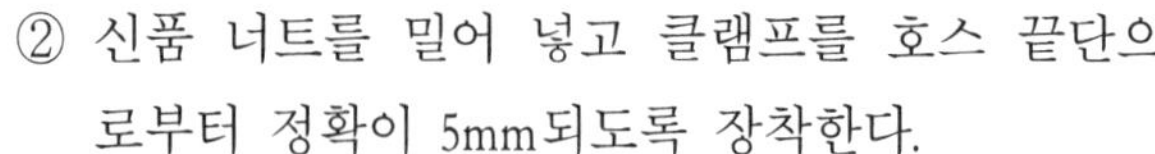

② 신품 너트를 밀어 넣고 클램프를 호스 끝단으로부터 정확이 5mm되도록 장착한다.

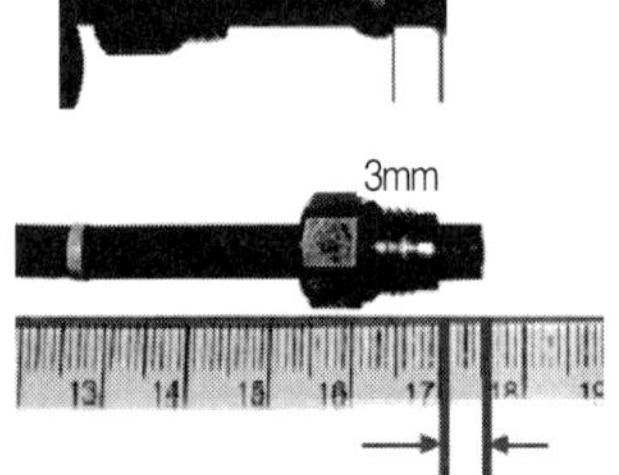

③ 절단면이 호스 고정클립 끝단으로부터 약 5mm 인지를 확인한다.

- 벨브블록 에어파이프 : 4.0Nm±0.5(12mm)
- 컴프레셔 에어파이프 : 2.0Nm±0.5(12mm)
- 에어스프링 에어파이프 : 2.0Nm±0.5(12mm)
- 리저버 탱크 에어파이프 : 3.50Nm±0.5(12mm)

토크렌치

제16장 TPMS

16.1 개요

TPMS(Tire Pressure Monitoring System)의 양자로 타이어내 압력을 감지하여 일정 압력(지정압력 : 25%) 이하로 떨어질 경우 경고등 점등으로 운전자에게 알리는 시스템

- 간접방식
  - 휠 스피드 센서의 신호 값으로 타이어 압력을 간접계측
  - 적용차종 : 에쿠스, 트라제 XG
- 직접방식
  - 타이어 내부에 압력센서를 장착하여 타이어 압력을 직접계측
  - 적용차종 : BH

16.2 TPMS 구분

① 로우라인(Low Line)

구성품 : 리시버, 타이어 압력센서, 경고등(저압경고등, 고장경고등)

② 하이라인(High Line)

구성품 : 리시버, 타이어 압력센서, 이니시에이터, 경고등(저압경고등, 타이어 위치경고등, 고장경고등)

압력 경고등	타이어 위치등	TPMS 경고등
(!)		TPMS

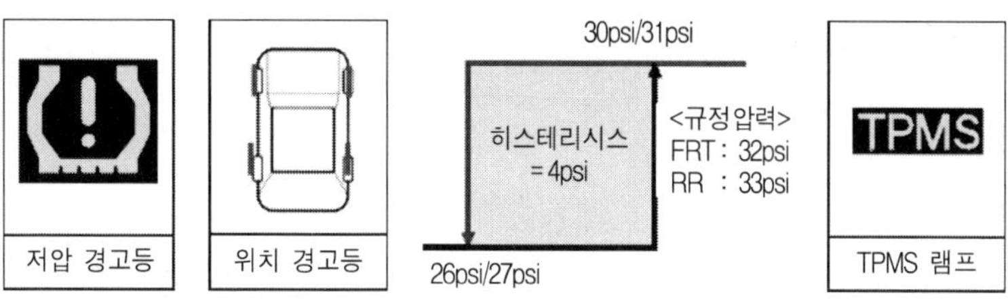
저압 경고등
위치 경고등
30psi/31psi
히스테리시스
= 4psi
<규정압력>
FRT : 32psi
RR : 33psi
26psi/27psi
TPMS
TPMS 램프

16.3 시스템 구성

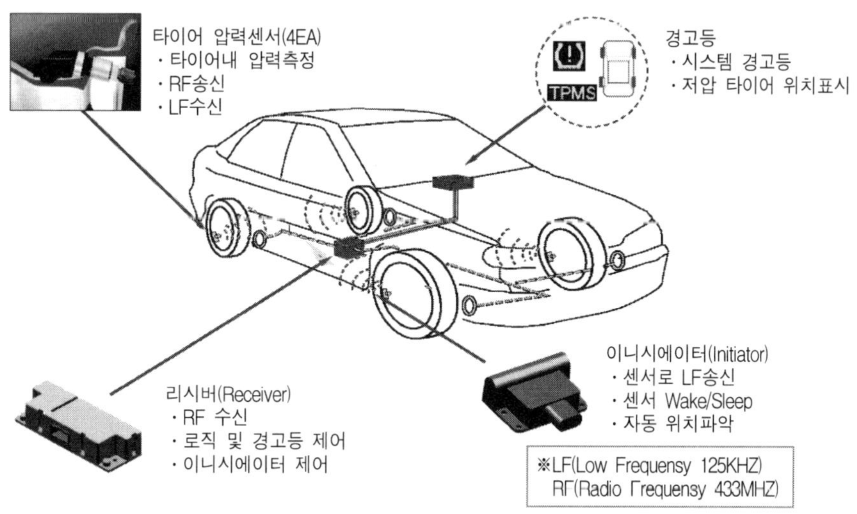
타이어 압력센서(4EA)
· 타이어내 압력측정
· RF송신
· LF수신
경고등
· 시스템 경고등
· 저압 타이어 위치표시
TPMS
이니시에이터(Initiator)
· 센서로 LF송신
· 센서 Wake/Sleep
· 자동 위치파악
리시버(Receiver)
· RF 수신
· 로직 및 경고등 제어
· 이니시에이터 제어
※LF(Low Frequensy 125KHZ)
RF(Radio Frequensy 433MHZ)

16.4 시스템 작동

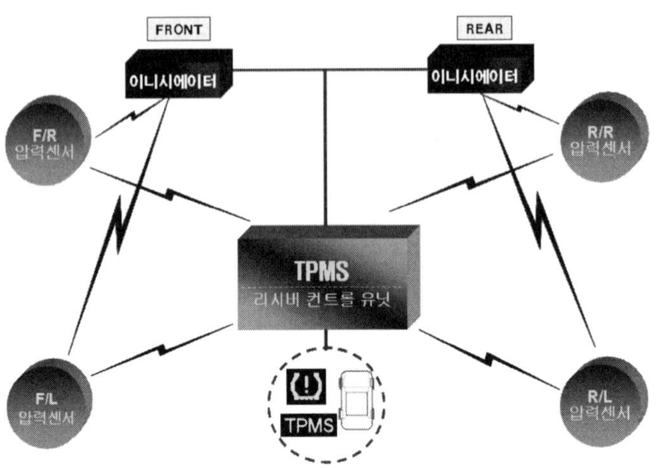

16.5 타이어 압력센서 기능

- LF 수신
- 타이어 내 압력 측정
- DATA RF 송신
- 배터리 수명 : 10년
- 무게 : 약40g

16.6 이니시에이터(Initiator)기능

- 압력센서 제어(LF송신)
- Wake-Up
- Sleep
- 타이어 위치 판별

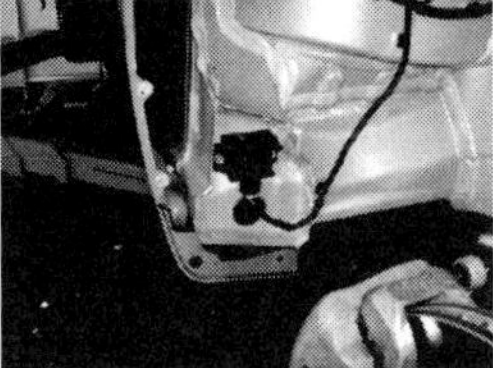
전륜

후륜

16.7 리시버(Receiver) 기능

- 타이어 압력센서로부터 RF 데이터 수신
- 경고등 제어
- 이니시에이터를 제어하여 센서를 Wake-Up/Sleep
- 자동학습
- 자동위치 확인
- 자기진단

16.8 타이어압력센서 모드

<table>
<tr><th>모드</th><th>항목</th><th>로우라인</th><th>하이라인</th><th>비고</th></tr>
<tr><td rowspan="2">저장모드
(Storage)</td><td>압력측정</td><td colspan="2">미측정</td><td rowspan="2">AS부품 및
슬립 모드시</td></tr>
<tr><td>측정 데이터 전송주기</td><td colspan="2">미전송</td></tr>
<tr><td rowspan="3">정상모드
(Normal)</td><td>압력, 온도 측정주기</td><td>20초</td><td>4초</td><td rowspan="3">720초간 모드 LF 미수신 시
저장모드로 자동 변경됨.</td></tr>
<tr><td>측정 데이터 전송주기</td><td>200±10초</td><td>60±10초</td></tr>
<tr><td>측정 데이터 전송조건</td><td>항상</td><td>IGN ON 시</td></tr>
<tr><td rowspan="3">경계모드
(Alert)</td><td>압력, 온도 측정주기</td><td colspan="2">4초</td><td rowspan="3">최종 전송압력과 측정 압력
변화가 ±3psi 또는 측정
온도가 110℃ 이상 시</td></tr>
<tr><td>측정 데이터 전송주기</td><td colspan="2">4초</td></tr>
<tr><td>측정 데이터 전송조건</td><td colspan="2">경계모드 진입 후 1분간</td></tr>
</table>

16.9 리시버 모드

- 초기모드(Virgin) : 부품 입고시 리시버모드
- 정상모드(Normal) : 차량 출고시 리시버 정상 및 상태
  리시버 모드 변경 후 IGN ON/OFF해야만 모드변경 됨

■ 경고등 제어

	저압경고등	TPMS 경고등 TPMS
초기모드(Virgin)	IGN ON직후 3초간 점등 후 소등됨	IGN ON직후 3초간 점등 후 0.5초 간격으로 점멸
정상모드(Normal)	IGN ON직후 3초간 점등 후 소등됨	IGN ON직후 3초간 점등 후 소등됨

- 리시버 셋팅 모드

1. 차종 코드 입력(BHD)
2. 모드를 Normal 모드로 변경
3. VIN 입력
4. 센서 ID 입력(센서를 차례로 읽어서 가능함)
5. IGN Off 후 10초 대기후 IGN On(램프 체크 확인)

※상기 작업은 TPMS 익사이터 장비로 가능

- 리시버 핀 배열

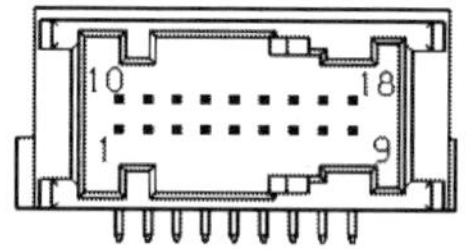

Pin No.	상세 설명	Pin No	상세설명
1	이니시에이터 전원 12V(전)	10	Battery
2	이니시에이터 전원 12V(후)	11	차속신호 1(클러스터로부터 받음)
3	IG 전원	12	시스템 경고등 램프('TPMS')
4	타이어 위치 경고등(앞 우측)	13	타이어 위치 경고등(뒤 우측)
5	타이어 위치 경고등(뒤 좌측)	14	타이어 위치 경고등(앞 좌측)
6	TREAD LED(저압 경고등)	15	* 차속신호 2(VDC Unit으로부터 받음)
7	이니시에이터 출력신호(전)	16	이니시에이터 출력신호(후)
8	접지	17	이니시에이터 접지(후)
9	이니시에이터 접지(전)	18	K-Line

16.10 자동학습 및 위치 확인

리시버는 이니시에이터를 통하여 매 시동시마다 자동학습과 자동위치 확인

- 자동학습(Auto Learning)
  - IGN On 상태에서 20kph 이상 주행시 자동학습을 한다.
  - 학습완료 이전은 이전 사이클시 학습센서를 기준으로 제어함
- 자동위치 확인(Auto Location)
  - IGN On 상태에서 20kph 이상 주행시 자동학습이 끝나면 자동위치 확인을 한다.
  - 자동 위치확인 이전은 이전 사이클시 센서위치를 기준으로 제어함

▶ 작동 흐름

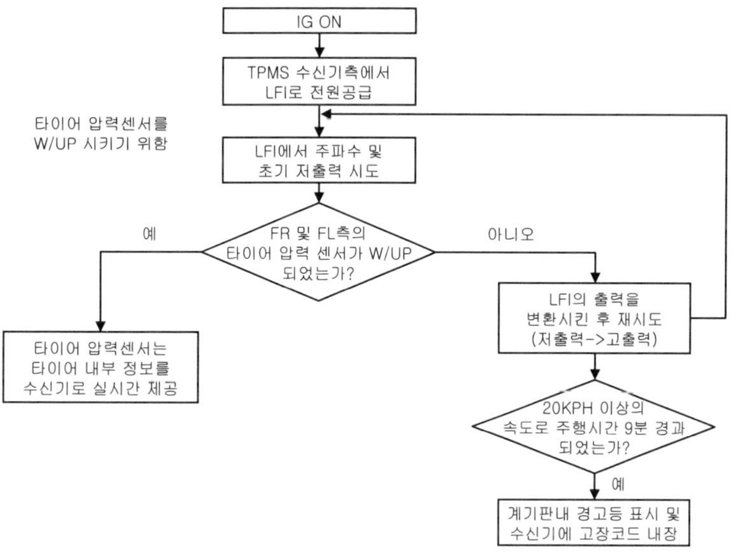

- 타이어 압력센서는 FR를 이용, TPMS 수신기로 압력 정보 신호 전달
- LFI는 수신기와 H/WIRE로 연결된 타이어 압력센서를 W/UP 시킴

16.11 시스템 블록도

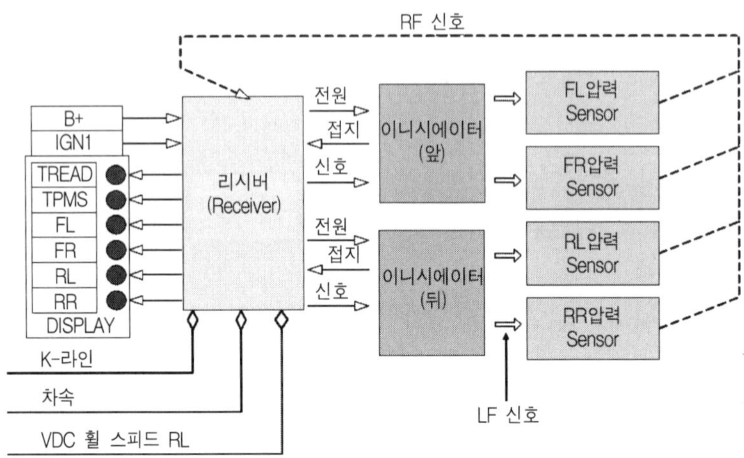

16.12 정비시 주의사항

가) 센서교환

■ 센서 마운팅

디프 소켓 사용하여 탈, 부탁할 것(토크 : 0.4~0.5kg/m)

아래 그림처럼 너트가 림과 접촉할 때까지 조인다.

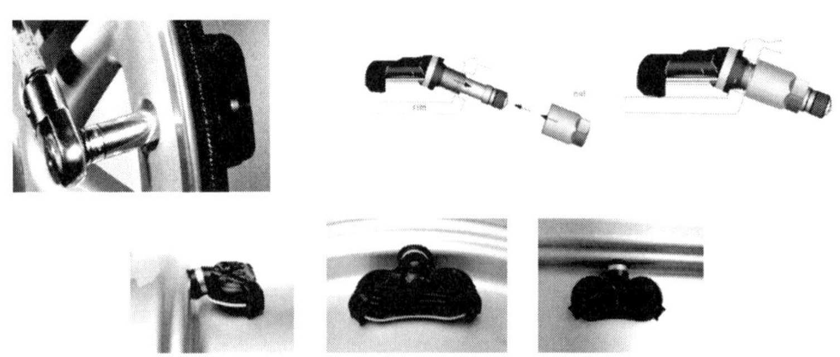

조립 후 센서 장착상태 확인할 것(오조립시 공기누설)

나) 타이어 분리

타이어 분리 작업시 센서가 파손되지 않게 주의해야 한다.

타이어 조립시 파손된 센서

티이어 분리 작업시 센서가 파손되지 않게 주의하여야 한다.

16.13 GDS 진단장비

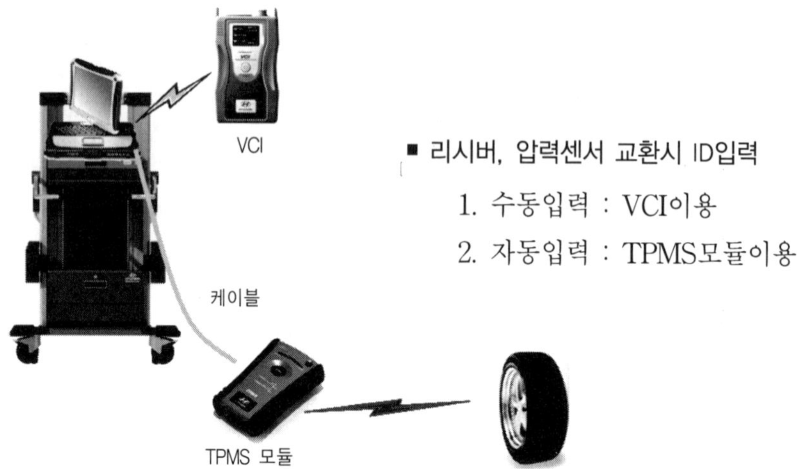

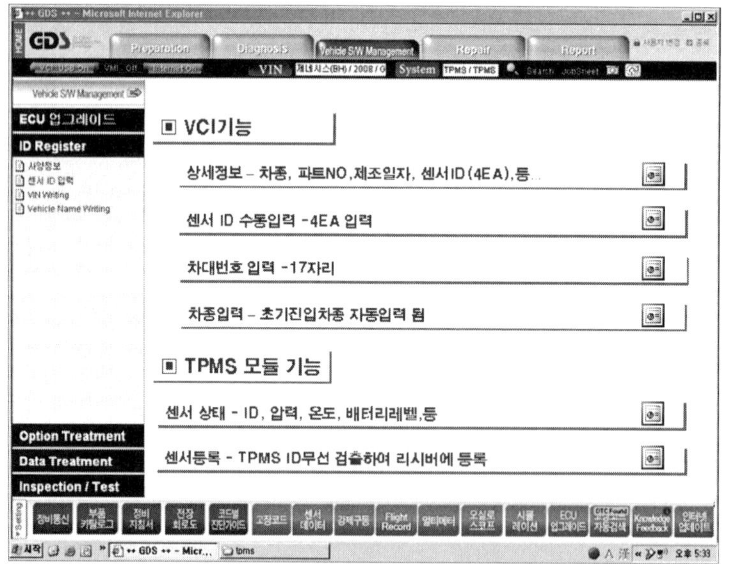

16.14 안전법규(NHTSA)

타이어 압력이 낮은 상태에서 고속 주행시 타이어 파손으로 인한 사고를 방지하고자 제정됨

항목	초기법규('02.05)		최종법규('05.04)		비고
경고방식	직접식 및 간접식 허용		직접식만 허용		
오작동 감지	오작동 감지 법규화 안됨		오작동 감지에 대한 운전자 경고기능 법규화		
적용율	'03.11~'04.10	10%	'05.10~'06.8	20%	총 판매량 대비 누적 적용율
	'04.11~'05.10	35%	'06.9~'07.8	70%	
	'05.11~'06.10	65%	'07.9~	全차종	
	'06.11~'07.10	全차종			

※NHTSA(미연방도로 안전관리청)

제17장 현가장치의 진동과 소음

17.1 현가장치란

■ SUSPENSION SYSTEM

• the arrangement of springs, shock absorbers, hangers. etc.

• in an automobile, railway car, etc.

• connectiong the wheel-suspension units or axles to the chassis frame.

■ CHASSIS의 역할

선회하고 달리고 서고

■ SUSPENSION의 역할

• 섀시 성능을 향상시켜서 안전하고, 쾌적하고, 빠르게

– 차체 중량의 지지

– 조종안정성의 향상

– 노면 가진력의 흡수

17.2 현가장치의 종류

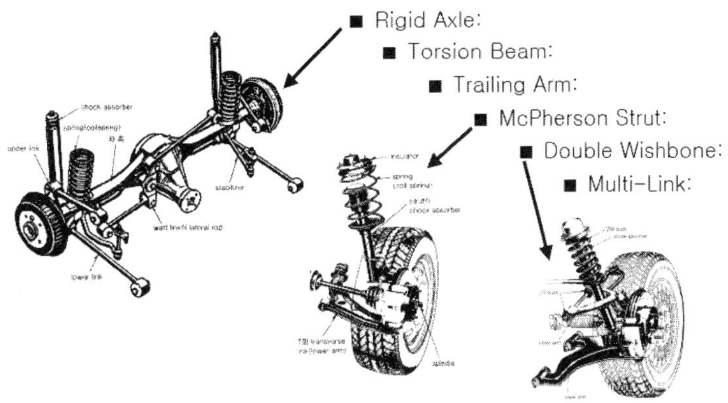

17.3 현가장치의 구성요소

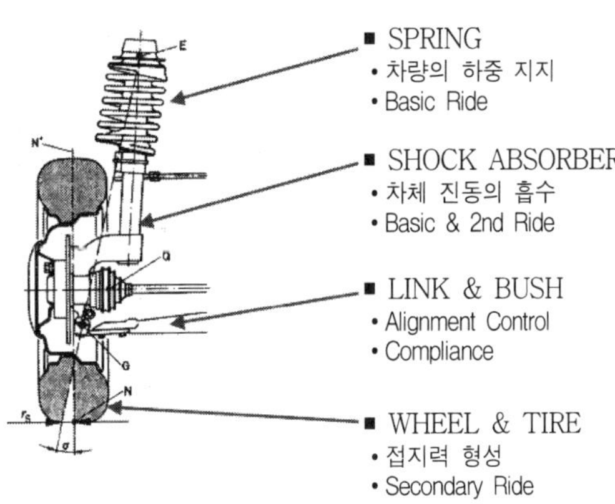

(1) SPRING

가) Leaf Spring

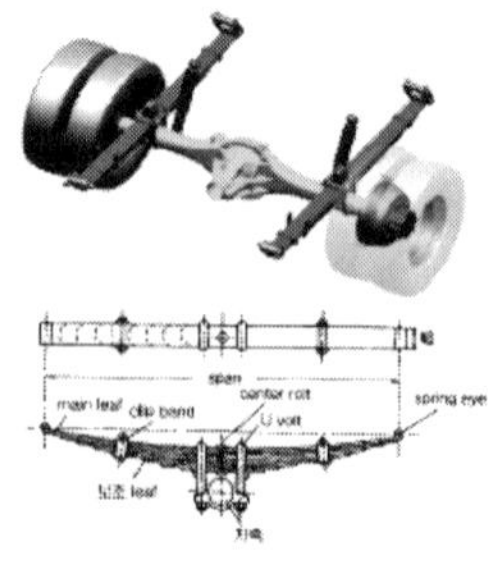

- 탄성흡수율 불리
- 구조부재로 지지역할 겸함
- Plate간 마찰로 승차감 불리

나) Coil Spring

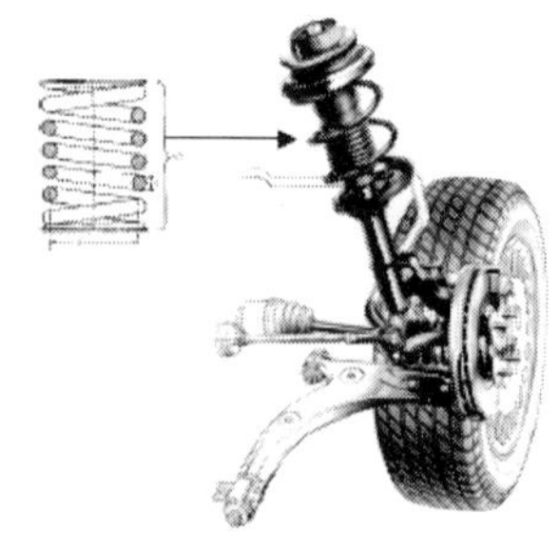

- 제작 용이, 성능효율 우수
- Cost유리, 설계 자유도 높음
- Layout 유리

다) Torsion Bar

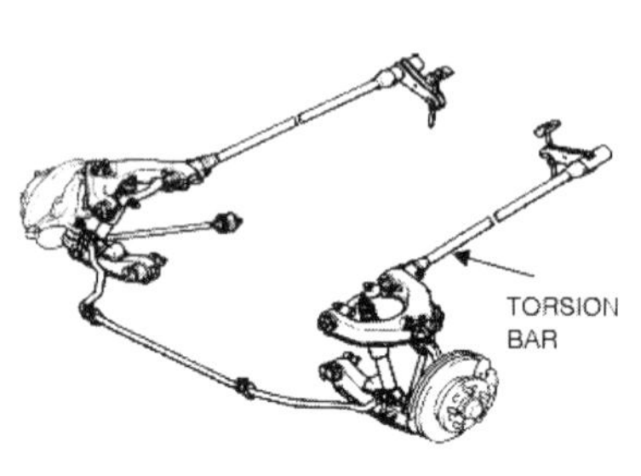

- 경량으로 Space효율 유리하게 설정 가능
- 세레이션 가공 및 관련 Bracket 적용으로 高 Cost

라) Stabilizer Bar

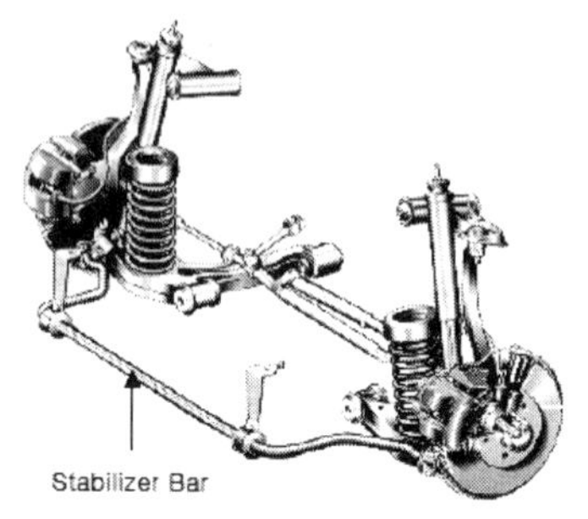

마) Air Spring

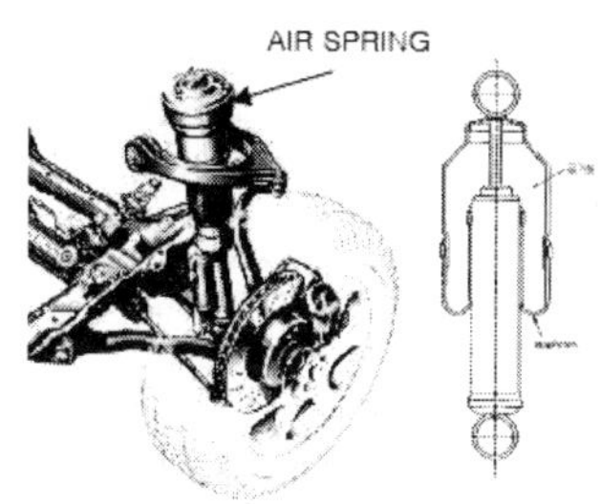

- 차량 자세 Control 용이-적재하중 변화 관계없이 일정 차고 유지
- 低 Spring Rate 실현 可-승차감 향상

바) Bumper Stopper

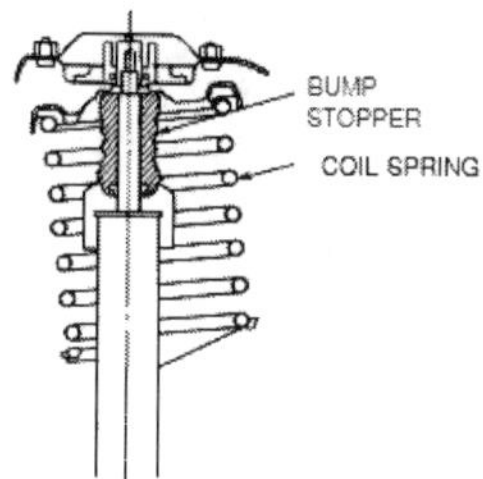

- Chassis와 차체 간섭 방지
- 충격적인 하중 흡수-비선형특성

바) Spring

- Wheel Rate : Wheel Center의 변위 -하중특성
- 스프링 및 Stopper 특성이 좌우
- 비선형 특성은 Spring Type, Bumper Stopper 특성이 결정

(2) SHOCK ABSORBER

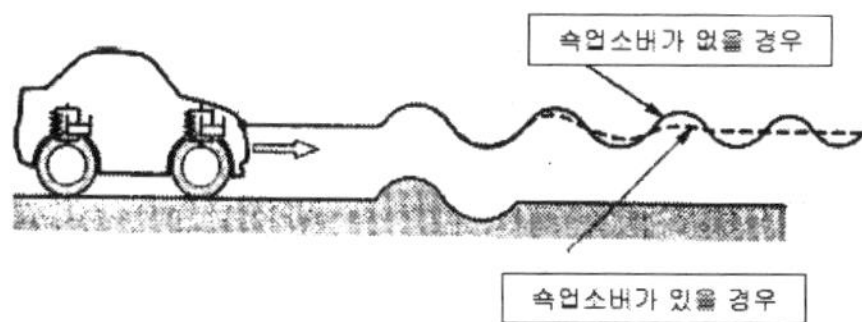

- Tire 접지성 확보
- 차량 운동 성능 향상-자세 변화 억제
- Link 역할(Strut 形)

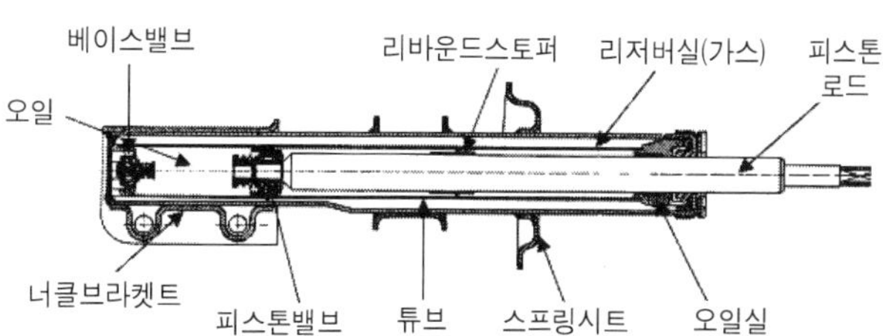

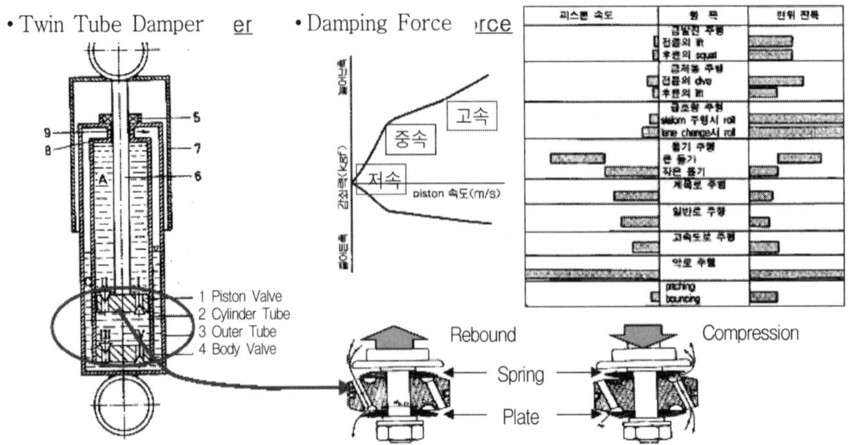

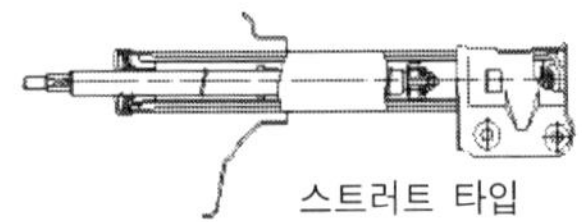
스트러트 타입

- Piston Rod/외통 Size가 큼 : 강도 확보
- Spring 최적 배치 필요 : Piston 섭동부에서의 Friction 저감

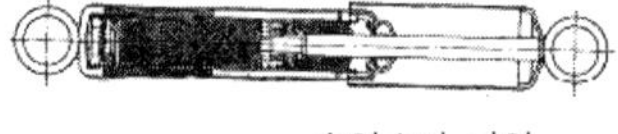
쇽업소버 타입

- 튜닝 용이 : 독립적 감쇠력 발생 밸브
- 구조 간단 : 저가

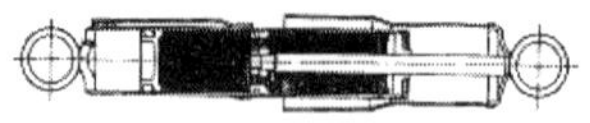
가스봉입식 타입

- 안정된 감쇠력 특성 : Cavitation 억제(고압가스)
- 高정도 부품에 사용 : High Cost

(3) SUSPENSION ARM

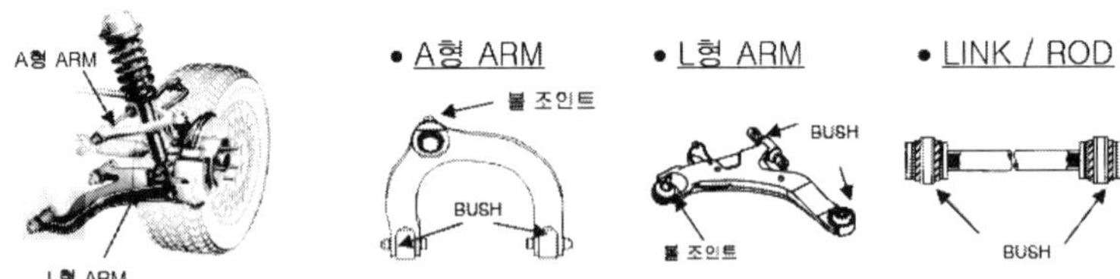

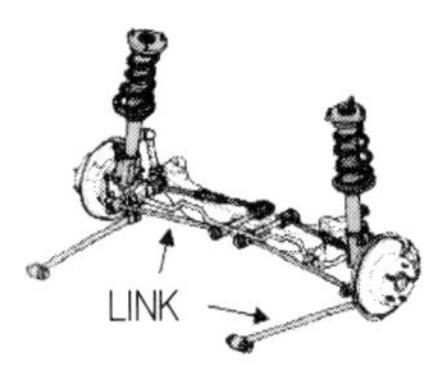

- Tire의 이상 거동 방지-주행 중 Tire에서 들어오는 힘을 지지
- Suspension Geometry 결정

(4) SUB-FRAME

- Suspension, Steering, Power Train 지지
- 강성 증대 효과
- 탑재성 향상

① #형 FRAME

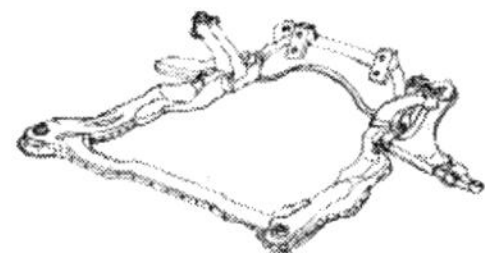

- 중심지지 엔진 마운팅 적용 가능
- 충돌 특성 유리

② T형 FRAME

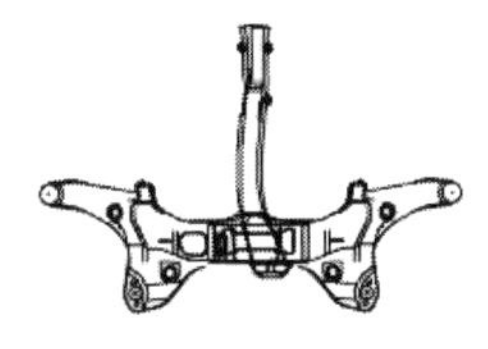

- 정비성 우수

③ I형 FRAME

- 구조 간단
- Low Cost

(5) STRUT INSULATOR

- 충격 진동 절연
- 회전 기능(FRT STRUT) : 조향을 위한 베어링 내장

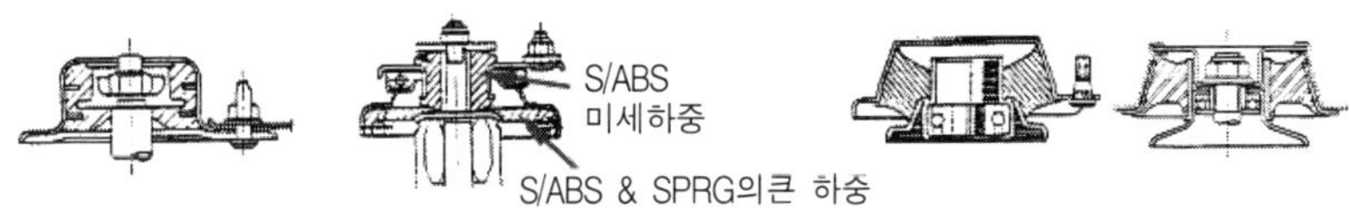

하중분리형　　하중일체형

(6) ARM BUSH

- 충격 진동 절연 : 승차감 향상

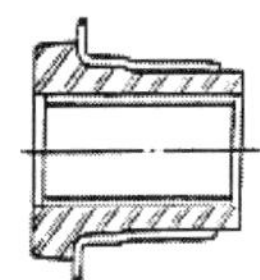

SOLID 고무 부시

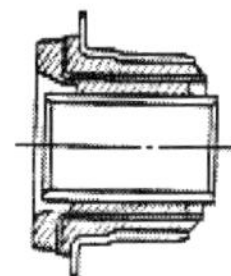

Inter Ring 삽입 부시

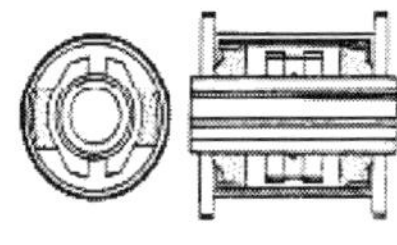

액체 봉입 부시

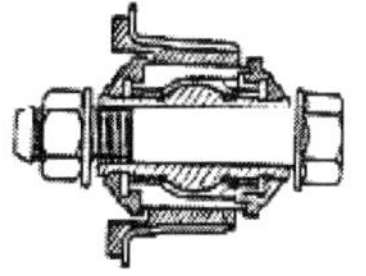

PILLOW BALL 부시

(7) WHEEL and TIRE

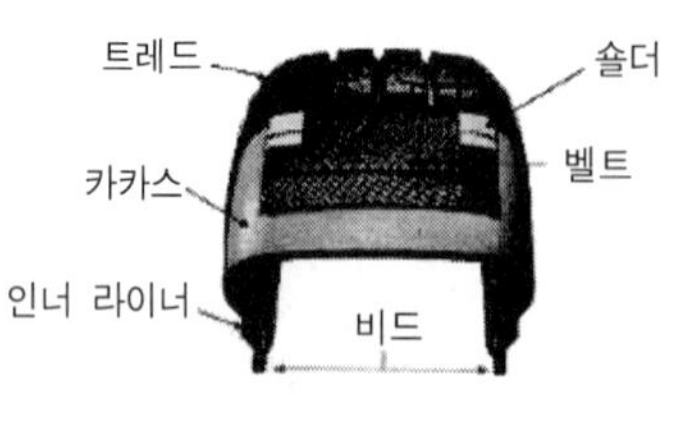

• Tire Force & Moment

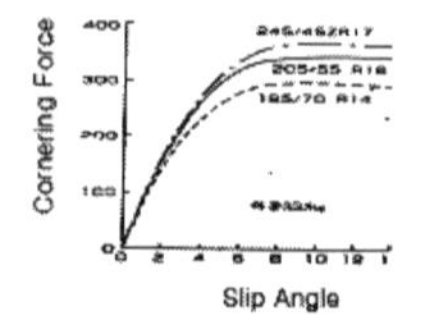

- Slip Angle
- Wheel Load
- Cornering Force
- Self Aligning Torque

• 225/60R16
225 : Width of Tire
60 : Cross-Section Ratio
R : Radial Type
16 : Rim Diameter

• Circular Test-ISO 4138

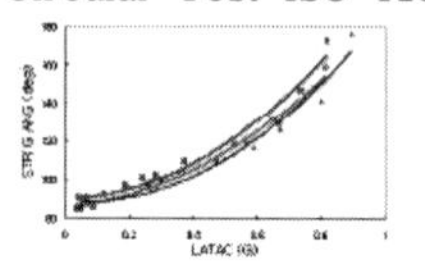

- U/S Gradient
- Maximum LATAC

• 7Jx16H2
7 : Rim Width
J : Rim Flange Design
16 : Rim Diameter
H2 : Hump Type

• Step Response-ISO 7401

- Response Time
- Peak Gain
- Yaw Rate

17.4 앞 현가장치

(1) 맥퍼슨 스트러트형

- 구조 간단
  → 경량화, Low Cost
- Layout上 유리
  → 엔진룸 공간 확보
- 현가장치 운동 특성 설계 한계
  → Roll 중심고 변화 大
  → 캠버변화 특성 불리

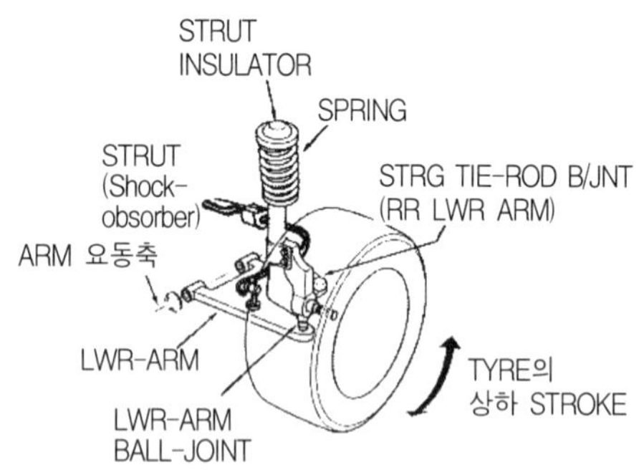

- 캠버 강성 열세

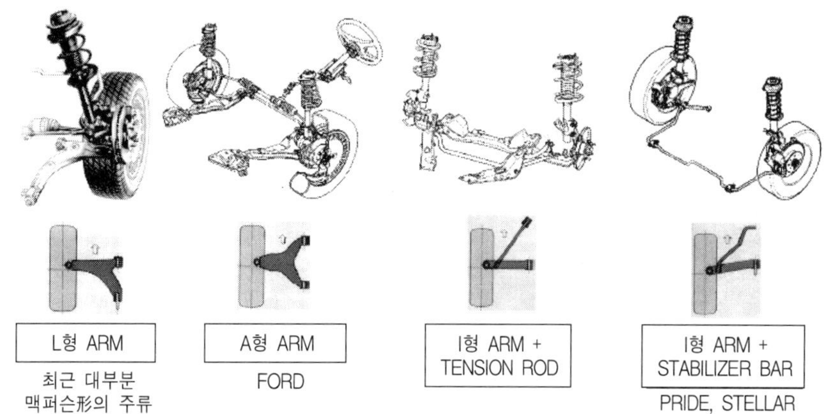

맥퍼슨 스트러트의 종류

(2) 위시본 현가장치

- 현가장치 운동 특성설계 자유도 유리 → 고성능 설계 가능

- 원가, 중량, Layout측면 불리

- Arm과 차체에 대한 하중 입력 과다 → 내구, 소음에 불리

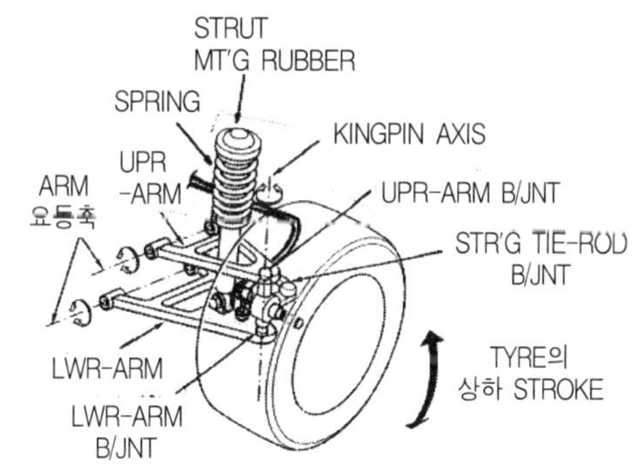

In-Wheel

High-mounted Upper Arm

Benz C-class

- 횡강성 측면 유리
- 원가/중량에 불리

Honda NSX

위시본 형태의 종류

(3) Multi Link형

가) MULTI-LINK

- 설계 유도 대폭 증대(조향성능 관련)
- Kingpin Offset 최적可
- 충돌 특성 유리

- 최적 설계 어려움→고도의 설계 기술 要
- Bush특성, 마찰력 영향 큼→Effort/복원성 고려

나) 멀티 링크의 종류(4, 5)

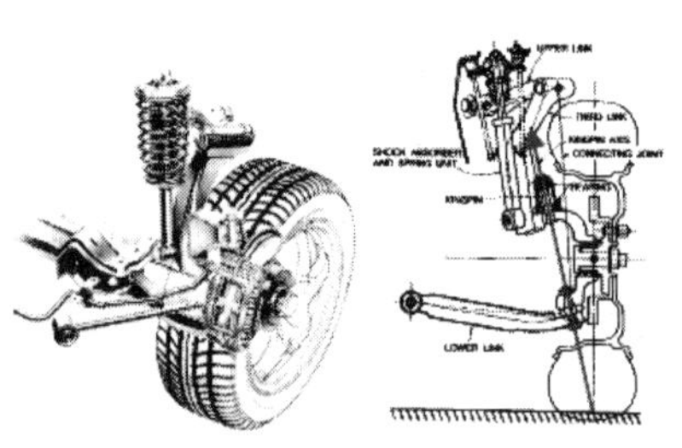

Nissan 300Z, Infiniti Q45

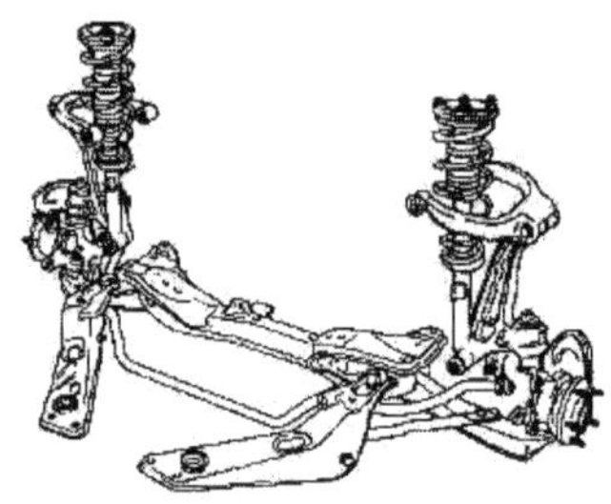

Nissan Sunny(98)

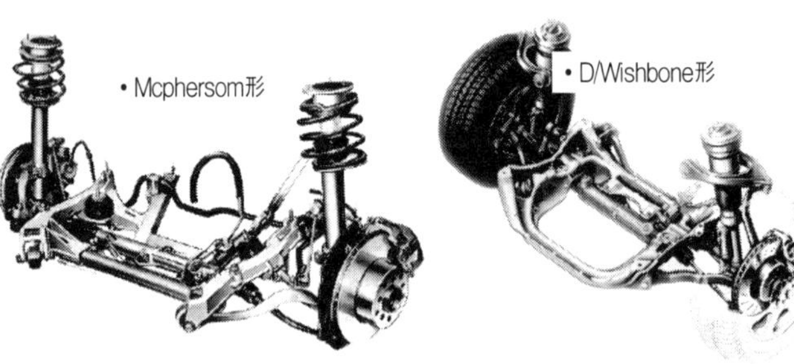

BMW 5/7 Series

Benz S-class

17.5 뒤 현가장치

가) TRAILING ARM

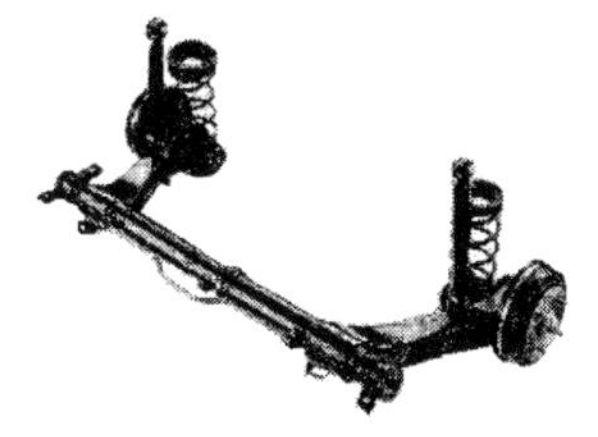

- 구조 간단, 트렁크룸 확보에 유리
- Tread변화, 토우변화 없음
  - 횡강성취약
  - Roll時 대지 캠버 불리
    →Conering 한계 불리

나) AXLE BEAM

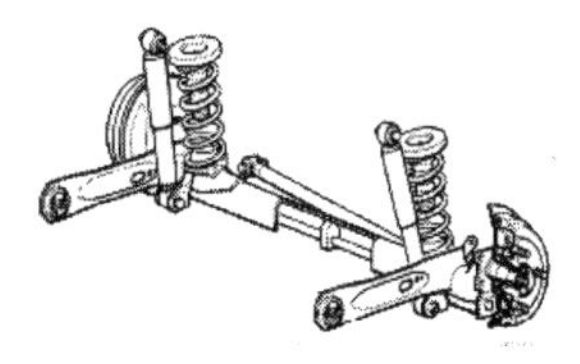

- 구조 간단
- 빔 비틀림에 의한 외륜 토우/캠버 조절→선회능력 향상
  - Solid Axle形과 유사
  - 좌우 선회특성 상이
  - 상하운동시 Tread변화
    →직진성 불리

다) TORSION BEAM

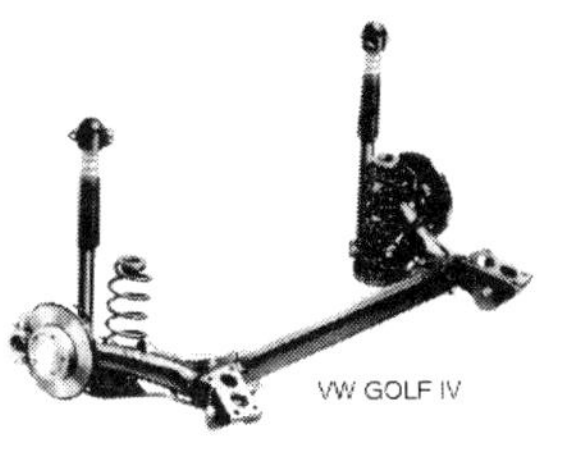

- 선회時 Geometry 특성 조절 가능
- 구조 간단, Package유리
  - 횡/전후력時 타이어 최적상태 유지 어려움

라) DUAL-LINK

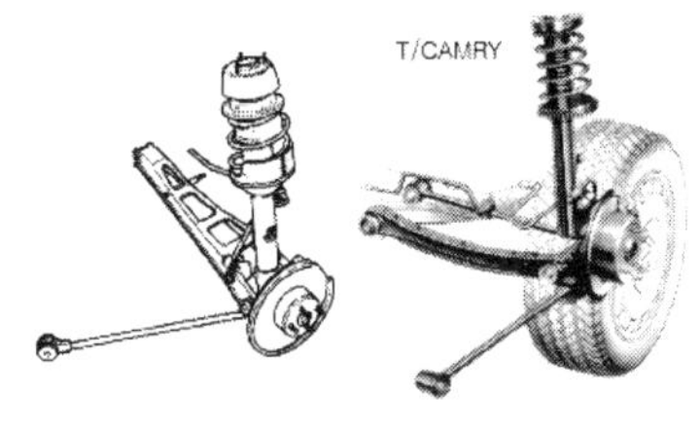

- 구조 간단 : 경량화/원가 절감
- Compliance 토우제어 가능
  - 운동특성 제어 한계
    →Bump時 캠버제어 곤란
  - MTC부 실내유입

마) SEMI-TRAILING ARM

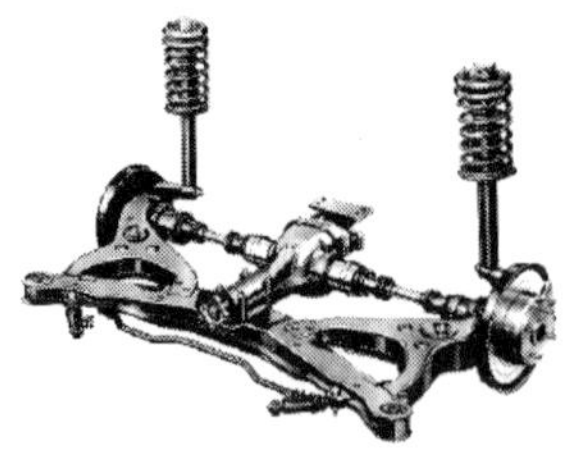

- Roll時 대지 캠버 작게 설계 가능
- 구조 간단
  - 횡강성 취약
  - 노면 충격 불리

바) D/WISHBONE形, MULTI-LINK形

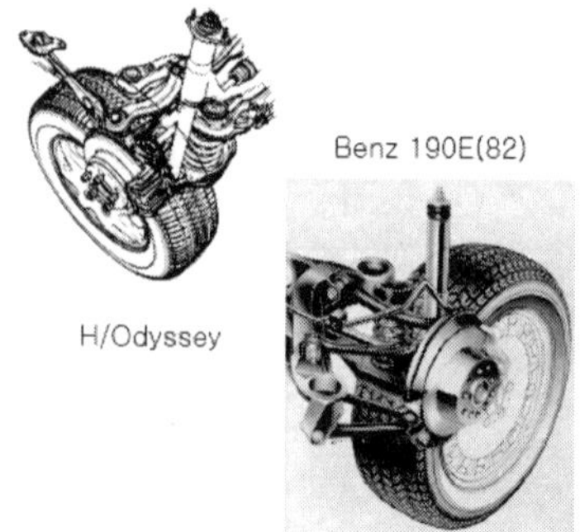

17.6 현가장치와 주행진동

1. 현가장치의 성능

① 안정성 : 외란에 대한 차량의 수렴 성능

② 조정성 : 조타입력에 대한 차량의 추종 성능

③ 승차감 : 노면 굴곡에 대한 차체의 진동

– Basic Ride, Secondary Ride, Shimmy, Shake

④ 주행소음

– Road Noise, Harshness, Tire Pattern Noise

⑤ 차선변경시의 조종성과 안정성

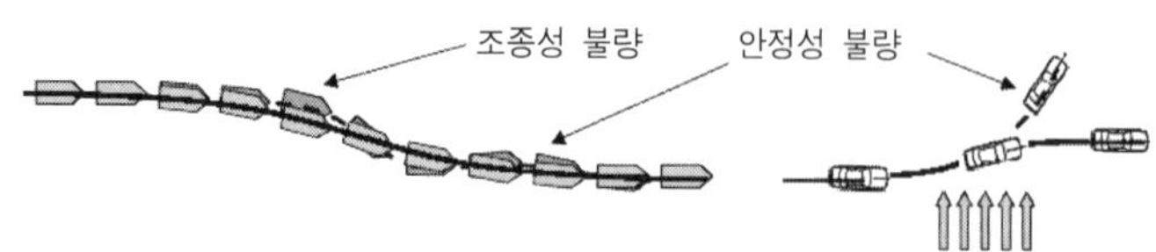

2. 차량의 진동소음

	0.1 Hz	1Hz	10Hz	100Hz	1000Hz	10kHz
HUMAN RESPONSE	Fatigue		Vibration Comfort		Acoustic Comfort	
VEHICLE RESPONSE	Rigid Body			Cassis/Frame	Acoustic Cavity Transmissibility	
TIRE RESPONSE	Spring / Mass / Damper			Shell Mode	Local Mode	
TIRE/ROAD INPUT	Vibration Excitation			Harshness	Acoustic Excitation	

3. 현가장치의 운동

■ SUSPENSION의 KINEMATICS

① PURPOSE

- Road Holding
- Directional Stability
- Prevent Tire Wear

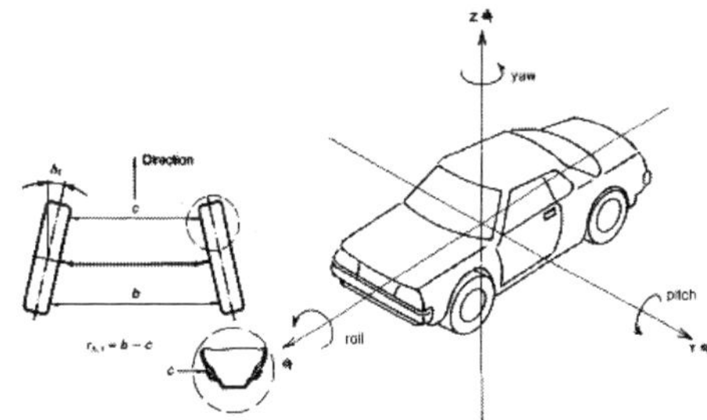

② WHEEL ALIGNMENT

- Wheel Base & Tread
- Toe-In
- Camber
- Caster
- Kingpin

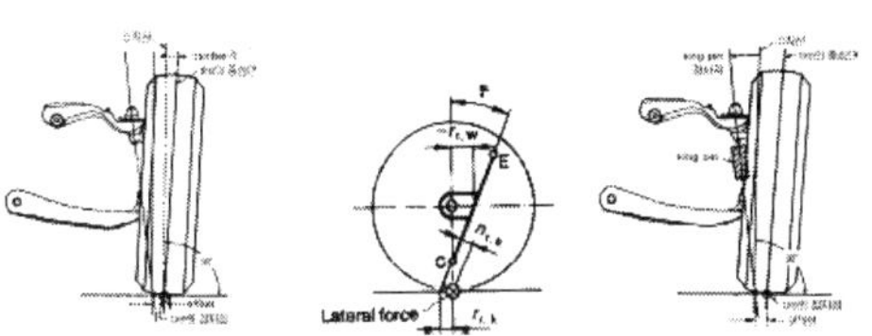

③ WHEEL ALIGNMENT의 변화

- 조종안정성의 확보를 위한 Suspension Parameter의 변화
- Bump시 (−)Camber 및 Toe-Out 경향을 유도하여 접지력 향상 및 안정성(U/S) 확보

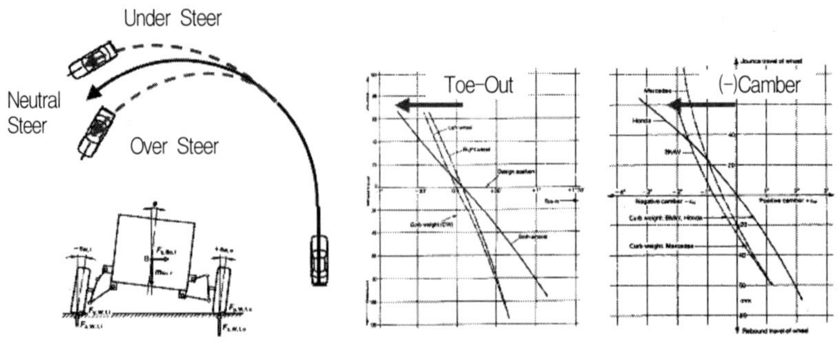

4. 현가장치와 승차감

① 진동의 3요소

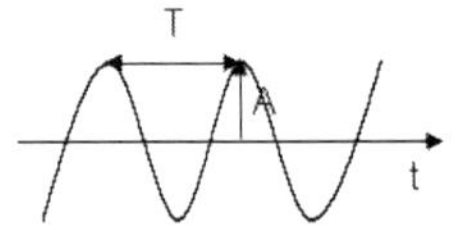

- 방향 : X, Y, Z, θ_X, θ_Y, θ_Z,
- 주파수 : H_Z, rad/sec
- 진폭 : m/sec^2, m/sec, m

② 1 자유도계 진동

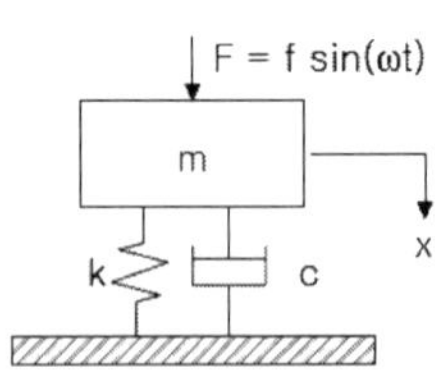

- $mx'' + cx' + kx = f \sin(\omega t)$

$$x = f/\{[(2\zeta r)^2 + (1-r^2)^2]^{1/2}\}\sin(\omega t - \phi)$$

$$\zeta = c/[2(mk)^{1/2}],\ r = \omega/\omega_n,\ \omega_n^2 = k/m$$

③ 진동계의 3요소

- 탄성요소 : F = kx
- 관성요소 : F = ma
- 감쇠요소 : F = cv

■ BASIC RIDE(1~2.5Hz)

- Sprung Mass ⇔ Susp. Stiffness
- Bounce, Pitch, Roll
- Spring, Anti-roll Bar, Shock Absorber

■ SECONDARY RIDE(8~20Hz)

- Unsprung Mass ⇔ Tire Stiffness
- Choppy, Shake, Floor Vibration
- Tire, Bush, Shock Absorber

■ 2-DOF MODEL

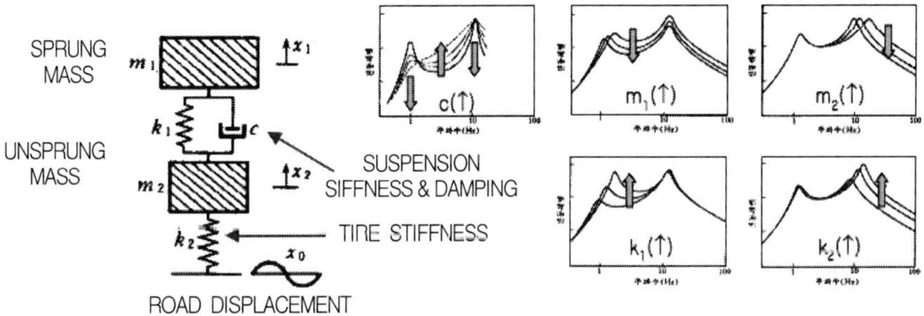

차량 평가표

1~4	5	6	7	8	9	10
REJECT	BORDER LINE	BARELY ACCEPTABLE	FAIR	GOOD	VERY GOOD	EXCELLENT

승차감 평가 항목

BASIC RIDE	FLAT RIDE PITCH, BOUNCE, ROLL
SECONDARY RIDE	CHOPPY/BUSY RIDE
	HOP
	SHAKE
IMPACT HARSHNESS	FALLING/RISING SHOCK
	HARSHNESS
	BOOM

5. Shimmy, Shake와 브레이크 Judder

■ STEERING WHEEL 진동 현상

주행/제동시 타이어의 불균형력 혹은 제동(마찰)력의 변화가 가진력으로 작용하여, 조타륜의 진동을 유발하는 현상으로 심한 경우에는 차체의 진동/소음을 동반하기도 함.

■ 발생원인

	SHMMY	SHAKE	JUDDER
발생차속	80~140km/h	전구간	60~160km/h
주행조건	정속	정속	감속
가진원	타이어 불균일 - LFV, RFV, TFV - UNBALANCE MASS	타이어 불균일 - LFV, RFV, TFV - UNBALANCE MASS	제동력 불균일 - BTV
전달계	SUSP. STEER MODE SUSP. LONG. MODE	SUSP. HOP & TRAMP COLUMN & COWL X/BAR	SUSP. STEER MODE SUSP. LONG. MODE
현상	조타륜 회전진동	조타륜 상하진동	조타륜 회전진동

(1) Shimmy

가) STEERING WHEEL의 회전방향 진동

- 저속 Shimmy
  - 20~60KPH에서 발생
  - Wheel Alignment불량, Wheel의 편심등이 원인
- 고속 Shimmy
  - 80KPH이상에서 발생(80~160KPH)
  - Tire Uniformity/Unbalance, Wheel의 Run-Out 및 불량이 원인

나) Shimmy 저감대책

■ SUSPENSION계 부문

- Tire Uniformity, Wheel Runout개선
- Suspension Geometry上 민감도 개선
- Suspension 모드 문제영역 회피
  - Bush특성(Compliance) 제어

■ STEERING계 부문

- STRG SHIMMY 민감도 개선
  - G/BOX FRICTION
  - DAMPER 적용

(2) Shake

가) STEERING WHEEL의 병진방향 진동

- 진동원(Tire & Wheel)의 회전
  1, 2차 성분 혹은 노면의 입력 진동에 따라 서스펜션을 통해 발생하는 차체나 S/WHL진동
- 
  Tire 진동원
  - Run-Out 불량, Unbalance
  - Non-Uniformity

평탄로 주행시의 SHAKE현상

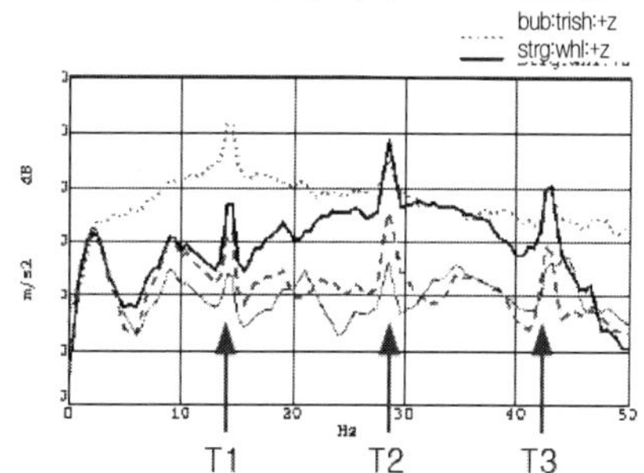

나) Shake 저감 대책

■ 전달계 부문

- P/TRAIN부 강체진동(PITCH/BOUNCE)이 UNSPRUNG부와 연성
- P/TRAIN부 MTG을 고감쇠 유압 MTG 채택
- SUSPENSION부 감쇠 특성 튜닝, TIRE UNBALANCE량 관리
- S/WHL COLUMN 지지 강성 확보, SUSPENSION 공진 주파수와 이격
- 차체 진동 감도가 낮은 곳에 SUSPENSION 위치 적용

(3) Harshness

가) 노면 충격으로 인한 진동/소음

- Harshness 발생 주파수 영역
  - 보통 20~50Hz 영역
- Harshness 발생 현상
  - Unsprung의 충격 전후진동이 차체로 전달되면서 Seat 및 Steering Wheel에서의 진동과 실내 충격 소음으로 나타남.

• F/FLOOR 진동

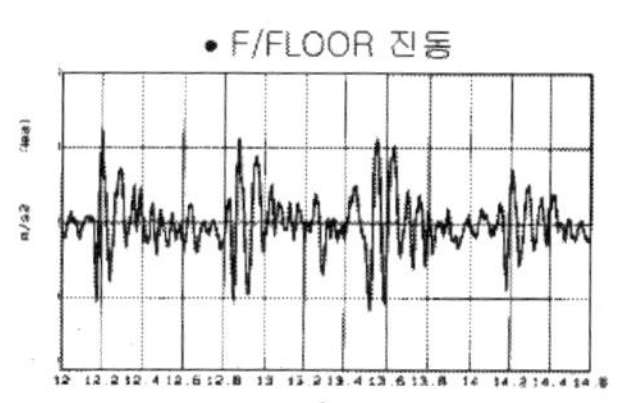

※ 실제 진동 보다는 충격 소음이 더욱 기분을 악화시키기도 함.

나) Harsness 저감대책

■ 전달계 부문

- Suspension Bush의 전후 Compliance 개선
- Suspension Component Turning
  - SPRG, S/ABS, STABILIZER BAR
- Steering Vertical Stiffness 개선
  - 차체 + STEERING COLUMN 강성 확보

■ TIRE 부문

- Radial Tire의 벨트부 강성을 낮추고, Enveloping 특성을 개선

6. 조향휠 진동개선대책

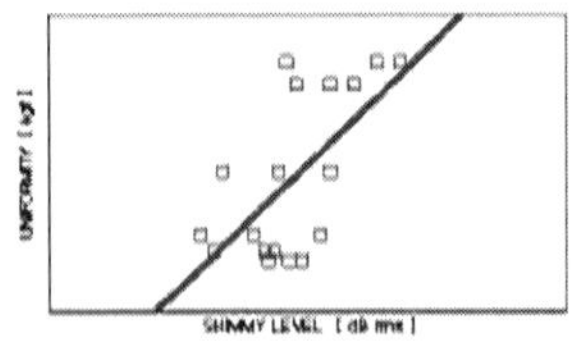

타이어 불균형(LFV)에 따른 SHIMMY

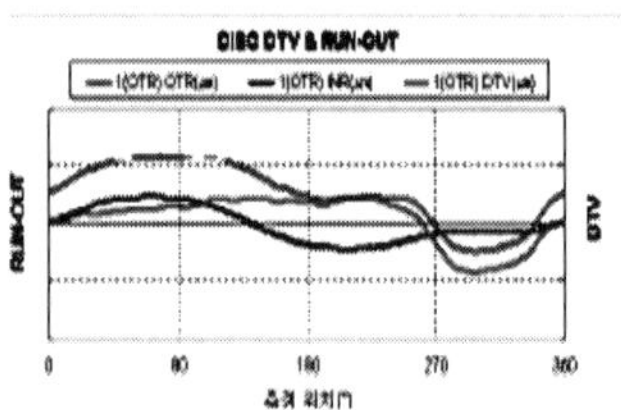

DISC THICKNESS VARATION

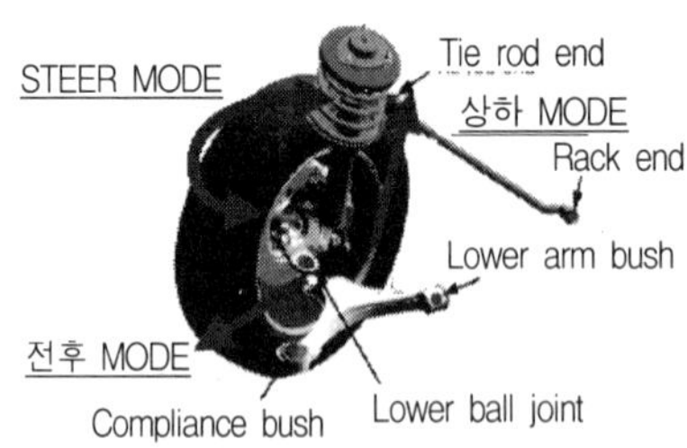

조타륜 진동관련 SUSP. MODE

	SHIMMY	SHAKE	JUDDER
가진력 최소화	타이어 불균형 제거 (GEOMETRY & FORCE)	타이어 불균형 제거 (GEOMETRY & FORCE)	BTV 변화량 축소 (DTV, 제동 면압)
전달계 강건화	SUSP. GEOMETRY 변경 SUSP. BUSH 강성 변경 SYSTEM DAMPING최적화	COWL X/BAR 강성 증대 STR'G CLM MT'G 최적화 차체 골격 주파수 변경	SUSP. GEOMETRY 변경 SUSP. BUSH 강성 변경 SYSTEM DAMPING최적화

17.7 주행 감성감과 Loose Feel

■ 주행감성감이란?

- Product Quality
- Buzzing, Squeaking & Rattling 및 Harsh성 소음
- 차체 및 Steering Wheel의 진동
- 차량 내외장의 디자인
- Vibration/Impact 에너지의 흡수

⇒ "Hewn from a solid block of metal"

■ Loose Feel이란?

- 트림의 Buzzing, Squeaking & Rattling(BSR)
- Ride Input을 동반한 주의할 만한 소음
- Steering Column의 Shaking/Vibration
- Seat를 포함한 Interior Part가 차체와 따로 노는 듯한 움직임
- Steering의 Undamped Feel

(1) 주행 감성감 결정인자

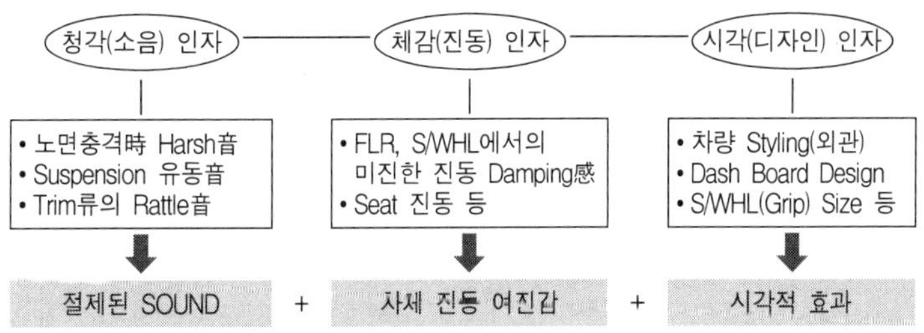

(2) 주행 감성감 변수 기여도

- 소음 : 하체 충격음 및 로드노이즈영향 큼
- 노면 충격시 흡수력 및 여진감이 기여함

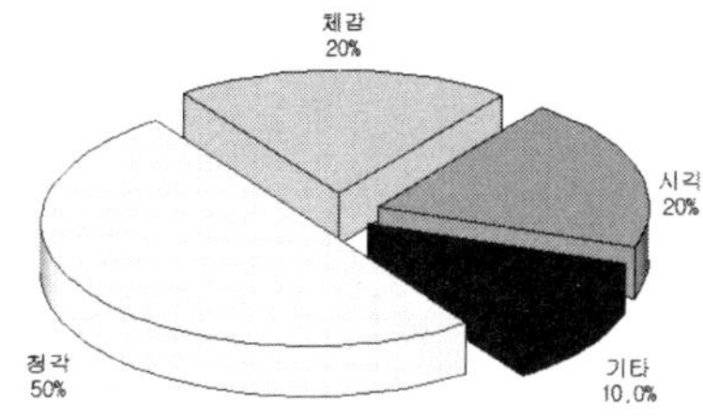

(3) Parameter Correlation

■ 소음기여 평가 결과

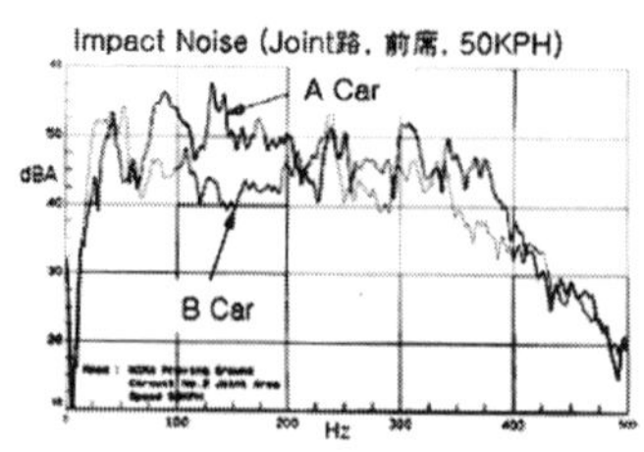

• 70~200Hz 영역 및
• 300~400Hz 영역 기여 큼

■ 진동기여 평가 결과

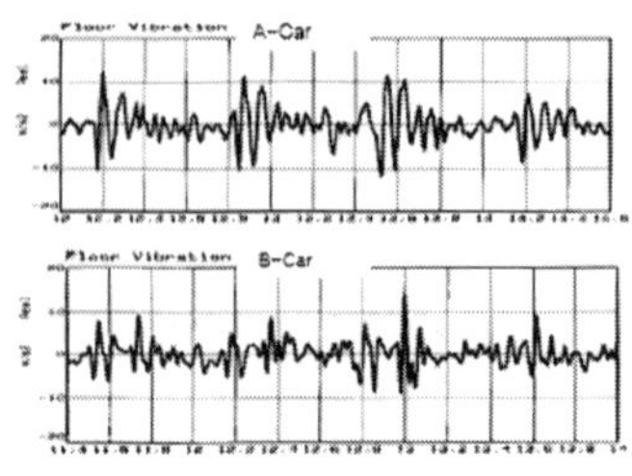

• FLR 진동 흡수력 및 여진감 불리함
• 특히 FRT WHL 충격시 과대함

(4) 진동 향상 접근방법

■ Suspension Parameter 문제점 및 개선 방향 - SPMD/ADAMS 해석

• FRT Spring Rate 상대적으로 크며, Stabilizer Bar Roll 강성 기여도 미흡
• 개선 방향
 − Stabilizer Bar 기여도 증대→Bar 직경 증대
 − FRT Spring Rate 하향 조정

구분		A-Car	B-Car
Spring Rate	N/m	25,800(25%↑)	20,450
Roll 강성	STAB.Bar	ϕ24	ϕ27
	STAB.Bar 기여도	30%	60%

★ 결론 : Body로의 충격력 최소화를 위한 Suspension 별도 튜닝

(5) 현가장치 변수 문제점 및 개선방향

① FRT 전후 Compliance 미흡

 − B-Car 대비 45% 수준→FRT 충격력 흡수에 절대적 불리

FRT 전후 Compliance (mm/KN, No Load)	A-Car	B-Car
	2.4	5.4

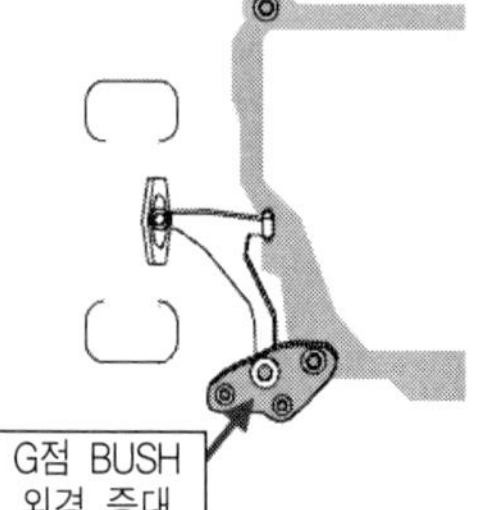

G점 BUSH 외경 증대

- 개선방향
  - FRT G점 Bush 형상 변경을 통한 특성 개선
    (직경 증대 → 고무량 증대) → 전후 Compliance개선

② RR 상하 Friction 과다

- B-Car 대비 2배 이상 과다
  → RR Suspension
  유동音 및 진동 절연 성능 불리

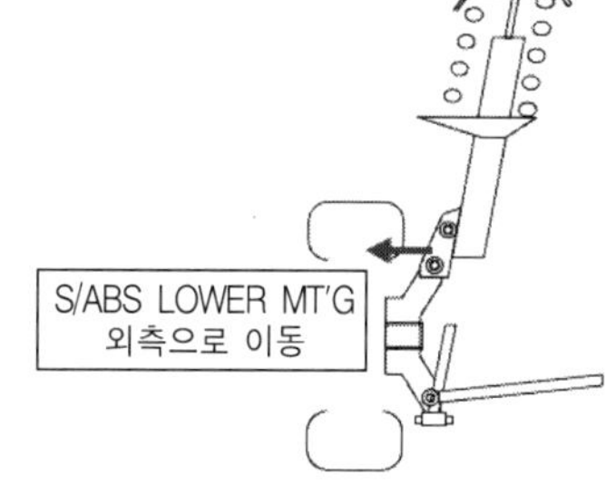

RR 상하 Friction	A-Car	B-Car
	11.6%	5.1%

- 개선방향
  - RR Strut LWR Spring Pan을 Outside로 이동 → 상하 Friction 개선

(6) 새시와 차체 의 전달경로 해석(현가장치 튜닝 이외)

- 진동 및 저주파 영역(70~400Hz) 해석 : Inverse Matrix法 이용 전달 경로 분석
- 고주파 영역(1KHz 이상) 분석 : Airborne Noise Transmission Loss 분식

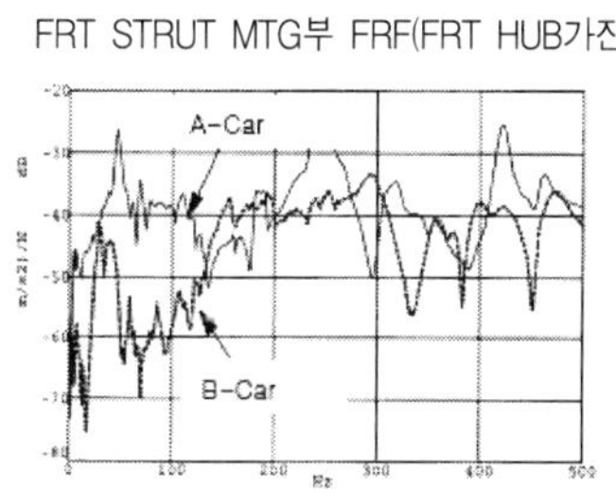

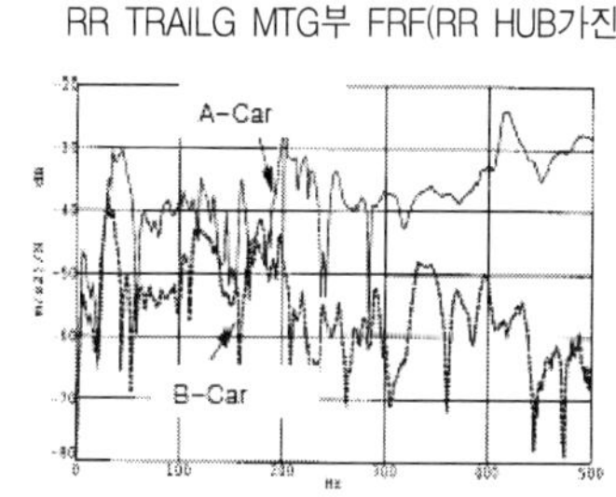

- FRT & RR 공히 저주파 영역 및 고주파 영역의 모든 영역에서 전달률 차이
- 이는 Suspension Bush 등의 절연율 및 차체 입력점 부위의 강성 취약

제4편

전자제어 제동장치

제18장 ABS 장치

18.1 개요

일반적인 제동장치를 부착한 자동차의 경우에는 주행중 급제동시 각 바퀴가 고정(lock)되어 스키드(skid : 제동시 바퀴가 고정된 상태에서 차체의 주행 관성으로 미끄러지는 현상) 현상이 쉽게 발생된다. 이로 인하여 제동력이 급격히 저하되어 제동 거리가 길어지며 자동차가 가로 방향으로 미끄러져 스핀(spin)을 발생하거나 조향 휠의 조작이 불가능해져 위험을 유발시킨다.

ABS는 이런 단점을 보완하여 급제동시, 빙판길 주행시 등의 도로 조건에서 바퀴의 잠김을 방지하여 조향 휠의 조작을 가능케 해주고, 제동거리를 단축시켜 준다.

ABS의 기본 작동 원리는 각 바퀴의 회전 속도를 센서(wheel speed sensor)가 측정하며 그 정보를 ECU가 가장 이상적인 제동 조건으로 연산하여 모듈레이터를 작동시켜 제동 거리를 단축시킨다.

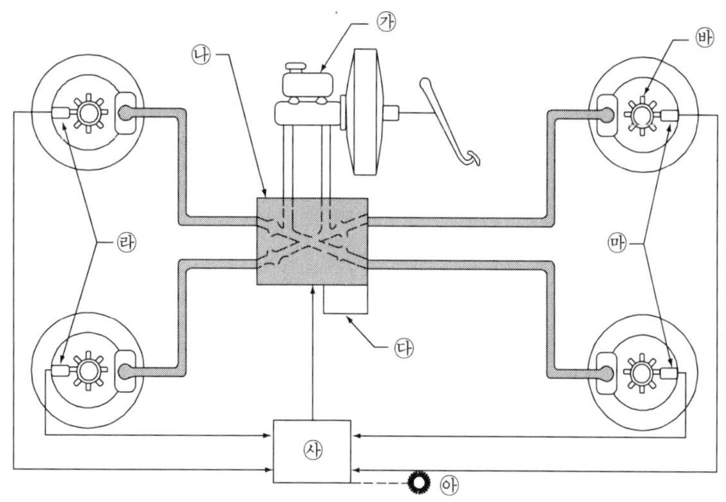

그림 18-1 ABS의 회로도

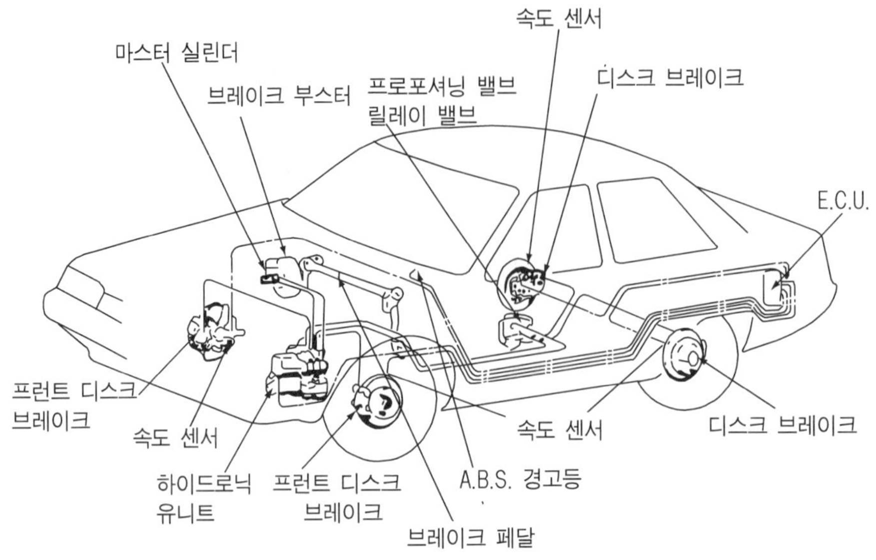

(a) NIPPON BOSCH TYPE

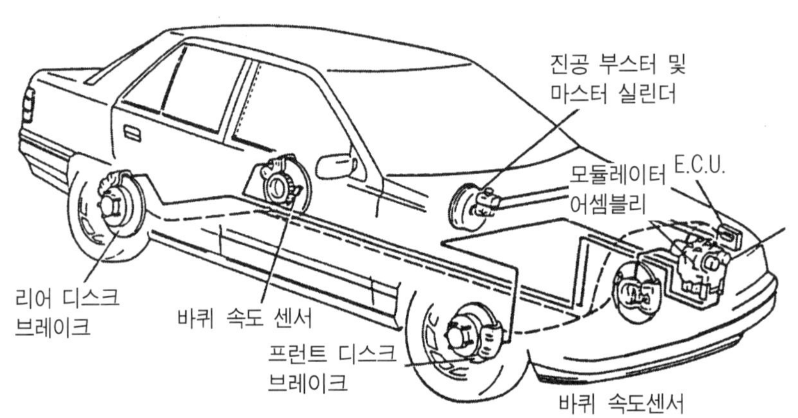

(b) BENDIX TYPE

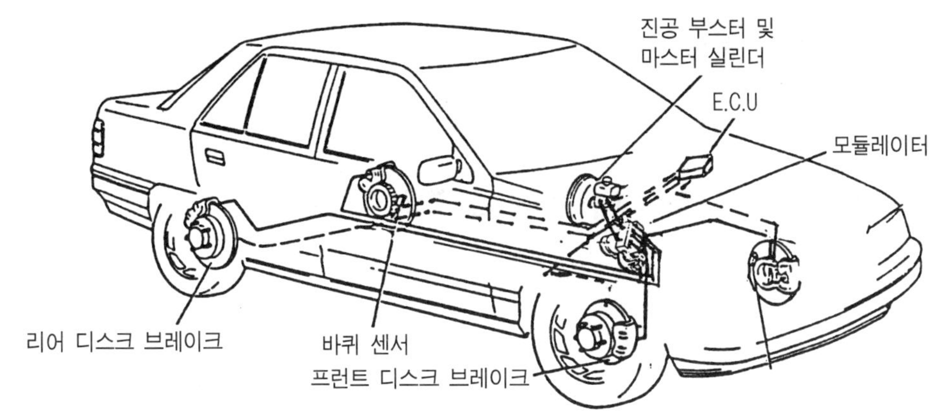

(c) LUCAS TYPE(1)

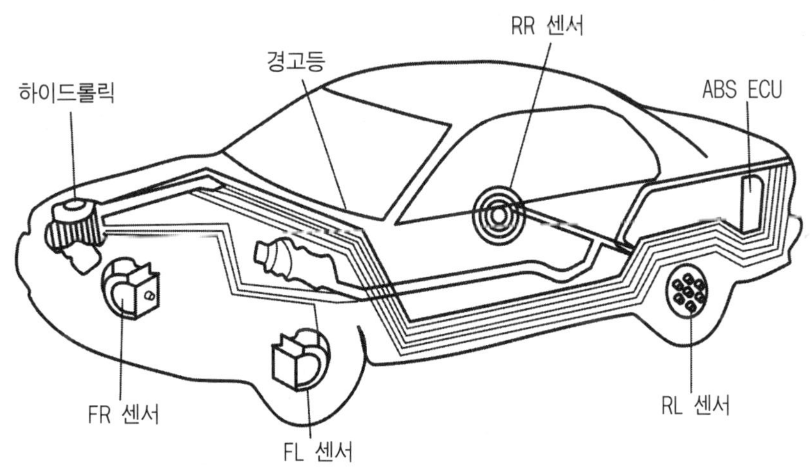

(d) LUCAS TYPE(2)

그림 18-2 ABS 구성도

18.2 ABS의 특징

18 2.1 한쪽이 미끄러운 노면을 직진할 때

ABS를 장착하지 않은 경우에는 브레이크 페달을 밟으면 미끄러운 노면쪽의 바퀴가 고정되어 자동차 앞부분이 마찰계수가 낮은(미끄러운) 노면쪽으로 회전하여 바퀴가 스핀을 일으킨다. 그러나 ABS를 장착한 경우에는 마찰계수가 큰 노면의 바퀴로 유입되는 유압을 조절하여 직진성을 유지시켜 준다.

18 2.2 미끄러운 커브길 주행시

ABS를 장착하지 않은 경우에는 바퀴가 고정되어 자동차가 선회 방향으로 움직여 스핀을 일으킨다. 그러나, ABS를 장착한 경우에는 스핀을 일으키지 않도록 제동력을 조절하여 선회할 때 조향 안전성을 준다.

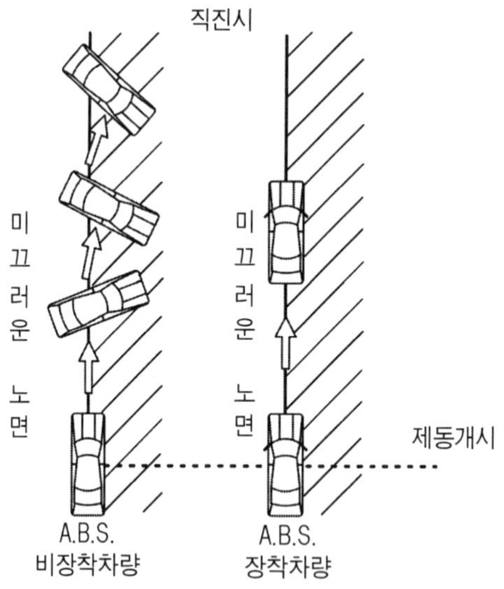

그림 18-3 한 쪽이 미끄러운 노면 주행시

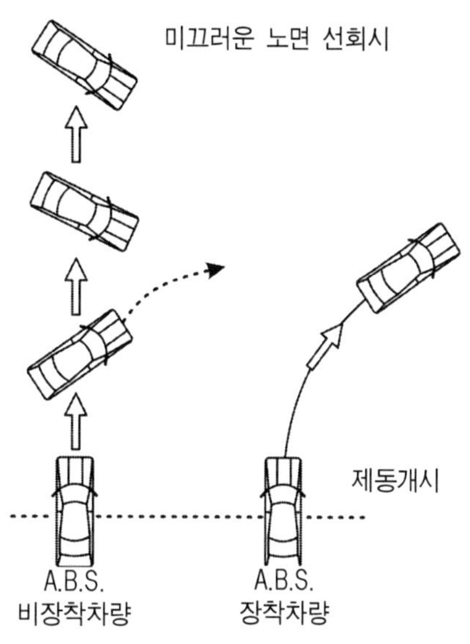

그림 18-4 미끄러운 커브길 주행시

18 2.3 주요 구성품과 기능

부품명	주요 기능
바퀴속도 센서 (wheel speed sensor)	• 휠의 회전 속도를 검지하여 이를 전기적 신호로 바꾸어 ABS 컨트롤 유니트로 보낸다.
ABS 컨트롤 유니트 ABS 컨트롤 유니트	• 바퀴속도 센서로부터 신호를 받아 연산한다. 휠의 상황을 판단하여 제동 중 휠의 로킹을 방지하기 위하여 하이드롤릭 유니트를 제어한다. • 컨트롤 유니트의 기본 회로 - 작동 회로 - 제어 회로 - 페일 세이프(fail safe)회로 • ABS에 고장이 일어나면 페일 세이프 기능은 통상의 제동기능으로 작동하게 하며 ABS 경고등이 점등되도록 한다.
하이드롤릭 유니트 (hydraulic unit)	• 컨트롤 유니트로부터의 신호에 따라 각 휠 실린더로 공급되는 유압을 제어한다. - 정상 제어 - 압력 감소 - 압력 유지 - 압력 증가

그림 18-5는 ABS의 주요 다이어그램을 나타낸 것이다.

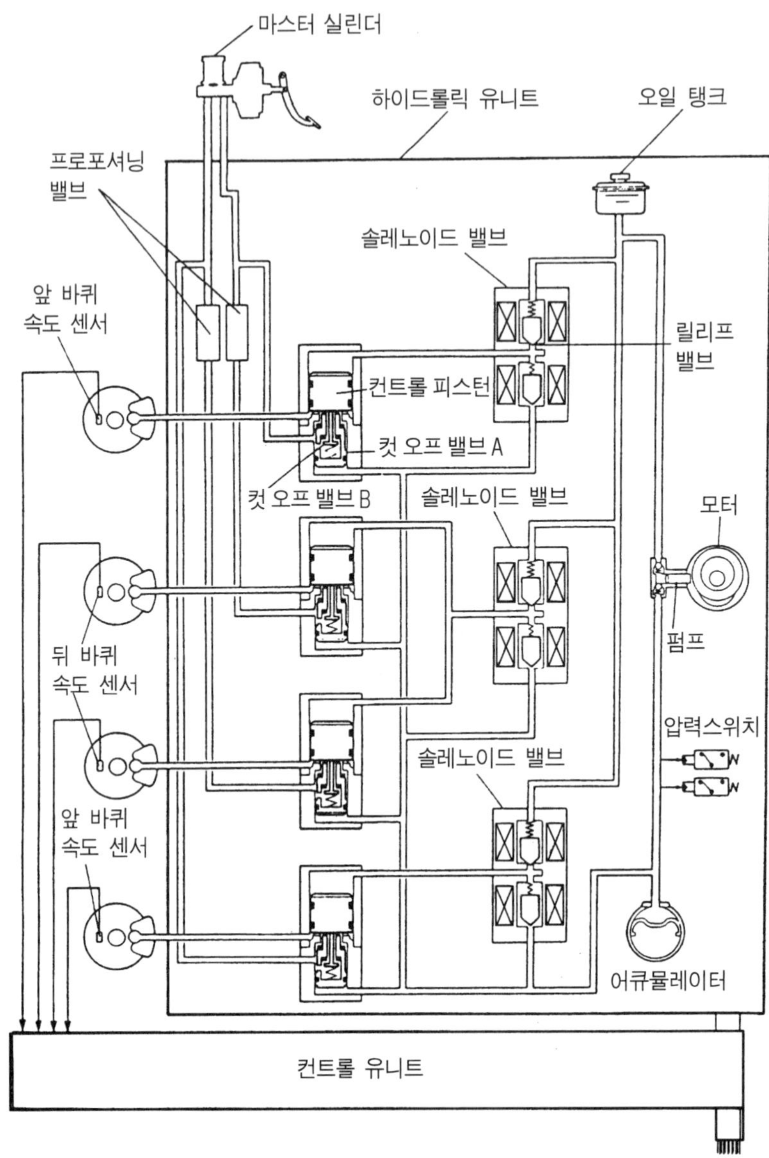

그림 18-5 ABS의 다이어그램

18.3 ABS의 이론

ABS는 제동시 바퀴가 고정되지 않도록 제동력을 조절해 주는 장치이므로 마찰계수 및 바퀴의 속도와 자동차의 주행 속도로 결정되는 미끄럼률 등의 관계에 의해 제동 특성을 가장 적합한 상태가 되도록 조절한다.

브레이크 페달을 밟으면 노면과의 마찰력에 의해 바퀴 속도와 함께 자동차 속도가 감소한다. 그러나 바퀴의 속도는 감소되더라도 자동차는 관성에 의해 계속 진행하려고 한다. 이런 실제의 자동차 운동을 차체 속도라 한다. 그리고, 브레이크 작동시에 바퀴의 속도와 차체 속도와의 사이에서 발생한 차이를 미끄럼률이라고 한다. 이 미끄럼률은 0%(바퀴가 노면에서 미끄럼 없이 완전하게 회전되는 상태)에서 100%(바퀴가 완전히 고정되는 상태)까지 변환되며 그 관계식은 다음의 (1) 식과 같다

미끄럼률=(차체 속도-바퀴속도)/차체속도×100%=(1-바퀴속도/차체속도)×100% (1)

이 미끄럼률과 마찰계수는 노면의 조건에 따라서 달라지지만 그 최대값은 8~30% 사이이 다. 또 자동차의 사이드 슬립(옆방향 미끄러짐) 방지력은 미끄럼률이 증가됨에 따라 저하한다. 즉 바퀴가 고정되면 노면과의 마찰계수가 감소하므로 미끄러지기 쉬우며 실제로 뒷바퀴가 고정되면 스핀이 발생되고, 앞바퀴가 고정되면 조향 작용이 불가능해진다.

급제동을 하면서 조향 휠을 조작할 때 미끄럼률이 커지면 코너링 포스가 감소한다. 따라서 커브길을 선회할 때 페달을 과도하게 조작하면 사이드 슬립을 일으켜 조향 휠을 조작하여도 운전자의 의도대로 자동차의 진행 방향을 유지할 수 없게 된다.

따라서, ABS는 이 미끄럼률을 8~30% 이내가 되게 제동력을 조절하여 노면과의 마찰계수를 최대값으로 이용하여 제동거리를 단축시키고, 미끄럼 마찰계수를 높은 범위로 조절하여 자동차의 방향 안정성을 확보해 준다.

그림 18-6과 같이 가장 효과적인 제동력은 건조한 아스팔트 노면인 경우 약 20%일 때이며 ABS 작동은 미끄럼비 8~30%의 범위이므로 차륜을 어느 정도 회전시키면서 제동하는 것이 이상적인 제동 방법이라는 것을 알 수 있다.

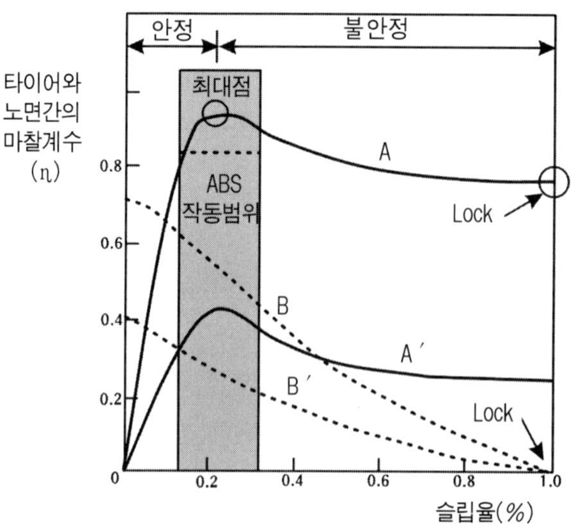

A : 노면 마찰계수가 높은 제동력 특성 곡선
A′ : 노면 마찰계수가 낮은 제동력 특성 곡선
B : 노면 마찰계수가 높은 코너링 포스 특성 곡선
B′ : 노면 마찰계수가 낮은 코너링 포스 특성 곡선

그림 18-6 ABS의 작동 범위

18.4 ABS의 종류

18 4.1 4센서 3채널 방식

이 방식은 브레이크 배관이 전, 후륜 분할 시스템을 채용하는 후륜 구동 승용차에 주로 사용하는 방식으로 전륜은 각각 독립하여 제어하고 후륜은 실렉트 로(select low) 원리에 의해 제어된다.

> 실렉트로란 후륜의 좌우 휠 중 어느 한쪽 휠이 먼저 로크(lock)되어 스키드(skid)를 일으키려고 하면, 즉 다른 한쪽 휠보다 회전수가 낮은(low) 그 휠을 선택하여 좌우 휠을 동시에 감압시키는 제어를 말한다.

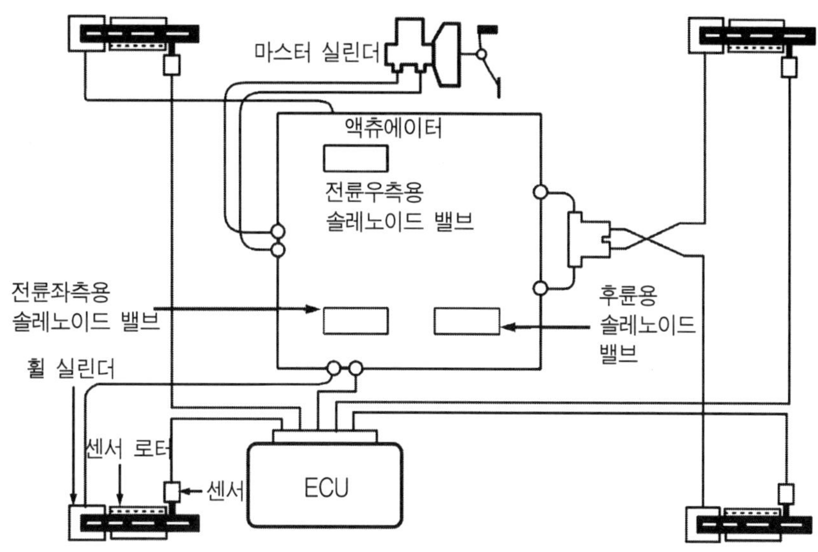

그림 18-7 4센서 3채널 방식

18 4.2 4센서 3채널 방식

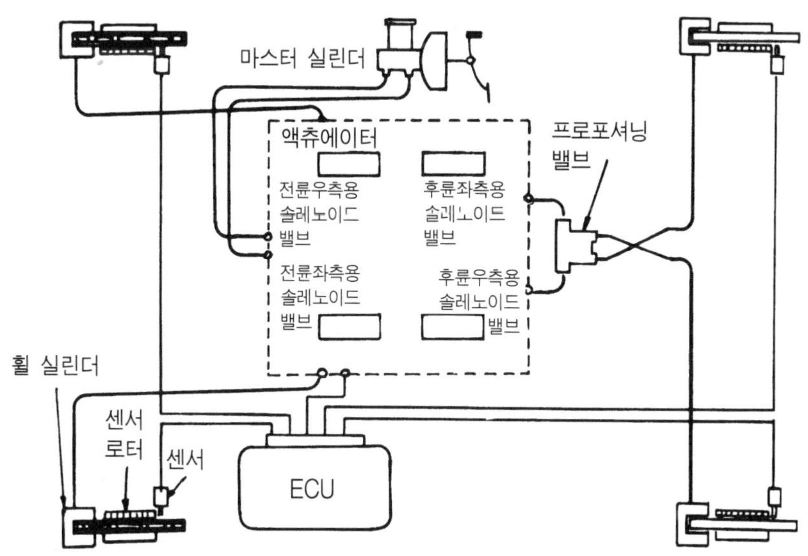

그림 18-8 4센서 4채널 방식

이 방식은 X형 배관을 사용하는 전륜 구동 승용차에 주로 사용하는 방식으로 역시 전륜은 각각 독립적으로 제어되나 후륜은 실렉트로 제어를 한다.

여기서 후륜 제어도 전륜제어와 같이 각각 독립제어를 하면 제동성능이 우수할 것 같지만 그림 18-9와 같이 좌우 노면의 마찰계수가 서로 다를 경우 좌우 휠의 제동력 차가 너무 커서 스핀 모멘트(spin moment)가 크게 되어 오히려 제동시 불안정하게 된다.

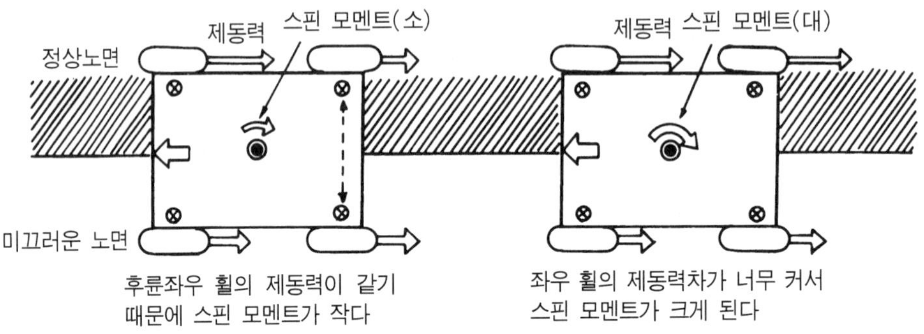

그림 18-9 실렉트 로 제어와 4륜 독립 제어의 제동 상태 비교

18 4.3 4센서 3채널 방식

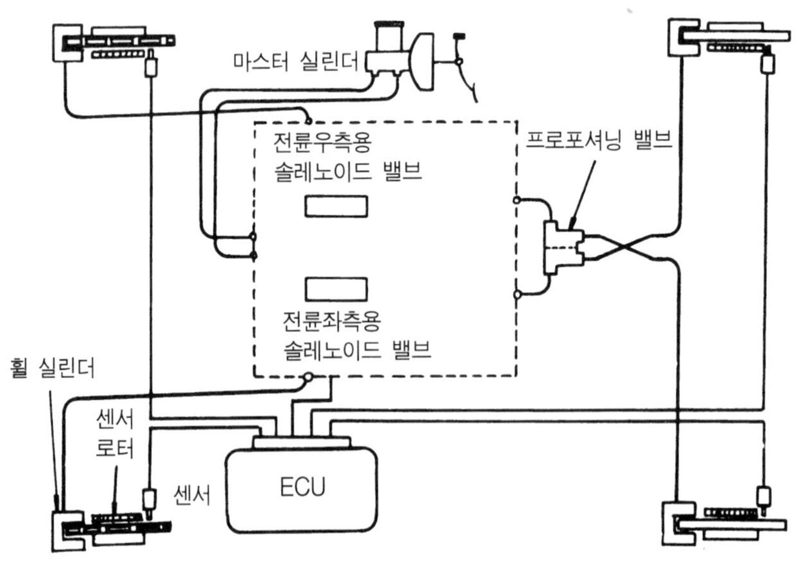

그림 18-10 4센서 2채널 방식

이 방식은 4센서 4채널 방식의 후륜용 솔레노이드 밸브 2개를 절약한 것으로 원가 절감 및 탑재성 향상을 도모한 방식이다.
전륜은 각각 독립제어를 하고, 후륜은 프로포셔닝 밸브에 의해 제어된다.
이 때 후륜측 제동압력은 후륜이 로크되지 않을 정도의 압력이 작용하도록 되어 있다.

18 4.4 센서 대각 2채널 실렉트로 방식

이 방식은 그림 18-11과 같이 4센서 2채널 방식에 실렉트 로 밸브를 추가하여 제동성능을 향상시킨 형이다. 그림 18-12는 실렉트 로 밸브의 유무에 따라 제동성능을 비교한 것으로 실렉트 로 밸브가 없는 4센서 2채널 방식은 마찰계수가 작은 노면에 있는 후륜은 ABS를 장착하지 않는 일반 제동장치에서와 같이 로킹을 일으키며 코너링 포스도 0이 된다.
그러나 실렉트 로 밸브가 있는 경우에는 마찰계수가 작은 전륜측 휠에서 결정된 제동압력이 그대로 후륜측 휠에 공급되므로 마찰계수가 작은 후륜은 로킹을 일으키지 않는다. 따라서 비록 2채널이지만 4채널과 거의 동등한 제동 효과를 얻을 수 있다.

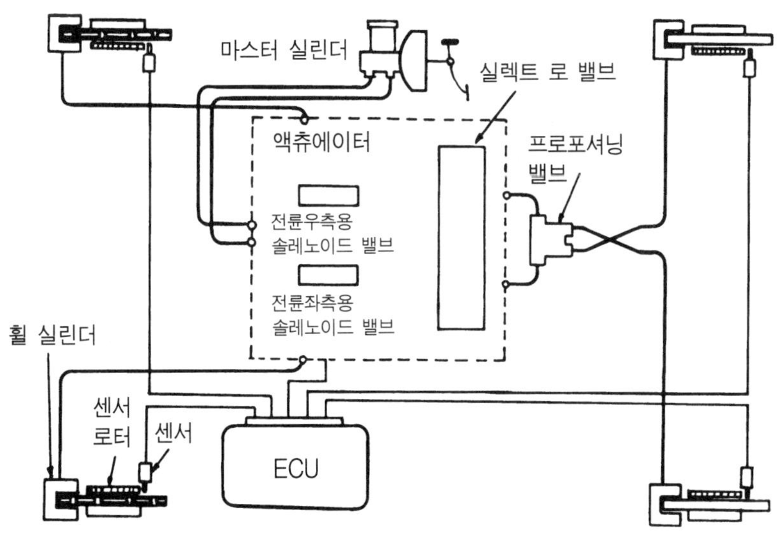

그림 18-11 4센서 2채널 실렉트 로 방식

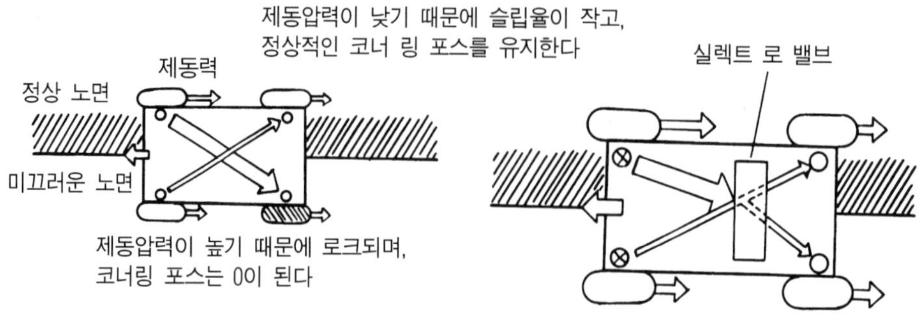

그림 18-12 4센서 2채널의 제동 상태

18.5 ABS의 구조

ABS는 유압 계통으로 구성되어 있으며 유압계통에는 진공 부스터, 텐덤 마스터 실린더, 모듈레이터(하이드로릭 유니트)로 되어 있으며, 제어 계통에는 ECU, 바퀴 속도센서 등으로 구성되어 있다. 그리고 ABS는 앞바퀴를 각각 독립적으로 제어하고, 뒷바퀴는 실렉트 로(select low : 먼저 미끄럼을 일으키는 바퀴를 기준으로 하여 유압을 조절하는 방식)로 조절하는 4센서 3채널 방식을 주로 사용한다. 그림 18-13과 그림 18-14는 각각 ABS의 작동 개요와 이에 대한 다이어그램을 나타낸 것으로서 휠 속도 센서는 컨트롤 유니트로 휠 속도 신호를 보내어 이들 신호를 기본으로 하여 컨트롤 유니트는 솔레노이드 밸브와 하이드롤릭 유니트의 펌프 모터를 제어한다.

ABS가 작동하지 않을 때(보통 제동시)는 브레이크 오일은 마스터 실린더에서 그대로 휠 실린더로 통과한다.

ABS가 작동하면 마스터 실린더에서의 브레이크 오일은 하이드롤릭 유니트에서 정지되며 휠 실린더 유압은 하이드롤릭 유니트 내 컨트롤 피스턴에 의해 제어된다.

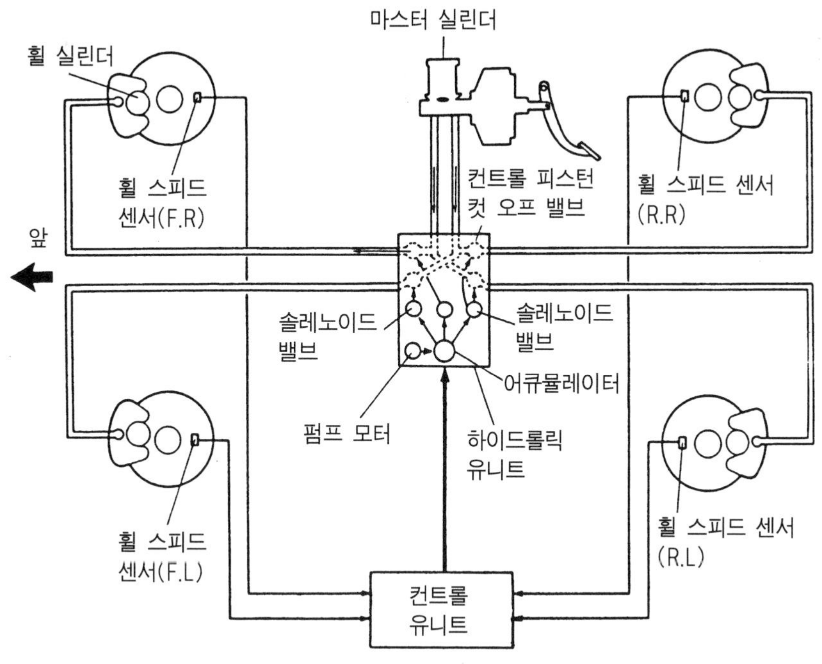

그림 18-13 ABS의 작동 개요

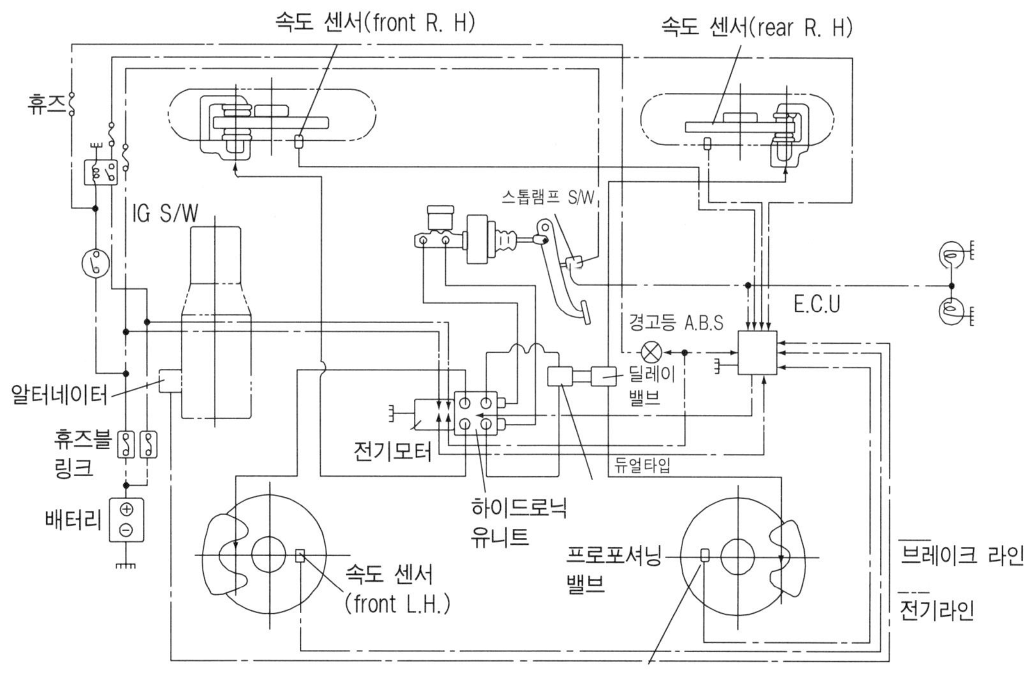

그림 18-14 ABS 다이어그램

18 5.1 텐덤 마스터 실린더(tandem master cylinder)

일반적인 텐덤 마스터 실린더와 마찬가지로 진공 부스터의 플랜지에 부착되며 마스터 실린더 내의 스틸 센트럴 밸브(steel central valve)에 의해 작동된다.

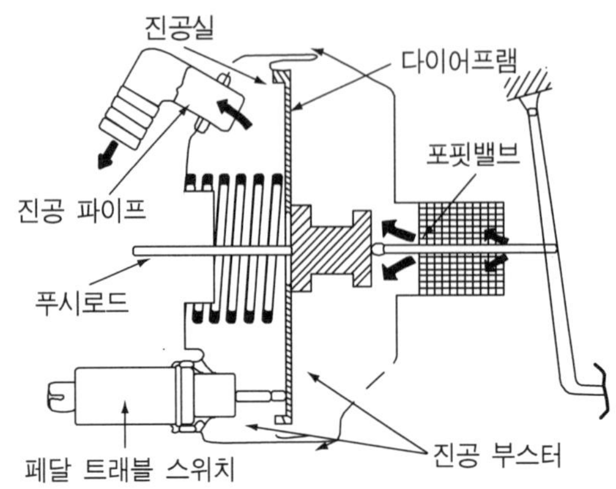

그림 18-15 진공 부스터의 구조

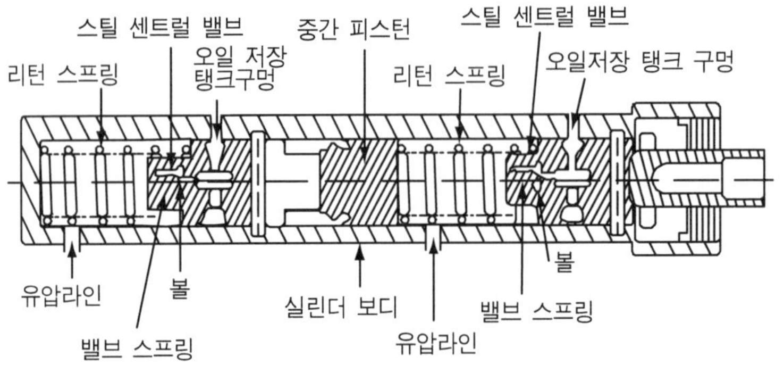

그림 18-16 텐덤 마스터 실린더 구조

텐덤 마스터 실린더의 작동은 다음과 같다.

1 브레이크 페달을 밟았을 경우

진공 부스터 내의 푸시 로드가 피스턴을 밀면 스틸 센트럴 밸브가 닫히고 1차 압력실에 압력이 형성된다. 이 압력은 중간 피스턴을 밀어주고 중간 피스턴의 스틸 센트럴 밸브가 닫혀 2차 압력실에 압력이 형성된다. 그리고, 유압 회로는 마스터 실린더의 유압을 휠 실린더로 공급하는 기능과 더불어 ECU에 의해 조절된 하이드롤릭의 유압도 전달한다.

ABS가 작동되는 동안에는 새로이 생성되는 하이드롤릭의 유압도 마스터 실린더에 작용한다. 즉, 페달의 조작에 의해 발생된 유압보다 하이드롤릭에 의해 생성된 유압이 높아지면 마스터 실린더의 피스턴은 페달 조작력을 이기고 페달 트러블 센서가 지시하는 위치까지 밀어 올린다.

2 브레이크 페달을 놓았을 경우

이 때는 2개의 마스터 실린더 피스턴은 리턴 스프링의 장력으로 본래의 위치로 복귀되고 스틸 센트럴 밸브는 열린다. 스틸 센트럴 밸브의 열린 구멍으로 오일은 서상 탱크로 복귀되며 유압 회로의 압력은 낮아진다.

18 5.2 오일펌프(oil-pump)

오일펌프 모터는 컨트롤 유니트 또는 압력 스위치에 의하여 회전하며 그림 18-17과 같이 캠의 회전운동에 의하여 플런저를 상하로 움직이게 한다. 플런저가 위로 움직이면 오일 리저버 체크 볼이 열려 오일 탱크로부터 오일이 들어오고 플런저가 아래로 움직이면 어큐뮬레이터(accumulator) 체크 볼이 열려 어큐뮬레이터로 오일이 들어간다.

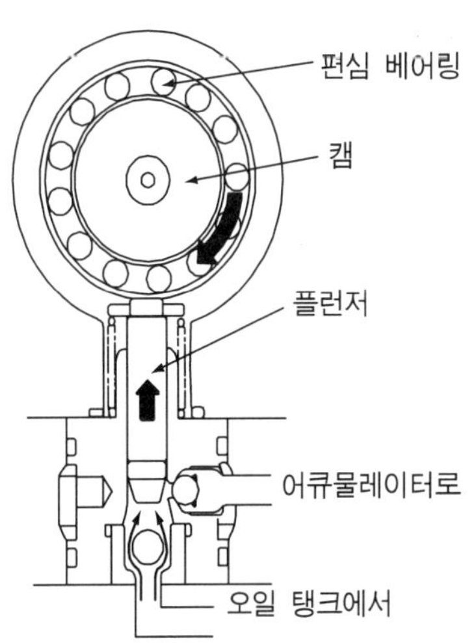

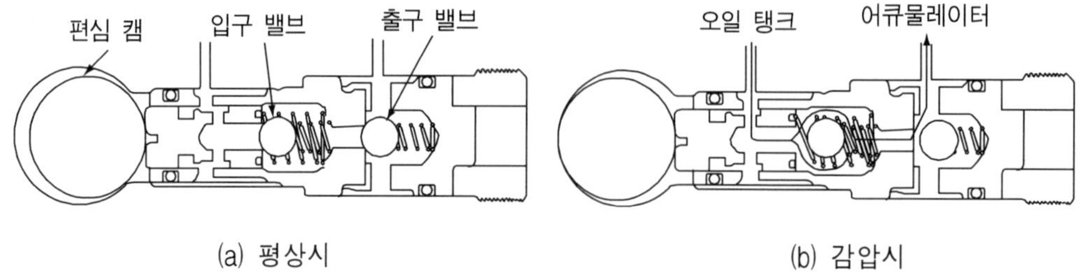

그림 18-17 오일펌프 및 작동

18 5.3 하이드롤릭 유니트(또는 모듈레이터)

하이드롤릭 유니트는 ECU의 신호에 따라 각 휠 실린더에 작용하는 유압을 조절한다. 조절 상태에는 정상, 감압, 증압, 유지의 4가지가 있으며 블록에는 오일펌프, 솔레노이드 밸브, 어큐뮬레이터, 제어 피스턴, 프로포셔닝 밸브 등이 설치되어 있다.

하이드롤릭 유니트 내 솔레노이드 밸브는 컨트롤 유니트에 의하여 제어되며 컨트롤 피스턴을 작동시킨다. 컨트롤 피스턴은 휠 실린더의 유압을 제어하며 그림 18-18과 같이 3채널 시스템인 경우 3개의 솔레노이드 밸브가 있다. 이 중 2개는 앞바퀴용이며 나머지 1개는 뒷바퀴용이다. 또한 프로포셔닝 밸브는 통상의 제동시에 제동성능을 향상시키기 위하여 리어 브레이크 회로에 설치되어 있다.

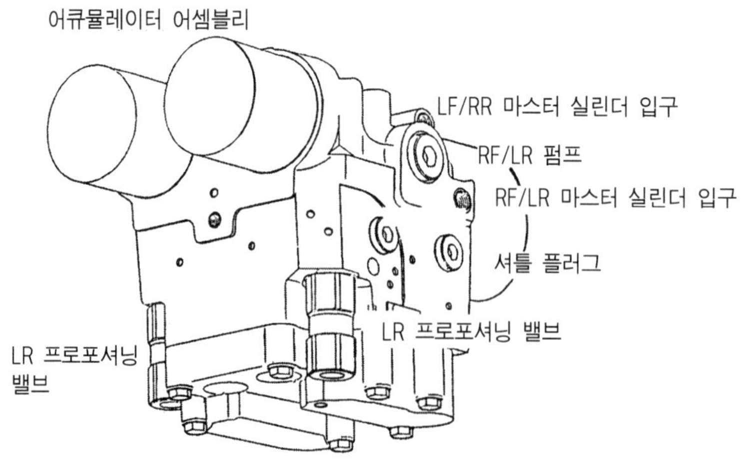

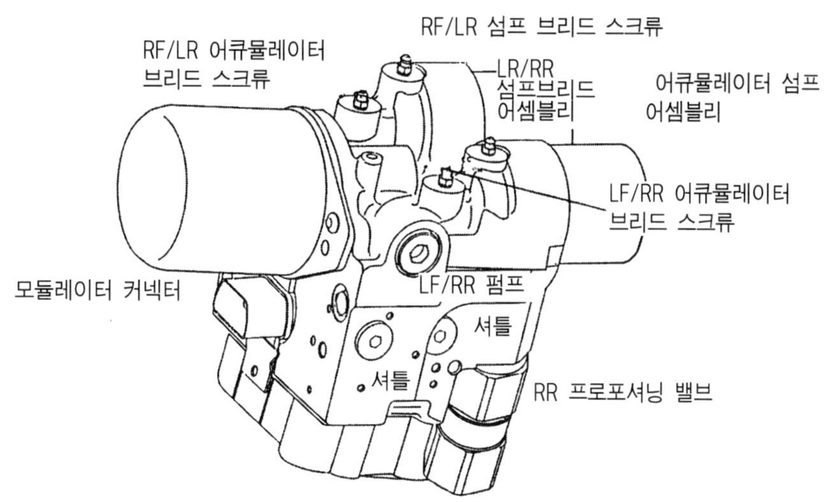

그림 18-18 하이드롤릭 유니트

18 5.4 어큐뮬레이터(accumulator)

그림 18-19는 어큐뮬레이터의 구조를 나타낸 것이며 그 내부에는 고압의 질소 가스와 고무 다이어프램이 들어 있으며 오일펌프에 의해 압축된 고압의 오일을 축적한다.

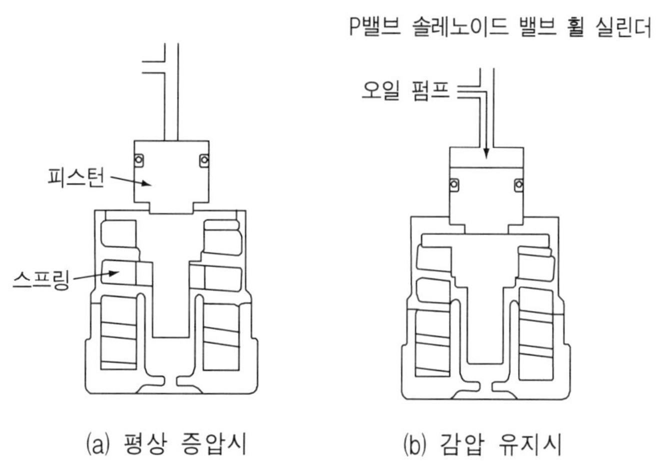

그림 18-19 어큐뮬레이터의 구조 및 작동

ABS가 작동하면 하이드롤릭 유니트 내 오일압력은 낮아지기 때문에 어큐뮬레이터에 축적되어 있는 오일은 고압의 질소 가스와 다이어프램에 의해 다시 펌프로 공급된다. 따라서 펌프는 200~220kg/cm^{2}의 어큐뮬레이터 압력이 유지된다.
어큐뮬레이터는 솔레노이드 밸브에 감압 신호와 유지 신호가 전달되면 일시적으로 브레이크 오일을 저장하고 증압시에는 스프링의 장력으로 휠 실린더에 브레이크 오일을 공급한다.

18 5.5 솔레노이드 밸브(solenoid valve)

솔레노이드 밸브는 제어 피스턴으로 보내는 유압을 조절하는 것이다. 즉, 솔레노이드 밸브에 전류가 흐르면 어큐뮬레이터와 제어 피스턴 사이의 회로가 차단되어 제어 피스턴과 오일 탱크 사이의 회로가 열린다. 이와 반대로 전류가 차단되면 어큐뮬레이터의 유압으로 제어 피스턴과의 회로가 열리고 오일 탱크 사이의 회로는 닫힌다.

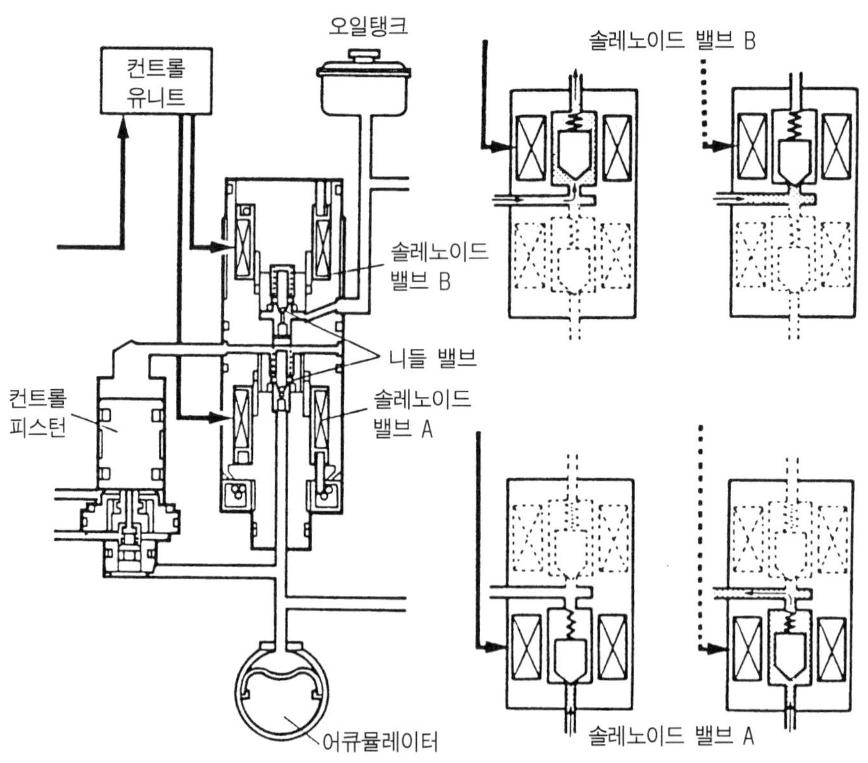

그림 18-20 솔레노이드 회로도

솔레노이드 밸브는 ECU로 부터의 신호 즉, 통상 제동시 또는 ABS 증압시에는 코일에 전류를 보내지 않기 때문에 아마추어(amateur) 리턴 스프링의 힘에 의해 그림 18-21의 (a)와 같이 좌측으로 이동되어 마스터 실린더에서 휠 실린더로 브레이크 오일을 공급한다. 또, ABS 감압을 위해 ECU에서 코일로 전류를 보내면 그림 18-21의 (b)와 같이 아마추어가 흡인되어 리턴 스프링의 힘을 이기고 좌측으로 이동하여 마스터 실린더로부터의 유로는 차단시키고, 휠 실린더에서 레저바로의 유로를 열어 준다.

그림 18-21의 (c)와 같이 압력 유지시에는 감압시보다 적은 전류를 보내므로 어느 쪽으로도 유압이 공급되지 않는다.

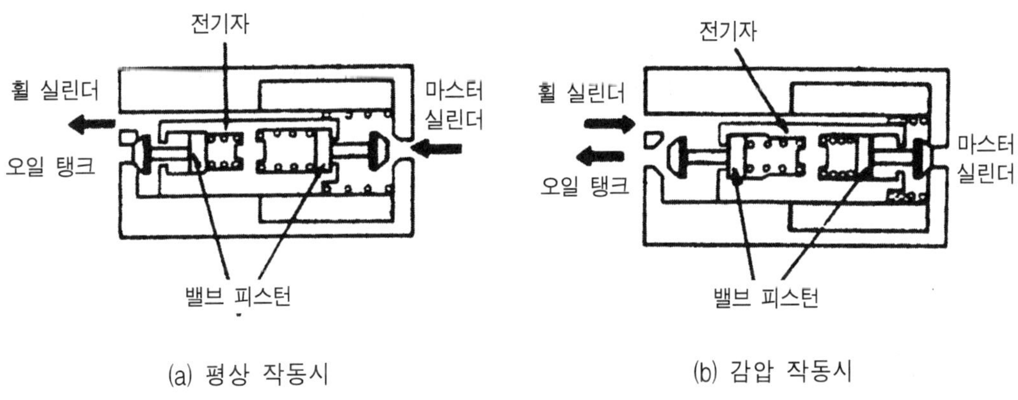

(a) 평상 작동시　　　　(b) 감압 작동시

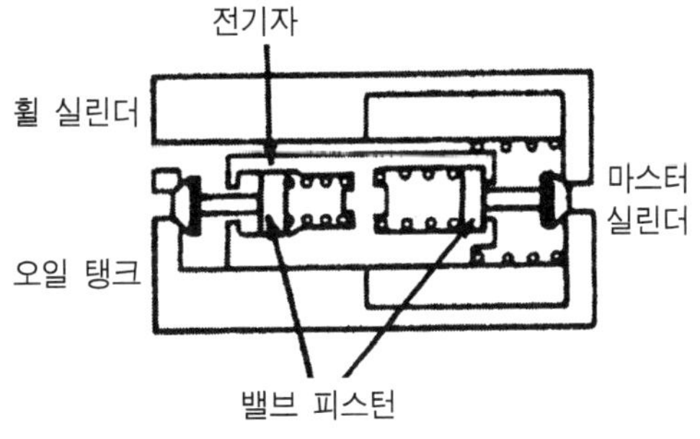

(c) 압력 유지 작동시

그림 18-21 솔레노이드 밸브의 작동

18 5.6 체크 밸브(check valve)

체크 밸브는 ABS 작동중에 브레이크 페달을 놓았을 때 휠 실린더의 브레이크 오일이 마스터 실린더의 오일 탱크로 복귀되도록 하며 휠 실린더의 유압이 마스터 실린더의 유압보다 높아지는 것을 방지하는 일도 한다.

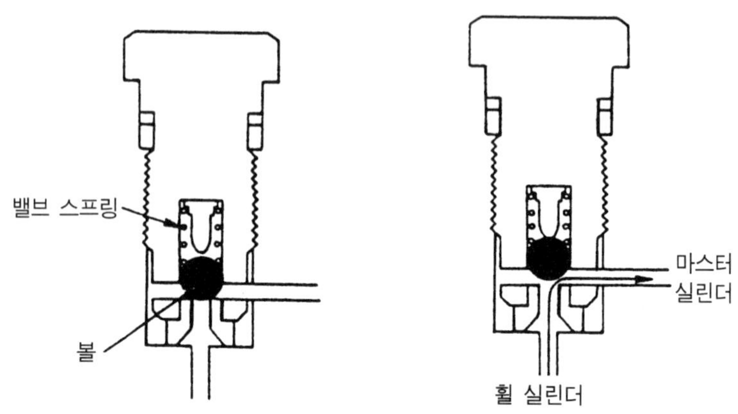

그림 18-22 체크 밸브의 작동

18 5.7 P밸브(proportioning valve)

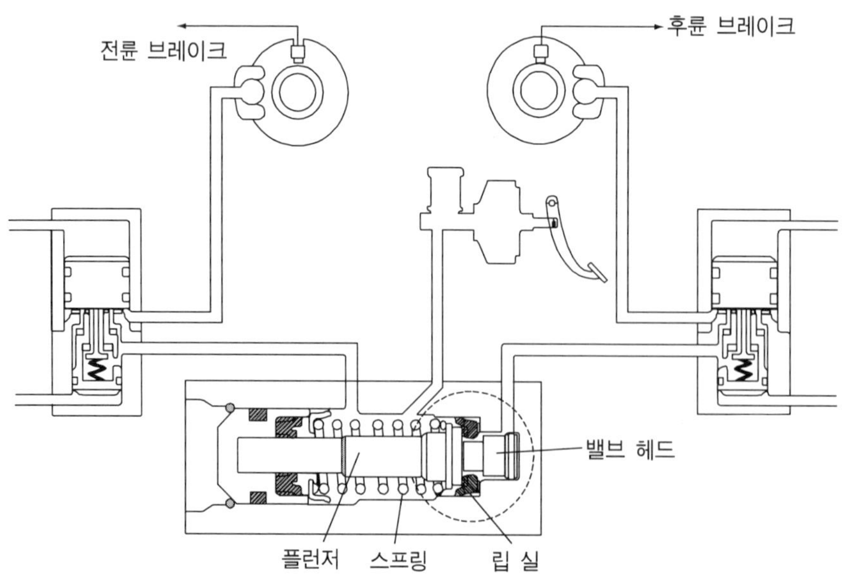

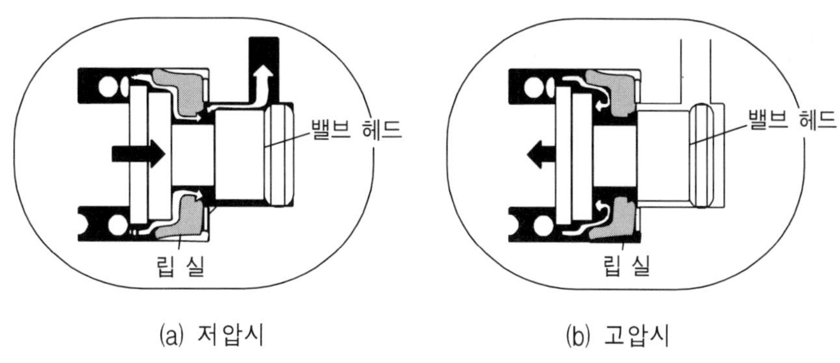

(a) 저압시 (b) 고압시

그림 18-23 프로포셔닝 밸브의 작동

이 밸브는 마스터 실린더의 유압을 솔레노이드 밸브로 유도해 주며 ABS가 작동할 때에는 마스터 실린더 압력이 휠 실린더로 작용하지 않도록 해준다. 그리고 ABS 고장시 뒷바퀴의 고정(lock)으로 인하여 미끄러지는 것을 방지해 준다.

5.8 레저봐(reservoir)

레저봐는 통상 제동시에는 휠 실린더로부터의 유압이 낮기 때문에 레저봐 스프링의 힘을 이기지 못하여 레저봐 피스턴은 그대로 정지되어 있다. 그러나 ABS 감압시에는 레저봐 스프링의 장력을 이기고 피스턴을 아래로 이동시켜 휠 실린더로부터의 오일을 일시적으로 비축하는 작용을 한다.

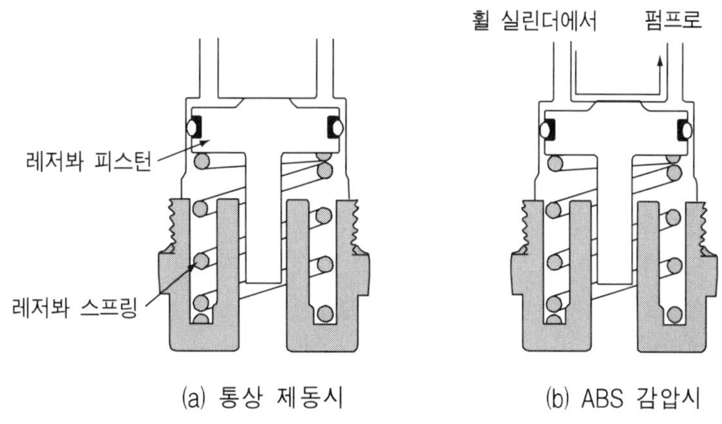

(a) 통상 제동시 (b) ABS 감압시

그림 18-24 레저봐의 작동

18 5.9 ECU(컨트롤 유니트)

1 ECU의 제어 논리

각 바퀴의 속도를 바퀴 속도 센서로 연속적으로 감지하며 바퀴의 속도 입력과 예정된 가속 및 감속계수를 연산하여 예정 주행 속도를 결정한다. 가속과 감속은 바퀴 속도 센서의 신호로서 기준 속도는 차체속도와 가속계수를 연산하여 얻는다. 이 연산에는 도로의 마찰계수에 따른 바퀴의 미끄러짐, 고착 상태를 이용하며 최대 가속과 감속의 한계는 바퀴의 가속값으로 부토 연산되어, 바퀴의 속도와 가속값이 기준 속도와 가속한계 이상이 되면 증압이나 감압 신호를 솔레노이드에 보낸다. 감압 주기는 바퀴의 속도가 기준 속도 미만이거나 감속이 한계 감속보다 클 때이며, 증압 주기는 바퀴의 속도나 가속이 기준 속도이거나 한계 가속보다 클 때이다.

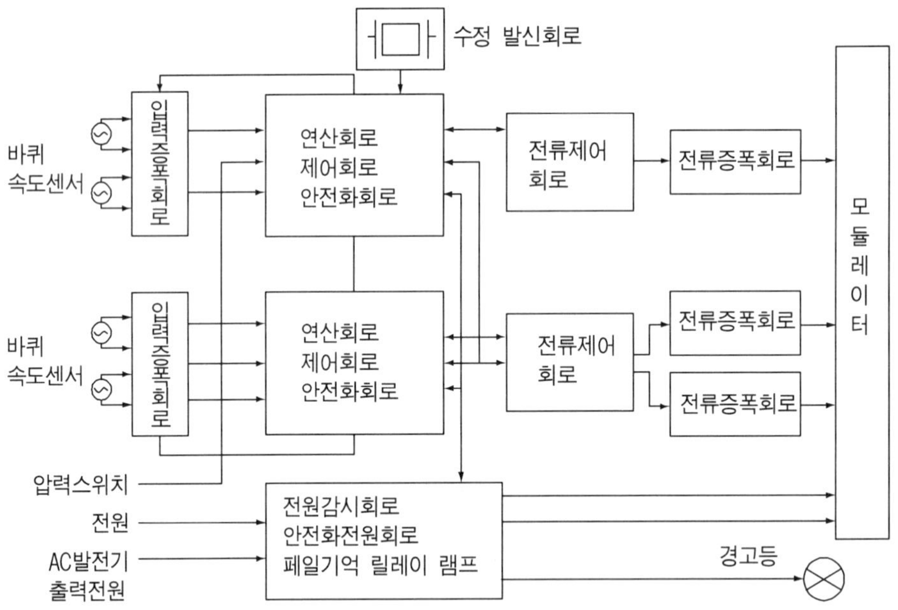

그림 18-25 ABS의 ECU 회로도

2 ECU의 기능

각 바퀴의 바퀴 속도 센서에서 전압을 입력 증폭 회로에 펄스 신호로 변환시키고 LSI(연 산 · 제어 · 안전화 회로)에 신호를 보낸다. LSI는 입력 증폭 회로에서의 신호에 의하여 바퀴 속도를 연산하고 바퀴와 도로와의 미끄럼률 등 ABS 제어에 필요한 처리를 한다. 이것을 기본으로 전류 제어 회로로 보내고 전류 제어 회로는 전류 증폭 회로를 거쳐 하이드롤릭 내의 솔레노이드 밸브로 보내진다.

3 ECU의 페일 세이프 기능

ECU에서는 이상 유무를 점검 및 보완하는 기능이 있는데 이 때 페일 세이프 기능이 작동하면 ABS는 작동하지 못하고 일반적인 제동 작용을 한다. 작동은 바퀴 속도 센서에서 바퀴 속도를 연산 후 제어 신호를 보낸다. 제어 신호는 안전화 회로에 입력시킴과 동시에 데이터 전송, 수신 회로를 거치며 이때 안전화 회로에서 페일 메모리 회로에 신호가 입력되면 페일 세이프가 작동된다.

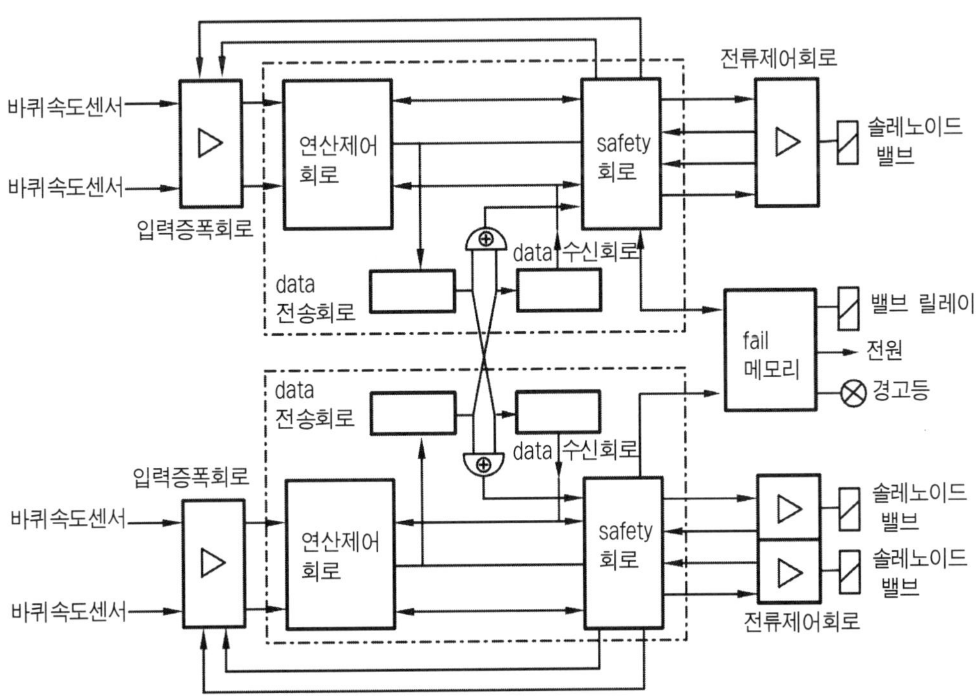

그림 18-26 페일 세이프의 회로도

18 5.10 바퀴 속도 센서(wheel speed sensor)

이 센서는 각 바퀴마다 부착되어, 바퀴의 회전 속도를 감지하여 ECU로 입력시켜 주는 것이며 앞바퀴에는 너클 스핀들에, 뒷바퀴는 허브 스핀들에 설치되어 있다. 이 센서는 영구 자석, 센서 코일, 폴 피스, 톤 휠(ton wheel, 펄스 링)로 구성되어 있다.

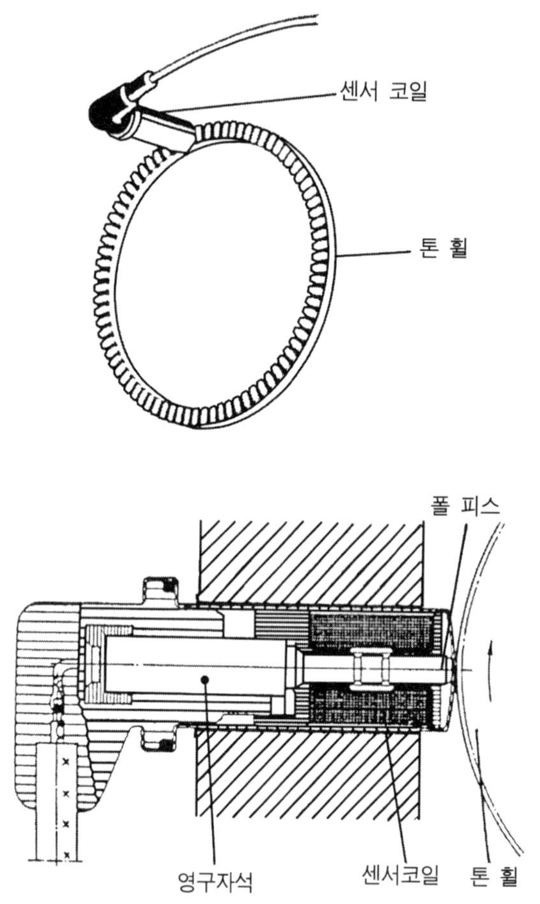

그림 18-27 바퀴 속도 센서와 톤 휠

작동 원리는 톤 휠의 각 이빨이 센서에 접근하면 영구자석 주위의 자력선이 변하여 더욱 강하게 되며, 이 자력선의 변화가 ECU로 입력되는 센서 코일의 전압 상승을 유도한다.

그리고 톤 휠의 각 이빨이 센서의 폴 피스와 일치되면 자력선의 변화가 없어지며 영구자석의 자력이 최대로 되고, 센서 코일과 ECU사이의 전압은 0이 된다. 그러나, 센서의 폴피스가 톤 휠에서 멀어지면 자력선도 약해지드로 센서 코일에서 유도 기전력이 발생하여 ECU로 보내면 ECU는 4바퀴의 개별적 교류 신호를 비교하여 제동 감속을 파악한다. 이 교류 전류는 회전 속도에 비례하여 주기적인 변화가 일어나므로 시간당의 주기를 검출함으로써 바퀴의 회전속도를 감지한다.

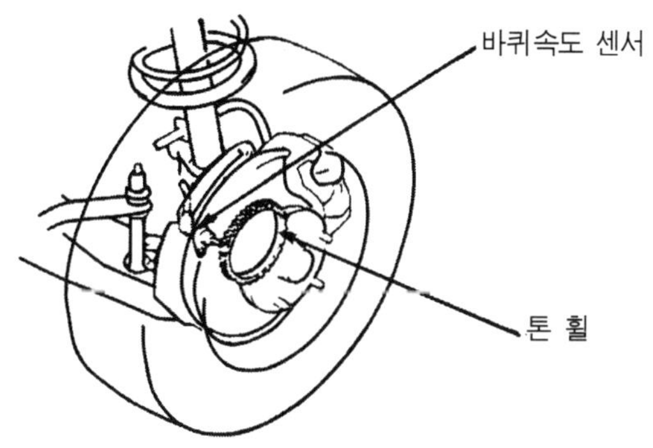

그림 18-28 바퀴 속도 센서의 설치 위치

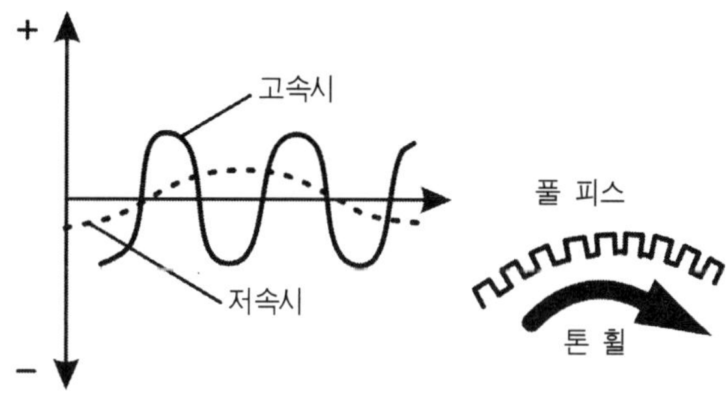

그림 18-29 바퀴 속도 센서의 작용

18.6 ABS 컨트롤 시스템

컨트롤 유니트는 각 바퀴의 속도 센서로부터 받은 신호를 기본으로 각 바퀴의 회전속도를 연산하여 바퀴의 감속, 가속을 계산하고 또 자동차 속도를 예측한다.

급제동을 하면 바퀴 속도는 감소하기 시작하여 그림 18-30의 점 A에서 로크되려고 한다. 점 A에서 컨트롤 유니트는 로크 여부를 결정하기 위하여 바퀴의 미끄럼비를 계산하여 그 미끄럼비와 로킹 판단을 위해 미리 입력 설정된 공식과 비교한다.

이 미끄럼비가 미리 입력 설정된 값을 초과하면 컨트롤 유니트는 브레이크 오일 압력이 감소되도록 압력 감소 명령을 내린다. 오일 압력이 감소되면 바퀴 속도는 점 B와 같이 증가하기 시작하고 컨트롤 유니트는 바퀴의 속도가 원래의 속도로 회복되도록 결정한다. 즉, 통사의 오일 압력을 유지하도록 압력 유지 명령을 내린다. 그래서 바퀴 속도가 점 C에 도달하여 컨트롤 유니트가 더 이상의 로킹 위험이 없다고 판단되면 오일 압력을 증가하도록 명령한다. 바퀴가 다시 점 E와 같이 로크되려고 하면 바퀴 속도를 조절하기 위하여 위의 과정을 다시 반복한다. 즉 1초에 수회 반복하여 브레이크 오일 압력을 증감시켜 노면과 타이어 사이의 마찰계수가 최대치에 유지되도록 제어한다.

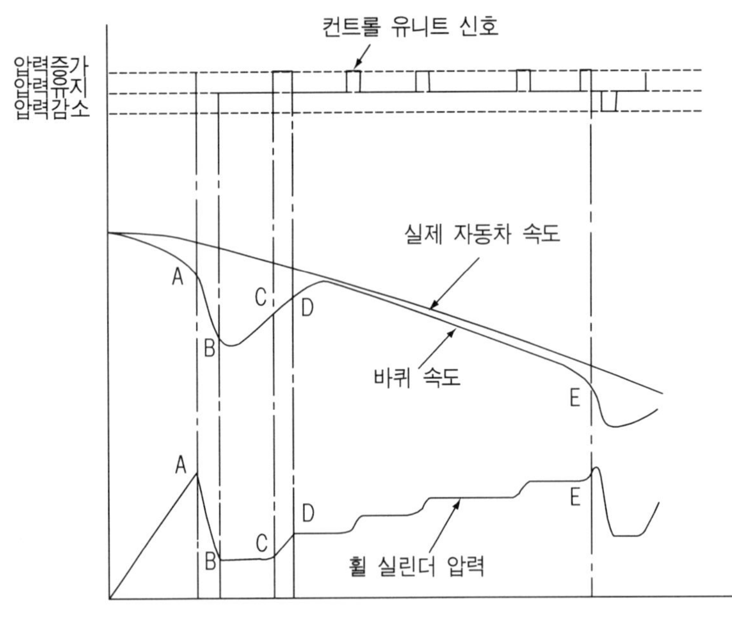

그림 18-30 ABS 컨트롤 시스템

18.7 ABS의 작동

18.7.1 ABS 비작동시의 경우

① ABS가 작동하지 않는 통상의 제동시 브레이크 페달을 밟으면 마스터 실린더로부터의 유압은 P밸브의 볼을 밀면서 솔레노이드 밸브로 유입된다.

② 이 때 ECU로부터 솔레노이드 밸브의 코일에 전류가 흐르지 않으므로 마스터 실린더와 휠 실린더의 유로는 개방되어 있기 때문에 통상의 제동 작용을 한다.

③ 한편 유압은 어큐뮬레이터에 이르지만 피스턴을 움직일 만큼의 압력은 되지 못하며, 아웃렛 밸브도 닫혀 있기 때문에 오일은 차단된다.

④ 브레이크 페달을 놓으면 마스터 실린더의 압력은 저하하고, 휠 실린더의 유압은 체크 밸브를 통해 마스터 실린더로 되돌아간다.

⑤ 이와 동시에 P밸브는 닫히지만 마스터 실린더내의 유압이 일정치(약 10kg/cm^2)까지 내려가면 P밸브의 리턴 피스턴이 스프링에 의해 좌측으로 이동하여 볼을 밀어 유로를 열어준다.

⑥ 따라서 체크 밸브에 의해 발생한 휠 실린더의 잔압을 솔레노이드 밸브와 P밸브를 거쳐 마스터 실린더로 보낸다.

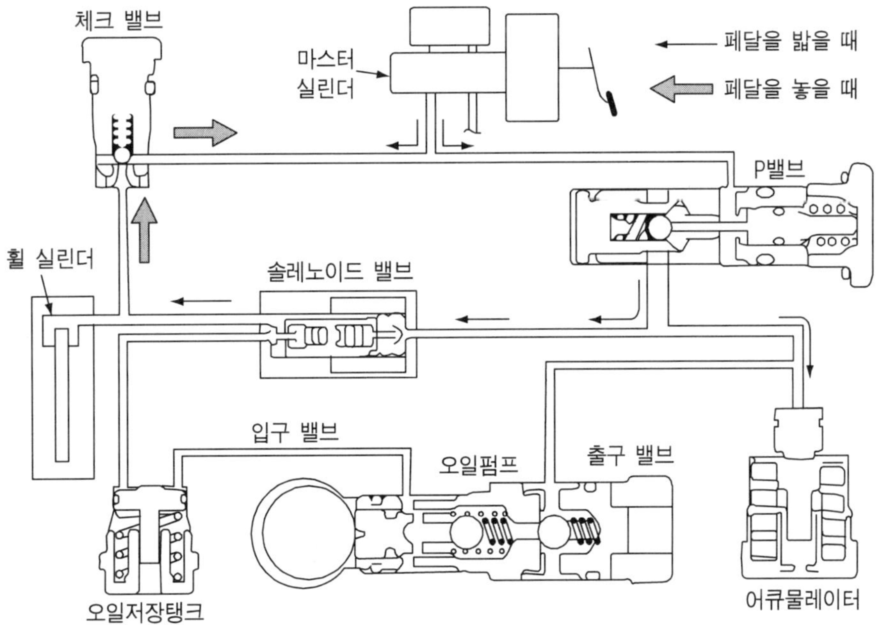

그림 18-31 ABS 비작동시의 작동 상태

18 7.2 ABS가 작동하지 않을 경우

(1) 압력 감소 상태

① 브레이크 페달을 밟았을 때 바퀴가 로크되려는 것을 바퀴 속도 센서가 감지하면 이 신호를 ECU로 보낸다. 감압 신호를 받은 ECU는 솔레노이드 밸브에 5A의 전류를 보내어 여자(勵磁)시킨다.

② 따라서 밸브 피스턴은 우측으로 이동하여 마스터 실린더와의 유로를 차단함과 동시에 레저봐로의 통로를 개방한다. 이 결과 휠 실린더의 유압은 솔레노이드 밸브를 거쳐 레저봐로 유입된다.

③ 또 감압 신호는 펌프에도 보내어 펌프가 작동하여 레저봐내의 오일을 어큐뮬레이터로 보낸다. 이 때 P밸브 및 체크 밸브 사이의 통로는 차단되어 있기 때문에 마스터 실린더와는 완전히 분리된 상태에서 감압되어 바퀴의 로크를 방지한다.

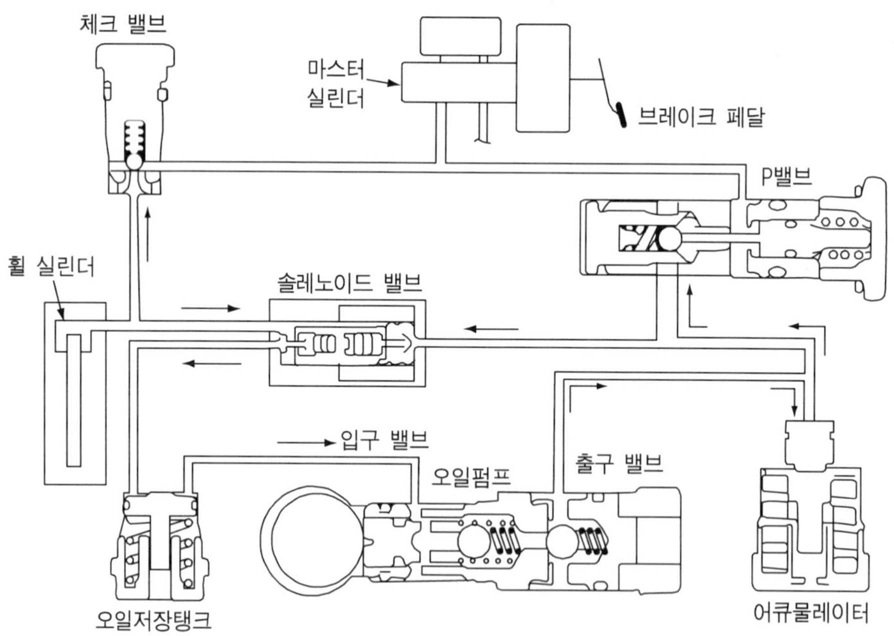

그림 18-32 ABS 작동시의 압력 감소의 상태

(2) 압력 유지 상태

① 휠 실린더 내의 유압이 최적의 상태로 조정되면 ECU는 솔레노이드 밸브에 압력 유지 신호를 보내면서 2A의 전류를 공급한다.

② 이는 압력 감소시 보다 공급 전류가 작기 때문에 좌우측 밸브 피스턴은 리턴 스프링의 힘에 닫힌다. 따라서 솔레노이드 밸브는 마스터 실린더와 레저봐 사이의 통로를 완전히 차단시켜 각각의 유압 경로는 독립된 상태가 된다.

③ 즉, 휠 실린더측은 체크 밸브도 닫혀 있고, 레저봐로의 유로도 솔레노이드 밸브에 의해 닫혀 있기 때문에 압력 유지 상태가 된다. 또 어큐뮬레이터는 펌프에 의해 증압된 오일을 비축하고 있으며 마스터 실린더측은 브레이크 페달에 의하여 가압된 상태로 있기 때문에 각각 독립상태를 유지하고 있다.

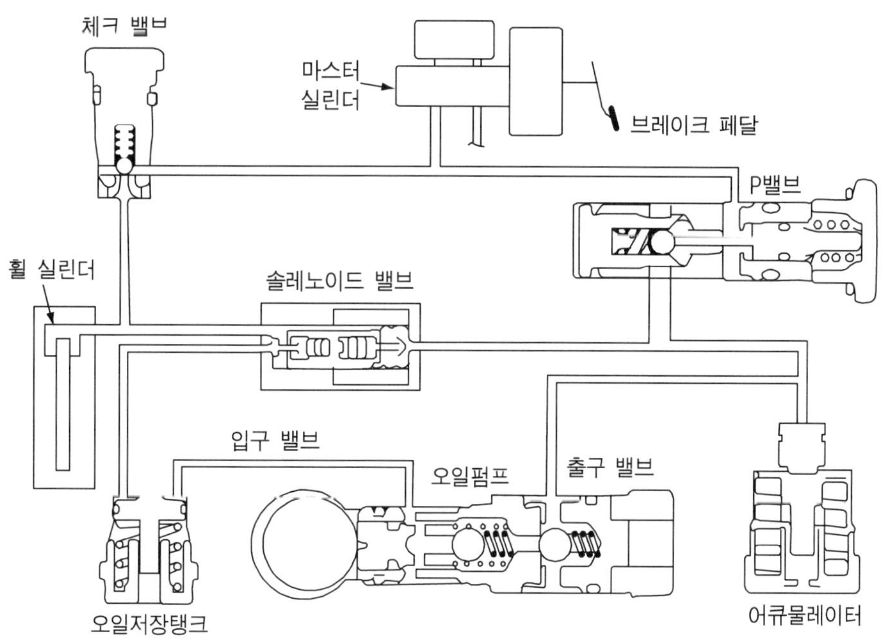

그림 18-33 ABS 작동시의 압력 유지 상태

(3) 압력 증가 상태

① ECU가 휠 실린더 내의 유압을 증가되어야 한다고 판단하면 솔레노이드 밸브에 증압 신호를 보낸다.

② 따라서 솔레노이드 밸브의 아마추어는 스프링의 장력에 의해 좌측으로 이동

하여 처음의 상태로 되어 마스터 실린더로의 유로를 열어준다.

③ 이 때 P밸브는 압력 유지시 비축하고 있던 어큐뮬레이터측의 고압에 의해 닫혀 있으며, 체크 밸브도 닫혀 있기 때문에 마스터 실린더의 유압은 변동이 없다.

④ 따라서 휠 실린더측의 유압만 어큐뮬레이터에서 비축하고 있던 고압에 의해 증압된다.

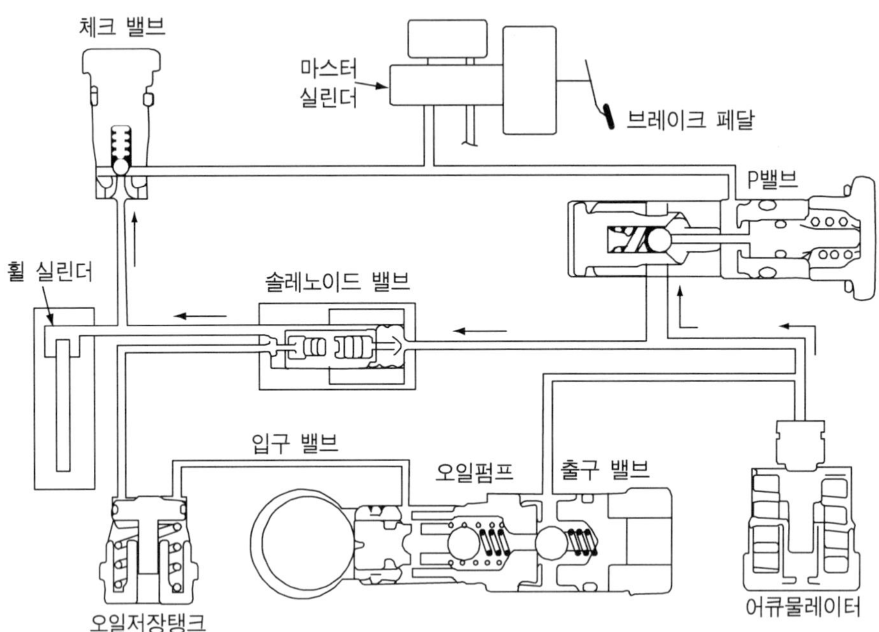

그림 18-34 ABS 작동시의 압력 증가 상태

제19장 TCS 장치

19.1 구동륜 미끄럼시 자동차의 움직임

미끄러지기 쉬운 도로면에서 가속 페달을 밟고 가속하였을 때 구동륜이 공전하기만 하고 자동차가 움직이지 않거나, 또는 자동차가 옆으로 쏠려 위험한 상태가 되는 일이 있다. 빙판이나 눈길, 진흙탕 등에서 출발할 때 등 특히 후륜 구동의 2WD 자동차의 경우는 현저하게 나타난다. 미끄러지기 쉬운 도로상에서 가속하였을 때 자동차의 움직임을 고려한 경우 자동차를 가속하였을 때의 자동차의 미끄럼률(슬립률, side slip ratio)은 다음과 같다.

$$\text{미끄럼률} = \frac{\text{구동륜 속도} - \text{차체 속도}}{\text{구동륜 속도}} \times 100(\%)$$

미끄럼률과 타이어 노면과의 마찰계수 및 코너링 포스와의 관계는 다음 그림 20-1과 같다. 마찰계수(μ)는 제동시 제동륜의 제동력이라고 하면 가속시에는 구동륜의 구동력이라고 할 수 있다. 그림 20-2는 TCS 장치의 구성도를, 표 19-1은 구성품의 주요 기능을 설명한 것이다.

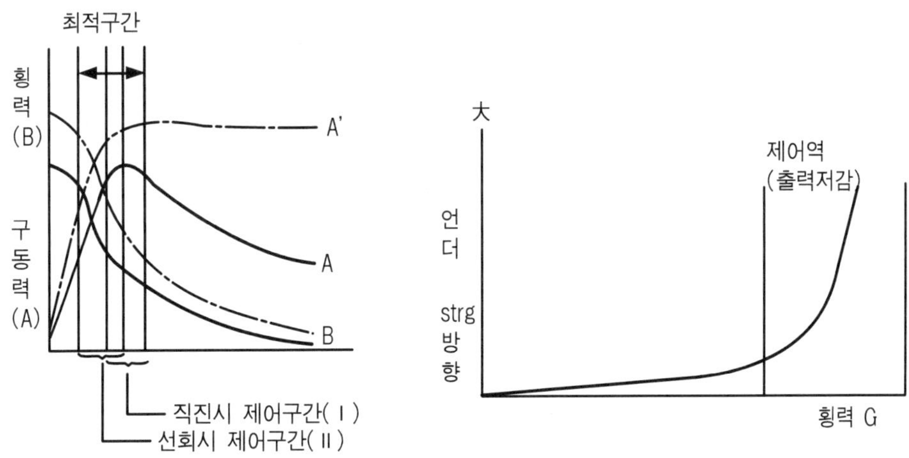

그림 19-1 타이어와 노면간의 미끄럼 특성

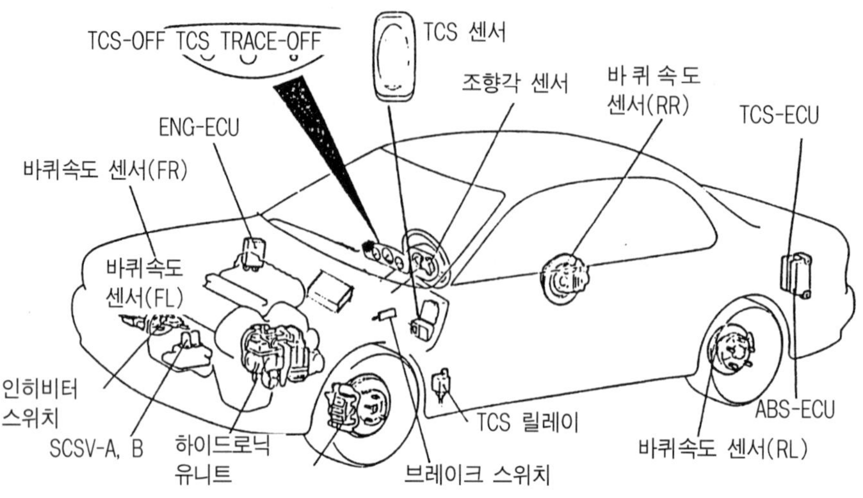

그림 19-2 TCS 장치의 구성도

표 19-1 구성품의 주요 기능

구 성		품 명	기 능
센서	ABS ECU	속도펄스	ABS-ECU에서 TCS-ECU에 의해 직각 파선으로 교정된 휠 속도 신호인 펄스(pulse)를 입력
		제어조건	ABS에서 TCS-ECU의 제어 조건 전달
	변속 솔레노이드 A		4 A/T 변속기 신호를 TCS-ECU로 입력
	변속 솔레노이드 B		
	인히비터 스위치 R		
	조향 휠 센서		조향 휠을 TCS-ECU로 입력
	추적 제어 스위치		추적 기능 제어 모드를 TCS-ECU까지 선택하는 신호 입력
	가속위치 센서(APS)		가속페달의 구동 압력 검출 및 데이터를 TCS-ECU로 입력
	엔진제어유니트 (ECU)		TCS 엔진 토크제어를 위해 요구된 신호를 TCS-ECU로 송출 ▪ 트랜스 액슬 데이터 ① 스로틀 밸브 개방 데이터 ② 엔진 속도(엔진 회전수) ③ 체크 엔진 램프 : ON/OFF ④ 아이들 스위치 : ON/OFF ⑤ 점화 스위치 : ON/OFF ⑥ 엔진 배기량 ⑦ 인히비터 스위치 : N, P/D, 2, L ⑧ 엔진 TCS-ECU 제어 솔레노이드 : 고장/정상

구분		내용
제어 유니트		원하는 토크 센서에 의해 받은 신호에 따라 엔진-ECU로 전달되며 동시에 필요시 액츄에이터 브레이크를 구동시킴.
		자기 진단 제어 및 고장 진단 기능
		자기 진단 기능 제어(MUT 사용)
액츄에이터	TCS OFF 표시등	TCS OFF 모드로 맞추고 점등되었을 때 또는 TCS-ECU의 자기진단에 따라 고장 진단으로 점검될 때 점등
	TCS 표시등	TCS 작동되는 동안 점등
	TRACE OFF 표시등	TCS의 추적제어 기능이 소등(TRACE OFF 모드)시 점등
	엔진 - ECU	엔진 토크 제어에 대한 TCS-ECU에 의해 요구되는 냉,온간 엔진 조건에 대한 보정
	TCS 밸브 릴레이	TCS-ECU에서 공급 전기를 TCS 브레이크 액츄에이터 솔레노이드 밸브까지 구동 신호에 의해서 ON한다.
	브레이크 액츄에이터	ABS 유압 유니트 적분 및 TCS-ECU에서 구동신호에 따라 독립적으로 앞바퀴 브레이크 제어

4륜 구동차(4WD차)는 타이어 1륜당 담당하는 구동력이 2WD차의 1/2이 되고 구동륜의 슬립은 대부분 발생하지 않게 되어 안정성이 있다. 그러나, 4WD차는 새로운 구동 기구의 추가, 중량 증가, 가격의 증가 등 단점도 없지 않다.

FF차의 경우 구동륜과 조향륜이 동일하기 때문에 FR차보다 자동차의 움직임은 안정되어 있으나 슬립률 제어는 조향성의 향상이라는 점에서 장점을 가지고 있다. 또한, 그림 19-3은 트랙션 컨트롤 장착한 차와 미장착차의 미끄럼을 비교한 것이다.

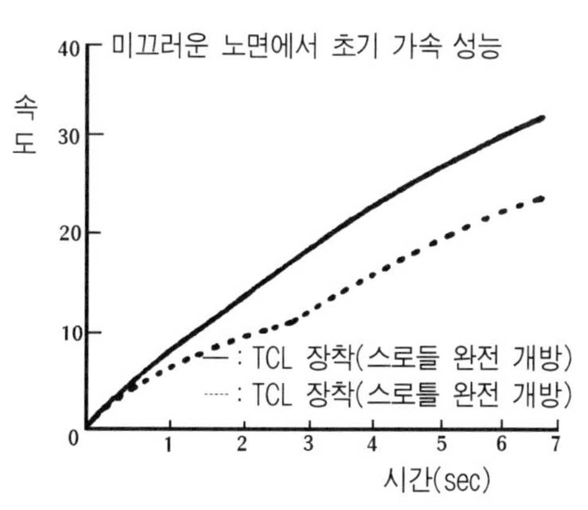

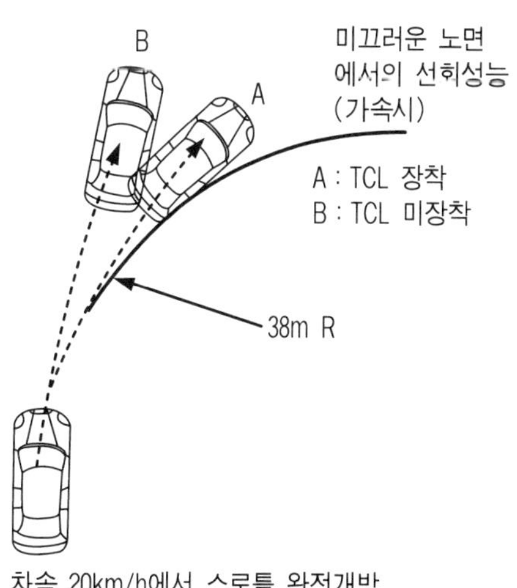

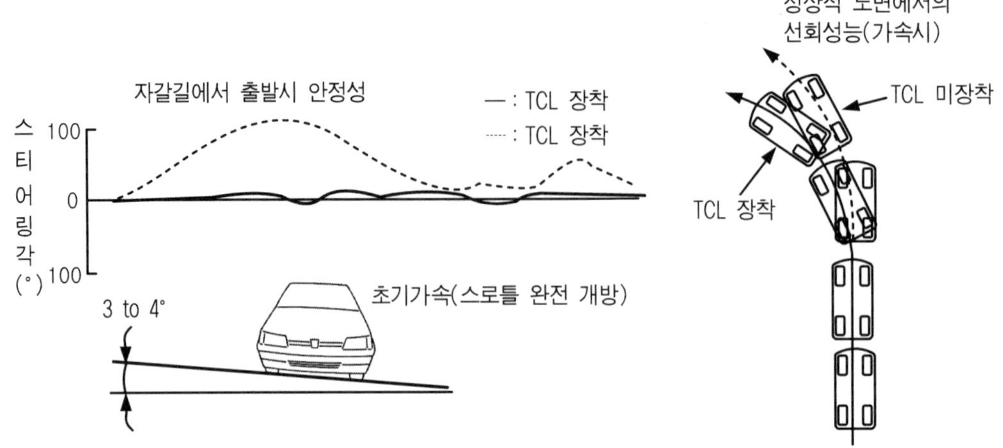

그림 19-3 TCS 장착차와 미장착차의 비교

작동은 미끄럼 제어와 추적제어(trace control)의 2가지의 형태로 제어하고 그 형태별 특징을 살펴보면 다음과 같다.

(1) 미끄럼 제어(Slip 제어)

타이어의 미끄럼비를 조정함으로서 타이어의 구동력 및 횡력을 최적화한다.

① 최고의 효율을 얻을 수 있도록 구동력과 횡력을 직진시 및 선회 주행시 구별하여 제어한다. 즉, 그림 19-4의 직진 주행시에는 슬립비가 비교적 높은 영역에서 선회 주행시에는 슬립비가 비교적 낮은 영역에서 슬립비를 제어한다.

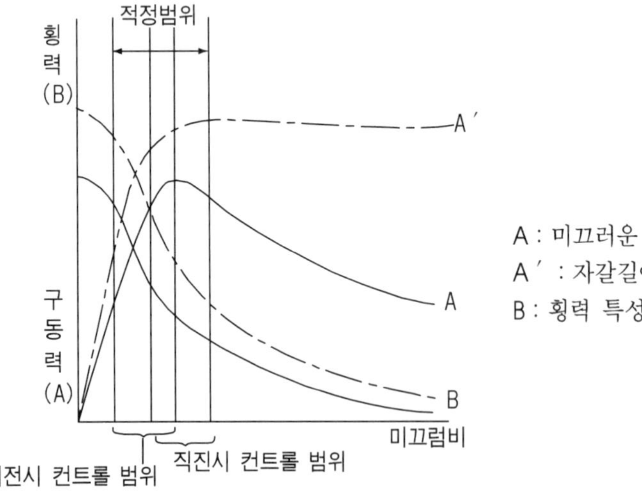

그림 19-4 미끄럼 제어의 특성 비교

② 자갈길 및 험한 도로상에서의 구동력은 그림 19-4의 A′에서처럼 미끄럼비가 클지라도 이들 도로에서의 가속성능은 눈길이나 빙판길과 같은 미끄러운 노면에서 보다 더 우수하다. 즉 큰 가속이 가능한 도로에서 제어는 직진영역보다 더 큰 미끄럼비를 가진 영역에서 제어될 때 양호한 가속성을 얻을 수 있게 된다.

또한, 이 미끄럼 제어를 하기 위한 조건 또는 작용 조건은 다음과 같이 제어 작용한다.

1 목표 바퀴 속도 산정

① 종가속량은 차량속도에서 계산되는 데 비구동 바퀴(뒷바퀴)에서 값이 산정된다.
② 종가속의 최고값은 노면의 최대 마찰계수를 나타낸다.

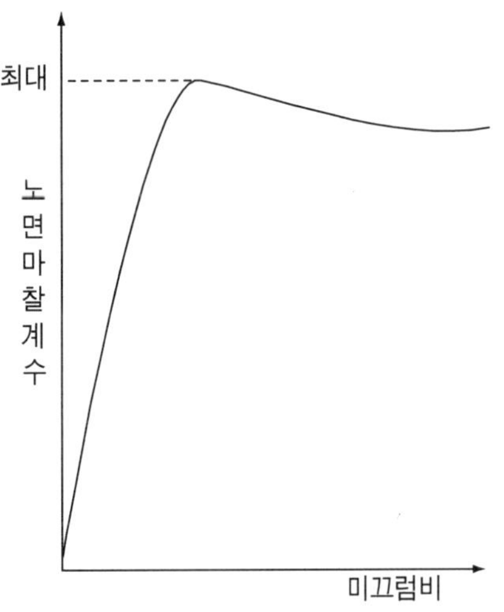

그림 19-5 미끄럼비와 마찰계수와의 관계

2 목표 엔진 토크 산정

① 목표 엔진 토크는 차량 중앙 및 타이어 반경과 같은 데이터로부터 구할 수 있다.
② 보정 토크는 목표 휠 속도와 현재의 차량속도 및 구동 휠 속도에서 구할 수 있다.

③ 목표 엔진 토크는 보정 토크로 더해진 차량 속도의 회전저항과 TCU에 의해 주어진 변속정보를 자료로 하여 계산된다.

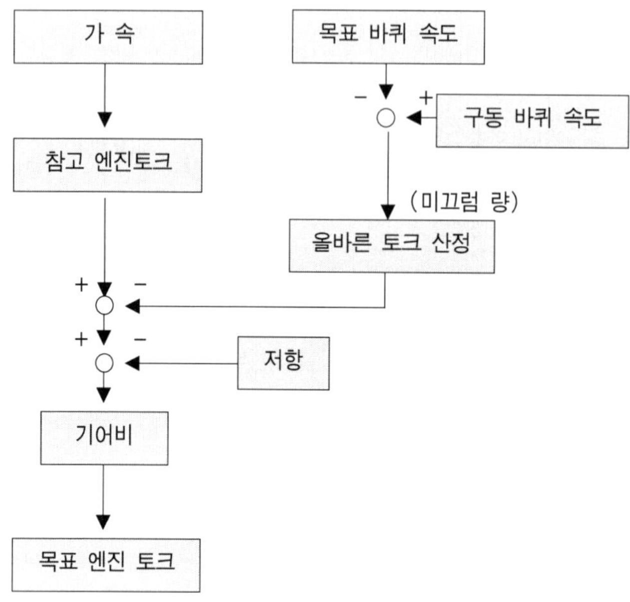

그림 19-6 목표 엔진 토크 산정

3 제어 시작 조건

① TCS의 OFF 모드를 제외한 모든 경우
② 가속 페달 및 엔진 회전수에서 검출된 신호가 가속의 의지가 있는 경우
③ 구동 바퀴의 속도가 증가할 경우
④ 구동 바퀴가 슬립할 경우
⑤ 변속 레버 위치가 P나 N 이외일 경우
⑥ 시스템이 정상일 경우

4 제어 종료 조건

① 아이들 스위치가 ON 상태일 때
② 목표 엔진 토크가 표준 엔진 조건이상으로 증가하고 구동 바퀴의 미끄러짐이 예측값 이하로 떨어질 경우

③ 경고등이 점등될 경우
④ ABS 작동시

19 1.2 추적 제어(Trace 제어)

① 선회 가속중 조향 휠을 급격히 회전시키면 차체는 원심력 방향으로 벗어나려는 경향이 있다. 즉 언더 스티어링 현상으로 된다.

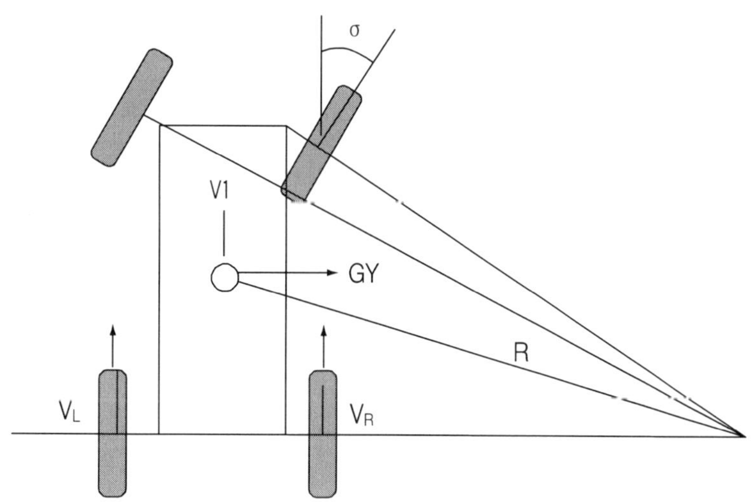

GY : 횡 G
R : 회전반경
SO : 스티어링 조향각
V : 차속[= (VL+VR)/2]
VL : 후좌륜 차륜속도
PST : 스티어링 기어비
S : 타이어 벌림각[= SO/PST]
VR : 후우륜 차륜속도

그림 19-7 추적 제어

② 운전자가 조향 바퀴를 회전시킬수록 회전반경은 더 작아진다. 이때, 갑작스런 횡가속도의 증가로 차량의 주행성능이 떨어지기 때문에 적절한 구동력 제어가 필요하다.
③ 주행성능이 떨어지기 전에 조향각 및 차속(뒷바퀴 평균속도)사이의 관계에서 횡가속 상태를 계산한 후 엔진 토크를 자동적으로 제어하여 가속하려는 운전자의 의도를 만족시킨다.

추적제어에 대한 조건 및 작용 조건은 다음과 같다.

1 횡 가속도 산정

횡 가속도는 조향각 센서와 차량 속도에 의해 계산되고 그림 19-8은 그 계산 과정의 일례를 나타낸 것이다.

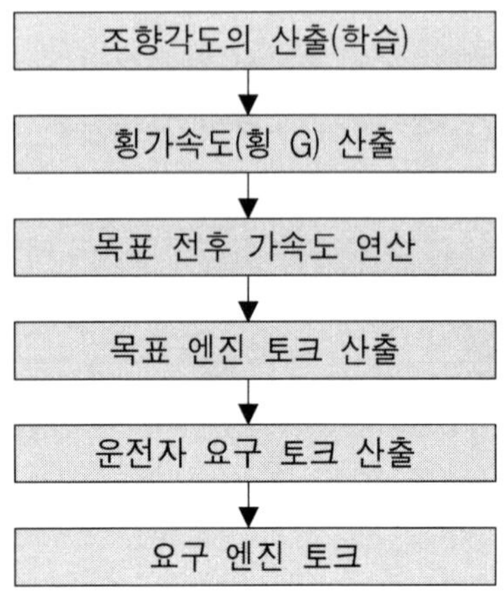

그림 19-8 계산 과정 일례

2 목표 엔진 토크 산정

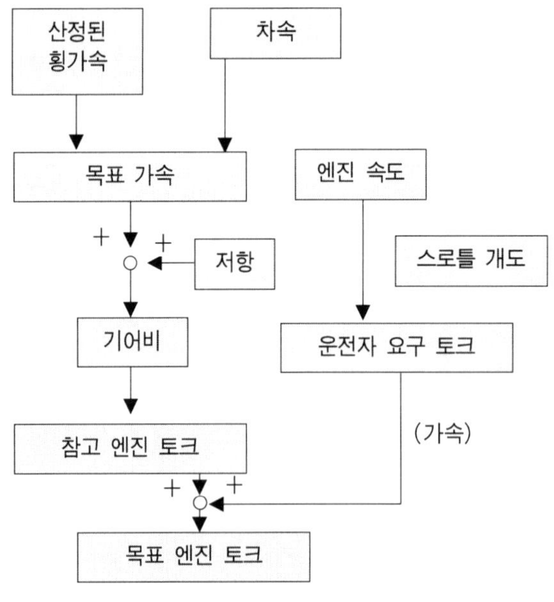

그림 19-9 목표 엔진 토크 산정

① 목표 종가속은 계산된 측정 횡가속 및 차량속도에 따라 구해진다.
② 관련 엔진 토크는 목표 종가속에 추가된 현재 차량 속도와 구동 저항 TCU 변속 정보를 기초로 구한다.

3 제어 시작 조건

① 시스템이 정상적으로 작용할 때
② TRACE 램프가 OFF로 점등되 않은 경우
③ 목표 엔진 토크가 운전자 요구 토크보다 작을 때

4 제어 종료 조건

① 목표 엔진 토크가 운전자가 원하는 토크보다 클 때
② 경고등 점등시

19.2 트랙션 컨트롤 제어방식

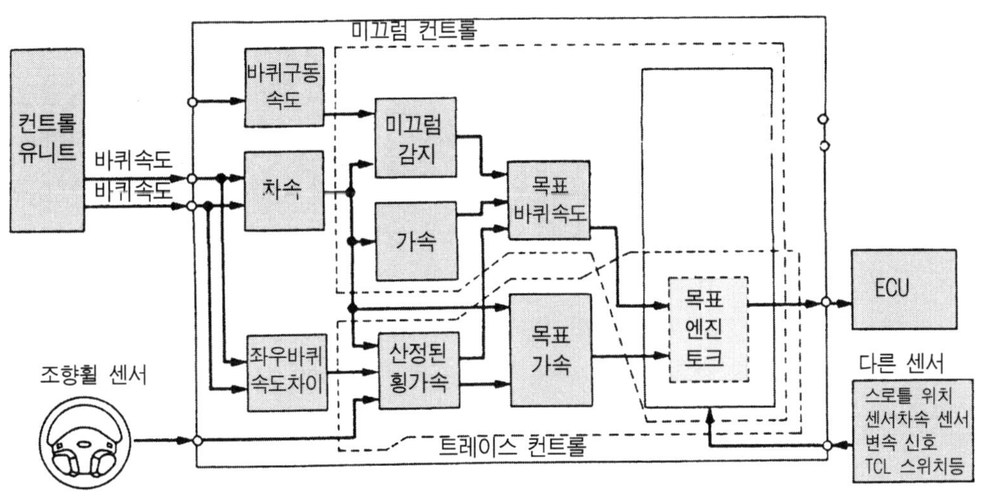

그림 19-10 기본 회로도

트랙션 컨트롤은 자동차 가속시에 운전자의 가속 페달 조작에 의하지 않고 구동륜을 앞에 나온 타이어 노면간의 미끄럼률 특성 그림에 나타낸 트랙션 제어 영역 내의 미끄럼률로 제어하여 충분한 코너링 포스와 구동력을 확보하는 것이다·. 구동륜의 미끄럼을 검출하여 트랙션 제어 영역내에서 작용하도록 하는 방법으로는 다음의 3가지의 제어 방법이 있다.
그림 19-10은 TCS 장치의 ECU의 기본 회로도를 표시한 것이다.

19 2.1 엔진 토크 제어

엔진의 출력을 저하시키는 제어로서 여기에는 다음과 같은 방식을 사용한다.

① 스로틀 밸브의 개폐
② 연료 분사량의 감소 또는 차단
③ 점화시기 지각

스로틀 밸브의 개폐 방식은 제어 범위가 넓고, 연속적인 제어가 가능하다는 등 장점은 있지만 응답성이 나쁜 단점을 가지고 있다. 연료 분사량의 감소 또는 차단 및 점화시기의 지각의 방식은 제어량이 적어 연속성에 어려움은 있지만 응답성이 좋고 가격이 저렴한 장점을 가지고 있다. 응답성과 제어량의 관점에서 ①~③을 병용하는 경우도 있다.
이 장치는 전자제어 엔진에서 액츄에이터의 작동없이 소프트웨어만의 수정등으로 대응이 가능하므로 가격면에서 효과적이고 제어 초기시 빠른 응답성의 출력 제어가 기대되지만 저감 절대량 제어와 연속적인 출력조정이 곤란하여 승차감 측면의 단점이 우려되므로 충분한 성능 확보가 우선되어야 한다. 특히, 삼원촉매 등 배출가스를 점검시키기 위한 촉매 장치를 손상시킬 수 있으므로 엔진 수명을 단축시킬 수 있다.
그림 19-11은 엔진 출력 제어에 대한 회로도를 나타낸 것으로서 가속 페달을 밟으면 진공 액츄에이터 작동 부압을 높여 나가면 부압에 비례하여 스로틀 밸브가 닫혀진다.

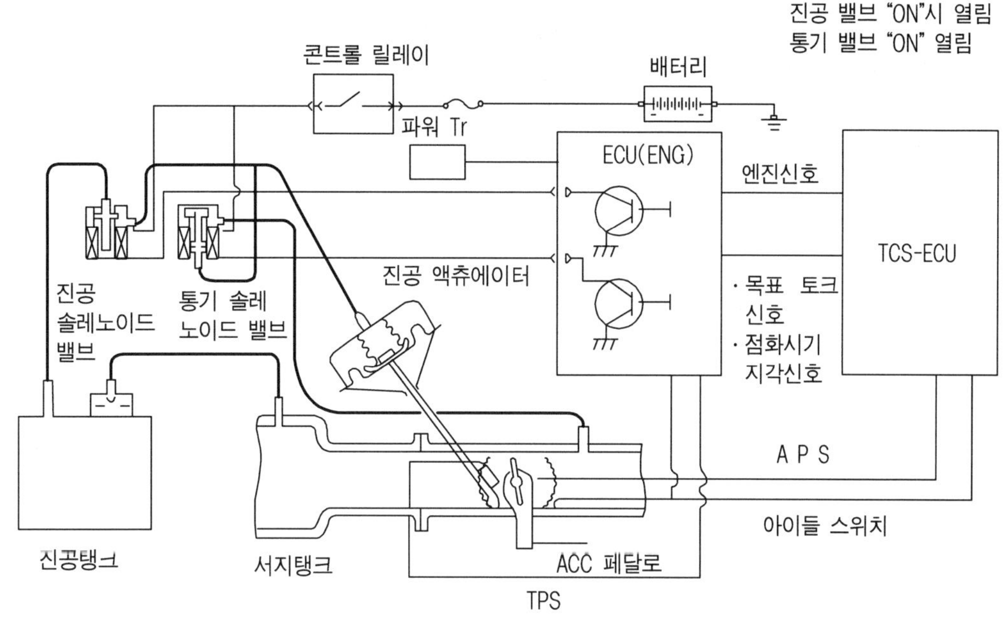

그림 19-11 엔진 출력 제어

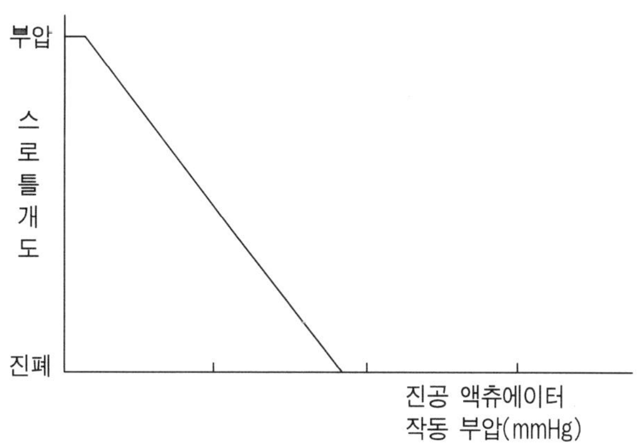

그림 19-12 진공 부압에 따른 스로틀 밸브 개도

진공 액츄에이터의 작동 부압은 진공 솔레노이드 밸브를 OFF(DUTY : 0%), 통기 솔레노이드 밸브 ON(DUTY : 100%)의 상태를 기본으로 하여 진공 솔레노이드 밸브 제어를 TCS- ECU 신호에 의해 DUTY로 하며 DUTY를 크게 하면 부압이 상승하고 DUTY를 낮게 하면 부압이 떨어진다.

그림 19-13은 스로틀 바디 및 진공 액츄에이터의 작동 상태를 나타낸 것이다.

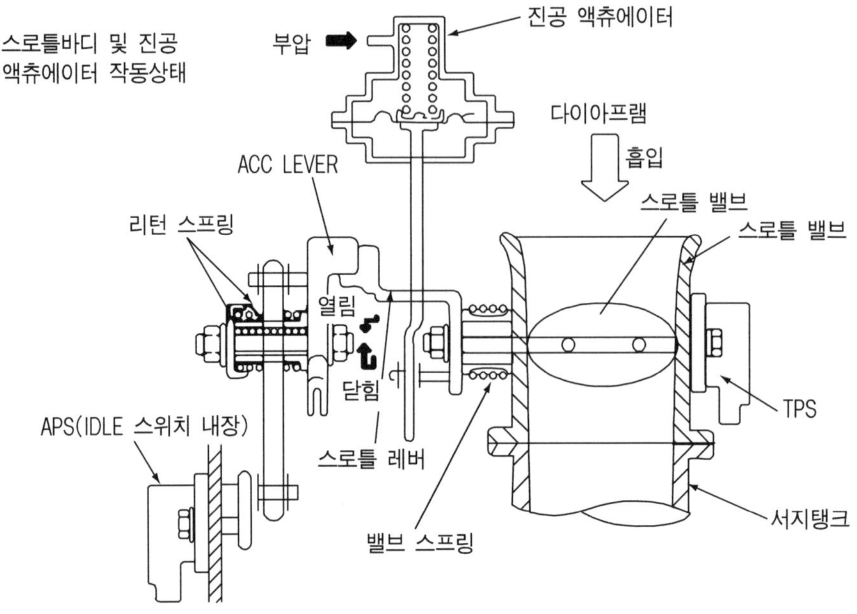

<진공 액츄에이터의 작동상태>

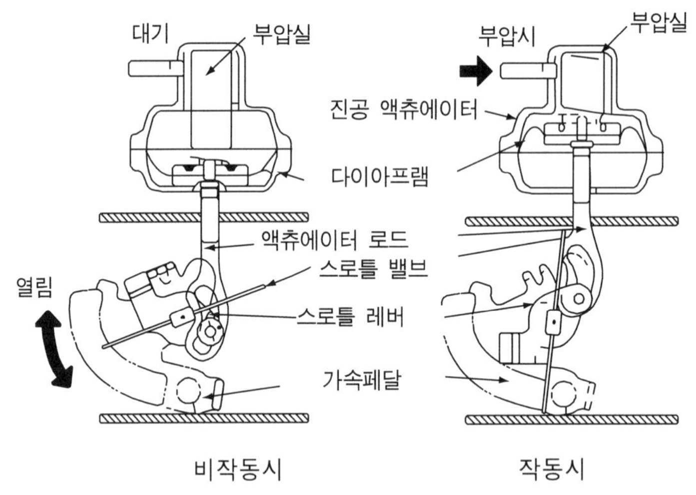

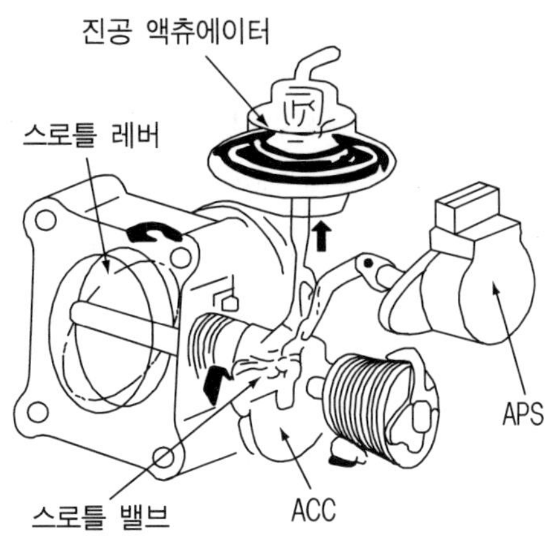

스로틀 바디 구성

그림 19-13 진공 액츄에이터의 작동 상태

그림 19-14는 스로틀 밸브 및 점화시기 지각에 따른 제어내용을 설명한 것이다.

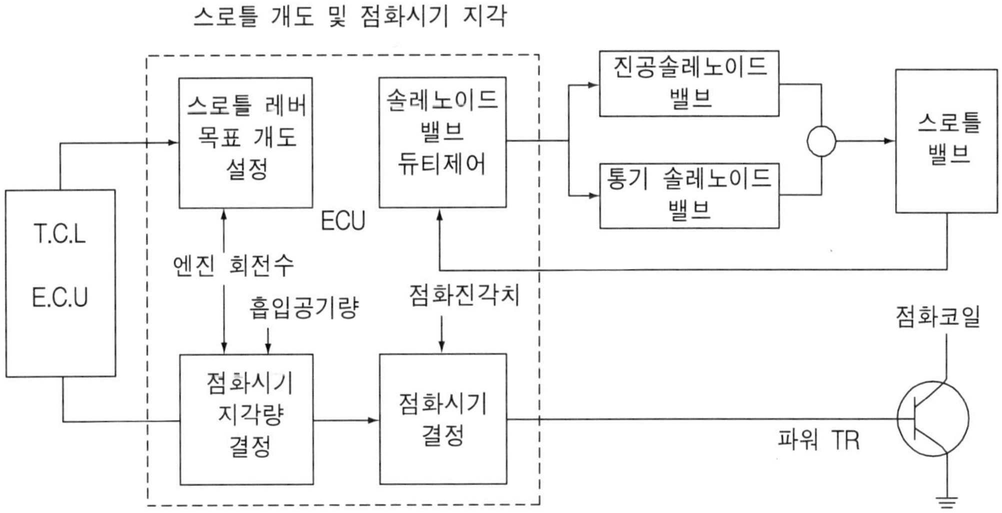

스로틀 개도 및 점화시기 지각

T.C.L E.C.U

스로틀 레버 목표 개도 설정

솔레노이드 밸브 듀티제어

ECU

엔진 회전수

흡입공기량

점화진각치

점화시기 지각량 결정

점화시기 결정

진공솔레노이드 밸브

통기 솔레노이드 밸브

스로틀 밸브

점화코일

파워 TR

그림 19-14 스로틀 밸브 및 점화시기 지각

1 스로틀 밸브 목표개도 설정

ECU-ENG은 엔진 회전수 목표 토크에 대응한 스로틀 목표 개도를 MAP으로 읽어낸다.

2 솔레노이드 밸브 제어와 DUTY 설정

목표 개도와 실제의 개도사이에 차이가 있으면 이 차이에 해당하는 제어 DUTY로 솔레노이드 밸브를 구동하여 실제의 개도를 목표 개도에 가깝게 제어한다. 즉, 목표 개도보다 실개도가 작으면 통기 솔레노이드 밸브 제어 DUTY를 낮게 하고 액츄에이터 작동부압을 낮게 하여 떨어뜨린다.

3 점화시기 지각량 설정

엔진 회전수 및 1사이클의 흡입량에 따라 기 설정된 점화시기 지각량 MAP으로부터 지각량을 설정한다. 여기에 TCS-ECU로부터의 점화시기 지각 레벨 신호를 기초로 보정을 실시하고 점화시기 지각량을 설정한다.

19 2.2 구동륜 브레이크 제어

타이어 그 자체를 직접 제어하기 때문에 응답성은 빠르지만 통상 브레이크와 관계없이 브레이크 유압을 가하기 위한 압력원이 필요하게 된다. 구동륜의 좌우를 독립적으로 제어하는 것도 가능하기 때문에 한쪽은 눈길이고 또 한쪽은 아스팔트 길과 같이 좌우륜의 마찰계수가 다른 도로면에서의 가속성, 진흙탕 길에서 탈출에 큰 효과가 있다.

19 2.3 엔진과 브레이크 병용 제어

제어의 복잡함과 제작 비용 등의 문제는 있지만 이상적인 제어가 된다. ABS와 조합하여 FR 고급 승용차 등에 실용화되고 있다.

19 2.4 통합 제어 방식

통합 제어 방식은 다음과 같이 크게 3종류로 분류할 수 있지만 앞으로는 이에 국한하지 않고 계속 차세대 기술들이 도입 실용화될 것이다.

1 스로틀과 브레이크 병용 제어

스로틀 제어를 메인으로 하고 브레이크 제어를 보조 수단으로 사용하는 방식으로 큰 미끄럼 영역 및 미세 미끄럼 영역에서도 만족스러운 성능을 얻을 수 있다.

2 엔진 매니지먼트(engine management)와 브레이크 병용 제어

① 비용면에서 유리하지만 연속적인 출력 조정이 곤란하다.
② 저속시 빠른 응답으로 성능이 우수하다.
③ 차량 안정성 및 승차감의 측면에서 아직까지 개선할 문제가 있다.

3 스로틀, 브레이크, LSD의 병용 제어

① 큰 슬립 영역 및 미세 슬립 영역에서 우수한 성능을 발휘할 수 있다.
② 가격이 고가이므로 최근 고급 승용차에 적용하고 있는 추세이다.

19.3 시스템의 구성

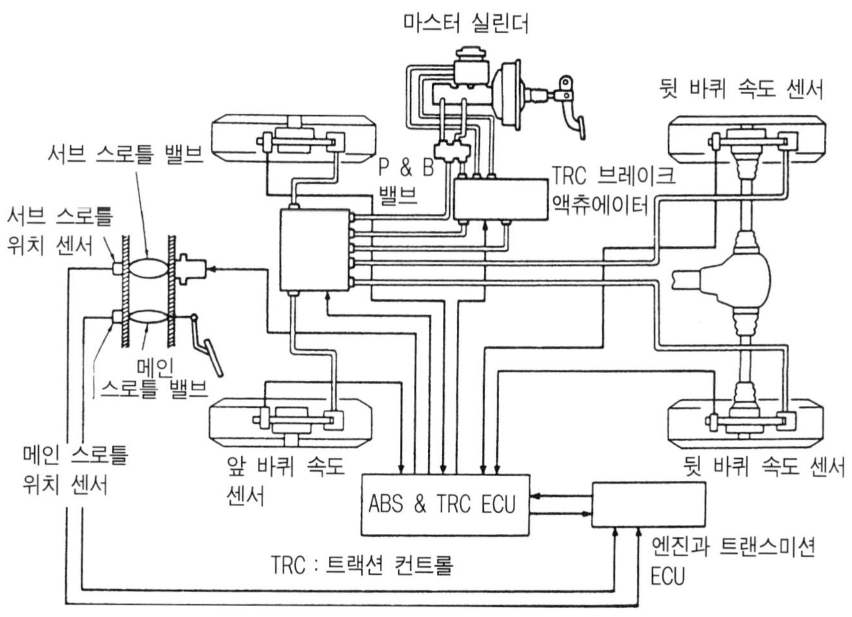

그림 19-15 트랙션 컨트롤 시스템의 구성

엔진과 브레이크 병용 제어 방식의 시스템 구성은 그림 19-15에 나타낸 것과 같다. ABS에서 뒷바퀴(구동륜)의 브레이크 배관을 좌우 독립 2계통으로 하고 마스터 실린더와 뒷바퀴 계통의 ABS 액츄에이터 중간에 트랙션 브레이크 액츄에이터가 삽입되어 통상 브레이크와 관계없이 뒷바퀴 디스크의 유압을 증압 또는 감압한다. 엔진의 주 스로틀 밸브의 상류에는 서브 스로틀 밸브가 설치되어 주 스로틀 밸브의 움직임과는 독립된 개폐 작동에 의해 엔진의 출력이 제어된다.

19 3.1 서보 스로틀 밸브 액츄에이터(servo throttle valve actuator)

가속 페달에 연동되어 개폐하는 메인 스로틀 밸브의 상류측에 서보 스로틀 밸브가 설치되어 있다. 서보 스로틀 밸브는 스텝 모터에 의해 캠 기어를 경유하여 구동되는 데 통상은 리턴 스프링에 의해 전개 위치로 고정되어 있다.

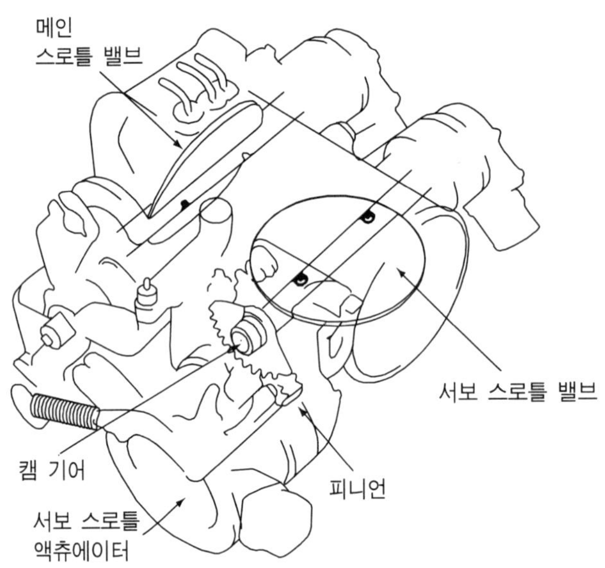

그림 19-16 서보 스로틀 밸브 액츄에이터

밸브의 개도는 0.3° 단계로 제어되고 전개와 전폐 사이클은 200ms 이하에서 응답한다. 만일, 스텝 모터가 고장나더라도 모터의 전원을 차단하면 서보 스로틀 밸브는 리턴 스프링에 의해 전개 위치로 되돌아와 통상의 가속 페달의 조작에 지장은 초래하지 않는다.

19 3.2 트랙션 브레이크 액츄에이터(traction brake actuator)

그림 19-17은 브레이크 유압의 계통도이다. ABS만 장착된 경우 링 브레이크 계통은 마스터 실린더(ⓐ)로부터 P & B밸브(ⓑ)를 지나 ABS 액츄에이터의 뒷바퀴 채널 계통(ⓒ)로 유압회로가 구성된다. 트랙션 컨트롤이 첨가되면 ⓑ와 ⓒ 사이에 마스터 컷 솔레노이드 밸브(M/C)가 삽입되어 리어 브레이크 계통이 구성된다. 통상적으로 이 M/C는 비작동 상태이기 때문에 마스터 실린더에서 리어 휠 실린더로 보내지는 오일이지만 ABS 작동시 ABS 펌프에 의해 마스터 실린더로 되돌려 지는 오일은 M/C를 그대로 지나칠 뿐이다. 그러나, 트랙션 컨트롤이 시작되면 M/C가 작동하여 ⓐ, ⓑ의 회로를 차단하여 트랙션 브레이크 액츄에이터의 유압 펌프를 유압원으로 한 리어 브레이크 유압 회로로 교환된다.

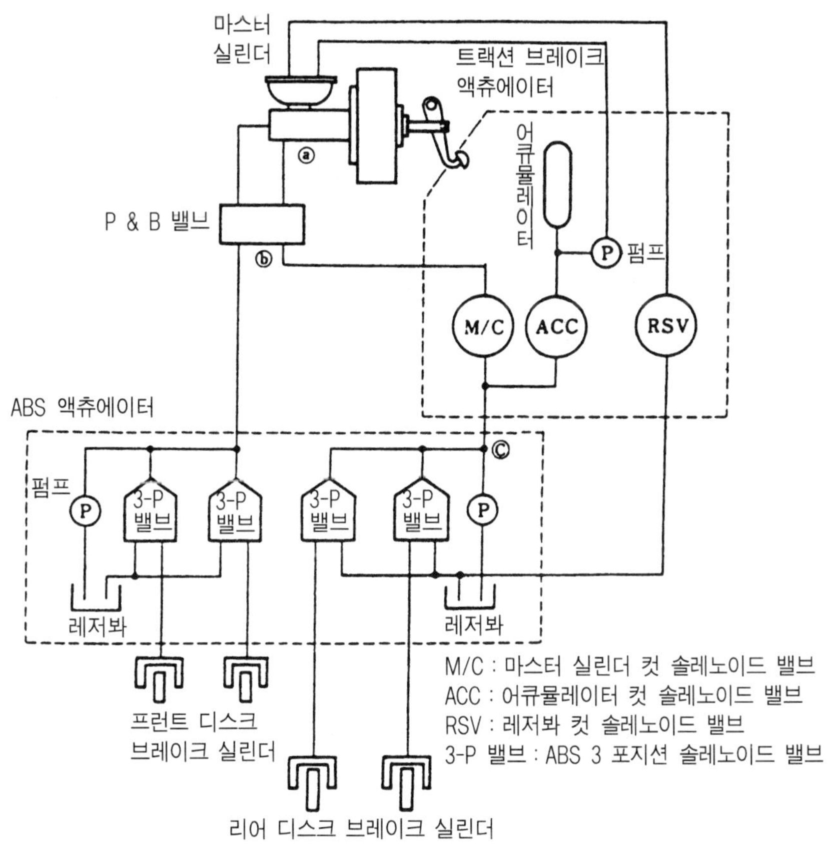

그림 19-17 트랙션 컨트롤 브레이크 유압 계통도

19.4 유압 제어 회로

트랙션 컨트롤의 브레이크 유압 제어 회로를 그림 19-18에 나타냈다. ABS 액츄에이터 이후의 다른 1륜 계통은 생략한 것이다.

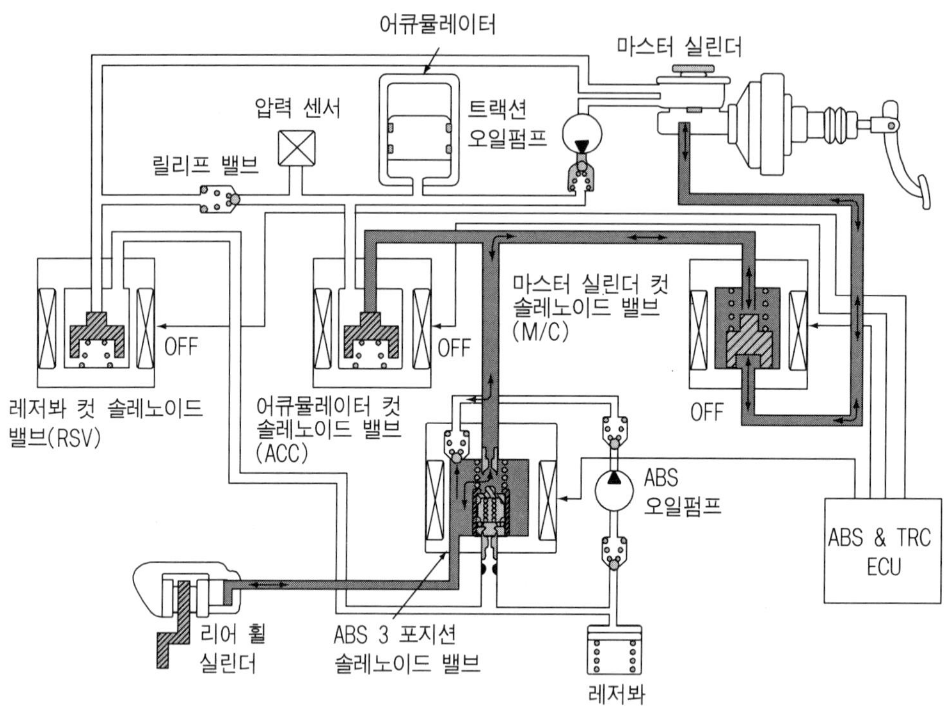

그림 19-18 트랙션 컨트롤 유압 제어 회로

19 4.1 트랙션 비작동시

마스터 실린더 컷 솔레노이드 밸브(M/C), 어큐뮬레이터 컷 솔레노이드 밸브(ACC) 및 레저봐 컷 솔레노이드 밸브(RSV)에 흐르는 전류는 모두 OFF된 상태이므로 M/C의 포트만이 열려 있는 상태이다. 따라서, 실린더에서 리어 휠 실린더 또는 그 역방향에 오일의 흐름이 방해받는 일없이 통상의 브레이크 작동 또는 ABS 작동이 이루어진다.

19 4.2 트랙션 작동시

ECU로부터 신호에 의해 M/C, ACC, RSV의 솔레노이드가 작동하여 휠 실린더와 마스터 실린더의 유압회로가 분리되어 증압(가압), 보유(유지), 감압의 3가지 형태의 모드가 형성된다.

1 가압모드

구동륜이 슬립을 시작하면 M/C, ACC, RSV 모든 솔레노이드는 ON이 된다. M/C의 포트는 닫혀 휠 실린더와 마스터 실린더의 유압회로는 분리된다. ACC의 포트 C가 열리기 때문에 어큐뮬레이터에 축압되어 있는 작동 유압이 ABS 액추에이터의 3포지션 밸브를 통해 휠 실린더를 가압하여 제동력을 발생시킨다. 압력센서는 작동 유압을 감시하여 규정 압력보다 저하되면 트랙션 오일펌프를 구동시켜 어큐뮬레이터에 축압한다.

2 유지모드

M/C, ACC, RSV 모든 솔레노이드는 ON으로 유지되고 ABS 액츄에이터의 3포지션 밸브는 유지모드로 된다. 휠 실린더 압력을 일시적으로 그대로 유지하고, 구동륜의 회전 상황을 감지하여 다음의 제어로 이동한다.

3 감압모드

휠 실린더의 유압을 감압한다. ABS 액츄에이터의 3포지션 밸브를 감압 모드로 한다. 트랙션 브레이크 액츄에이터의 3개 밸브의 솔레노이드는 여전히 ON이므로 휠 실린더의 유압은 ABS 액츄에이터의 3포지션 밸브의 포트에서 RSV를 경유하여 마스터 실린더로 되돌아온다. 이 때, ABS 오일펌프는 작동하지 않는다.

19.5 제어논리(Control Logic)

그림 19-19는 트랙션 컨트롤 시스템의 제어 원리의 한 예이다. 앞 좌우륜의 바퀴속도 센서로부터 차체 속도를 측정한다. 그 값을 바탕으로 최적의 미끄럼률을 얻

기 위한 제어 목표 차륜 속도를 설정하여 구동륜(뒷바퀴)의 속도와 비교한다. 뒷바퀴의 속도가 목표 차륜 속도를 넘었을 때 브레이크 액츄에이터의 3개 솔레노이드 밸브를 ON시킴과 동시에 서보 스로틀 밸브에 폐신호를 보낸다. 이 후 뒷바퀴의 차륜의 가속도, 차륜의 속도를 보내면서 ABS 액츄에이터의 유지, 감압, 증압 제어와 서보 스로틀 밸브에 의한 엔진 제어를 병용하여 가능한 빠르게 뒷바퀴 차륜의 속도를 목표 차륜 속도로 수렴시키도록 제어가 실행된다. 뒷바퀴의 속도가 목표 차륜 속도보다 낮은 영역에서는 서보 스로틀 밸브만 제어가 된다.

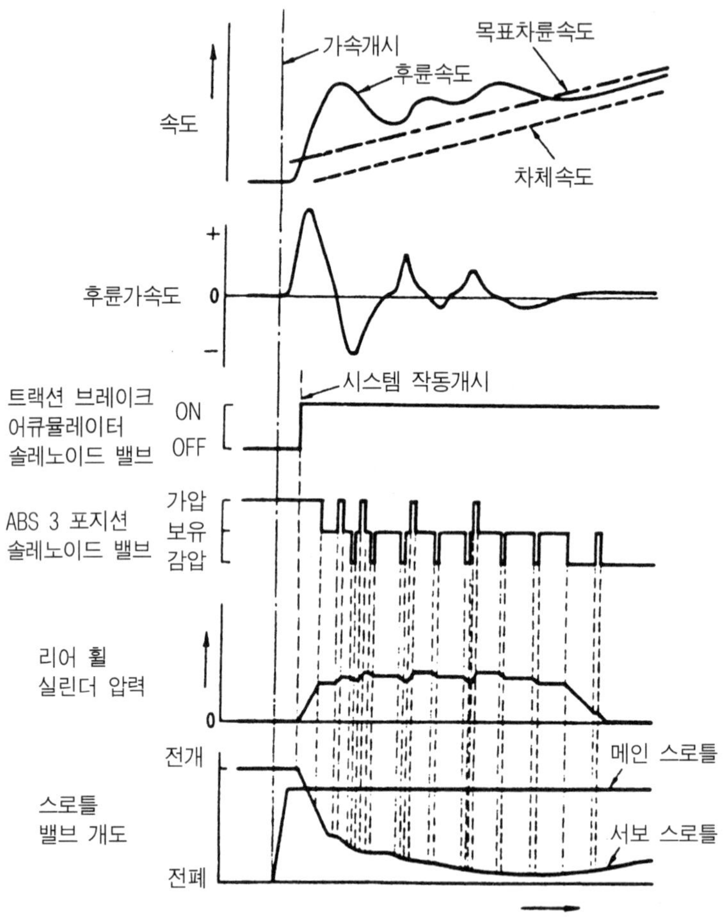

그림 19-19 트랙션 컨트롤 제어의 원리

이 시스템은 제어 이론상으로는 2입력 1출력 제어 시스템이 되어 입력의 간섭이

문제가 되기 때문에 꽤 번거로운 요소를 포함하고 있다. 2입력, 즉 스로틀 밸브 개도와 브레이크 유압이 1개의 출력으로 차륜의 회전 속도에 대해 간섭을 일으키는 것이다. 또한, 자동차 특성상 자동차의 최대 가속성능을 얻을 수 있는 타이어의 구동력이 최대가 되도록 미끄럼률을 제어하면, 자동차의 안정성이 확보되지 않는 경우가 있어서 미끄럼률을 어떤 값으로 제어하는가가 매우 중요하다.

제20장 VDC

20.1 개요

근래는 차량의 홍수 속에 살고 있다 해도 과언이 아닐 정도로 많은 차량과 더불어 생활하고 있다. 그러나 차량의 수가 늘어남에 따라 교통사고도 함께 늘어나고 있으며 그로 인한 물질적 정신적 패해도 함께 증가하고 있다.

에쿠스 4.5/에쿠스 리무진 4.5 차량에는 VDC(Vehicle Dynamic Control System)를 장착하여 스핀(Spin) 또는 언더-스티어(Under-Sreer)등의 발생을 억제하여 이로 인한 사고를 미연에 방지할 수 있도록 하였다.

이는 차량에 스핀(Spin)또는 언더-스티어(Under-Steer)등의 발생 상황에 도달하면 이를 감지하여 자동적으로 차륜 또는 외측 차륜에 제동을 가해 차량의 자세를 제어함으로써 이로 인한 차량의 안정된 상태를 유지하여 스핀한계 직전에 자동감속하여(TCS연계 제어) 이미 발생된 경우에는 각 휠 별로 제동력을 제어하여 스핀이나 언더-스티어의 발생을 미연에 방지하여 안정되 운행을 도모하였다.

DC는 요-모 멘트 제어(Yaw-Moment), 자동 감속 제어, ABS 제어, TCS 제어 등에 의해 스핀방지, 오버-스티어 제어 굴곡로 주행시 요잉(Yawing) 발생 방지, 제동시의 조종 안정성 향상, 가속시 조종 안정성 향상 등의 효과가 있다.

시스템은 브레이크 제어식 TCS 시스템에 요-레이트(Yaw-Rate), G센서, 마스터 실린더 압력 센서를 추가한 것으로 차속, 조향각 센서, 마스터 실린더 압력 센서로부터 운전자의 조종 의도를 판단하고, 요-레이트 센서, G센서로부터 차체의 자세를 계산하여 운전자가 별도의 제동을 하지 않아도 4륜을 개별적으로 자동 제동해서 차량의 자세를 제어하여 차량 모든 방향(앞, 뒤, 옆 방향)에 대한 안정성을 확보한다.

또한 타이어의 공기압이 변화하면 직경이 변화되고 직경이 변화되면 휠 속도 센서의 값이 변화된다. 이를 감지하여 경고등을 점등하는 TPW(Tire Pressure Warnong)도 VDC에 내장되어 타이어의 공기압이 부족하면 경고등을 점등하는 것과 같이 VDC는 종합적인 제어시스템이다.

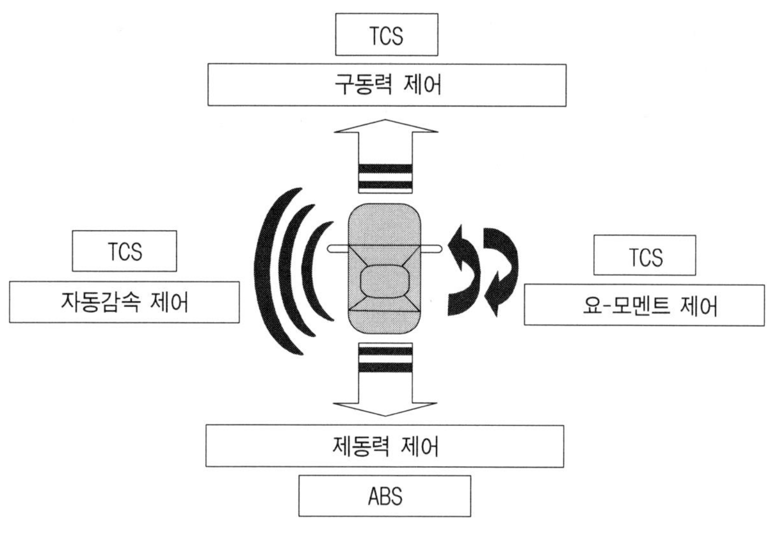

그림 20-1 VDC 제어

20.2 제어의 개요

1 요-모멘트

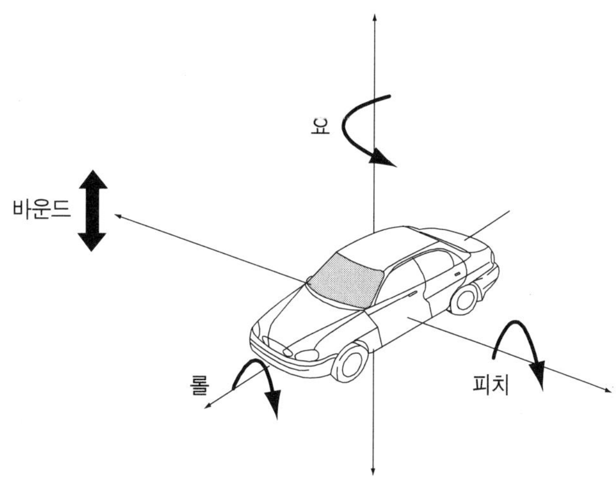

그림 20-2 VDC의 자세 제어

① 요-모멘트는 차체의 앞뒤가 차량 중심점을 기준으로 좌측/우측 도는 선회시의 내륜측/외륜측으로 이동하려는 힘이다.

② 요-모멘트로 인하여 언더 스티어(Under-Steer), 오버 스티어(Over-Steer), 횡력(Drift-Steer)등이 발생된다.

③ 이로 인하여 주행 및 선회시 차량의 주행 안정성이 저하된다.

④ VDC 제어는 주행 안정성을 저해하는 요-모멘트가 발생되면 제동 제어로 반대 방향의 요-모멘트를 발생시켜 서로 상쇄되게 하여 차량의 주행 및 선회 안정성을 향상시킨다.

⑤ 또한, 필요에 따라서 엔진의 출력을 제어하여 선회 안정성을 향상시키기도 한다.

2 제어의 개요

조향각 센서, M/C 압력 센서, 차륜속 센서, G 센서 등의 입력값을 연산하여 자세 제어의 기준이 되는 요-모멘트(Yaw Moment)와 자동 감속 제어의 기준이 되는 목표 감속도를 산출하여 이를 기초로 4륜 각각의 제동 압력 및 엔진의 출력을 제어한다.

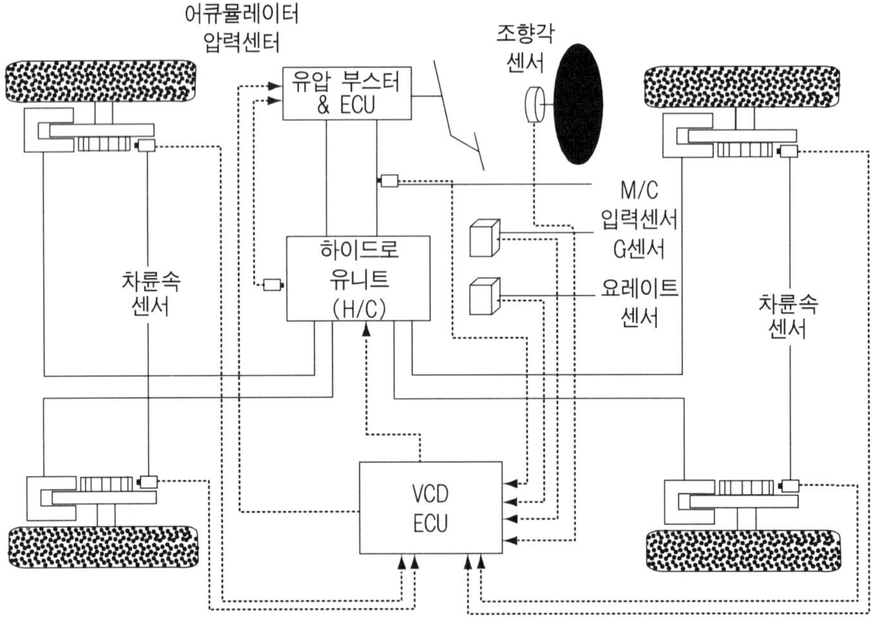

그림 20-3 제어 개념 및 입출력

3 제어의 종류

제어의 종류로는 요-모멘트 제어, 자동감속 제어, ABS 제어, TCS 제어, 타이어 공기압 저하 경보등이 있다.

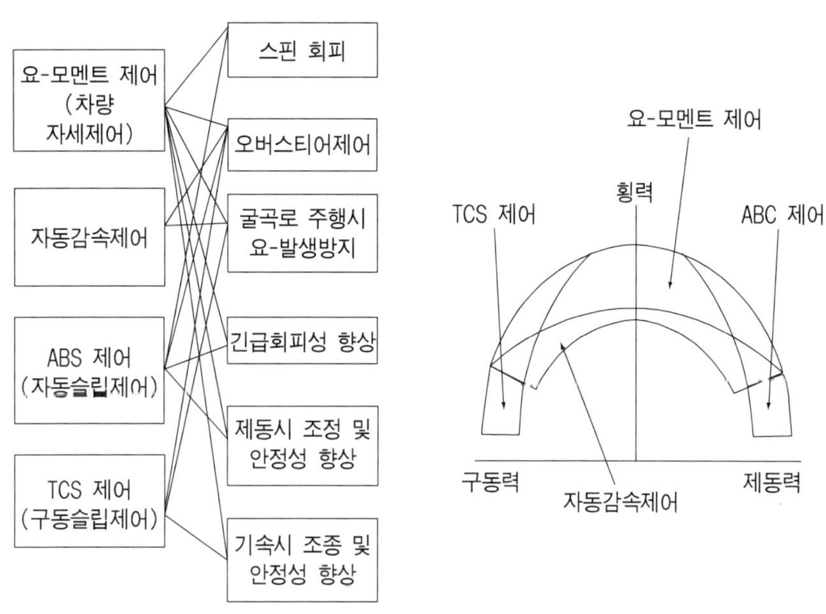

그림 20-4 VDC 제어

20 2.1 슬립율에 의한 제어(Yaw-Moment : 자세제어)

① 요-모멘트 제어는 차체의 자세 제어로써 선회시 또는 주행 중 차체의 옆으로 미끌림(요 : (Yawing 또는 횡력 : Drift Out)에 의하여 내륜 또는 왜륜에 제동을 가해 차체의 자세를 제어한다.

② 다음 그림과 같이 4륜 각각의 제동력과 코너링 포스의 관계를 이용하여 차체에 발생된 요-모멘트에 대하여 역방향 요-모멘트를 발생시켜 차체의 자세를 제어한다.

③ 즉, 마찰력은 스립율이 커지면 제동력은 커지고 코너링 포스는 작아진다.

④ 이 특성을 이용하여 회전 모멘트(Drift-Out)가 발생될 경우에는 앞 외륜은 슬립율이 감소하고, 뒤 내륜은 스립율이 증대한다.

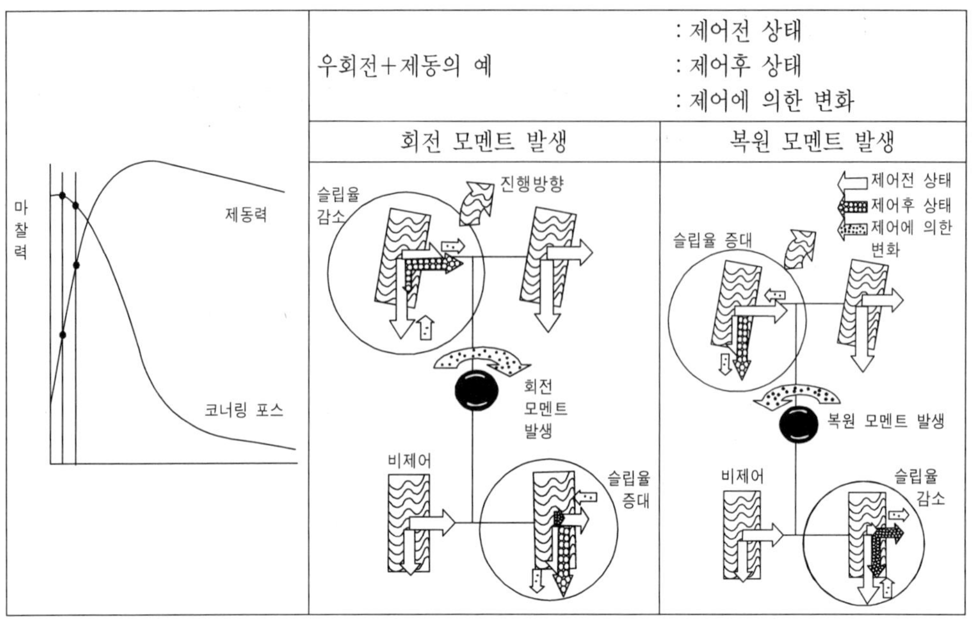

그림 20-5 요모멘트 제어

⑤ 반대의 복원 모멘트(스핀을 이기는 모멘트)를 발생될 경우에는 앞 외륜은 슬립율이 감소하고, 뒤 내륜은 슬립율을 감소시킨다.

⑥ 앞 내륜과 뒤 내륜은 슬립율을 변화시키면서 제동력과 코너링 포스의 변화가 서로 상쇄되어 유효한 요-모멘트가 발생되지 않는 경우가 있어서 원칙적으로 제어에 이용하지 않는다.

⑦ FF차량의 경우 앞이 무겁고 뒤가 가벼워서 뒤 내륜은 제동만으로 회전 모멘트를 발생시키기 어려우므로 보조적으로 앞 내륜도 제동 제어를 행한다.

20 2.2 오버 스티어(Over Steer)

① 선회시 VDC ECU에서는 조향각과 차속 등을 연산하여 안정된 선회 곡선을 설정한다.

② 설정된 선회 곡선과 비교하여 오버 스티어(Over Steer)가 발생되면 언더 스티어(Under Steer) 제어를 행한다.

③ 오버 스티어란 핸들의 조향에 비해 차체의 운동원의 반경이 안쪽으로 작아지는 현상을 말한다.

④ 이때는 차체가 중심점을 기준으로 반시계 방향으로 회전하려는 힘 즉, 내륜을 향한 요-모멘트(Yaw-Moment)가 기준치 보다 크다.

⑤ 이를 조향각 센서, 요-레이트 센서(Yaw-Reat S/S) 및 G 센서로 감지하여 VDC ECU로 입력된다.

⑥ 이때에는 앞 외륜에 제동 압력을 가해 시계 방향으로 회전하려는 힘 즉, 외륜을 향한 요-모멘트(Yaw-Moment)를 발생시켜 과다한 요-모멘트를 상쇄시켜 안정된 선회가 가능하도록 한다.

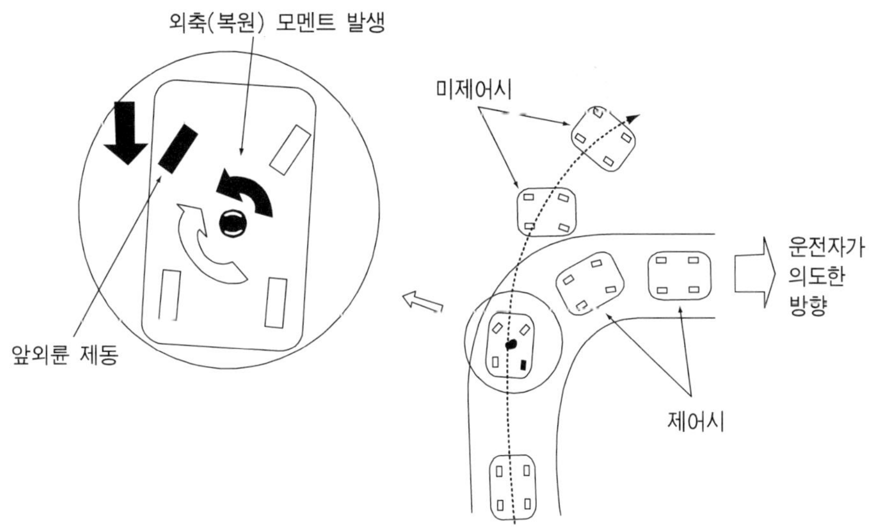

그림 20-6 오버 스티어 제어

20 2.3 언더 스티어(Under Steer) 제어의 경우

① 설정된 선회 곡선과 비교하여 언더 스티어(Under Steer)가 발생되면 오버 스티어(Over Steer) 제어를 행한다.

② 언더 스티어란 핸들의 조향에 비해 차체 운동원의 반경이 바깥쪽으로 커지는 현상을 말한다.

③ 이때는 차체가 중심점을 기준으로 반시계 방향으로 회전하려는 힘 즉, 내륜을

향한 요-모멘트(Yaw-Moment)가 기준치 보다 작다.

④ 이를 조향각 센서, 요-레이트 센서(Yaw-Rate S/S) 및 G 센서로 감지하여 VDC ECU로 입력된다.

⑤ 이때에는 뒤 내륜에 제동압력을 가해 반시계 방향으로 회전하려는 힘 즉, 내륜쪽을 향한 요-모멘트(Yaw-moment)를 발생시켜 안정된 선회가 가능하도록 한다.

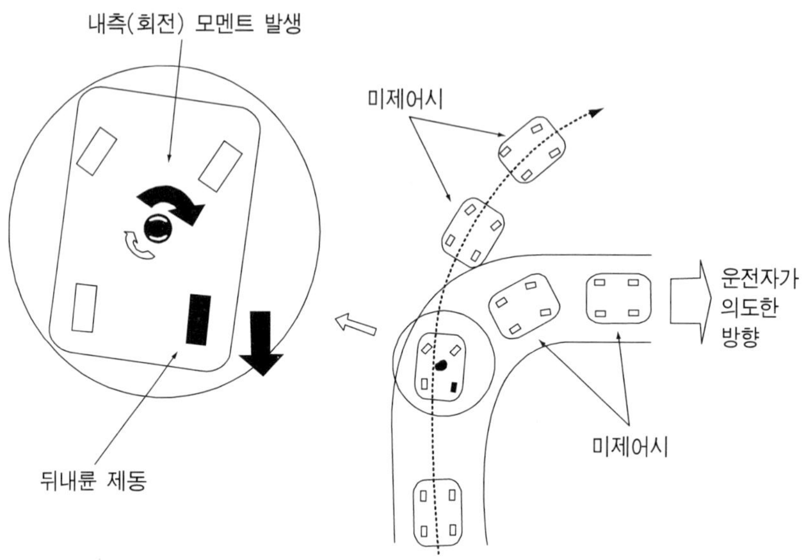

그림 20-7 언더 스티어 제어

20 2.4 자동감속 제어(Trace 제어)

① 차량의 자세(요윙-Yawing)는 요-모멘트를 변화시키며, 운전자의 의도에 따라 주행하는데 있어서 타이어와 노면과의 마찰 한계에 따라 제약이 있다.

② 즉, 자세 제어만으로는 선회 안정성(Coast Race)에 맞지 않는 경우가 있다.

③ 자동감속 제어는 선회 안정성을 향상하는 목적이 있다.

④ 또한 선회시의 횡 G가 마찰한계(노면 마찰계수)의 약 70% 이내로 되면 가속을 제한하는 제어를 행한다.

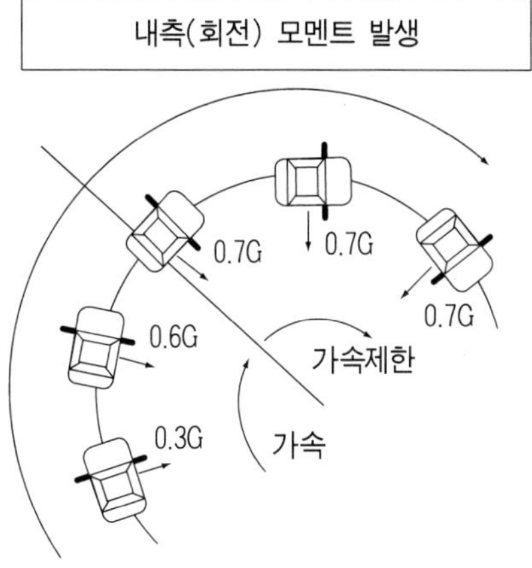

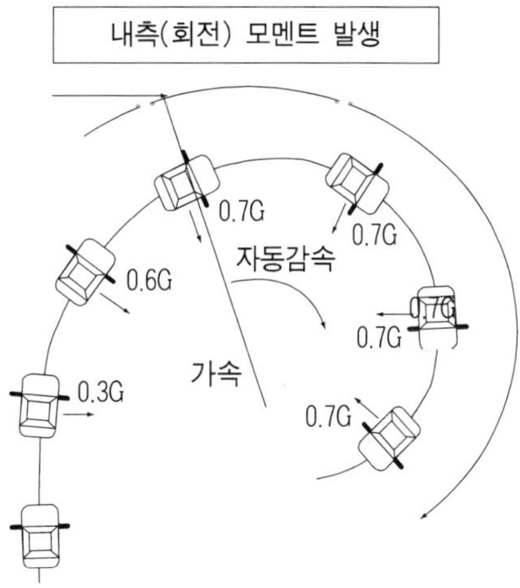

그림 20-8 트레이스 제어

20.3 VDC 전자제어시스템

1 입출력도

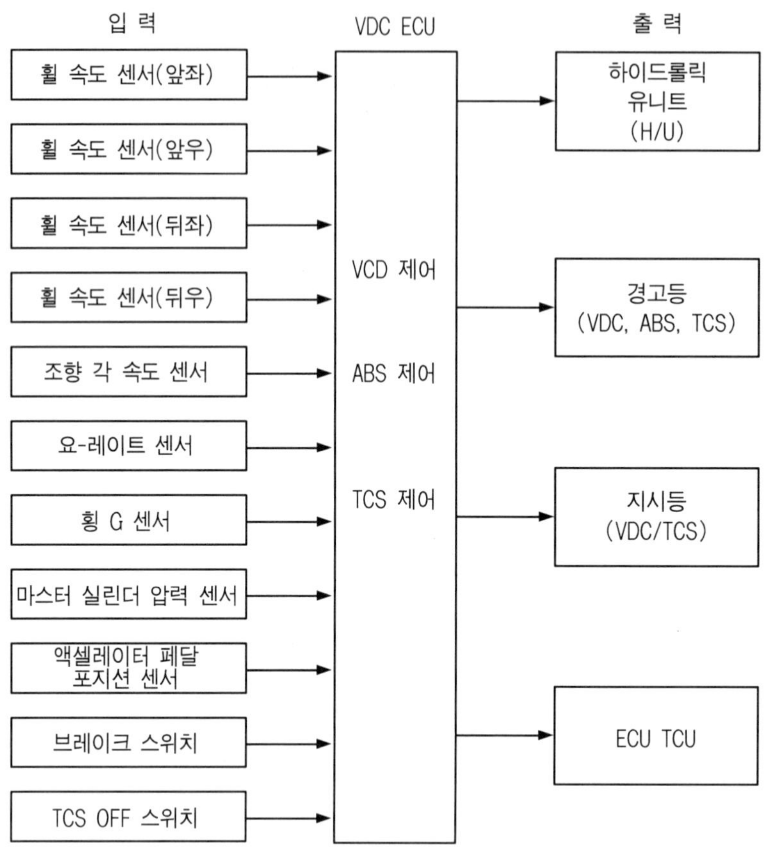

그림 20-9 VDC 입 · 출력

2 구성

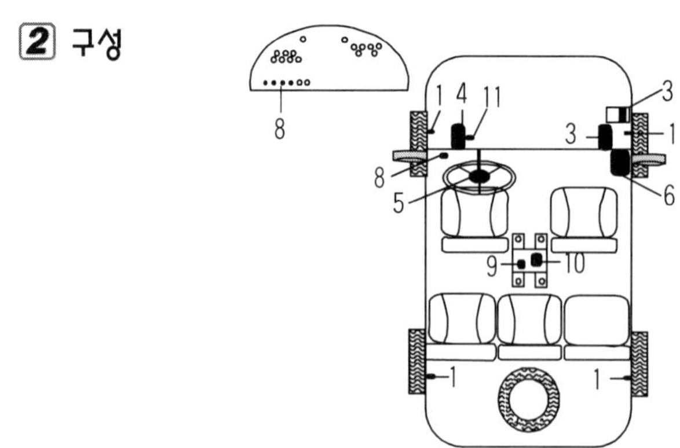

번호	명칭	장착위치
1	차륜속 센서	각 바퀴별로 4개 장착됨
2	VDC 밸브 릴레이	엔진 룸 우측 릴레이 박스에 장착되며 5핀 릴레이이다.
3	하이드로릭 유니트(H/U)	엔진실 우측 대쉬판넬에 장착됨
4	유압 부스터(H/U)	모터, 어큐뮬레이터, M/C 압력 센서와 일체로 엔진실 좌측에 장착됨
5	조향각 센서	핸들 하단에 장착됨(ESC와 공유)
6	VDC/ABS/TCS ECU	승객석 우측 하단에 장착됨
7	VDC/TCS OFF 스위치	계기판 좌측 하단부에 장착됨
8	경고등	계기판에 장착(4개-ABS 경고등, TCS OFF 표시등, VDC/TCS 작동 표시등, TPW 경고등)됨
9	G센서	센터 콘솔박스 하단에 요-레이트 센서와 동일 위치에 장착됨
10	요-레이트 센서	센터 콘솔박스 하단에 G 센서와 동일 위치에 장착됨
11	마스터 실린더 압력센서	엔진실 유압 부스터에 장착됨

그림 20-10 VDC의 부품명 및 장착위치

(1) 휠 속도 센서

① 각 휠별로 4개가 장착되어 있다.

② 차륜속 및 차륜 가속도의 계산은 ABS/TCS에서와 같다.

③ 슬립율 계산도 기존의 ABS/TCS에서와 같다.

④ 전기적인 사양은 다음과 같다.

항목		제원	비고
최소전압		200mV	30Hz
내부저항		1400Ω	
에어캡		1mm	
톤 휠	수	44개	
	높이	2.5mm	
	폭	7mm	
	두께	2.5mm	

⑤ ECU에서의 처리는 다음과 같다.

항목	세분화	최소	최대	비고
차륜속도	0.017(km/h)	0	250	
차륜가속도	0.06(G)	−8	+8	+ : 우회전, − : 좌회전

(2) 조향 휠 가속도 센서

① 핸들의 조작 속도와 조작 방향을 검출한다.

② 핸들 내부에 3개의 포토 TR로 구성되어 있다.

③ 센서의 일반 사양은 다음과 같다.

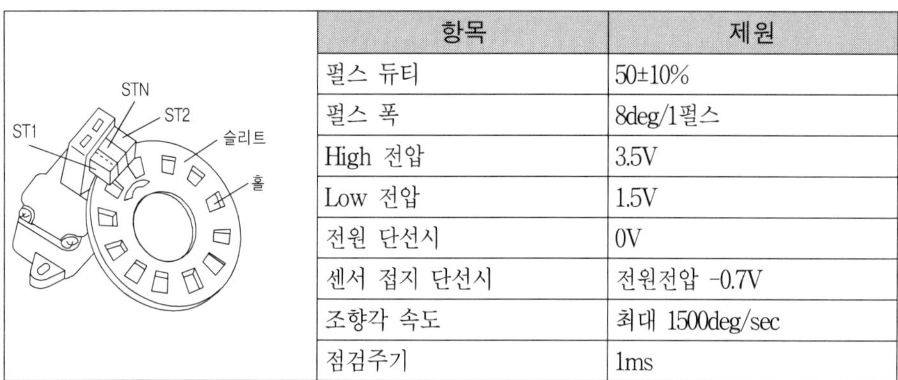

항목	제원
펄스 듀티	50±10%
펄스 폭	8deg/1펄스
High 전압	3.5V
Low 전압	1.5V
전원 단선시	0V
센서 접지 단선시	전원전압 -0.7V
조향각 속도	최대 1500deg/sec
점검주기	1ms

④ 아래와 같은 출력 특성을 가진다.

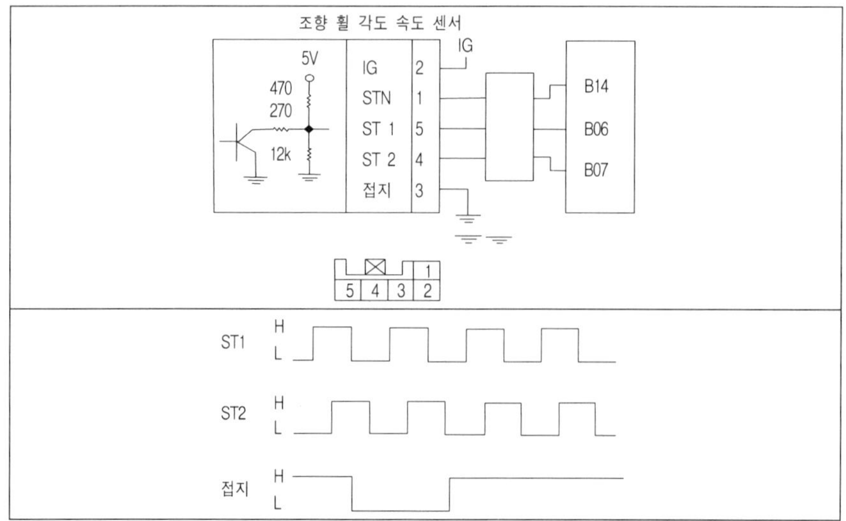

순	기준		출력	판정	비고
1	ST1	L	L	우측조향	
	ST2	L	H		
	ST1	L	H	좌측조향	
	ST2	L	L		
2	ST1	L	L	좌측조향	
	ST2	H	L		
	ST1	L	H	우측조향	
	ST2	H	H		
3	ST1	H	H	좌측조향	
	ST2	L	H		
	ST1	H	L	우측조향	
	ST2	L	L		
4	ST1	H	II	우측조향	
	ST2	H	L		
	ST1	H	L	좌측조향	
	ST2	H	H		

⑤ 중립 위치 감지

- 아래와 같은 조건이 만족된 상태가 2초 이상 계속 되어야 중립 위치를 감지한다.
- 차속은 10Km/h 이상 되어야 한다.
- 브레이크 위치는 OFF이어야 한다.
- IG ON 후 2초 이상 경과되어야 한다.
- 중립 신호(STN)가 "0"이어야 한다.

⑥ ECU에서의 처리는 다음과 같다.

항목	세분화	최소	최대	비고
조향각	2(deg)	−1000	+1000	+ : 우회전, − : 좌회전

(3) 요-레이트 센서

① 센터 콘솔박스 하단의 플로어에 G센서와 같은 위치에 장착되어 있다.

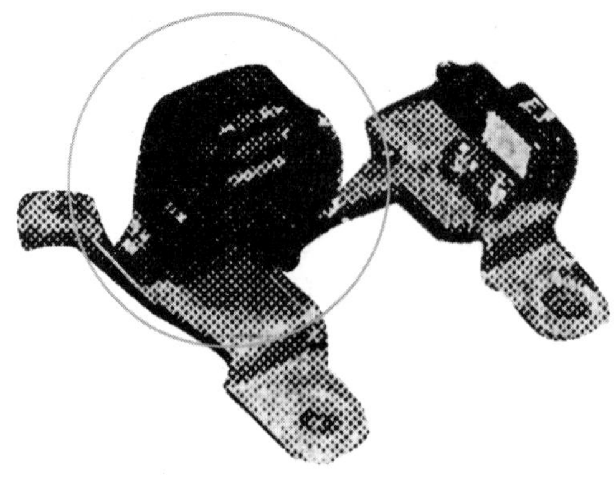

그림 20-11 요 레이트 센서

② 전기적 특성은 다음과 같다.

항목	제원	비고
작동전압	8~16V	
사용온도	−30~75℃	
각속도 검출 범위	−100~+100deg/sec	
정지시 출력 전압	2.5 0.12V	
출력 범위	0.5~4.5V	
감도(S.F)	20 0.6deg/sec 이하	
가속도 감도	0.5deg/sec 이하	
소비 전류	100mA 이하	
중량	약 100g	

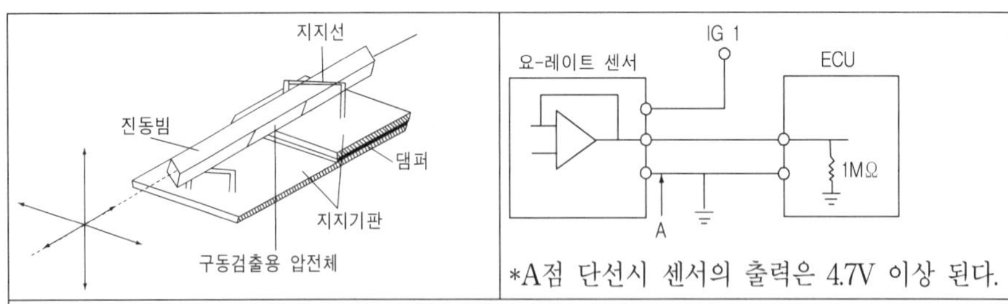

*A점 단선시 센서의 출력은 4.7V 이상 된다.

요-레이트 센서는 진동빔(Beam)에 회전이 가해지면 그 회전 속도에 따라 발생되는 횡력을 검출하는 진동형 각속도 센서이다. 진동자는 사각빔의 인접한 두면에 2매의 압전 소자를 부착해서 진동에 의해서 접점에서 발생되는 전압이 변화한다.

③ 전기적 출력 특성

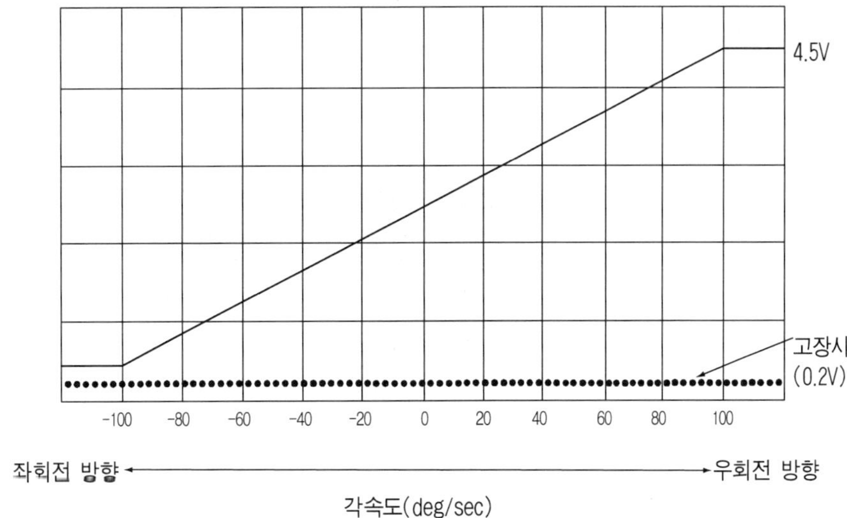

그림 20-12 요 레이트 센서의 전기출력 특성

※ 이 센서는 배선의 단선 또는 센서 내부 회로에 이상이 발생되면 페일 판정이 가능하다.

④ ECU에서의 처리는 다음과 같다.

항목	세분화	최소	최대	비고
요-레이트	0.244(deg/sec)	−100	+100	+ : 우회전, − : 좌회전
요-레이트	0.02(deg/sec)	−100	+100	+ : 우회전, − : 좌회전

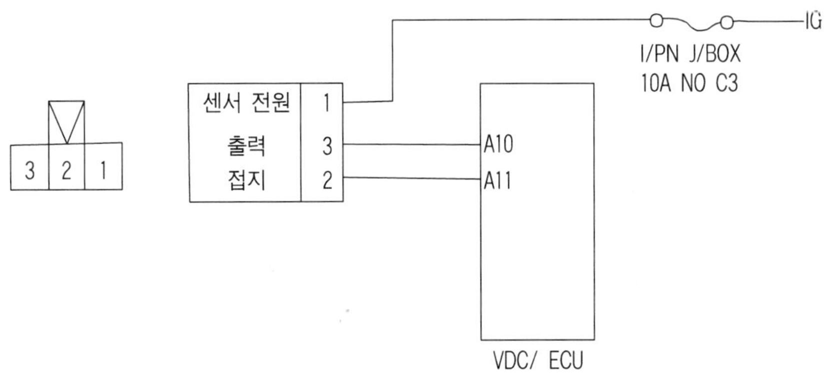

그림 20-13 요 레이트 센서 회로도

(4) 횡 G센서

① 센터 콘솔 박스 밑에 요-레이트와 같이 장착되어 있다.

② 구조

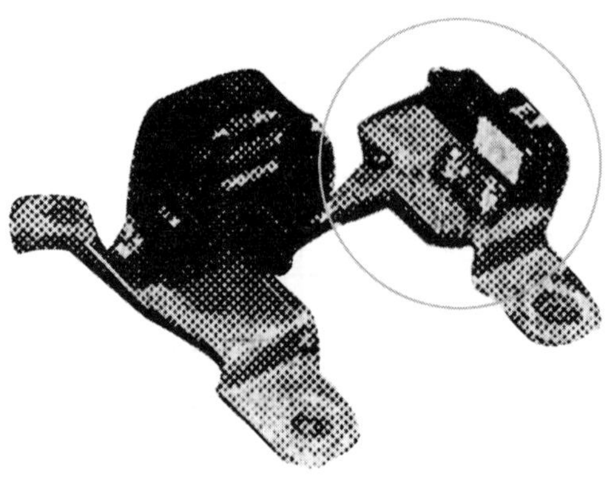

그림 20-14 횡G센서

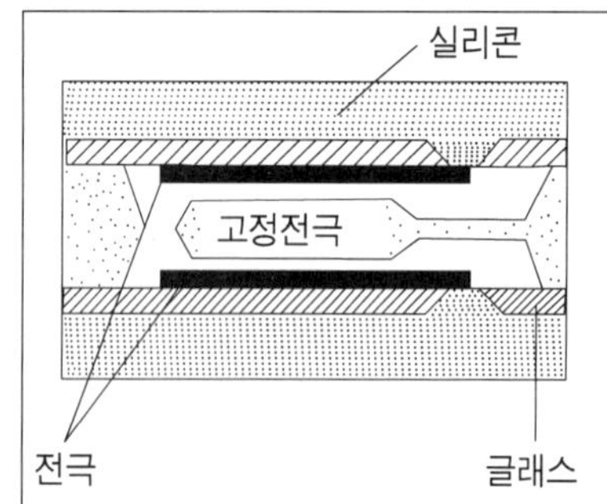

-검출부는 이동 전극과 조정 전극으로 구성되어 있다.
-횡 가속도가 가해지면 이동 전극이 이용하여 고정 전극과 이동 전극간에 전위치가 발생하여 두 전극의 용량차를 발생한다.
-그 차이의 크기로 가속도의 크기를 검출한다.
-절대치 검출형이다.
-DC출력이 검출 가능하다.

③ 전기적 특성

항목	단위	제원
인가전압	V	12
소비전류	mA	MAX 10
사용온도	℃	−30~100
OG시 출력	V	2.5
검출 가속도 범위	㎨	−14.7~+14.7
출력 감도	㎨	1.0V/9.8
중량	g	약30

④ 출력 특성

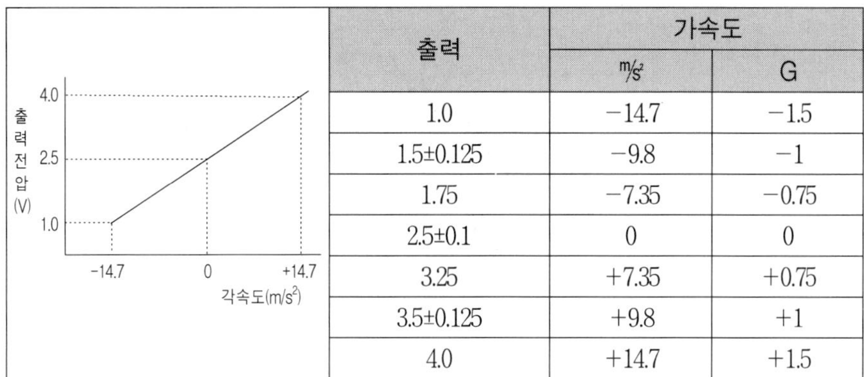

출력	가속도	
	㎨	G
1.0	−14.7	−1.5
1.5±0.125	−9.8	−1
1.75	−7.35	−0.75
2.5±0.1	0	0
3.25	+7.35	+0.75
3.5±0.125	+9.8	+1
4.0	+14.7	+1.5

⑤ ECU에서의 처리는 다음과 같다.

항목	세분화	최소	최대	비고
횡가속도	0.02(G)	−1.5	+1.5	센서치. + : 우회전, − : 좌회전
횡가속도	0.02(G)	−1.5	−1.5	

⑥ 회로구성

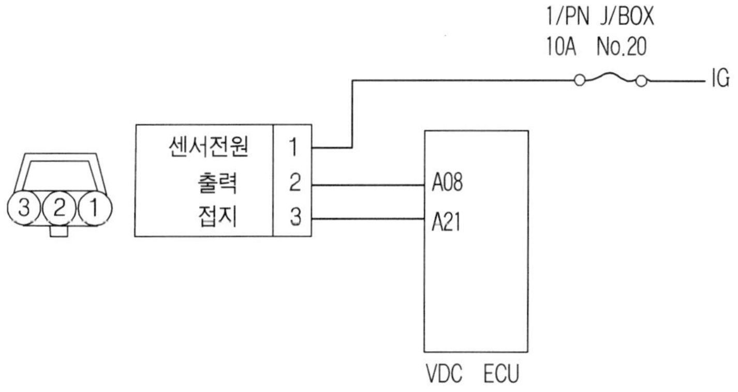

그림 20-15 G센서 회로

(5) 하이드로닉 유니트

① 엔진실 우측에 장착되어 있다.

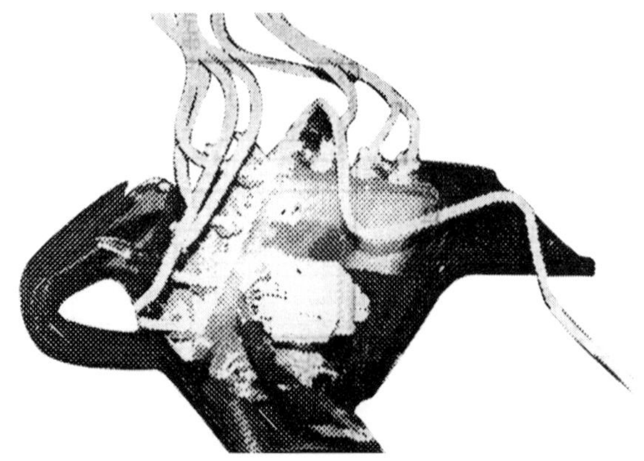

그림 20-16 HECU 구조

② 12개의 솔레노이드가 내장되어 있다.

③ 솔레노이드 밸브의 명칭과 역할은 다음과 같다.

기호	형식	역할	비고
SAp1	NC	제어시(ABS. TCS, VCD)어큐물레이터 공급	FR/RL
SAp2	NC	제어시(ABS. TCS, VCD)어큐물레이터 공급	FR/RR
SAM1	NO	일반 제동시 MCP 제동압 공급/VDC · TCS 작동시 작동	FR/RL
SAM2	NO	일반 제동시 MCP 제동압 공급/VDC · TCS 작동시 작동	FR/RR
VFLI	NO	앞좌바퀴 제동압 증압	FL
VFLO	NC	앞좌바퀴 제동압 감압	
VFRI	NO	앞우바퀴 제동압 증압	FR
VFRO	NC	앞우바퀴 제동압 감압	
VFLI	NO	뒤좌바퀴 제동압 증압	RL
VFRO	NC	뒤좌바퀴 제동압 감압	
VFLI	NO	뒤우바퀴 제동압 증압	RR
VFRO	NC	뒤우바퀴 제동압 감압	

④ 유압회로도

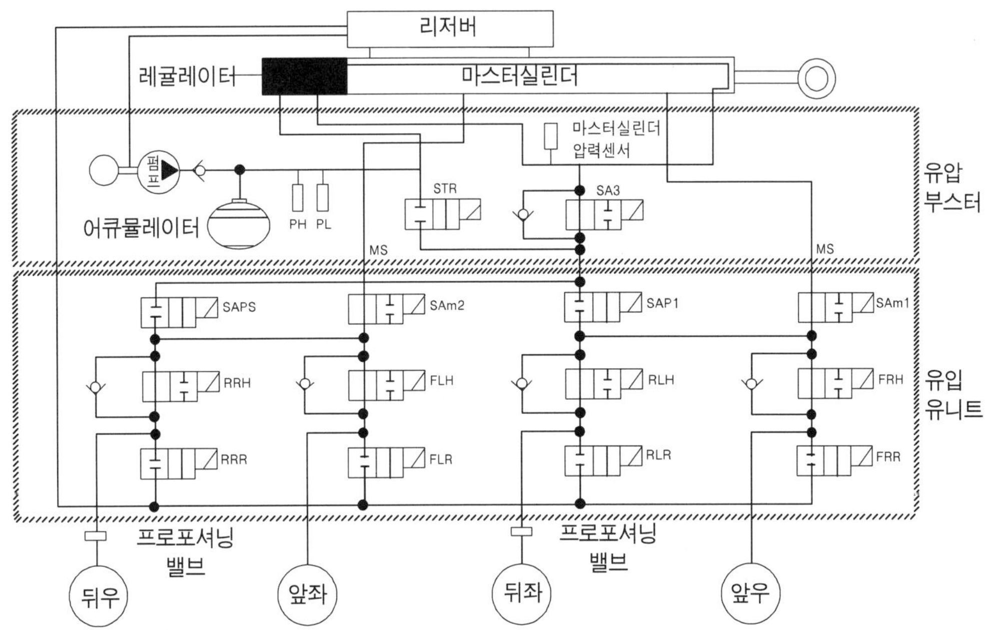

그림 20-17 유압회로

(6) 유압 부스터(Hydraulic Booster)

① 엔진 부압을 이용한 기존의 지공 배력식 부스터 대신에 유압 모터를 이용한 유압 부스터이다. 유압 부스터는 액츄에이터와 어큐뮬레이터에서 전기 모터에 의해 형성된 증압된 유압을 이용하는 브레이크 배력 장치이다.

② 유압 부스터의 효과

- 브레이크 압력에 대한 배력비가 크다.
- 브레이크 압력에 대한 응답속도가 빠르다.
- 엔진 부압에 대한 영향이 없다.

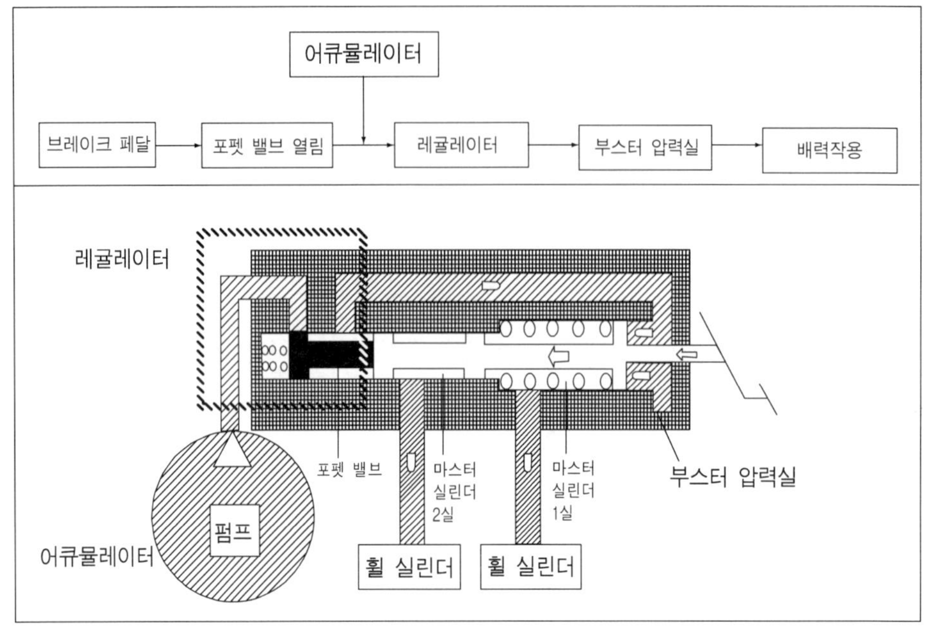

그림 20-18 유압 부스터 구조

③ 작동원리

- 브레이크 페달을 밟으면 페달과 연결된 푸쉬 로드가 M/C(마스터 실린더)의 피스톤을 이동시킨다.
- 피스톤은 포펫 밸브를 밀어서 어큐물레이터에서 전기 모터에 의해 발생된 유압이 레귤레이터에 유입된다.
- 포펫 밸브가 열리면 어큐물레이터에서 전기 모터에 의해 발생된 유압이 레귤레일에 유입된다.
- 유압은 레귤레이터의 통로를 통하여 부스터 압력실로 연결된다.
- 부스터 압력실에 연결된 유압은 푸쉬 로드를 M/C 쪽으로 피스톤을 더욱 강하게 밀어서 고압의 제동압을 얻는다.

④ 장착도

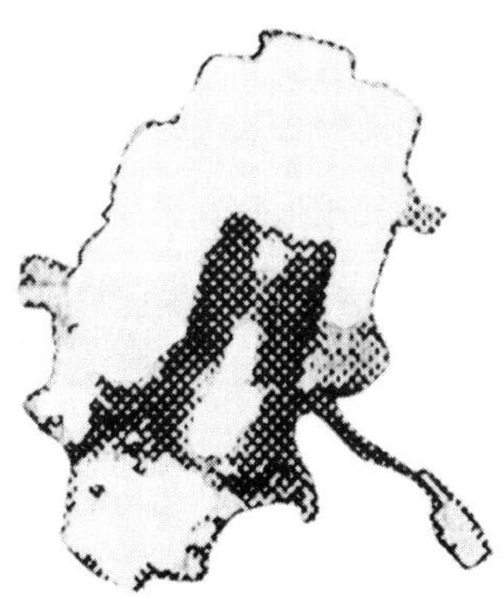

그림 20-19 부스터

⑤ 솔레노이드 밸브

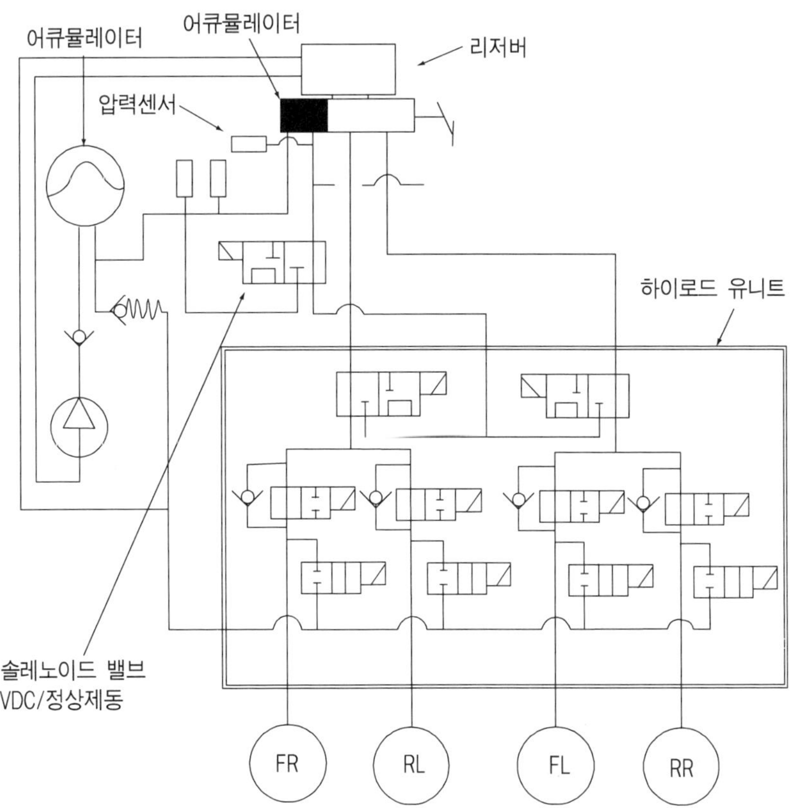

그림 20-20 HECU의 솔레노이드 밸브

⑥ 유압 부스터 구성도

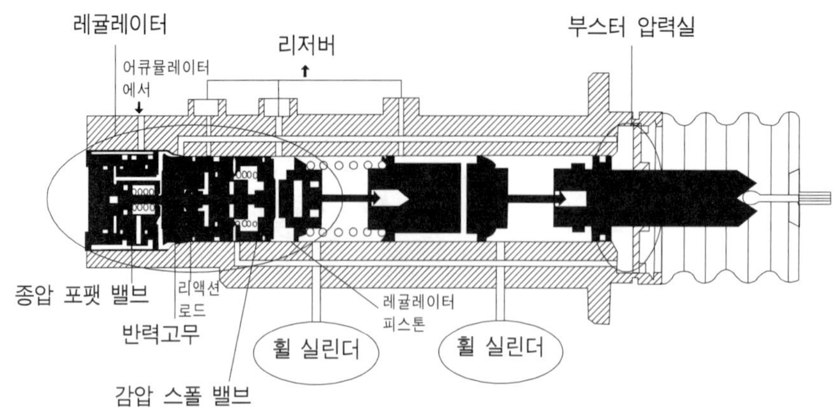

그림 20-21 유압 부스터 구조

⑦ 레귤레이터 구조

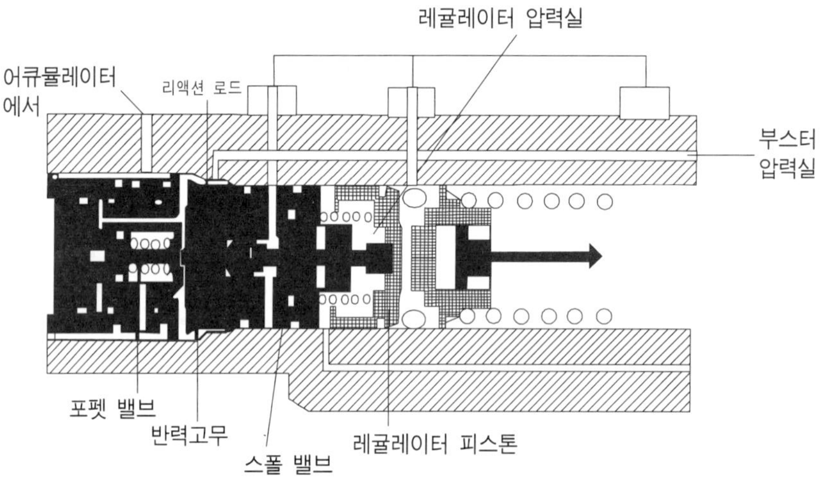

그림 20-22 압력 조절기 구조

- 증압 포펫 밸브(Poppet Valve)
- ·어큐뮬레이터의 압력을 차단한다.
- ·제동시 리액션 로드에 밀려 좌로 이동하여 어큐뮬레이터의 압력이 레귤레이터 유압실로 공급된다.
- 반력고무

· 어큐뮬레이터의 압력이 공급되면 반력고무는 변형을 일으킨다.
· 반력고무의 변형으로 어큐뮬레이터의 압력을 리액션 로드 디스크에 전달한다.

- 리액션 로드(Reaction Rod)

· 증압시 좌로 이동하여 포펫 밸브를 민다.
· 반력고무를 통하여 어큐뮬레이터의 압력을 받는다.

- 감압 스풀 밸브(Spool Valve)

· 비작동시에는 레귤레이터 유압실로 리저버를 연결시킨다.
· 증압시에는 좌로 이동하여 유로를 좁혀서 유압실의 압력을 유지시킨다.

- 레귤레이터 피스톤(Regulator Piston)

· M/C의 압력에 따라 증압시에 좌로 이동한다.

- 레귤레이터 압력실(Regulator Chamber)

· 어큐뮬레이터의 압력을 M/C와 같도록 조절한다.

⑧ 레귤레이터 작동

- 비작동, 감압 상태

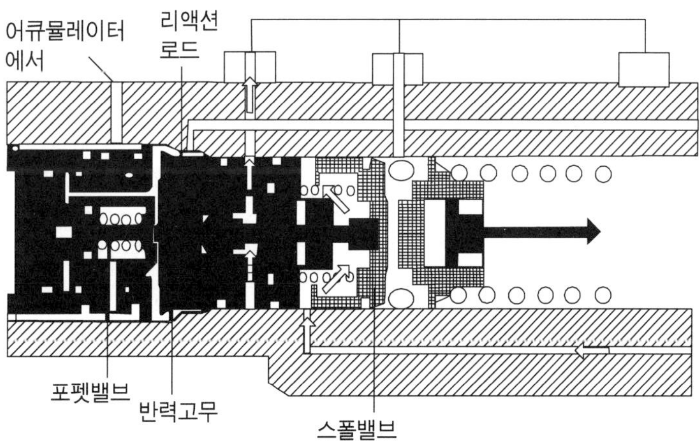

그림 20-23 감압시의 레귤레이터 작동

· 어큐뮬레이터의 압력은 증압 포펫 밸브에 의해 차단된다.
· 부스터 압력실과 통하고 있는 레귤레이터의 압력은 감압 스풀 밸브를 통하여 레귤레이터에게 개방된다.

- 증압 작동 상태

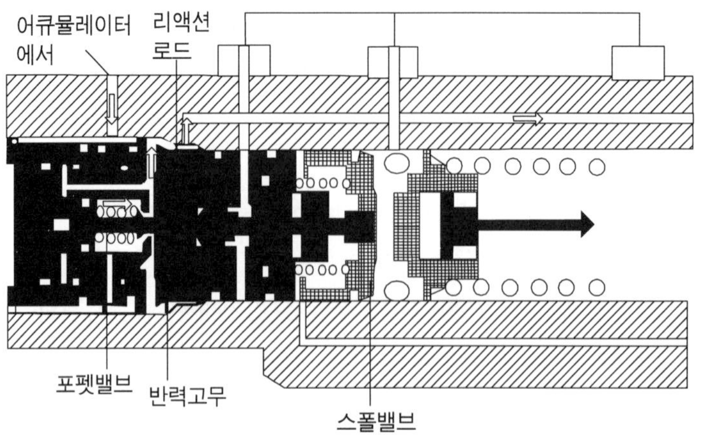

그림 20-24 증압시의 레귤레이터 작동

· 어큐뮬레이터의 압력은 증압 포펫 밸브가 열림에 따라 레귤레이터에 공급된다.
· 부스터 압력실과 통하고 있는 레귤레이터의 압력은 감압 스풀 밸브가 닫힘에 따라 유지되고, M/C와 같은 압력으로 조절된다.
· M/C 압력이 낮을 때에는 리액션 로드는 반력고무에 붙지 않는다(1단계).
· M/C 압력이 높을 때에는 리액션 로드는 반력고무에 붙고, 고무를 대하고 있는 어큐뮬레이터 압력이 리액션 로드를 우측으로 이동시킨다(2단계).

⑨ H/B 일반 사항

	항목	시방
전압	모터 단자간 전압	9.0V~16.0V
	전원 이상 경보 전압	9.5V 미만, 17.5V 이상
작동온도		-30℃~100℃

※ 모터 구동 전압은 8.2V 이상이며 ECU 작동 전압은 6.2V 이상이다.

⑩ 유압 부스터 모터 제어

-모터 릴레이 제어

• PH 스위치가 저압이 되면 모터 릴레이를 ON 한다.
• PH 스위치가 고압이 되면 1.2초 후에 모터 릴레이를 OFF한다.

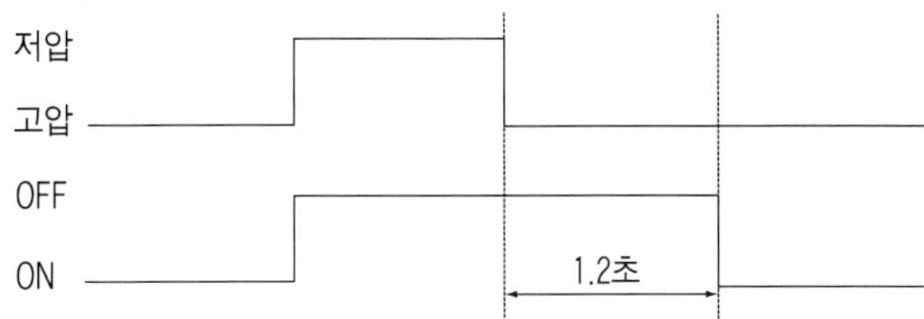

그림 20-25 모터 릴레이 제어(Ⅰ)

- PH 스위치가 고압이고 PL 스위치가 저압이면 모터 릴레이를 ON 한다.
- PL 스위치가 고압이 되면 3.1초 후에 모터 릴레이를 OFF 한다.

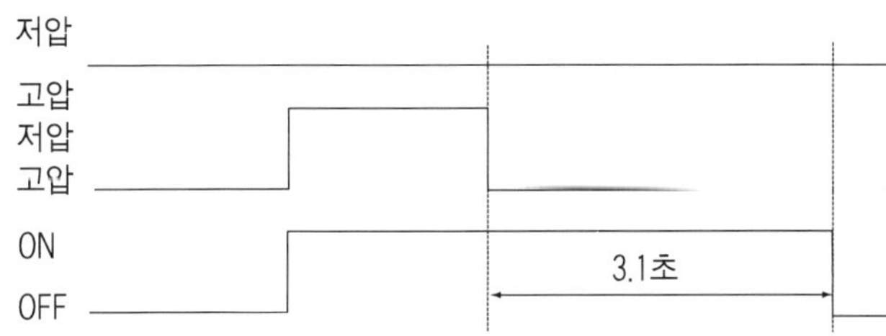

그림 20-26 모터 릴레이 제어(Ⅱ)

-간차 구동 제어
- 이전 또는 현재에 다음의 고장이 발생하면 간차 구동 제어를 수행한다.
  ⓐ 모터 장시간 통전
  ⓑ 모터 고착
  ⓒ 모터 릴레이 출력 모니터 단선
- 간차 구동 제이 조건이 성립되면 릴레이의 출력을 금지한다.
- 상기(㉮)항의 이상이 없어지며 간차 구동 제어를 종료한다.
- 간차 구동 제어를 종료하면 모터 릴레이 출력을 허가한다.

-모터 릴레이 출력 허가 조건
- 모터 릴레이가 9초간 OFF되면 모터 릴레이 출력을 허가한다.
- 모터 릴레이 출력이 허가된 상태에서 PH 스위치나 PL 스위치가 저압이 되면 모터 릴레이를 ON한다.

-모터 릴레이 ON이 2초간 연속되면 모터 릴레이 출력을 금지하고 PH 스위치나 PL 스위치가 저압이 되어도 모터 릴레이는 구동하지 않는다.

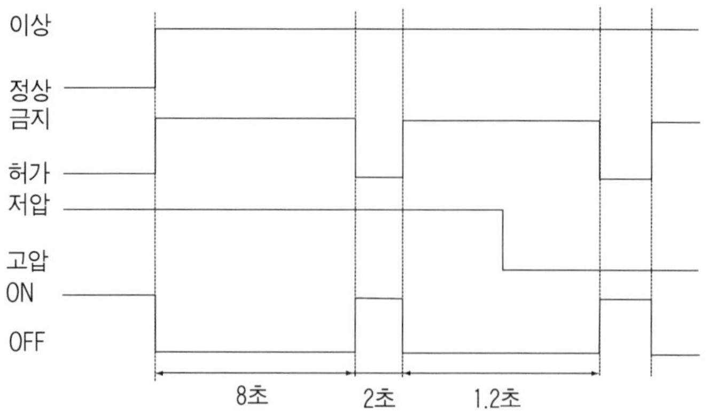

그림 20-27 모터 릴레이 제어(III)

-모터 릴레이 강제 구동

모터 릴레이 ON 상태가 1초간 계속되면 릴레이를 OFF 한다.

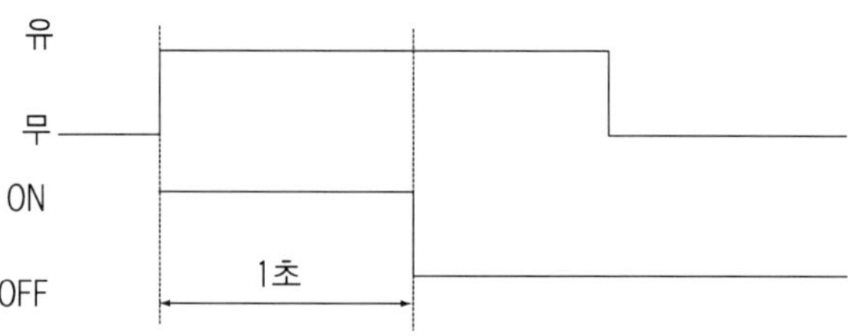

그림 20-28 모터 릴레이 제어(강제 구동시)

⑪ 유압 부스터 관련 고장

H/B 관련 고장코드

고장코드	항목	상세내용	제어	경고등	부터
16	IG 전원이상	IG 전원 전압 이상	통상 제어	○	
53	모터 OFF 이상	모터 릴레이	통상 제어	○	
		모터 릴레이 출력 모니터 단선 이상		○	○
		모터 고착 검지회로 이상 통상 제어		○	
55	모터 고착 이상	모터 고착 이상		○	○
63	ECU, 압력 스위치 이상	모터 릴레이 쇼트 이상	통상 제어	○	

78	어큐뮬레이터 이상	모터 장시간 통전 이상		○	○
		어큐뮬레이터 저압 이상	통상 제어	○	○
	CPU이상	CPU이상	통상 제어	○	

⑫ 고장 보정(Fail Safe)

고장코드	항목	판정조건	해제조건
	모터 장시간 통전이상	모터 모니터 ON 140초 이상(3V 이상)	간차 구동제어시 모터 모니터 OFF 신호 1.5초 이상
		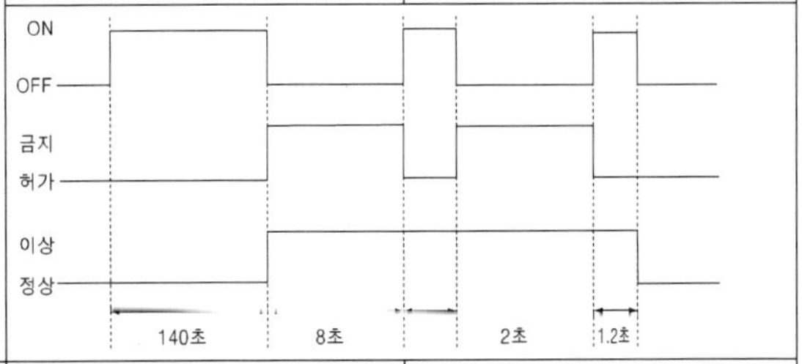 ON / OFF / 금지 / 허가 / 이상 / 정상 / 140초 / 8초 / 2초 / 1.2초	
	어큐뮬레이터 저압 이상	- PL 스위치가 저압으로 1.4초 경과시 - ABS, VDC 제어 중에는 0.2초 경과시	PH 스위치와 관계없이 PL 스위치가 고압으로 3.1초 경과시
		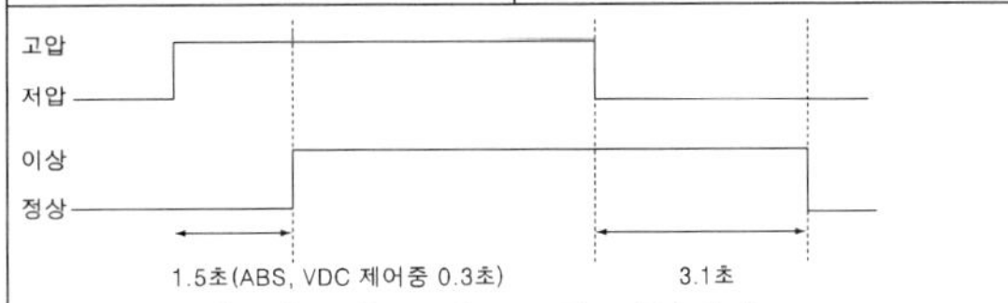 고압 / 저압 / 이상 / 정상 / 1.5초(ABS, VDC 제어중 0.3초) / 3.1초 - IG ON 후 최초만 고장코드를 기억한다. - 보통은 현재 이상 검출 후 25초 이후에 기억한다.	
	모터 릴레이 단선 이상	IG 전압이 ECU 컨넥터에 9.5V 이상이고 모터 릴레이가 ON 인데 모터 모니터가 ON이 되지 않는 상태로 1초 이상 경과시	동일 조건에서 모터 모니터가 ON으로 1초 이상 경과시
		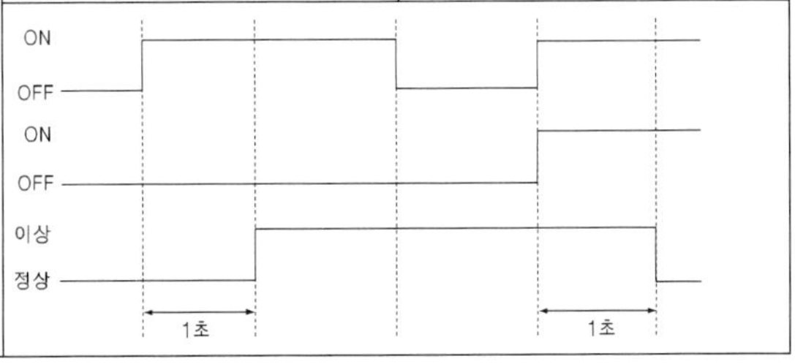 ON / OFF / ON / OFF / 이상 / 정상 / 1초 / 1초	

고장코드	항목	판정조건	해제조건
	모터 릴레이 쇼트 이상	모터 릴레이는 OFF인데 모터 모니터가 2.5초 이상 ON시	모터 릴레이는 OFF인데 모터 모니터가 1초 이상 경과시
		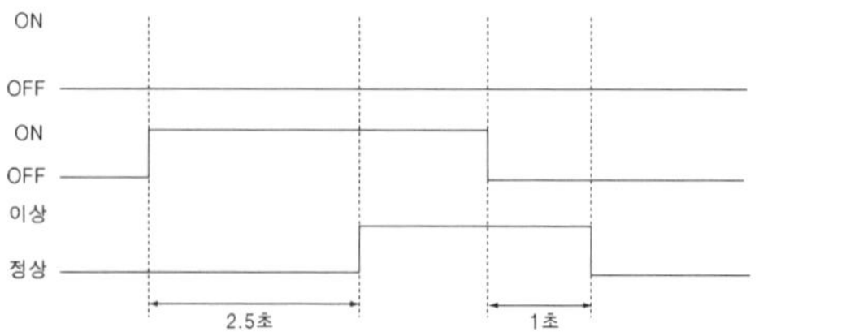 ON OFF ON OFF 이상 정상 2.5초 1초	
	모터 릴레이 출력 모니터 단선 이상	전원 전압 정상(9.5V~17.5V)이고 CPU 간 통신에 의해 수신된 신호가 모터 릴레이 ON인데 모터 릴레이 출력 모니터는 7초 이상 OFF시	CPU간 통신에 의해 수신된 신호가 모터 릴레이 출력 모니터가 0.8초 이상 ON시
		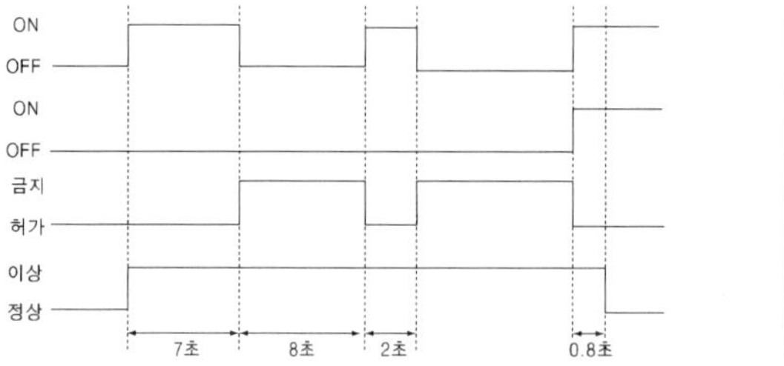 ON OFF ON OFF 금지 허가 이상 정상 7초 8초 2초 0.8초	
	모터 릴레이 단선 이상	모터 고착 이상 모터 모니터 ON이며 0.8초 이상 모터고착 신호가 ON(22A~35A)시	모터 모니터 ON이며 0.8초 이상 모터고착 신호가 OFF시
		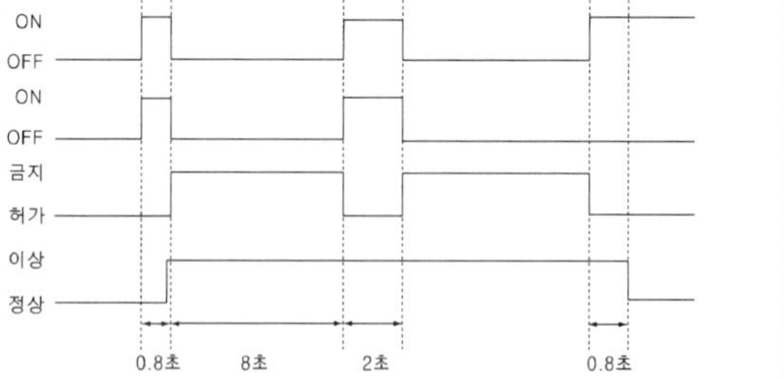 ON OFF ON OFF 금지 허가 이상 정상 0.8초 8초 2초 0.8초	

고장코드	항목	판정조건	해제조건
	모터 고착 감지 회로 이상	모터 모니터는 OFF인데 모터 고착 신호가 0.8초 이상 ON시	모터 모니터가 OFF이고 모터 고착 신호가 0.8초 이상 OFF시
		ON OFF ON OFF 이상 정상 0.8초 0.8초	
	IG 전원 이상	- IG 전원이 9.5V로 10C초 이상 경과시 - IG 전원이 17.5V로 1초 이상 경과시	IG 전원이 10.5V 이상에서 16.0v 미만으로 1초 경과시
		ON OFF 이상 정상 10초 1초 ON OFF 이상 정상 1초 1초 단, 고장코드는 기억하지 않는다.	
	고장코드 출력, 소거	L단자 어스시 기억된 코드를 모두 출력한다.	L단자 어스 탈거시 출력을 중지한다.
		소등 점등 3 1.5 1.5 0.5 0.5 0.5 2 0.5 0.5 소등 점등 3 0.25 0.25 IG ON 후 3초간은 출력하지 않는다.	

⑬ ABS ECU와의 통신

㉮ ABS로부터 요구 정보 및 고장 코드를 ABS ECU에 출력한다.

㉯ 통신 종류는 PWM이다.(Pulse Width Modualtion)

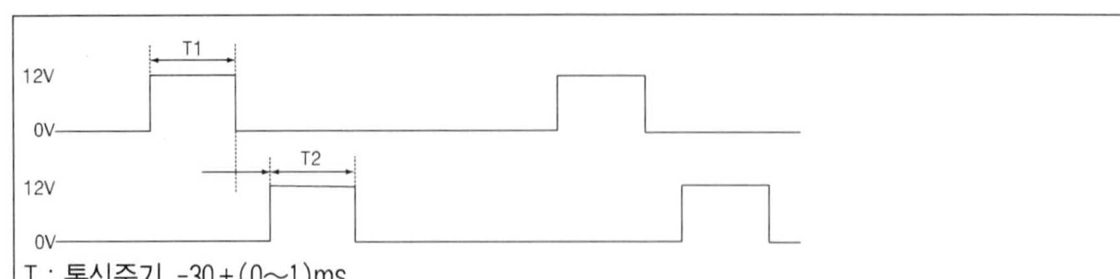

T : 통신주기 -30+(0~1)ms
T1, T2 : 데이터 시간-아래표 참조
T : 송신 지연 시간 -1.5ms 이내

코드	시간	T1(ABS H/B)	T2(H/B ABS)	비고
C2	2±1ms	ABS, VDC 정상 유무	정상(하기 이외)	
C4	4±1ms	ABS, VDC 제어중 상태	ABS 제어금지 요구 있음/없음	
C6	6±1ms	모터 강제 구동 요구 유무	모터 고착 이상	
C8	8±1ms	고장 출력 요구 있음/없음	IG 전원 이상	
C10	10±1ms	고장 소거 있음/없음	모터 OFF 이상	
C12	12±1ms	어큐뮬레이터 이상		
C14	14±1ms	완성품 검사요구 있음/없음	ECU 압력 스위치 이상	
C16	16±1ms	고장 소거중 상태		

※ 2±1ms는 1ms 이상 3ms 미만(2ms≤T≤3ms)
※ 모터 강제 구동요구가 있으면 1초간 모터를 강제 구동한다.
※ 고장 코드의 출력 요구가 있으면 T2의 C6~C12 중 기억된 코드의 데이터를 ABS에 송신한다.
※ 고장 코드 소거 요구시 고장 코드를 소거하고 현재 고장만 기억한다.
그리고 2초간 "소거중" 상태를 ABS에 송신한다.

⑭ ABS H/B의 통신

- C2 코드를 수신하거나 그 도중에 C4, C6, C8, C10, C14의 코드 중 하나를 수신하면 유효 통신으로 한다.
- 다만 C2 코드에서 이전 코드가 C4, C6, C8, C10, C14의 코드를 수신하면 이전의 수신 코드를 유지한다.
- C2~C10 이외의 코드를 수신하거나 C2의 코드에서 C4, C6, C8, C10, C14의 코드를 복수로 수신하면, 또는 통신이 끊어지면 ECU간의 통신은 무효로 한다.

• 수신의 예

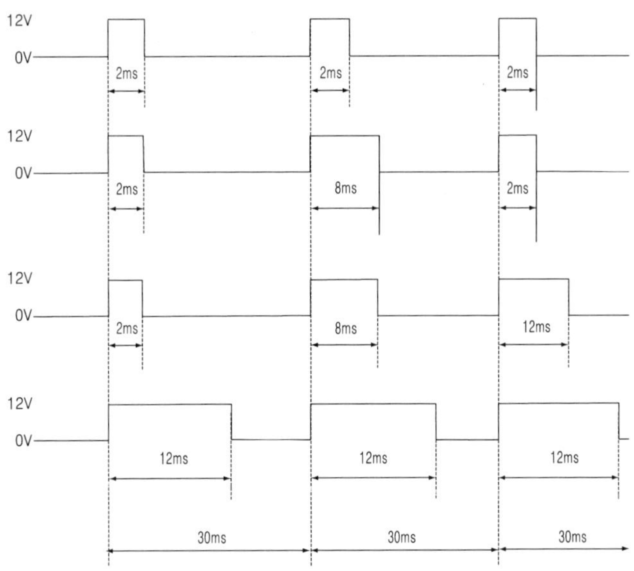

그림 20-29 ABS H/B의 통신

⑮ H/B ABS의 통신

• C4, C6, C8, C10, C14, C16 코드에 해당이 없을 경우 C2 코드를 송신한다.
• C4, C6, C8, C10, C14, C16 코드에 해당이 될 경우 데이터를 송신한다.
• ABS로부터 데이터를 수신한 후에 송신한다.
• 송신의 예

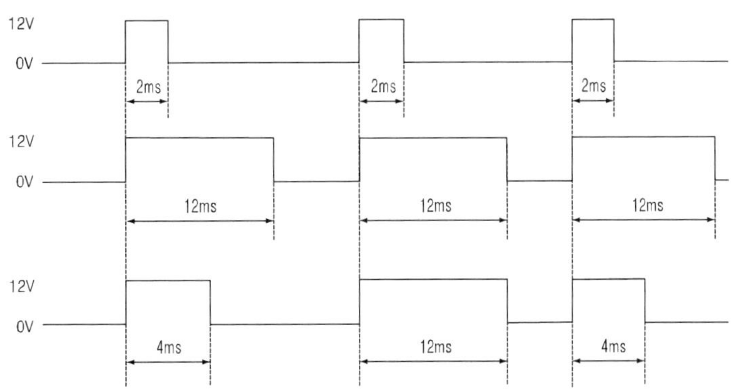

그림 20-30 H/B ABS의 통신

⑯ 통신 이상 판정

- ECU 간 2.5초 이상 무효판정 되면 통신 이상으로 간주한다.
- ECU 간 1초 이상 유효판정 되면 통신 이상으로 해제된다.

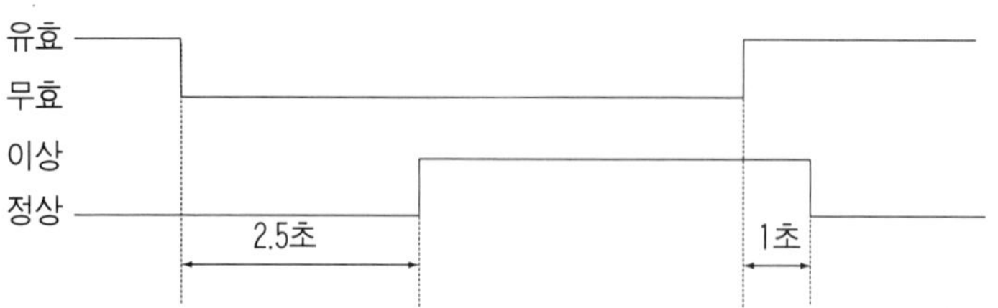

그림 20-31 통신 이상 판정

(7) 마스터 실린더 압력 센서

① 하이드로 부스터에 장착되어 있다.

② 소형이며 스틸 다이아프램으로 구성되어 수명이 길다.

그림 20-32 마스터 실린더 압력 센서

③ 전기적 출력 특성

항목	제원
정격전압	Dc5 0.25V
작동온도	-30℃~120℃
입력온도	0~200kgf/cm^2 G(0~19.6Mpa G)
소비전류	MAX 10mA
공식(V)	(4/200 p 0.5)

4.5V
출력전압(V)
0.5V
0
입력
200kgf/cm^{2}G

④ ECU에서의 처리는 다음과 같다.

항목	세분화	최소	최대	비고
M/C 압력	0.997(kgf/cm^2)	0	200	센서출력값
M/C 압력	0.997/256	0	200	0 M/C압력 kgf/cm^2=0.5V, 200kgf/cm^2=4.5V

⑤ 회로구성

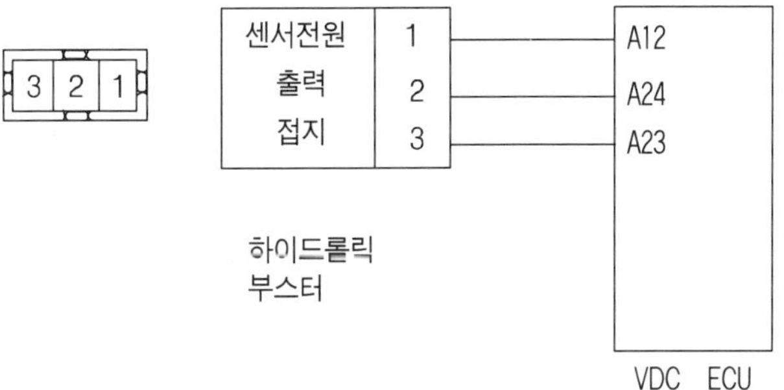

그림 20-33 ECU 회로

(8) TCS OFF 스위치

① 핸들 좌측에 장착되어 있다.

그림 20-34 TCS 관련 스위치

② 운전자가 임의로 선택할 수 있다.

③ TCS 제어를 금지할 때 작동시킨다.

④ 선택시 TCS OFF 경고등이 점등된다.

⑤ 회로구성

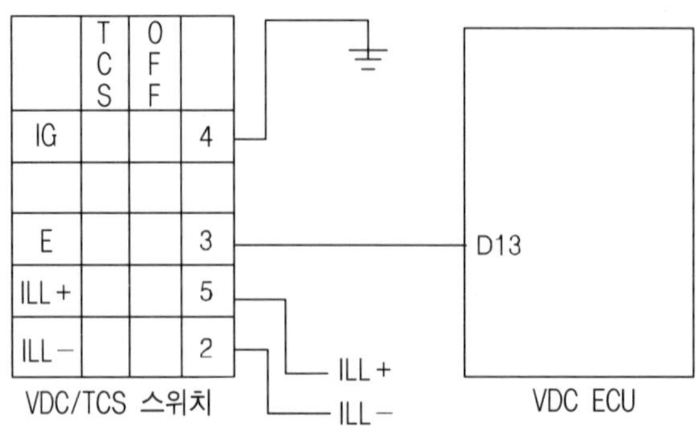

그림 20-35 TCS 회로

(9) 제동등 스위치

① 제동 여부를 ECU에 전달하여 VDC, ABS 제어의 판단 여부를 결정하는 역할을 한다.

② ABS 및 VDC 제어의 기본적인 신호로서 사용된다.

③ 회로구성

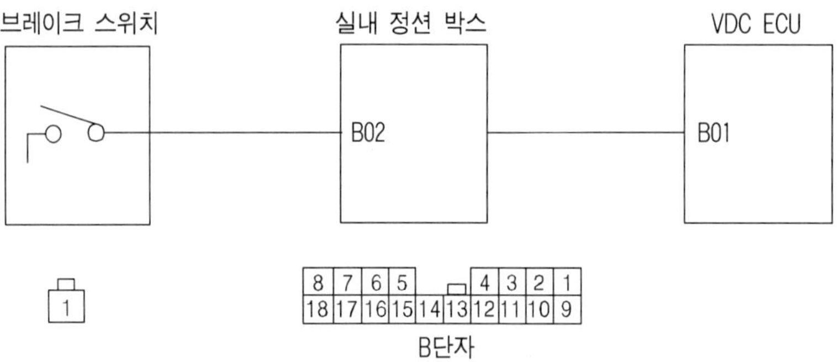

그림 20-36 제동등 스위치 회로

(10) 액셀레이터 포지션 센서(APS)

① 액셀레이터 페달의 조작 상태를 검출하는 센서이다.

② VDC 및 TCS 제어의 기본 신호가 된다.

③ 측정 단위는 0.02V씩 측정 가능하다.

④ 측정 주기는 6ms이다.

⑤ 전기 회로의 구성은 아래와 같다.

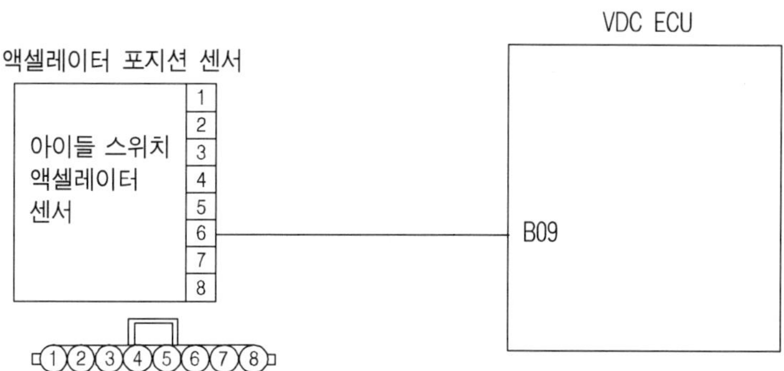

그림 20-37 APS 신호

ECU에서의 처리는 다음과 같다.

항목	세분화	최소	최대	비고
액츄에이터	페달 개도	1(%)	0	100

(11) 경고등 및 지시등

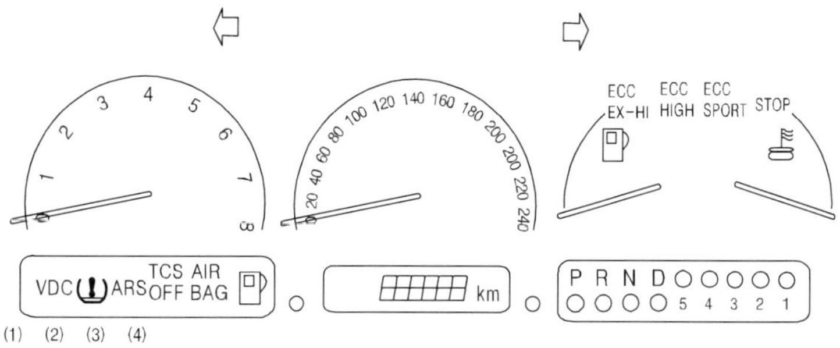

그림 20-38 경고 및 지시등

① VDC 작동 표시등

- 초기 점검 중에 점등된다.
- 엔진 회전수가 낮으면 점등된다.
  (RPM<350rpm시 점등, RPM>450rpm시 소등)
- VDC 제어중에 점등된다.

- VDC 관련 고장시에 점멸된다.(점멸시는 0.7초ON, 0.7초 OFF)
- 액츄에이터 강제 구동시에 점등된다.

② TPW 경고등(Tire Pressure Warning)

타이어 공기압 부족시에는 TPW 경고등이 점등된다.

③ ABS 경고등

- IG2 ON 후 3초간 점등된다.
- ABS 관련 고장 발생시에 점등된다.
- 액츄에이터 강제 구동시에 점등된다.

④ TCS 경고등

- 초기 점검 중에 점등된다.
- TCS 관련 고장시에 점멸된다(0.7초 주기로 ON, OFF됨).
- 엔진 회전수가 낮으면 점등된다.
  (RPM<350rpm시 점등, RPM>450rpm시 소등)
- TCS OFF 모드시에 점등된다.
- 액츄에이터 강제 구동시에 점등된다.

⑤ 사이드 브레이크 경고등

- H/B 관련 심각한 고장감지시 H/B ECU가 점등된다.
- H/B ECU IG 전원공급휴즈 단선시

※ H/B ECU 사시전원 공급휴즈 30A 단선시 부저가 출력된다.

(12) ECU

① 승객석 우측 하단 A필터에 장착되어 있다.

② 2개의 CPU로 상호 점검하여 오작동을 감지한다.

③ 시리얼(SCI) 통신에 의해 ECU 및 TCU와 통신을 행한다.

그림 20-39 VDC용 ECU

④ 내부 블록도

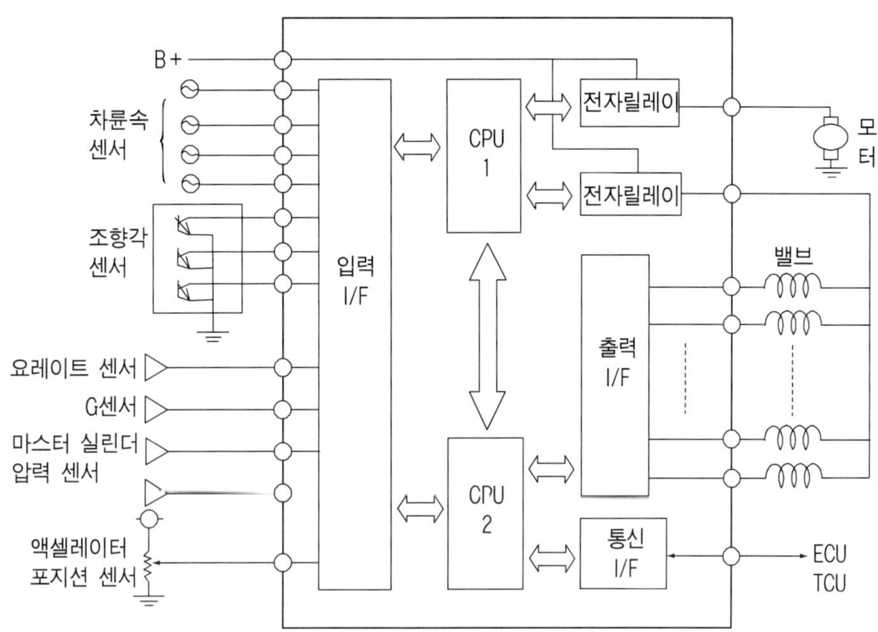

그림 20-40 VDC ECU 구조

20 3.3 VDC 각종 제어

1) 요-모멘트 제어(Yaw-Moment)

(1) 개요

VDC ECU에서는 요-모멘트와 선회 방향을 각 센서의 입력값을 기초로 각바퀴의 제동압력 제어모드(증, 감압)를 연산하여 필요한 마스터 실린더 압력 포트(차단, 가압, 축압)와 모터 릴레이를 구동하여 발생한 요-모멘트에 대하여 역방향의 모멘트를 발생시켜 스핀 또는 Drift(옆방향 쏠림) 등의 위험한 상황을 회피한다.

(2) 제어조건

① 차체 속도가 15Km/h 초과되어야 한다.

② IG ON 이후 2초가 지나야 한다.

③ 요-모멘트가 일정치 이상 발생하면 제어한다.

④ 제동이나 출발시 오버 스티어 언더 스티어가 발생되면 제어한다.

⑤ 차속이 10Km/h 이하로 떨어지면 제어를 중지한다.

⑥ 후진시에는 제어를 하지 않는다(변속레버 "R" 위치시).

⑦ 진단기기에 의해 강제 구동중 일 때는 제어를 하지 않는다.

(3) 제동압 제어

① 요-모멘트를 기초로 제어 여부를 결정한다.

② 슬립율에 의한 자세 제어에 따라 제어 여부를 결정한다.

③ 제동압 제어는 기본적으로 슬립율 증가측에 증압하고 감소측에 감압 제어한다.

④ 1회 작동시 5Kg/cm^{2}의 압력을 기준(최초 5Kg/cm^2)으로 제어한다.

⑤ 작동은 8ms 주기로 제어한다.

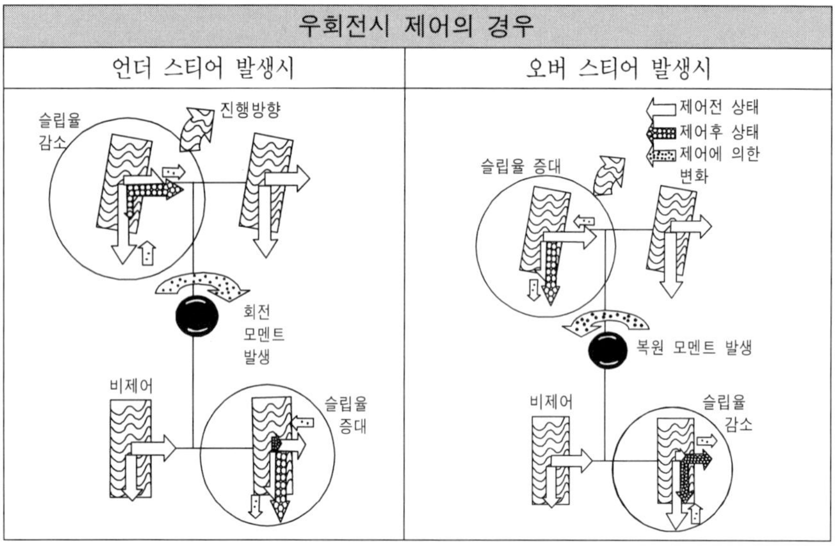

우회전시	좌회전시					
언더 스티어 발생	1	0	0	1	0	0
오버 스티어 발생	0	1	0	0	1	0
모드1	감압	증압	#1	#2	비제어	비제어
모드2	#2	비제어	비제어	감압	증압	#1
모드3	비제어	비제어	비제어	증압	감압	#1
모드4	증압	감압	#1	비제어	비제어	비제어

그림 20-41 VDC의 제동압 제어

※ 브레이크 스위치 ON 또는 제어 개시 신호가 ON일 때 유지 그 외의 경우는 감압.

※ 브레이크 스위치 ON시는 비제어 그 외의 경우는 증압.

2) ABS 관련 제어

(1) 개요

① 일반적인 ABS 제어는 기존과 동일하며 달라진 내용만 기재하였다.

② 뒤 바퀴의 제어는 셀렉트 로우 제어에서 독립적인 제어로 변경되었다.

③ 요-모멘트에 따라 각 바퀴의 슬립율을 판단하여 제어한다.

④ 언더 스티어나 오버 스티어 제어일 때는 ABS 제어에 제동 압력의 증감압을 추가하여 응답성을 향상시켰다.

(2) 제어

① ABS 제어 중에 슬립율이 제동력 최대의 위치에 있으면 슬립율을 증대하더라도 제동력은 증대되지 않는다.

② 따라서 일반적으로 복원 제어의 효과가 높은 앞 외륜에 제동을 가해도 슬립율 증대에 효과가 작아진다.

③ 그래서 뒤 외륜에 제동 압력을 가해 뒤 외륜의 슬립율이 작아지게 제어한다.

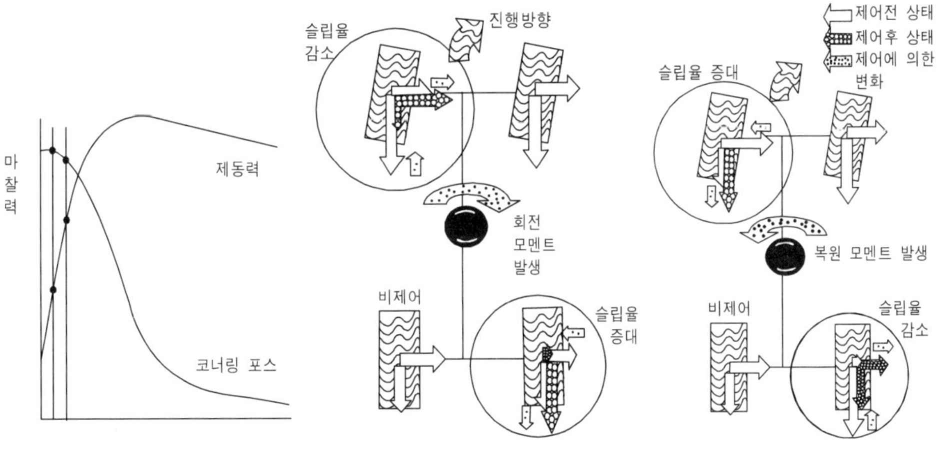

그림 20-42 ABS 관련 제어

(3) ABS 제어의 해제 조건

① 제동등 스위치 신호가 ON OFF가 된 경우 해제된다.
② 차속이 3Km/h 미만시 해제된다.
③ 다음 조건의 경우에는 후륜은 ABS 제어를 하지 않는다.
- VDC 제어 중 일 때
- 제동등 스위치 신호가 OFF일 때

3) 자동 감속 제어(제동 제어)

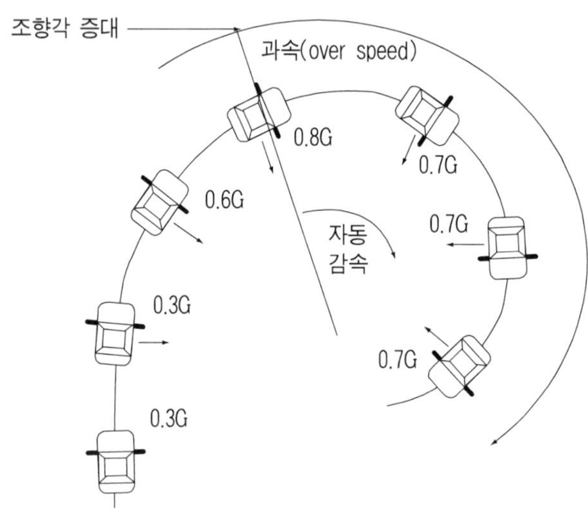

그림 20-43 자동 감속 제어

(1) 개요

선회시의 횡 G 값에 대하여 엔진의 가속을 제한하는 제어를 실행함으로서 과속의 경우에는 제동 제어를 포함하여 선회 안정성을 향상시킨다.

① 목표 감속도와 실감속도의 차이가 발생하면 뒤 외륜을 제외한 3륜 제동 압력을 가해 감속제어를 실행한다.
② 자동 감속 제어는 아래의 조건을 만족하여야 한다.
- 목표 감속도가 -0.08G 이상이 되면 제어를 실행한다.
- 차속은 15Km/h를 초과해야 한다(차속>15Km/h).
- IG ON후 2초 이상 경과되어야 한다.

③ 다음과 같은 경우에는 제어를 해제한다.

- 목표 감속도가 -0.06G 미만이 되면 해제된다.
- 차속이 10Km/h 미만이 되면 해제된다.

4) TCS 관련 제어

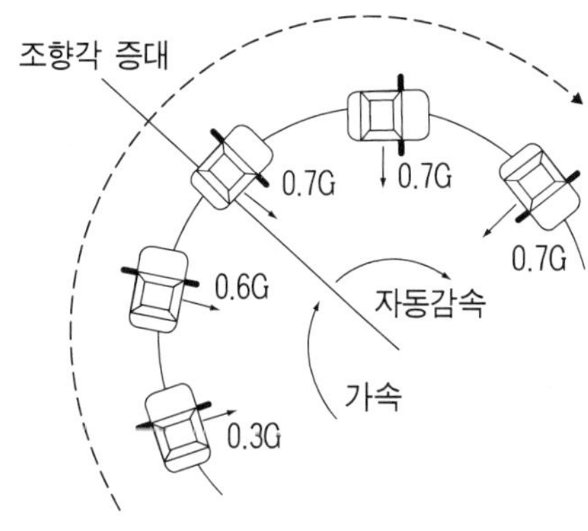

그림 20-44 TCS 제어

(1) 개요

① 슬립 제어는 제어에 의해 LSD 기능으로 미끄러운 도로에서의 가속성을 향상하였다.

② 트레이스 제어는 운전자의 운전 상황에 대해 엔진의 출력을 저감한다.

③ 자동 감속 제어는 엔진의 출력을 제어한다.

④ 제어 주기는 16ms이다.

(2) 제어 조건

① 차속 2Km/h 이상 되어야 한다(차속≥2Km/H).

② 후진 또는 1속의 경우는 차체의 G값이 0.05G를 초과해야 한다(G>0.5G).

③ 2속 이상의 경우는 차체의 G값이 0.7G를 초과해야 한다(G>0.7G).

④ 시프트 포지션 P.N 이외의 경우이어야 한다.

⑤ TCS OFF 스위치는 선택되지 않아야 한다.

⑥ 상기의 경우 ENG ECU에 점화시기 지각 명령을 실행한다.

⑦ 차속이 5Km/h 미만이거나 목표 감속도가 0G 미만으로 떨어지면 해제된다.

(3) 제어

① ECU와의 통신으로 트로를 밸브 구동과 점화시기 지각을 행한다.

② 15Km/h 이상시는 TCU와의 통신으로 현재 변속단을 유지한다(킥다운에 의한 가속력 증대 방지).

③ 4륜이 ABS 제어 중이며 브레이크 페달을 밟고 있는 상태라면 운전자에 의한 제동은 마찰 한계에 달했다고 판단해서 ABS 제어만 실행한다.

④ 그 이외의 경우 브레이크 페달을 밟았을 때에는 제동이 우선되어야 하므로 제어 순서는 ABS VDC 자동 감속제어의 순으로 제어한다.

⑤ 밸브 릴레이 OFF시 제어를 하지 않는다.

⑥ 실제 제동 감속 제어는 트레이스(Trace) 제어만 된다.

5) 타이어 공기압 저하 경보

① 타이어의 공기압이 부족하면 타이어의 직경이 작아진다.

② 타이어의 직경이 작아지면 해당 차륜 속 센서의 출렵값이 증가한다.

③ 평균치와 비교하여 출력값이 20%이상 증가하면 타이어 공기압 저하로 판단된다.

④ 공기압 저하로 판단되면 T.P.W 경고등을 점등한다.

⑤ TPW는 Tire Pressure Warning의 약자이다.

20 3.4 VDC 고장 진단

1) 개요

(1) 개요

① 원칙적으로 ABS의 고장시에는 VDC 및 TCS도 제어를 금지한다.

② VDC 또는 TCS 고장시에는 해당 시스템만 제어를 금지한다.

③ 다만 VDC 고장시 솔레노이드 밸브 릴레이를 OFF시켜야 되는 경우에는 ABS의 페일 세이프를 준한다.

④ ABS의 페일 세이프 사항은 VDC 미장착시의 동일하다.

(2) 고장코드의 기억

① 백업 램프 전원이 연결되어 있는 동안은 기억을 유지한다.

② ECU 전원이 ON 기간에만 기억을 유지한다.

(3) 고장 점검

① 최초 점검은 ECU 전원이 ON된 직후 실행한다.

② 밸브 릴레이의 점검은 IG2의 ON 직후에 실행한다.

③ IG2 전원이 ON 상태에서는 항시 실행한다.

④ 초기 점검은 다음의 경우에 실행한다.

- 현지 고장이 검출되지 않았을 때
- ABS, ADC 공히 제어중이 아닐 때
- ECU 전원 ON 후 이전에 초기 점검을 행하지 않았을 때
- 제동등 스위치가 OFF인 상태에서 차속이 8Km/h 이상일 때
- 차속이 40Km/h 이상일 때

⑤ 다만 초기 점검 중 제동등 스위치가 ON되어도 계속 실행한다.

⑥ 또한 초기 점검 이전에 ABS 또는 VDC 제어를 개시 할 경우에는 초기 점검을 중단하고 ECU 전원이 재입력 될 때까시 초기 점검을 히지 않는다.

⑦ 다음의 경우에는 고장 판정을 한다.

- 전원이 정상일 것
- ECU 전원 ON후 차속이 8Km/h 이상 되는 시점에서부터 고장판정을 개시한다.

(4) 고장 발생시의 처리

① 시스템을 DOWN하고 다음의 처리를 행한 후 ECU 전원 OFF까지 유지한다.

② 밸브 릴레이는 OFF 한다.

③ 제어 중에는 제어를 중단하고 정상 조건까지 모든 제어를 실행하지 않는다.

(5) 경고등 점검

① ABS 고장시에는 ABS 경고등을 점검한다.

② TCS 고장시에는 TCS 경고등을 점검한다.

③ VDC 고장시에는 VDC 작동 표시등을 점멸한다.

※ 전원 전압, 밸브 릴레이 전압 이상시는 입출력 관계의 고장 판정을 행하지 않는다.

(6) 초기 점검시의 시간

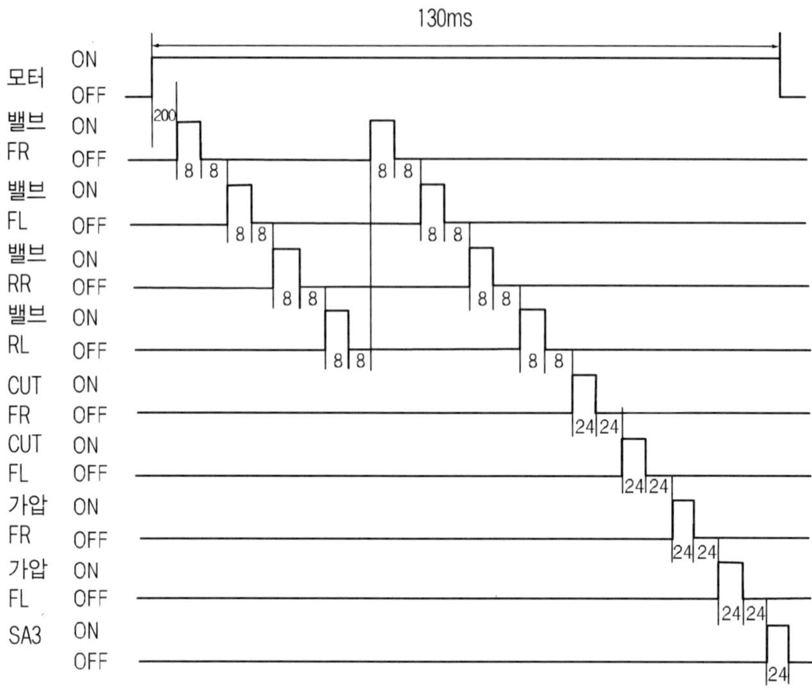

그림 20-45 초기 점검시의 시간표

2) 자기진단

(1) 자기진단 코드

고장 코드	항목	판정시작	경고등			비고
			ABS	TCS	VDC	
11	휠 센서 단선 이상 -FR	IG ON후 2초 경과시	점등	점멸	점멸	
12	휠 센서 단선 이상 -FL					
13	휠 센서 단선 이상 -RR					
14	휠 센서 단선 이상 -RL					
15	센서 이상	상시	점등	점멸	점멸	
16	전원전압, 밸브 릴레이 전압 이상	IG2 ON	점등	점멸	점멸	
17	TCS 스위치 이상	상시		점멸		

21	휠 센서 쇼트 -FR	초기 출발시 상시	점등	점등	점멸	
22	휠 센서 쇼트 -FL					
23	휠 센서 쇼트 -RR					
24	휠 센서 쇼트 -RL					
25	차륜속 센서 동시 단선 이상	TCS ON 이고 3Km/h 이상시		점멸		
26	차륜속 센서 신호 이상(RL/RR)	TCS ON		점멸		
27	차륜속 세서 신호 이상(ALL)	TCS ON		점멸		
31	IG2 이상	450rpm이상 10초 후부터	점등	점멸	점멸	
33	정지등 스위치 단선 이상	상시	점등	점멸	점멸	
35	조향각 센서 단선 이상 점멸	IG ON후 2초부터		점멸 점멸		
36	조향각 센서 쇼트(N)					
37	조향각 센서 쇼트(1.2)					
41	ABS 솔레누이드 밸브 이상(FR)	초기 출발시 & IG2 ON 또는 IG2 ON 이후 2초 경과시	점등	점등	점멸	
42	ABS 솔레노이드 밸브 이상(FL)					
43	ABS 솔레노이드 밸브 이상(RR)					
44	ABS 솔레노이드 밸브 이상(RL)					
45	커트(증압) 밸브 이상(SAm1-FR)					
46	커드(증압) 밸브 이상(SAm2-FL)					
47	커트(증압) 밸브 이상(SAp1-RR)					
48	커트(증압) 밸브 이상(SAp1-RL)					
49	어큐뮬레이터(STR, SA3) 밸브 이상	IG2 ON 이후 2초 경과시	점등	점멸	점멸	
51	밸브 릴레이(ON) 이상	시동시	점등	점멸	점멸	
52	밸브 릴레이(OFF) 이상	IG2 ON 이후 2초 경과시				
53	모터 릴레이-모터(ON) 이상	조기 출발시 & IG2 ON	점등	점멸	점멸	
54	모터 릴레이-모터(ON) 이상	IG2 ON 이후 2초 경과시				
55	모터 릴레이-모터(고착) 이상	초기 출발시 & IG2 ON				
61	씨리얼 통신(TCU) 이상	IG2>10V 이후 50ms경과시	점멸			
62	씨리얼 통신(NAVI) 이상					
63	ECU 이상	상시	점등	점멸	점멸	
65	TPS 이상	상시	점멸			
66	TPS/APS 이상					
67	APS 이상					
71	G 센서 이상	IG2 ON 이후 2초 경과시			점멸	
72	요-레이트 센서 이상	IG2 ON 이후 2초 경과시			점멸	

73	M/C 압력센서 이상	IG2 ON 이후 2초 경과시			점멸	
74	요-레이트/G 불일치	IG2 ON 이후 2초 경과시			점멸	
75	체크 엔진(ECU)	ECU와의 통신 정상시		점멸		
76	씨리얼 통신(ECU)	IG2>10V 이후 50ms 경과시		점멸		
77	벤트 솔로네이드(ECU)	ECU와의 통신 정상시		점멸		
78	어큐뮬레이터 압력센서 불량	상시			점멸	
79	어큐뮬레이터 제어밸브 불량	상시	점등	점멸	점멸	

순번	항 목	단위	표시	비고
1	차륜속 센서-FR	Km/h	000.0	200mV/30Hz
2	차륜속 센서-FL			
3	차륜속 센서-RR			
4	차륜속 센서-RL			
5	배터리 전압	V	000.0	
6	APS	mV	0000	
7	엔진 회전수	RPM	0000	
8	G센서	mV	000.0	
9	요-레이트 센서	mV	000.0	
10	조향각 센서	deg	000	+ : 우회전, − : 좌회전
11	M/C 압력 센서	V	000.0	
12	어큐뮬레이터 압력센서	V	000.0	
13	인히비터 스위치		PRND432L	
14	현재 변속 위치		5.4.3.2.1	
15	TPS/APS(ETV)	mV	0000	EST
16	IG 스위치	ON/OFF		
17	아이들 스위치			
18	조향각 센서 ST-N			
19	조향각 센서 ST-1			
20	조향각 센서 ST-2			
21	정지등 스위치			
22	TCS OFF 스위치			
23	슬립 콘트롤			
24	트레이스 콘트롤			

25	타이어 공기압 경보	금지/정상 학습/미학습		
26	공기압 경보 학습(30~60)			
27	공기압 경보 학습(60~75)	유/무		
28	H/B와의 통신			
29	NAVI 통신	유/무		
30	전후 G 센서	V	000.0	

No.	항목	구동 내용	비고
1	ABS 밸브-FR	1. 모터 및 해당 차륜의 밸브 구동 2. 구동중 ABS 경고등 점등 3. 1Km/h이상 및 ABS 고장시 금지	
2	ABS 밸브-FL		
3	ABS 밸브-RR		
4	ABS 밸브-RL		
5	VDC 밸브-FR	1. 모터 및 해당 차륜의 밸브 구동 2. 구동중 VDC/TCS 경고등 점등 3. 1Km/h이상 및 ABS 고장시 금지	
6	VDC 밸브-FL		
7	VDC 밸브-RR		
8	VDC 밸브-RL		
9	TCS 쓰로틀 밸브	1. ECU에 3초간 전개 지시 2. TCS 경고등 점등 3. Km/h이상 및 ABS 고장시 금지	
10	모터 강제 구동		
11	어큐뮬레이터 개방		
12	공기압 경보 학습 개시		
13	공기압 경보 학습 해제		
14	공기압 경보 학습 금지		
15	VDC계 공기빼기(FL-RR)	공기빼기 시 구동	
16	VDC계 공기빼기(FL-RL)		
17	ABS계 공기빼기(FL-RR)		
18	ABS계 공기빼기(FL-RL)		

(3) ABS/VCD 고장의 판정 및 처리(Fail Safe)

① TCS의 알람점등 : TCS에 대해, ABS Fail 신호를 송신하고 점등시킨다. 단, TCS에서 점등시키는 경우는 그것을 우선한다.

② VDC 알람점등 : TCS에 대해, ABS Fail 신호를 송신하고 작동 램프를 점등시킨다. 단, TCS에서 점등시키는 경우는 그것을 우선한다.

③ Fail시의 처리에 관해서

- 시스템 Down : Value Relay OFF하고, ABS/VDC 제어금지(완료), TCL에도 Value Relay OFF를 출력한다.
- 제어금지 : ABS/VDC 제어를 개시하지 않는다(Value Relay는 ON으로 유지함).
- 제어종료 : ABS/VDC 제어를 도중에 종료한다(Value Relay는 ON으로 유지함).

④ Hard 단선, 단락에 의해 단선이 검출된 차량은, Soft 단선, 단락의 코드를 출력하지 않고, 코드를 소거한다.

⑤ 전원전압 Value Relay Fail시는 입출력관계의 고장판정을 하지 않는다.

(5) TCS 고장의 판정 및 처리(Fail Safe)

① ABS의 W/L 점등 : ABS에서의 판정결과를 우선해서 표시한다. ABS에서 Fail를 검출하고 있지 않는 경우에만 이 표를 따른다.

② VDC의 알람점등 : TCS/VDC의 자동 램프와 공용으로 있기 때문에, VDC에서의 알람램프 점등 요구가 있을 때는 작동 램프를 점등하지만, TCS의 작동에 의한 점등을 우선으로 한다.

4) 공기빼기(Air Bleeding)

(1) 각 브레이크 라인(X-배관)의 공기빼기

① 각 브레이크 라인은 정확히 연결되어 있는지 확인한다.

② IG OFF 상태에서 리저버에 브레이크 오일을 규정으로 채운다.

③ 각 계통 FR RL, FL RR의 순으로 캘리퍼에서 공기빼기를 실시한다.

④ 작업도중 리저버 브레이크 오일의 액면을 MIN~MAX 라인 사이를 유지해야 한다.

(2) H/B(Hydraulic Booster : 하이드로닉 부스터)의 펌프를 구동시킨다

① IG ON하고 펌프를 작동시킨다(펌프는 자동으로 정지한다.).

② 만약 펌프가 공회전을 하게 도면 브레이크 페달을 3~4회 밟는다.

③ 공회전시는 고음이 발생됨.

(3) 어큐뮬레이터의 공기빼기를 실시한다

① 위(2)항에서 펌프 자동정지 후 IG ON 상태에서 브레이크 페달을 3~4회 정도 밟는다.

② 리저버 내의 브레이크 오일이 유백색이 되어 있으면 유백색이 없어질 때가지 기다린다(약 2~3분 정도)

③ 브레이크 오일의 유백색이 없어질 때까지 상기 작업을 반복한다.

(4) ABS 계통의 공기빼기(H/B & H/U 내부)

① IG ON 상태에서 브레이크 페달을 밟고 있는 상태로 하이스캔으로 액츄에이터 강제구동 No.28번을 3회 작동한다(No. 28 : 공기빼기 모드 FR/RL (1)).

② 그 후 액츄에이터 강제구동 No. 29번을 3회 작동시킨다(No.29 : 공기빼기 모드 FR/RL (2)).

③ 하이스캔에 의한 밸브의 강제 구동은 필히 5초 이상의 간격을 두고 실행한다.

④ 장시간의 통전은 솔레노이드 밸브 고장의 원인이 되므로 특히 주의한다.

(5) 각 브레이크 라인의 공기빼기 페달 감각 확인

① IG OFF 상태에서 각 계통 FR RL, FL RR의 순으로 캘리퍼에서 공기빼기를 실시한다.

② 기포의 배출이 없어지고 브레이크 페달의 감각에도 공기의 잔류감이 없어질 때까지 상기 작업을 반복한다.

(6) 브레이크 오일량의 확인

① IG OFF 상태에서 어큐뮬레이터 압력이 "0"으로 떨어지는 것을 확인한다.

- IG OFF 상태에서 브레이크 페달을 약 40회 정도 밟으면서 어큐뮬레이터 압력을 뺀다.
- 페달이 무거워지고 스트로크가 되지 않는 것을 확인한다.

② 브레이크 오일이 MAX라인까지 오도록 브레이크 오일량을 조정한다.

③ 어큐뮬레이터 압력이 "0"인 상태에서 조정하지 않으면, IG OFF 상태에서 페달을 반복해서 밟으면 브레이크 오일이 리저버로부터 넘칠 수 있다.

※ 상기 공기빼기 작업에 따라서 기억된 고장 코드를 소거한다.

5) 주의사항

(1) 브레이크 파이프 분리시

① H/B 정상 작동 후 H/B와 H/U 사이에 연결된 파이프를 분리할 경우에는 배터리"-" 단자를 탈거하고 브레이크 페달이 무거워질 때가지 여러 번 밟아서

어큐뮬레이터의 압력이 "0"이 되는 것을 확인한다.

② 어큐뮬레이터에는 150fg/cm^2 압력이 가해져 있다.

③ 특히 부스터와 H/U간의 파이프를 그래도 분리하면 위험하다.

(2) H/U와 각 캘리퍼간의 브레이크 파이프(브레이크 호스등)를 분리했을 경우에는 진공 부스터와 동일한 방법으로 공기빼기를 실기한다(공기빼기 방법 중 6~7번)

※ H/B 본체와 알루미늄 블록을 연결하는 튜브는 분리하지 말 것.

6) 기타사항

(1) 주차 브레이크 케이블 조정방법

① 주차 브레이크 케이블을 장착한 후 케이블의 안착을 위해 Full Stroke(끝까지 세게 밟음)까지 3회 작동한다.

② 주차 브레이크 페달을 20kg.f의 힘으로 밟았을 때 케이블의 Stroke(움직인 길이)가 72.5mm가 되도록 케이블 조정 너트를 조정한다.

(2) 주차 브레이크를 길들이기

① 주차 브레이크를 정상적으로 조정한다.

② 15kg.f의 힘으로 주차 브레이크를 작동한다.

③ 차량을 평탄하고 건조한 노면에서 50km/h로 주행한다.

④ 1회 실시 후 브레이크를 냉각시키고(2분 이상) 1회 추가 실시한다.

⑤ 길들이기 실시 후 다음과 같이 경사로 주차 시험을 실시한다.

- 약 20%의 경사로에서 주차 브레이크 페달을 전체의 80% 이하의 스트로크로 밟아서 차량의 밀림여부를 확인한다.

⑥ 경사로 주차 시험시 차량의 밀림이 발생되면 주차 브레이크 길들이기 작업을 1회 추가 실시한다.

※ 에쿠스 차량은 자동 주차 브레이크 해제 장치(Auto Release Parking Brake System)가 적용되므로 출발시(변속레버를 N에서 D로 변속시) Brake Pedal을 밟지 말 것, 만약 Brake Pedal을 밟고 변속레버를 N에서 D로 변속시 주차 브레이크가 자동을 해제됨.

제21장 ESP 장치

21.1 개요

21 1.1 브레이크 장치

소득수준의 향상과 꾸준히 증가되어온 자동차가 이제는 부의 상징이 아닌 생활 수단의 도구로 여길 만큼 보급이 확대되어 1가구 1차량 시대를 돌파하고 있을 정도이다.

그러나 이러한 자동차의 급속한 보급은 자동차의 사고로 이어져 우리주변의 커다란 사회문제로 대두되고 있다.

이러한 사고를 줄일 수 있는 방법으로 많은 대책이 강구되고 있으나 운전자들의 부주의만으로는 이를 극복할 수가 없게 된 것이 현재의 상황이다. 이미 선진국들은 메이커들로 하여금 최소한의 안전장치를 의무화하는 등 자동차의 성능이전에 안전장치를 더 중요한 비중으로 다루고 있을 정도이며 많은 법규로 자국내 수출 차량의 안전도를 강화하고 있다.

자동차의 안전장치는 크게 예방 안전장치와 충돌안전장치로 나누고 있는데 전자에 해당되는 Anti Lock Brake(이하 ABS라 표기)는 자동차의 불안정한 상태로 인해 사고로 연결되는 것을 피할 수 있도록 사고 방지 능력을 자동차에 부여해 주는 것으로 저가격 보급을 위한 경쟁시대로 접어들고 있으며 많은 운전자들이 ABS를 장착하고 있는 추세이다.

21 1.2 브레이크 기초 이론

ABS를 보다 쉽게 이해하기 위해서는 제동력과 제동 토크의 발생원리와 차량운동특성을 기본적으로 알아두어야 할 필요성이 있다.

1) 타이어 작용하는 힘

차량이 주행할 때 타이어와 노면사이에는 제동력과 코너링 포스가 그림 21-1과 같이 작용하게 된다.

(1) 제동력

① 운전자가 브레이크 페달을 밟으면 마스터 실린더가 브레이크 압력을 발생시켜 차량에 설치되어 있는 브레이크 캘리퍼를 통해 차륜의 회전을 멈추도록 하려는 힘이 발생하는데 이 힘을 제동 토크 한다. 그림 21-1에서 살펴보면 차량이 일정한 속도로 주행하고 있을 때 쉽게 알 수 있도록 주행저항을 0으로 가정하면 타이어의 회전각도(ω)를 차륜속도(Vω)로 환산하면 차량의 속도(V)와 일치한다.

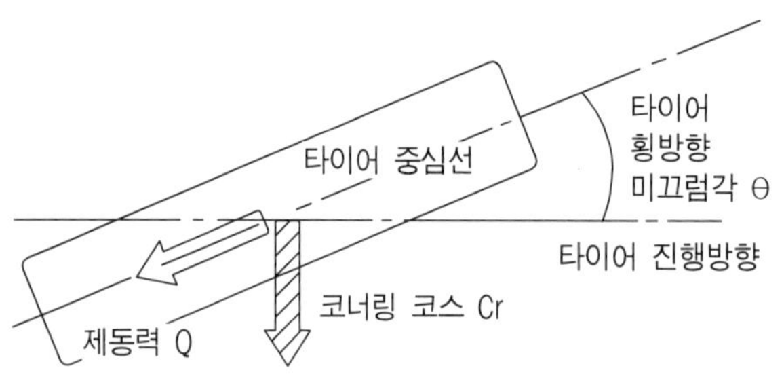

코너링시 타이어에 작용하는 힘

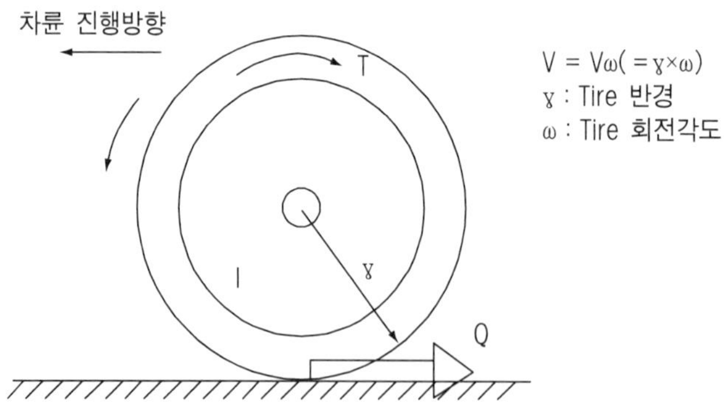

차륜에 제동토크가 작용하는 경우

그림 21-1 타이어에 작용하는 힘

운전자가 차량을 감속시키려고 브레이크 페달을 밟았을 때 압력이 상승하여 제동토크(T)가 증가하면 타이어의 회전각속도(ω)가 감소한다.

이 경우에 (Vω)가 V보다 작아져 Tire와 노면 사이에 미끄럼이 발생하게 되며 이 결과로 타이어와 노면사이에 발생하는 힘이 제동력(Q)이다.

제동력은 Tire와 노면의 미끄럼율(Slip=S), Tire에 가해지는 하중(W), 타이어의 횡방향 미끄럼각(Θ)에 따라 변화하게 된다.

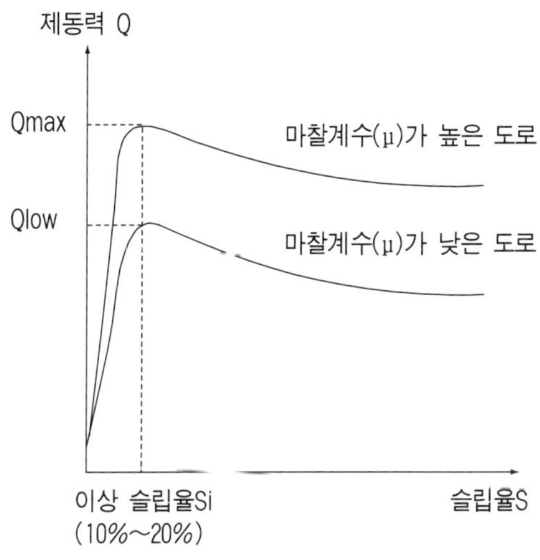

그림 21-2 제동력과 슬립율

슬립율은 다음과 같은 식으로 나타내며 Sip이 클수록 (Vω=0)S는 100%에 가깝게 된다.

$$S = \frac{V - V\omega}{V} \times 100$$

이때 제동력(Θ)은 차류을 회전계로 보았을 때 차륜을 돌리려는 힘(γΘ)으로 되며, 차량진행방향에 대해 차량을 감속시키려는 힘(Θ)이 된다.

② 제동력의 슬립율 의존도

슬립율(S)에 대한 제동력의 특성은 그림 21-3과 같으며 제동력(Θ)은 처음에 슬립율이 증가하면 함께 증가하나 어느 슬립율(Si)이상에서는 오히려 감소한다.

③ 제동력의 하중의존도

제동력을 일반적인 마찰개념으로 생각하며 다음과 같은 식으로 표현할 수 있다.

제동력(Θ)=μW

μ : 노면의 마찰계수

W : 타이어에 걸리는 하중

따라서 노면이 같을 경우에는 타이어에 걸리는 하중이 크면 클수록 제동력도 커지게 된다. 마찰 계수가 높을수록 제동력이 커진다.(예 : 마찰 콘크리트 도로)

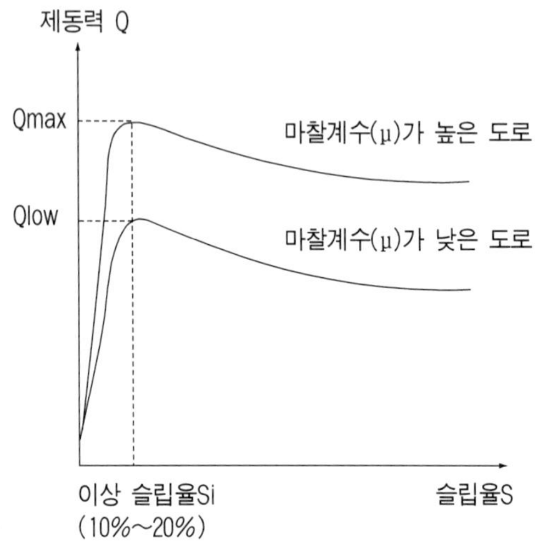

제동력의 슬립률 의존도

제동력 Q

건조한 콘크리트(μ=0.8~1.0)

젖은 아스팔트(μ=0.4~0.6)

눈길(μ=0.2~0.4)

빙판(μ=0.1 전후)

슬립률S

제동력의 슬립률 의존도

그림 21-3 슬립률 의존도

(2) 코너링 포스(코너링 포스)

① 비제동시의 특성

제동력이 걸리지 않는 비제동시에는 횡방향 미끄럼가(Θ)이 커질수록 어느 단계까지는 코너링 포스(CF)가 증가하다가 어느 단계를 넘어서면 그림 21-4와 같이 감소한다.

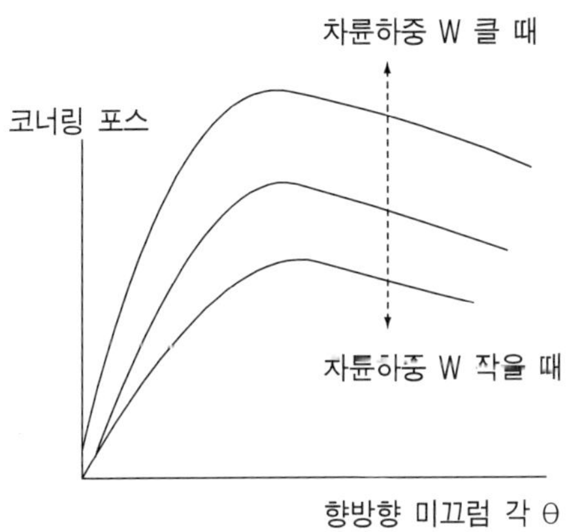

그림 21-4 비제동시의 CF특성

② 제동시의 특성

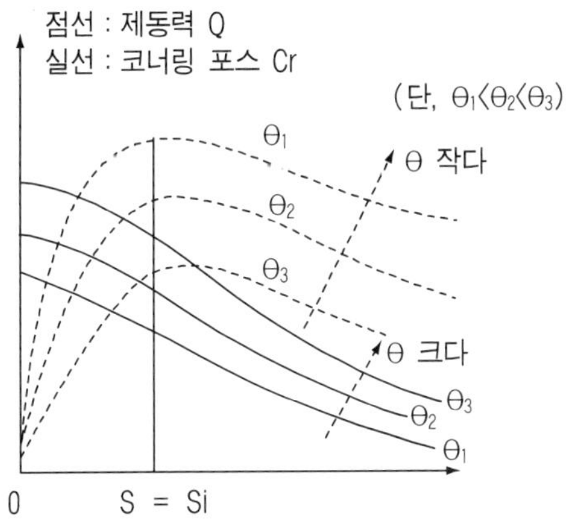

그림 21-5 제동시의 CF특성

타이어에 제동력이 가해지면 코너링 포스는 어떻게 나타나는지 살펴보자. 타이어에 제동력이 가해지면 코너링 포스는 기본적으로 횡방향으로 미끄럼각

(Θ)과 차량중량(W)에 대한 특성변화가 비 제동시와 같으나 그 크기가 슬립율(S)에 따라 변화한다고 생각하면 된다. 그림 21-5는 차량하중을 일정하게 유지했을 경우에 코너링 포스DML 슬립율과 횡방향 미끄럼각에 대한 관계를 나타낸 것으로 스립율(S)에 0인 상태에서는 CF가 최대로 되지만 슬립율이 커질수록 CF는 감소한다.

③ 제동력과 코너링 포스의 관계

타이어의 능력에는 한계가 있다. 구체적으로 표현하면 타이어의 능력을 제동력 쪽에 많이 사용하면 CF는 감소한다. 그러나 타이어의 능력을 제동력 쪽에 적게 사용하면 CF는 증가한다. 지금까지 살펴본 브레이크 이론과 특성을 정리해보면 그림 21-6과 같다.

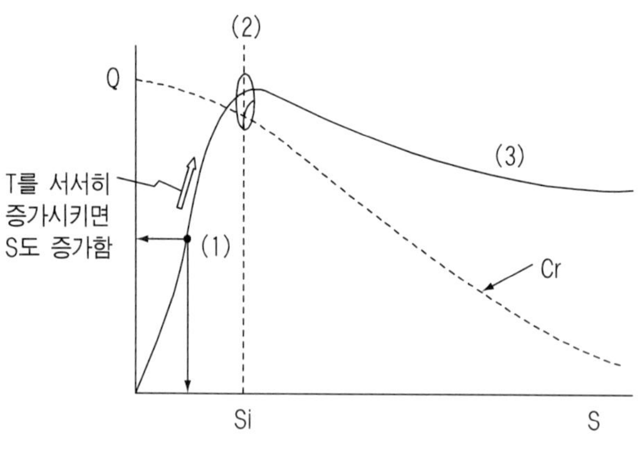

그림 21-6 S.Q..C 관계

-운전자가 브레이크페달을 밟아 제동 토크를(T) 서서히 증가 시켜 가면 T에 거의 비례하며 슬립율(S)과 제동력(Θ)도 커진다. CF는 T가 증가하면서 조금씩 감소한다.

-T가 좀더 증가하면 제동력(Θ)은 이상슬립율(Si)에서 최대가 되는데, CFDML 감소도 작아 능력이 최대상태가 된다.

-S>Si가 되면 제동력(Θ)이 조금씩 감소하면서 차륜이 Locking(S=100%)하게 된다. 이때 CF는 급감되기 때문에 차량은 불안정상태가 된다.

-천륜이 Locking되면 CFr은 거의 0에 가까워져 주행중의 제동효과가 현저하게 떨어지며, 후륜이 Locking되면 CFr이 거의 0에 가까워져 주행중의 차량 안정성이 떨어져 차량의 좌우 진동이니 Spin이 발생하기 쉽다.

-4륜이 모두 Locking되면 CFr, CFr 모두 0에 이르러 제어할 수 없게 된다. 즉, 노면에 외란이 없으면 곧장 감행해 가지만 그렇지 못하면 스키드나 스핀 상태가 발생한다.

2) 기본제어원리

(1) 작동방식에 따른 제동력 변화

① ABS 비장착 차량

급제동시 제동유압은 일반적으로 타이어의 고정이 발생 할 정도로 과대하여 진다. 따라서 제동상태는 비정상이 된다. 이로 인하여 뜻하지 않은 사고가 발생될 가능성이 매우 높다.

-주행중 제동시 차속감소

-주행중 제동시 제동유압상승

-타이어의 고정점(차륜고착)

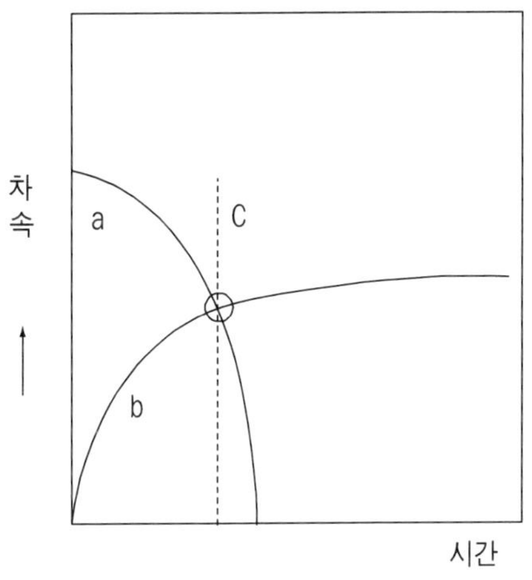

그림 21-7 ABS 비장착 차량

② ABS 장착 차량

급제동시 차륜속도센서를 통해 ECU로 전달될 차륜의 감속도가 과대하여 타이어가 고정되는 순간 그 차륜의 브레이크 압력을 더 이상 증가하지 않고 일정하게 유지되므로 인하여 적정한 그립력이 형성되어 제동거리에 단축의 영향을 준다.

-주행중 제동시 차속 감속
-주행중 제동시 제동유압 상승
-제어 시점에서 제동 유압 유지

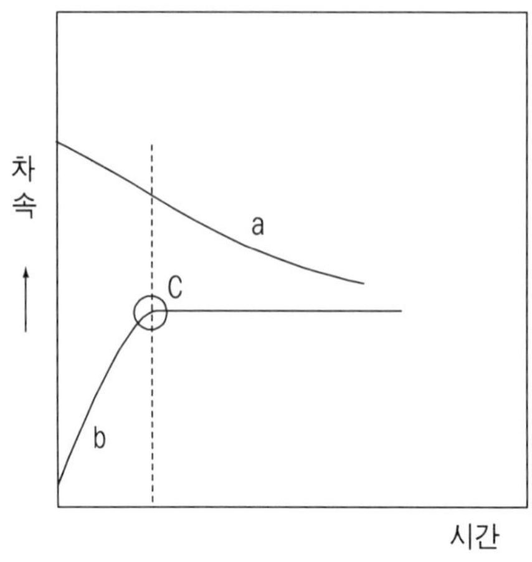

그림 21-8 ABS 장착 차량

3) TCS의 제어원리

운전의 3요소은 도로, 운전자, 차량에서 차량에 의한 운전조작부담의 경감을 위한 시스템의 일종이며, 최근 들어 급속하게 늘어나는 차량의 보급과 이에 따른 교통사고를 예방, 억제하기 위한 운전자의 욕구가 높아짐에 따라 안전성의 추구를 최대목표로 하는 자동차 회사의 계획에 따라 쉬운 운전을 실현시키기 위하여 노력하고 있다.

(1) TCS의 출현 배경

차량의 안전성 향상을 원하는 운전자의 요구와 함께 ABS 장착의 보편화, 스파이크타이어의 사용규제, 눈, 얼음길 등 미끄러지기 쉬운 노면에서의 발진 가속성, 조정안정성 확보 등 자동차 안전장치에 대한 의식이 높아짐에 따라 이에 대응키 위함

(2) TCS의 기능

눈길, 얼음길 등의 저마찰로(노면 또는 타이어의 마찰계수가 극히 적고 아주 미

끄러지기 쉬운 노면) 주행시에는 운전자는 타이어를 공회전 시키지 않도록 하기 위해 신중한 가속 페달 조작이 요구된다.

TCS가 있다면 저마찰로에서의 발진가속시에 구동륜이 공회전하면 운전자가 미소한 가속 페달 조작을 하지 않아도 자동적으로 엔진출력이 낮아지고 공전을 가능한 한 억제하여 구동력을 노면에 효율적으로 전달할 수 있다. 또한 주행빈도가 높은 일반로의 가속선회 시 지나치게 빠른 속도로 코너링하면 차의 후미가 밖으로 밀려나가는 TAIL-OUT현상이 발생하는데 이것을 제어하기 위해서는 고도의 운전기술이 필요하다. 이런 경우에도 TCS는 운전자가 가속 페달을 밟아 스로틀을 전개해도 이에 관계없이 엔진의 출력을 제어하여 운전자의 의지대로 안전하게 선회가 가능하다.

TCS는 이런 고효율의 구동선회능력을 누구라도 연출할 수 있다. 즉, 아주 숙련된 운전자가 조심스레 운전하는 것 보다 높은 구동, 선회성능이 얻어진다.

-출발 및 가속시 안성성 향상

-저마찰로에서의 안전성 및 구동력 향상

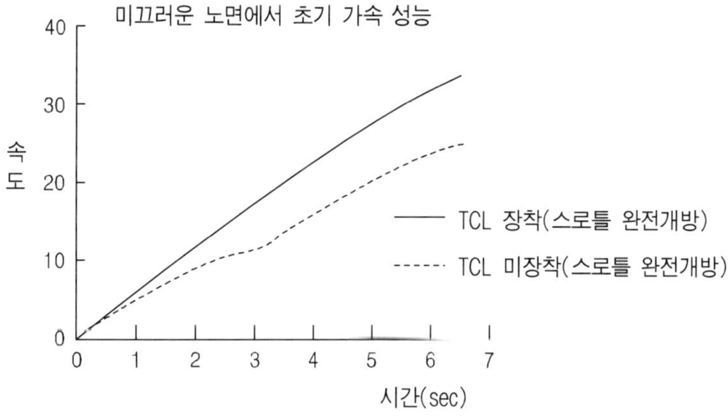

그림 21-9 출발, 가속시의 도달속도 비교

21 1.3 브레이크장치의 개요

1) ABS

ABS는 바퀴의 회전상태를 감시하여 브레이크 작동 중 구동바퀴의 잠김에 의한 차량의 미끄러짐을 방지함으로써 제동 안정성을 향상시켜 주는 장치로서, 급제동시 휠 실린더의 브레이크 입력을 조절하여 브레이크 작동시 4바퀴 정지력이 동일하고 노면에 대한 마찰 계수를 같게 하여 구동바퀴의 잠김에 따른 미끄러짐을 방지하는 시스템이다.

ABS의 주목적은 제동거리 단축보다는 제동시 차량의 자세를 운전자가 통제할 수 있도록 유지시켜 주는 안정성에 있으며, 실제로 자갈이 얇게 깔린 도로 같은 특수안 상황에서는 안정성 확보를 위해 제동 거리 단축 효과를 포기하는 방향을 전자제어모듈(ABS ECU)을 설계하기도 한다.

ABS는 유압장치(Hydraulic Unit), 제동압력을 제어하는 솔레노이드 밸브, 펌프, 구동모터, 휠 스피드 센서(Wheel Speed Sensor)등으로 구성되며, ECU가 각 바퀴의 휠 스피드 센서들로부터의 신호를 분석하여 유압장치로 제어신호를 보내 제동 압력을 조절한다.

2) TCS(Traction Control System)

1987년 최초로 소개된 TCS은 주행속도와 엔진회전수를 감지해서 브레이크 시스템과 파워트레인 시스템을 통합 제어하는 장치로서 급 출발이나 가감속 시 바퀴의 미끄러짐을 감시하고 구동 바퀴의 미끄러짐이 발생하면 바퀴와 도로면 사이에 최적의 종축력이 작용될 수 있고, 최대 가속력과 최소 제동거리를 갖도록 자동으로 엔진토크와 구동 바퀴 제동을 동시에 제어한다.

TCS은 가속시 모든 속도범위 내에서 보다 나은 성능을 발휘토록 하며, 또한 ABS와 결합하여 가격 및 중량의 절감효과를 얻을 수 있다.

(1) 엔진출력의 조절

일반적으로 스로틀밸브의 개폐 조절, 연료분사량의 조절, 점화시기의 조절, 엔진 실린더 수의 조절 등이 있다. 이 방식들은 엔진의 출력을 직접적으로 조절하기 때문에 구동력을 유용하게 이용할 수 있는 반면에 응답성이 느리다.

(2) 브레이크 토크의 조절

굴림 바퀴 축에 제동력을 가하여 토크를 조정함으로서 바퀴의 공전을 방지하는 방식으로 응답성이 빠르다.

3) BAS(Brake Assist System)

BAS는 브레이크 페달을 밟는 속도와 작동 레벨을 항상 감시하여, 운전자의 갑작스러운 브레이크 작동으로 인한 브레이크력(Break Force)를 보정해 주는 장치로서, 차량의 상태가 비상 제동 상황임에도 불구하고 운전자가 브레이크를 천천히 작동시킨다고 판단될 때, ECU는 자동으로 브레이크 부스터내의 솔레노이드 밸브를 조절하여 부스터실(Booster Chamber)의 압력을 최대한으로 끌어올리고, 최대 제동력(Full Braking)을 수행토록 하여 최적의 제동거리를 확보토록 한다.
BAS의 작동 중에 ABS가 작동하면 최대 제동력을 수행 할 수 없으므로 미끄러짐 한계(Skid Limit)이하이거나 차량의 조향이 가능한 경우에는 ABS의 작동을 중지하도록 설정이 되어 있으며, 운전자가 페달에서 발을 뗌과 동시에 작동을 중지한다.
브레이크 보조장치는 비상시에 운전자의 갑작스러운 제동장치 작동을 보정해 준다. 이장치의 개빌은 운전자들이 급제동을 하더라도 브레이크 페달 약하게 밟는 경향이 많다는 것에서 착안, 차의 상태가 비상제품임을 파악하면 브레이크 부스터의 모든 동력을 모아서 즉시 페달 압력이 가해질 수 있도록 만든 것이다.

4) ESP(Electronic Stability Program)

1995년 초부터 실용화된 ESP는 가속시나 제동시 또는 코너링시의 극도의 불안정한 상황에서 발생하는 차량의 미끄러짐으로 인한 위험을 제동력을 앞차축 또는 뒷차축에 선택적으로 작동시킴으로서 줄여 주고, 운전자의 실수까지도 부정해주는 시스템이다.
각종 센서들이 구동바퀴의 속도, 제동압력, 조향 핸들의 각도, 측면 가속도 및 차체의 기울어짐 등을 파악해 그 정보들을 ESP 장치로 보내면, ESP는 이러한 정보들을 검색하고 차량의 미끄러짐 상태를 초기에 파악하여 차량의 바퀴 중 적절한 브레이크를 작동시켜 주행중인 자동차의 자세를 다시 안정시켜 준다. 예를 들어, 차량의 뒷부분이 오른쪽으로 쏠리면 EPS는 정확한 양의 제동압력을 앞 좌측 바퀴에 공급하여 자동차가 다시 정 위치에서 운행할 수 있도록 해준다.

5) Auto-Release

(1) Auto-Release 개요

브레이크 페달을 밟은 상태에서 TGS LEVER 변속(N→D, N→R)시 족동식 주차 브레이크 자동해제

① Auto-Release 작동 조건

- IG2 ON
- 주차 BRAKE S/W ON
- Brake ON
- 변속(N→D, N→R)

(2) PTC(Positive Temperature Coefficent)기능

Auto-Release Actuator(Motor) 회로에 과전류 유입으로 열 발생시 저항값이 증가하여 Motor의 과열을 방지

(3) PTC작동 조건

① 상기 Auto-Release 작동조건이 운전자의 비정상적인 사용으로 장시간 (15~20초 이상) 계속될 경우

예 'IG2 ON' & '변속 D or R'상태에서 브레이크 페달과 주차 브레이크 페달을 동시에 밟은 상태로 15~20초 이상 유지할 경우

② '주차 브레이크 페달을 밟은 후 Auto-Release로 해제'를 20~30회 정도 연속적으로 반복시

(4) PTC 작동시 나타나는 현상

Motor 회로 과열에 따라 일정 시간(2~3분) 동안 Auto-Release 기능 정지(수동해제 가능)

21.2 일반사항

차체자세 제어장치(ESP : Electronic Stability Program)는 스핀(Spin) 또는 언더-스티어(Under-Steer)등의 발생을 억제하여 이로 인한 사고를 미연에 방지할 수 있다.

이는 차량에 스핀(Spin) 또는 언더-스핀(Under-Steer)등의 발생 상황에 도달하면 이를 감지하여 자동적으로 내측 차륜 또는 외측 차륜에 제동을 가해 차량의 자세를 제어함으로써 이로 인한 차량의 안정된 상태를 유지하며(ABS 연계 제어) 스핀한계 직전에 자동 감속하며(TCS 연계 제어) 이미 발생된 경우에는 각 휠 별로 제동력을 제어하여 스핀이나 언더-스티어의 발생을 미연에 방지하여 안정된 운행을 도모하였다.

EPS는 요-모멘트 제어(Yaw-Moment), 자동 감속 제어, ABS 제어, TCS 제어등에 의해 스핀방지, 오버-스티어제어, 굴곡로 주행시 요잉(Yawing)발생 방지, 제동시의 조종 안정성 향성, 가속시 조종 안정성 향상 등의 효과가 있다. 이 시스템은 브레이크 제어식, TCS 시스템에 요-레이트 & 횡 가속도 센서, 마스터 실린더 압력 센서를 추가한 구성으로 차속, 조향각 센서, 마스터 실린더 압력 센서로부터 운전자의 조종 의도를 판단하고, 요-레이트 & 횡 가속도 센서로부터 차체의 자세를 계산하여 운전자가 별도의 제동을 하지 않아도 4륜을 개별적으로 자동 제동해서 차량의 자세를 제어하여 차량 모든 방향(앞, 뒤, 옆 방향)에 대한 안정성을 확보한다.

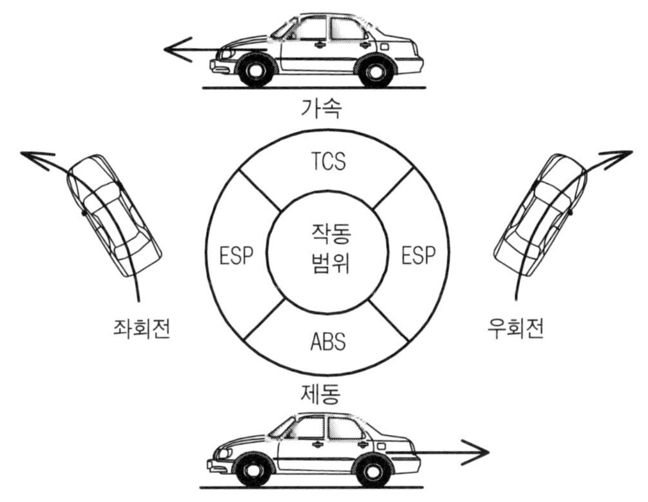

그림 21-10 ESP의 제어 범위

21.3 제어의 개요

차체자세제어(ESP) 시스템은 ABS/EBD 제어, 트랙션 컨트롤(TCS), 요 컨트롤 기능을 포함한다. 컨트롤 유니트(ESP ECU)는 4개의 휠 스피드 센서에서 구형파(Square wave)로 나오는 활성센서 신호(전류신호)를 이용하여, 차속 및 4개 휠의 가, 감속을 산출한 후 ABS/EBD가 작동해야 할지 아닐지를 판단한다. 트랙션 컨트롤(TCS)기능은 요 레이트 & 횡가속도 센서, 마스터 실린더 압력 센서, 조향 휠 각속도 센서 휠 스피드 센서등의 입력 신호를 연산하여 자세 제어의 기준이 되는 요-모멘트(Yaw Moment)와 자동 감속 제어의 기준이 되는 목표감속도를 산출하여 이를 기초로 4륜 각각의 제동압력 및 엔진의 출력을 제어함으로서 차량의 안정성을 확보한다.

만약 차량의 자세가 불안정하다면(오버 스티어, 언더 스티어), 요 컨트롤 기능은 특정 휠에 브레이크 압력을 주고, CAN 통신으로 엔진 토크 저감 신호를 보낸다. 점화 스위치 ON후, 컨트롤 유니트(ESP ECU)는 지속적으로 시스템 고장을 자기 진단한다. 만약 시스템 고장이 감지되면, ESP ECU는 각종 경고등을 통해 시스템 고장을 운전자에게 알려준다.

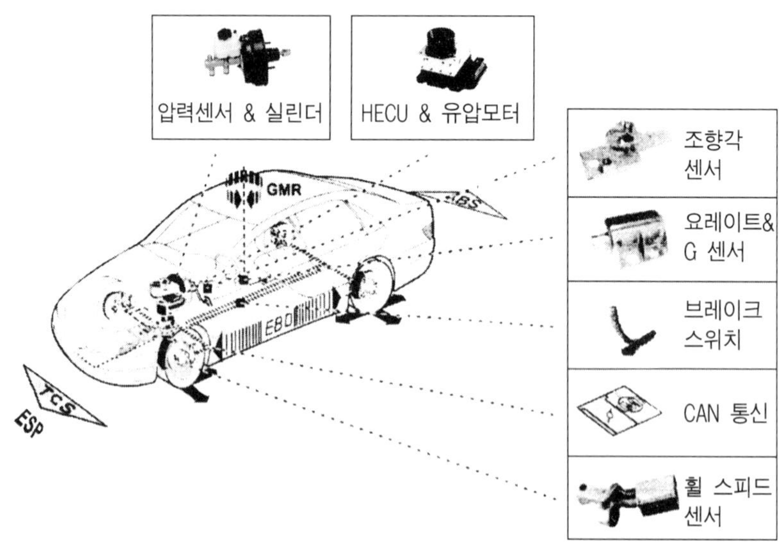

그림 21-11 ESP 제어의 개요

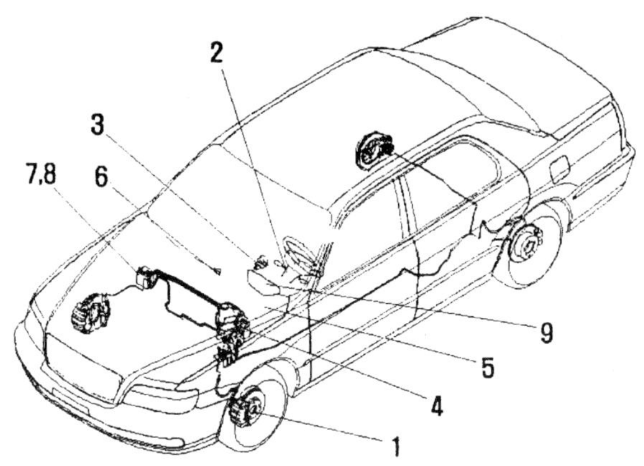

순번	명칭	장착위치
1	휠스피드 센서	각 바퀴의 드라이브부분에 각1개씩 설치
2	조향 휠 각속도센서	스티어링 칼럼에 설치
3	요 레이트 & 횡 가속도 센서	센터 콘솔 하단부 설치
4	마스터 실린더 압력센서	마스터 실린더에 설치
5	브레이크 스위치	브레이크 페달에 설치
6	EPS/TCS OFF 스위치	인스트루먼트 판넬 중앙부에 설치
7	EPS ECU	엔진룸, 조수석측에 설치
8	모터펌프	하이드로닉 유니트와 일체
9	경고등 & 지시등	계기판에 설치

그림 21-12 ESP의 구성품명 및 장착위치

21 3.1 입출력도

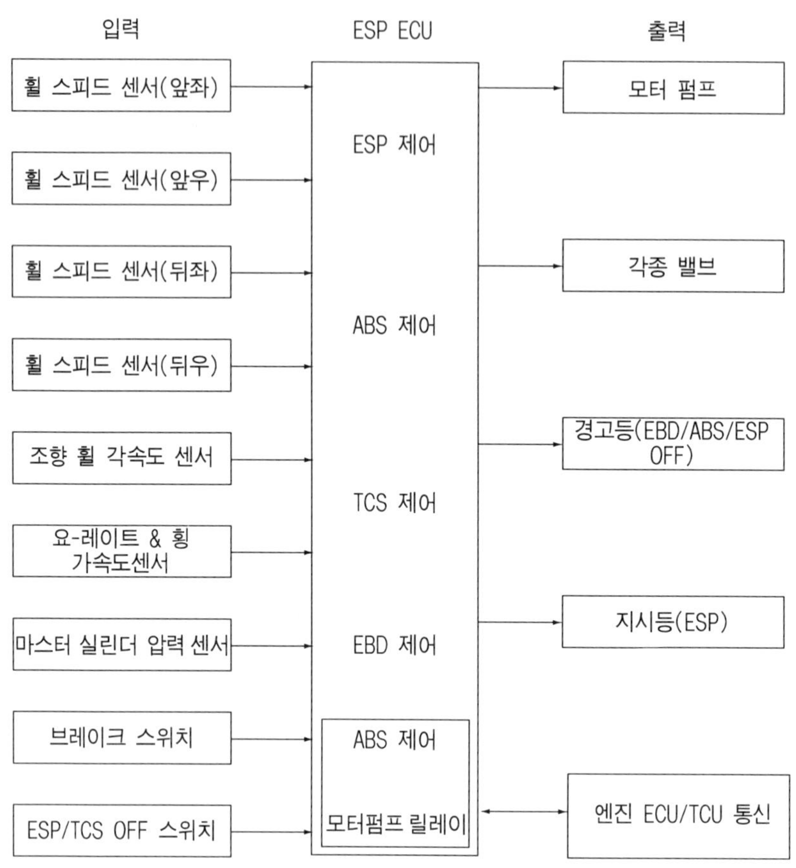

그림 21-13 ESP 입, 출력 관계

21 3.2 일반 작동

1) 기동 순서

당 제어기는 차량의 IG 1의 작동으로써 가동된다.

초기화가 완료되면, 제어기는 작동 준비 상태에 도달하게 된다.

초기화 중에는 제어기 내부에서 리셧 스위치를 작동하여 모든 드라이버를 끄므로 경고등이 점등된다.
초기화가 완료되면, 소프트웨어에 의해 경고등은 소등된다.

2) 작동 상태

작동상태가 되면 제어기는 선규정된 한도(전압 및 온도) 내에서 여러 선서 및 스위치에서 들어오는 신호를 정리하고, 소프트웨어에 규정된 바에 따라 연산을 한 다음, 유압 혹은 전기적 구동요소를 작동하여 미리 규정된 성능을 내려는 준비 상태에 있게 된다.

(1) 차륜속 검출

제어기는 차량에 부착된 4개의 엑티브 차륜속도 센서로부터 차륜속 신호를 받는다. 신호는 제어기의 PCU(Power Control Unit)에서 일차적인 공정을 거친다.
차륜속 센서의 연결 상태가 난선 혹은 단락된 상태인지에 대해 점검된다.
만약, 차륜속 센서의 오류 혹은 오작동의 검출이 이루어지는 경우, 제어기는 미리 소프트웨어의 제로 로직에 규정해 놓은 바에 따라 반응한다.

(2) 솔레노이드 밸브 제어

HCU(Hydraulic control Unit)의 솔레노이드 밸브(ABS 제어기의 경우 8개의 밸브, TSC 혹은 ESP 제어기의 경우 12개의 밸브)는 PCU(Power Control Unit)의 접지 조정에 의해 제어된다.
각 밸브의 공동 전원 단자는 메인 드라이버를 통하여 배터리 전원단에 연결된다.

① 밸브 점검
   밸브의 전기적 성능을 점검하기 위해서, 전기적인 문제점이 검지 가능한 정도의 밸브 시험 펄스를 발생시킨다.
   만약, 밸브의 오류 혹은 오작동의 검출이 이루어지는 경우, 제어기는 미리 소프트웨어의 제어 로직에 규정해 놓은 바에 따라 반응한다.

② 밸브 드라이버의 작동상태에 따른 전압 규제
   -과전압 : 과전압이 검지되면, 제어기는 메인 드라이버를 OFF하여 PCU(Power Control Unit)의 밸브제어 회로의 작동을 중지시키고, ABS 경고등은 점등된다. 과전압 상황이 해소된 후 제어기는 작동상태를 재 설정한다.
   -저전압 : 저전압의 경우 하이드로닉 유닛의 오작동을 방지하기 위하여 ABS 제어가 금지되고, ABS 경고등이 점등된다. EBD는 전압이 2차 저전압 라인

까지 떨어지기 전까지는 영향을 받지 않는다.

(3) 펌프 모터의 점검

펌프 모터는 펌프모터 드라이버를 통하여 배터리 전원단자에 연결되어 있다. PCU(Power Control Unit)가 펌프모터의 제어를 주관한다.

펌프의 작동 회전속도를 알기 위해 전기적 신호를 측정하고, 모든 오류나 오작동은 PCU에 의해 검출된다. 만약, 펌프 모터의 오류 혹은 오작동의 검출 이루어지는 경우, 제어기는 미리 소프트웨어의 제어 로직에 규정해 놓은 바에 따라 반응한다.

(4) 스위치 OFF 조건

① 중지

작동중지 모드하에서는 밸브의 동작이 중지되고 경고등이 점등된다.

오류 혹은 오작동의 경우에 따라, 제어기는 ABS, TCS 및 ESP의 기능을 중지시키며 상응하는 ABS 혹은 TCS/ESP 경고등을 점등시킨다.

다음의 오류 혹은 에러의 검출이 이루어지는 경우, 작동 중지 모드로 들어간다.

-저전압 상황

-한 개의 차륜속 센서 오류

-펌프 모터 오류

만약, 오류 혹은 오작동의 검출이 이루어지는 경우, 제어기는 미리 소프트웨어의 제어로직에 규정해 놓은 바에 따라 반응한다. EBD 기능은 제어기 작동 중단까지는 유효하다.

② 제어기 작동 중단

제어기가 작동 중단되면, 모든 밸브의 작동 및 펌프모터 및 여타 구동요소의 작동이 중단된다. 그리고, 모든 경고등이 점등된다. 제어기가 작동 중단하는 조건은 다음과 같다.

-공급 전원이 제어기 내의 프로세서에 요구되는 최소 안정 작동 전압에 미치지 못하는 경우 전압이 제어기의 요구 최소 작동 전압이하로 내려간 상태임. 당 최소 작동 전압이 다시 복귀되는 경우, 제어기는 항상 스위치 ON된다.

-오류나 에러가 감지된 경우

- 밸브 오류

- 메인 드라이버 오류
- 내부 에러
- 과전압
- 2개 이상의 차륜속 센서 오류

만약, 오류 혹은 오작동의 검출 이루어지는 경우, 제어기는 미리 소프트웨어의 제어로직에 규정해 놓은 바에 따라 반응한다.

21.4 제어

21.4.1 ESP 작동

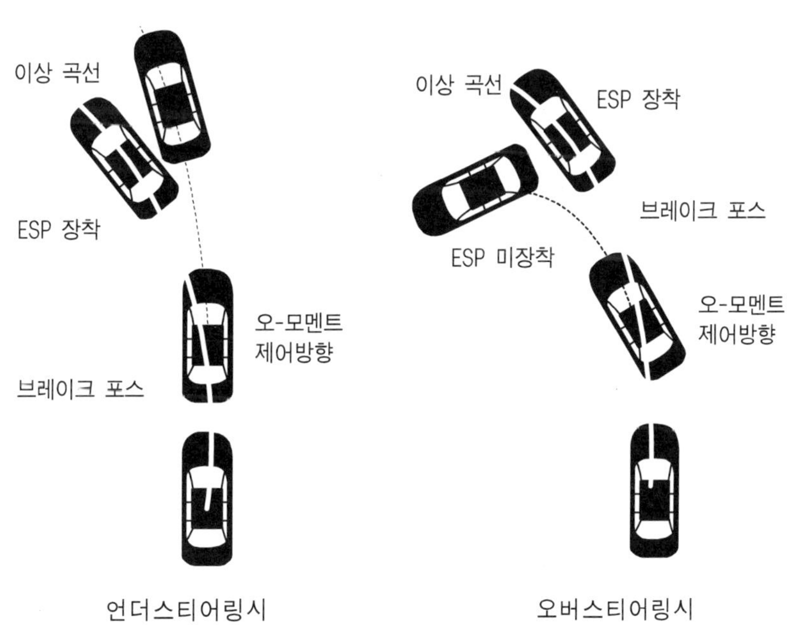

그림 21-14 ESP의 자세 제어 작동

1) 오버 스티어링 발생시

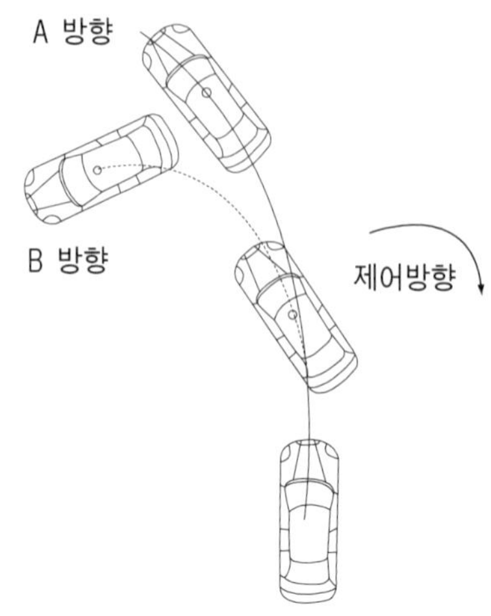

그림 21-15 오버스티어링시의 제어

(1) 오버스티어링이란

일반적으로 살펴보면 오버 스티어는 스티어링 휠의 꺾는 각도를 일정하게 유지하여 가속하고 있을 때 리어 타이어가 제어력을 잃고 코너링 라인 바깥 쪽으로 미끄러지기 시작하는 특성을 말한다. 큰 배기량의 RR(리어 엔진, 리어 드라이브) 차에서 흔히 있는 현상으로 현재 대부분의 FF차에서는 볼 수가 없다. 오버스티어의 차는 스티어링 휠에 민감한 반응을 보이며 민감하지만 절대속도는 낮다. 언더 스티어의 차가 최종적으로 리어의 그립력(제어)을 놓쳐서 스핀상태가 되는 것을 리버스 스티어라 한다. 스티어링 휠을 꺽은 대로 코너링 할 수 있는 것은 뉴터러 스티어라 한다.

(2) 오버스티어링 현상시 차량 상태

오버스티어링의 현상은 주행중 급격하게 핸들을 꺽는 현상을 의미한다. 예를 들어 시속 60km/h로 주행을 하는 도중 갓길에서 강아지 한 마리가 도로가로 나온다고 한다면 운전자는 급격하게 핸들을 꺽어 피하려고 한다. 속도가 빠르면 빠를수록 옆으로 밀리지 않을려는 현상과 횡력을 이기지 못하고 밖으로 나갈려는 현상이 발생하게 된다. 이때 밖으로 벗어나게 된다면 주행하려는 방향보다 바퀴의 접지력은 약하게 되면서 차체는 스핀을 하게 된다. 이 방향은 선회하려는 방향과 같아서 더욱 선회하게 된다. 이때 스핀에 의해 조향성은 떨어지게 되어 사고로 이어진다.

(3) ESP 제어

과도한 차체 선회각 발생은 S방향인 이상곡선에서 벗어난 B방향으로 차량의 진로를 결정하게 된다. 자동차는 반시계 방향으로 진행하고 있을 때 차량은 각종영향으로 진행하려는 궤도를 벗어나게 된다. 이 벗어난 궤도는 조향각 속도센서와 요 레이트 센서 그리고 횡 가속센서를 이용하여 감지한다. 차량의 속도대비해서 급격하게 선회시킬 때 요 모멘트 값은 더욱 높이 생기게 되고 이를 감지한 ECU는 ESP제어를 시작하게 된다. 반 시계방향으로 진행을 하는 과정에서 앞바퀴의 외측바퀴를 제동함으로써 차체는 시계방향으로 회전하려고 한다. 그러므로 차량은 진행방향을 잃지 않고 이상적인 A방향으로 차량을 이동할 수 있는 것이다.

2) 언더스티어링 발생시

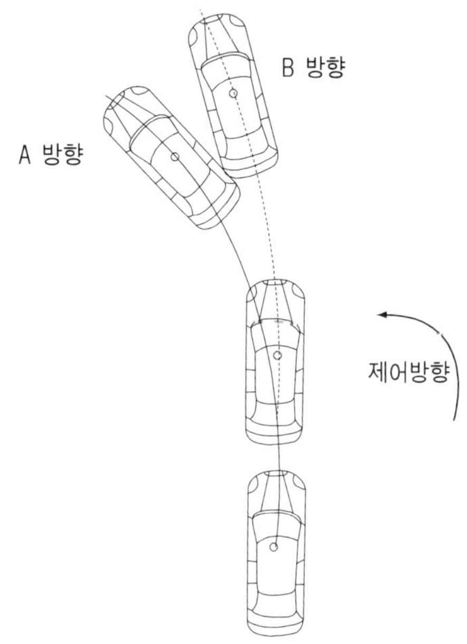

그림 21-16 언더 스티어링시의 제어

(1) 언더스티어링이란

일반적으로 스티어링 휠의 돌리는 각도를 일정하게 유지하여 가속해 가면 프런트 타이어가 서서히 밖으로 흐르는 현상을 말한다. 타이어가 노면에 확실히 밀착된 듯이 보이지만 실제는 약간씩 슬립하고 있다. 속도가 빨라지는 만큼 슬립의 양도 많아진다.

대부분의 차는 안전성을 생각하여 약간 언더스티어가 되도록 설정되어 있다. 후미가 급격히 미끄러지는 것을 컨트롤하는 것은 일반적인 운전기술로는 어렵다고 여겨지기 때문이다. 언더 스티어의 차는 프런트가 코너링 라인 밖으로 밀려도 스티어링 휠을 코너링 안쪽으로 돌리면 다시 본래의 코너링 라인 안으로 되돌아 갈 수 있다. 이때 핸들을 많이 돌리면 스티어링이 둔감한 차라고 느껴지며 스포티함을 잃어버릴 수도 있다.

(2) 언더스티어링현상시 차량 상태

이러한 언더스티어링 현상을 실생활과 비교해 본다면 시속 150km/h로 일정 커브길을 지나간다고 생각해보자 자동차의 속도에 비례하는 원심력이 생기게 될 것이고 자동차의 바퀴에 생기는 그립력을 잃는 순간 자동차는 순회하려는 길을 벗어나서 바깥으로 밀리게 된다. 이러한 현상은 커브가 심할수록 많이 생기고 주행하려는 속도가 높을수록 바깥으로 나갈려는 현상은 높아지기 마련이다.

(3) ESP 제어

둔감한 차체 선회각 발생시 A방향인 이상곡선에서 벗어난 B방향으로 차량의 진로를 결정하게 된다. 자동차는 반 시계방향으로 진행하고 있을 때 타이어의 접지력에 비해 원심력이 많아진다면 진행하려는 궤도를 벗어나게 된다. 이 벗어난 궤도는 조향각 속도센서와 요 레이트 센서 그리고 횡 가속도센서를 이용하여 감지한다. 차량의 속도대비 해서 핸들을 돌린다면 횡각속도 값은 더욱 높이 생기게 되고 이를 감지함으로써 차체는 반 시계방향으로 회전하려고 한다. 그러므로 차량은 진행방향을 잃지 않고 이상적인 A방향으로 차량을 이동할 수 있는 것이다.

21 4.2 HBA(Hydraulic Brake Assist)

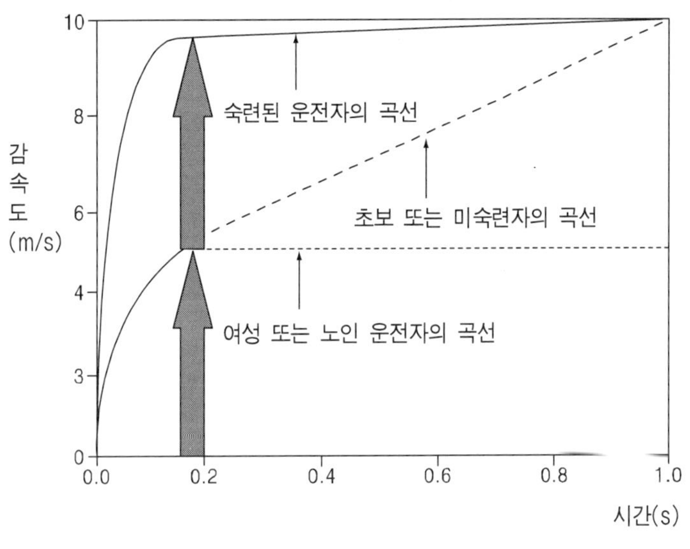

그림 21-17 HBA의 제어

1) 필요성

긴급한 제동 상황시 브레이크의 압력을 자동적으로 증가시켜 운전자를 보조하는 차량의 안전 시스템이 HBA(Hydraulic Brake Assist)이다.

운전자는 ABS의 성능을 높이기 위해서 적용되는 HBA는 운전자가 제동을 할 때 운전자의 초기 제동력을 향상하는데 목적을 둔다. 운전자가 숙련된 운전자라면 긴급한 상황시에 높은 제동력을 주어서 세동을 할텐데 미수한 운전자는 초기 제동력을 높이진 못하는 경우가 생긴다. 또 여성이나 노인일 경우 다리의 힘이 처음부터 적기 때문에 ABS가 작동하는 휠의 록 현장까지도 제동을 하지 못하게 된다. 그렇다고 부스터를 강화하여 초기 제동력을 높인다면 일반적인 운전자가 제동을 하기 위해 살짝만 제동을 걸더라도 높은 제동력에 의해 차가 급정거하는 경우가 생기게 된다. 이러한 경우를 막기 위해 브레이크를 보조하는 시스템이 생기게 된다.

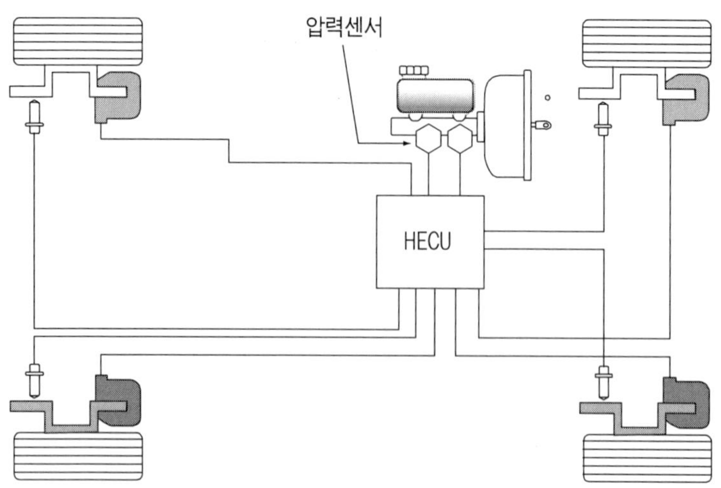

그림 21-18 HBA 시스템 구성

2) 작동

마스터 실린더 측에 설치된 두 개의 압력 센서에 의해 긴급한 제동을 걸게 된다면 ECU는 압력 센서의 변화율을 감지하게 된다. 그 감지된 변화량이 일정의 값을 넘게 되면 브레이크력을 높이기 위해 펌프를 작동하게 된다. 이때 모터에 의한 제동력이 향상하게 된다. 여기서 중요한 것은 브레이크를 작동시킬 때 브레이크의 압력 변화율이다. 브레이크를 천천히 작동을 시킬 경우에는 압력의 변화가 적기 때문에 단순히 부스터의 압력으로 작동을 시키고 브레이크를 급격하게 작동을 시킬 경우에는 변화율이 높기 때문에 부스터의 압력에다가 모터의 회전을 하면서 모터의 힘을 더욱 증가시키는 장치로 되어있다.

※제어조건

-압력센서의 압력이 20Bar 이상

-1100Bar/Sec 이상의 변화

-7km/h 이상

3) HBA(Hydraulic Brake Assist)의 유압도

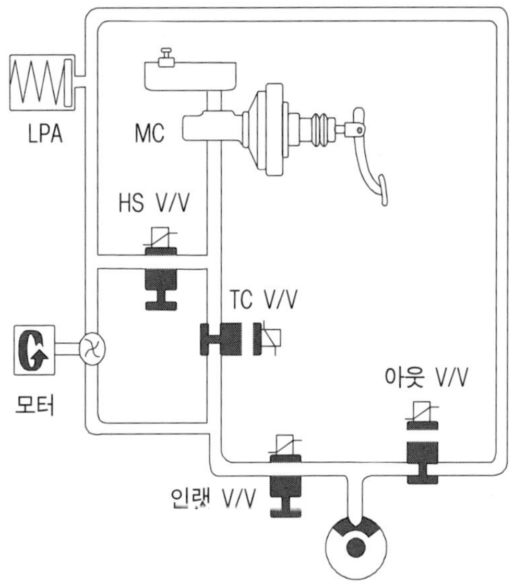

그림 21-19 HBA의 유압 회로

마스터 실린디에 일정 비율의 압력이 가해지면 HS V/V(마스터 실린더의 유체를 모터로 전달하는 하이드로닉 셧틀밸브와) TC V/V(트렉션 컨트롤을 작동하는 역할로 TCS 제어와 ESP 제어 그밖에 모터의 유압이 필요시 제어됨)가 작동을 하여 유압은 TC V/V를 지나지 못하고 HS V/V를 지나 모터로 유입된다. 이때 모터는 회전하여 INLET V/V를 지나 캘리퍼에 유압을 가해주게 된다.

21 4.3 CAN 통신

각종 컴퓨터간에는 서로의 내용을 주고받음으로써 주행성 및 성능을 향상시킬 수가 있다. TCS/ESP유닛과 EMS 그리고 TCU 간에 CAN(Contorller Area Network) 통신을 한다. ABS만 적용된다면 CAN통신을 하지 않는다.

1) 통신과정

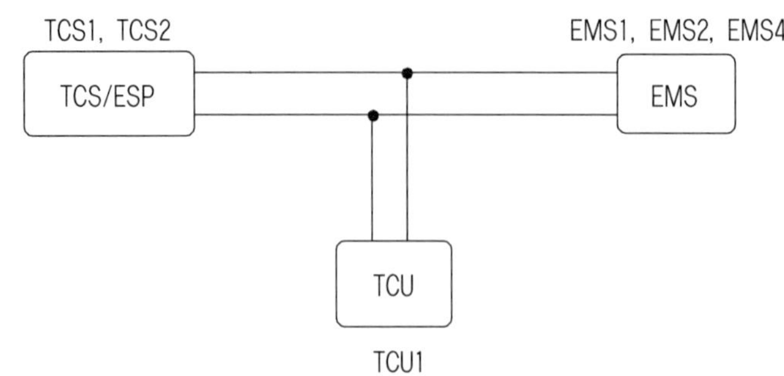

통신명	보내는 유닛	받는 유닛	비고
TCS1	TCS/ESP	EMS, TCU	
TCS2	TCS/ESP	EMS, TCU	
EMS1	EMS	TCS/ESP, TCU	
EMS2	EMS	TCS/ESP, TCU	
EMS4	EMS	TCS/ESP, TCU	
TCU1	TCU	TCS/ESP, EMS	

※TCS1>TCS2>EMS1>EMS2>TCS1>EMS4의 우선순위를 둔다.

그림 21-20 통신과정

2) 통신내역

통신명	통신라벨	통신내역
TCS1	TCS_REQ	TCS 요청
	ABS_DEF	ABS 고장
	TCS_DEF	TCS 고장
	TCS_PAS	TCS 무반응
	TCS_CTL	TCS 제어 램프
	TCS_GSC	TCS 기어 변환 특성
	TQI_TCS	TCS 엔진 토크 요청
	WHEEL	속도 신호 1
TCS2	WHEEL_RL_TCS	휠 속도 RL
	WHEEL_RL_TCS	휠 속도 RL
	WHEEL_RL_TCS	휠 속도 FL
	WHEEL_RL_TCS	휠 속도 FR

EMS1	SWI_IGK	점화 스위치 신호
	F_N_ENG	고장 엔진 속도 신호
	F_WUB_TQI	MAF 에러 신호
	TQI	엔진토크신호
	TQI_ACOR	엔진토크 보정신호
	TQFR	토크의 마찰신호
	N	엔진속도
	ACK_TCS	TCS의 인정
	RLY_AC	AC 릴레이 스위치
	TQ_COR_STAT	토크 보정 상태
	VS	차량 속도
EMS2	MUL_CODE	다중 통신 정보
	MUL_INFO	통신 정보
	ACK_ES	엔진 정지의 인정
	TEMP_ENG	엔진 냉각 온도
	TPS	TPS 신호
EMS4	L_MIL	엔진 체크등
	IM_STAT	이모빌라이저 상태
	FCO	연료 소비
	TAR_GC	기어변경의 목표
	SWI_GS	기어 변경의 움직임
TCU1	F_OBD	OBD 고장 관계
	TCU_STAT	TCU 상내
	SWI_CC	클러치 변화
	G_SEL_DISP	기어선택 위치
	F_TCU	TCU 고상 상태
	TCU_TYPE	TCU 형식
	TCU_OBD	OBD TCU의 상태
	TQI_TCU	TCU 엔진 토크 요청
	TEMP_AT	A/T 오일 온도

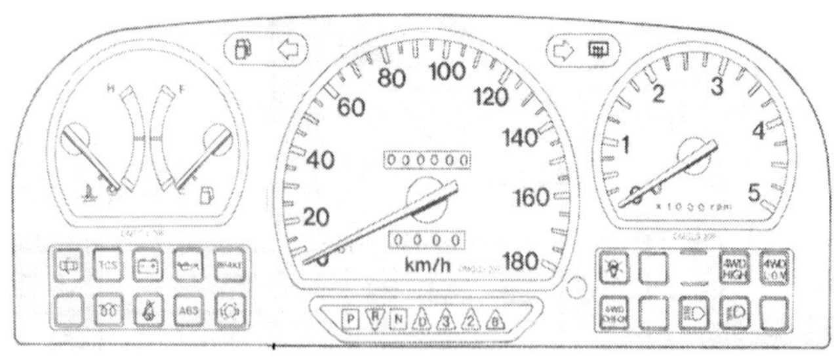

그림 21-21 경고등 및 지시등

3) 경고등 및 지시등

(1) ABS 경고등

① 점화 스위치 ON 후 3초가 초기 점검중에 점등된다.
② ABS 관련 고장 발생시 점등된다.
③ 하이스탠을 사용하여 고장 진단시 점등된다.
④ ECU 커넥터 탈거시 또는 ECU 고장시 점등된다.

(2) EBD 경고등

① 점화 스위치 ON후 3초간 초기 점검중에 점등된다.
② EBD 제어 불능시 점등된다.
③ 주차브레이크 스위치 ON 시 또는 브레이크 오일 부족시 점등된다.
④ ECU 커넥터 탈거시 또는 ECU 고장시 점등된다.

(3) TCS(ESP)경고등 및 작동등

① 점화스위치 ON후 3초간 초기 점검중에 TCS OFF(EPS OFF)경고등 점등된다.
② TCS(EPS)관련 고장시에 TCS OFF(EPS OFF)경고등 점등된다.
③ TCS OFF(EPS OFF) 스위치 조작시 TCS OFF(EPS OFF)경고등 점등된다.
④ 하이스캔을 사용하여 고장 진단 시 TCS OFF(EPS OFF)경고등 점등된다.
⑤ TCS(ESP) 작동시 TCS(ESP)작동등이 점멸한다.

(4) 경고등 점등에 따른 제어

① ABS 적용

상태	경고등제어		제어	
	ABS	EBD	브레이크	ABS
2개 이상 휠스피드센서고장 밸브 고장 ECU 내부 고장 저전압/고전압시	ON	ON	가능	금지
휠스피드센서고장 펌프 고장	ON	OFF	가능	금지

② TCS 적용

상 태	경고등제어			제어		
	ABS	EBD	TCS	브레이크	ABS	TCS
2개 이상 휠스피드센서고장 밸브 고장 ECU 내부 고장 저전압/고전압시	ON	ON	ON	가능	금지	금지
휠스피드센서 고장 펌프 고장	ON	OFF	ON	가능	금지	금지
CAN 통신불량	OFF	OFF	ON	가능	가능	금지

③ ESP 적용

상 태	경고등제어			제어		
	ABS	EBD	TCS	브레이크	ABS	TCS
2개 이상 휠스피드센서고장 밸브 고장 ECU 내부 고장 저전압/고전압시	ON	ON	ON	가능	금지	금지
휠스피드센서 고장 펌프 고장	ON	OFF	ON	가능	금지	금지
CAN 통신 불량 압력 센서 고장 스티어링 각 속도 센서 고장 요 레이트 & 횡 가속도 센서고장	OFF	OFF	ON	가능	가능	금지

4) 유압제어

(1) 일반 브레이크 작동시

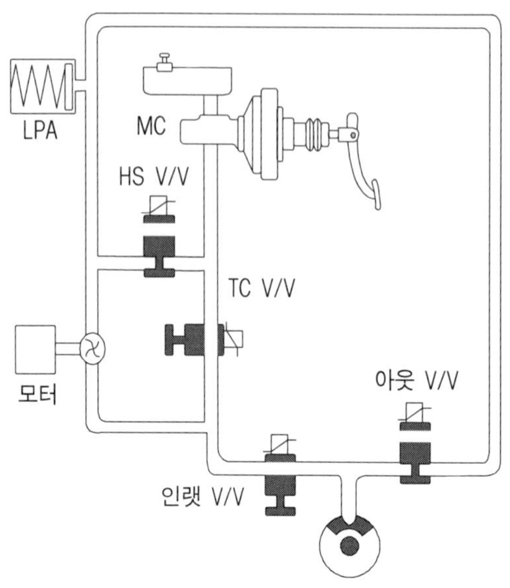

그림 21-22 일반 브레이크 작동시 유압 제어

현재 보이는 유압도의 밸브의 형상은 제어를 하지 않은 상태이다. ABS ECU는 각종밸브를 제어하지 않는 상태에서 HS V/V(Hydraulic Shuttle Valve)는 닫혀있고 TC V/V(Traction Control Valve)는 보통상태에서 열려있다. INLET V/V (Inlet Valve)는 열려 있고 OTULET V/V(Outlet Valve)는 닫혀있는 상태가 제어하지 않는 상태에서의 밸브의 열림과 닫힘 상태이다. 이 상태에서 브레이크를 작동을 하게 되면 브레이크 압은 TC 밸브를 지나 INLET밸브를 지나서 바로 브레이크에 압을 가하도록 되어있다. 유압을 해제할 때도 이 상태에서 마스터 실린더까지 유압이 되돌아오도록 되어있다.

(2) ABS 제어시(감압)

ABS의 감압모드가 작동하면 현재 보여진 모든 밸브가 작동을 하게 되고 유압모터도 작동하게 된다. INLET V/V를 걸치고 들어오던 유압은 차단되고 가해졌던 유압은 Outlet V/V를 걸쳐서 LPA(Low Pressure Accumulator)에 유압이 모이게 되고 압력이 쉽게 빠지도록 모터가 회전하게 된다. 현재 보이는 부분은 한쪽 바퀴에 해당하는 부분으로 전체를 생각하게 되면 HS V/V와 TC V/V는 ABS시 작동을 하게 되고 휠스피드 속도에 의해 해당되는 바퀴의 해제는 INLET V/V와 OUTLET V/V에 의해 행해지고 있다.

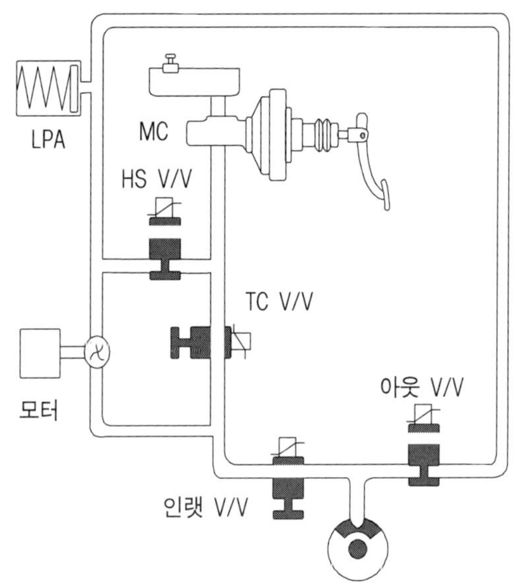

그림 21-23 ABS 제어시 유압작동(감압)

(3) ABS 제어시(유지)

유압은 INLET V/V에 의해 닫혀져 있고 OUTLET V/V도 닫혀있기 때문에 바퀴에 걸려 있는 유압은 그 상태에서 유지가 되어 그 압력을 유지하도록 되어있다. 이때는 모터는 가동을 하지 않지만 그 시간이 짧은 관계로 육안으로는 확인되지 않는다.

(4) ABS 제어시(증압)

증압모드시에는 HS V/V와 TC V/V만 작동하게 되고 또 유압모터가 작동을 하게 된다. LPA쪽의 유압은 낮아지고 바퀴에 걸리는 압력은 높아지게 된다. 해당되는 바퀴는 일정로직에 의해 감압과 유지 그리고 증압을 유지하면서 바퀴의 회전을 일정량으로 항상 조종하게 된다.

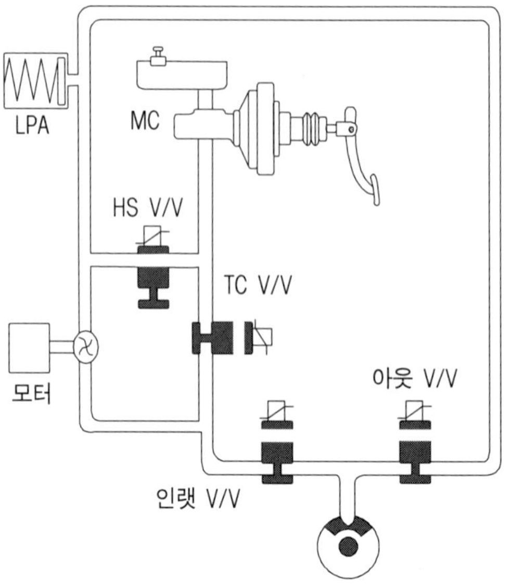

그림 21-24 ABS 제어시 유압 작동(유지)

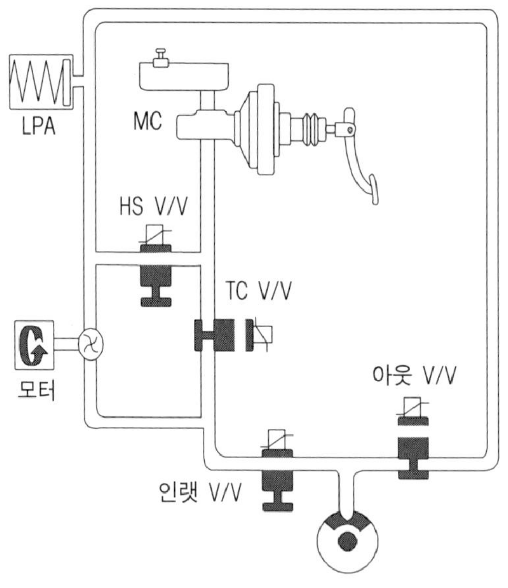

그림 21-25 ABS제어시 유압 작동(증압)

(5) ESP 유압도

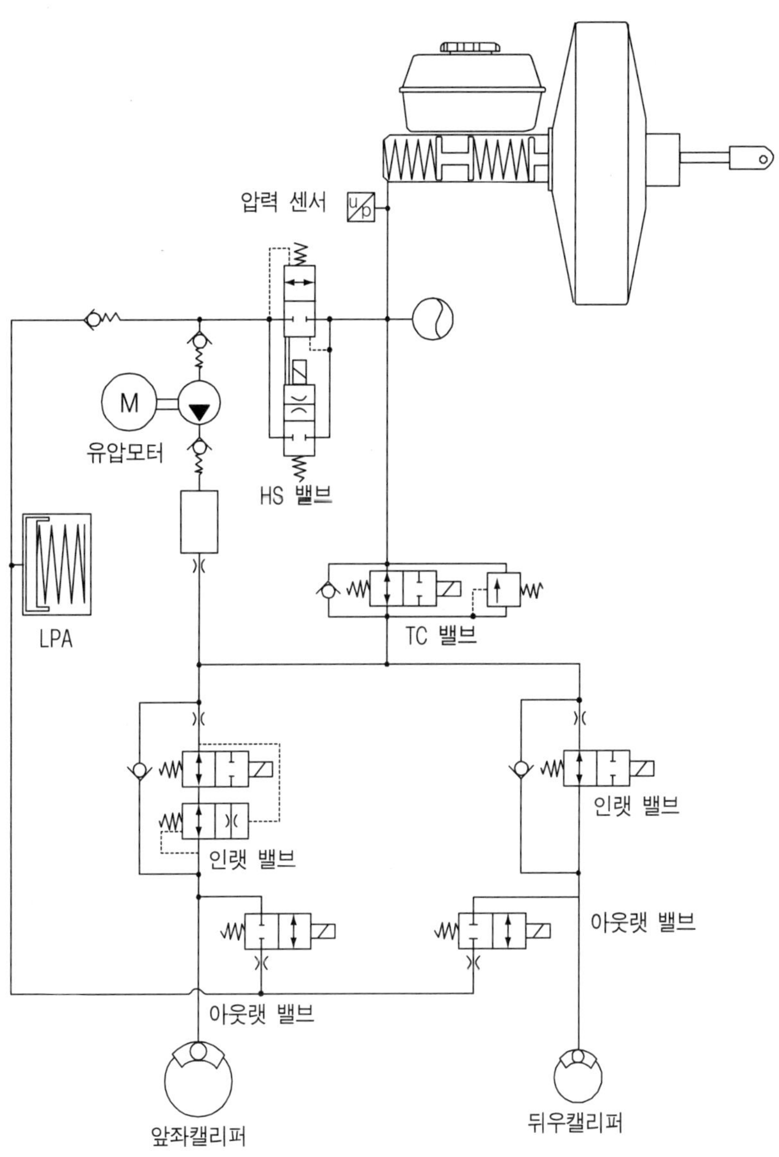

그림 21-26 ESP 유압 회로

21 4.4 구성 부품

1) ESP 커트롤 유니트

HECU 커넥터 점검

15 | 15 14 13 12 11 10 9 8 7 6 5 4 3 2 | 1
31 30 29 28 27 26 25 24 23 22 21 20 19 18 17
47 | 46 45 44 43 42 41 40 39 38 37 36 35 34 33 | 32

그림 21-27 ESP용 HECU 및 커넥터

핀번	명칭	전류범위	전압범위	비고
45,33,37,42	휠 스피드 센서(FL, FR, RL, RR) 접지	3-45 mA	-	
46,34,36,43	휠 스피드 센서(FL, FR, RL, RR) 시그널	3-45 mA	0-18V	
13	ESP(TCS)경고등	Max. 100mA	0-18V	ESP 적용시
4	IGN1	Max. 200mA	0-18V	
16	접지	Max. 20A	0-18V	
40	ESP(TCS)스위치	Max. 10mA	0-18V	
1	배터리(B+)	Max. 30A	0-18V	
19	압력 센서(No.1) 접지	Max. 20mA	5V	ESP 적용시
20	압력 센서(No.1) 시그널	Max. 10mA	5V	ESP 적용시
18	압력 센서(No.1) 전원	Max. 20mA	5V	ESP 적용시
21	압력 센서(No.1) 접지	Max. 20mA	5V	ESP 적용시

23	압력 센서(No.1) 스그널	Max. 10mA	5V	ESP 적용시
22	압력 센서(No.1) 전원	Max. 20mA	5V	ESP 적용시
47	접지	Max. 30A	0-18V	
32	배터리(B+)	Max. 20A	0-18V	
12	휠 스피드센서 출력(FR)	Max. 10mA	-	
10	휠 스피드센서 출력(FL)	Max. 10mA	-	
28	조향 휠 각속도 센서(ST1)	Max. 10mA	0-18V	ESP 적용시
30	조향 휠 각속도센서(ST2)	Max. 10mA	0-18V	ESP 적용시
5	조향 휠 각속도센서 접지	Max. 100mA	0-18V	ESP 적용시
11	CAN(하이)	Max. 10mA	0-18V	
15	CAN(로우)	Max. 10mA	0-18V	
17	EPS(TSC) 작동등	Max. 100mA	0-18V	ESP 적용시
3	조향 휠 각속도센서(STN)	Max. 10mA	0-18V	ESP 적용시
2	자기진단(Diag. K라인)	Max. 100mA	0-18V	
41	정지등 스위치	Max. 10mA	0-18V	
44	ABS 경고등	Max. 20mA	0-18V	
25	요 레이트 & 횡 가속도 센서(CAN 로우)	Max. 10mA	0-18V	ESP 적용시
29	요 레이트 & 횡 가속도 센서(CAN 하이)	Max. 10mA	0-18V	ESP 적용시
6	요 레이트 & 횡 가속도 센서 전원	Max. 250mA	0-18V	ESP 적용시
31	요 레이트 & 횡 가속도 센서 접지	Max. 250mA	0-18V	ESP 적용시
38	PCC1	Max. 10mA	-	
9	PCC2	Max. 10mA	-	
8	조향 휠 각속도센서(ST1) 출력	-	5V	ESP 적용시
39	조향 휠 각속도센서(ST1) 출력	-	5V	ESP 적용시

2) 휠 스피드 센서

휠 스피드 센서는 플라스틱으로 만들어진 센서 엘리먼트(IC)에 부착되어 있는 영구자석으로 구성된다. 센서 엘리먼트는 센서 케이블에 연결되어 있으며 센서 케이블은 센서 엘리먼트와 컨트롤 유니트(HECU)를 연결한다. 로터는 휠의 회전멤버에 고정되어 휠이 회전할 때로부터는 영구자석의 자기장에서 자기의 유동변동을 야기시킨다. 센서 엘리먼트는 이러한 유동을 감지한 후 유동 변동에 따라 컨트롤 유니트(HECU)로 신호를 보낸다 이러한 센서 신호를 감지하여 HECU는 휠 속도를 판단하고 4개의 휠 센서 신호를 비교하고 작동을 개시한다.

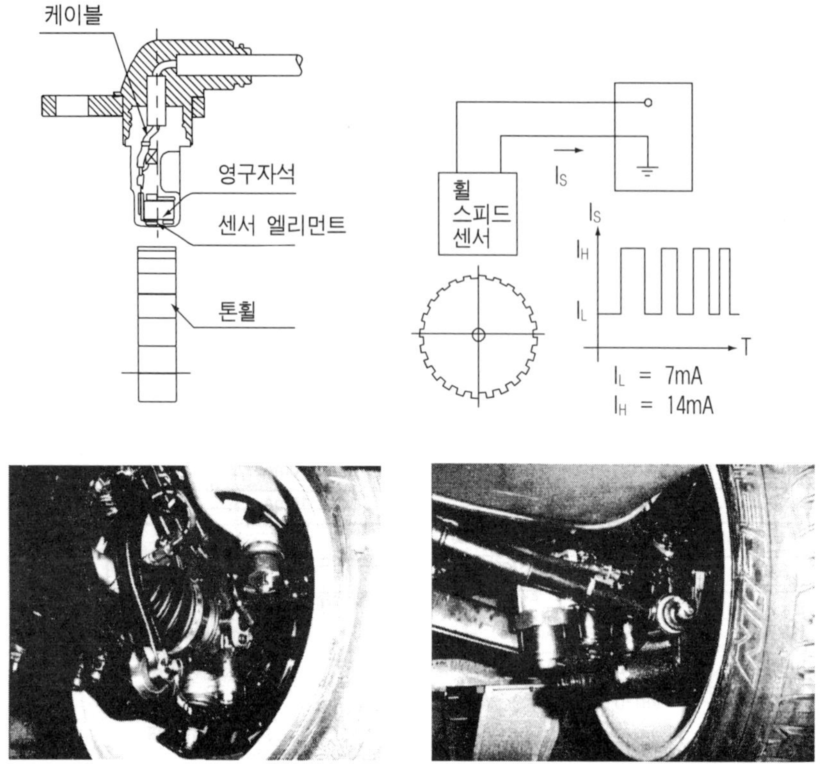

그림 21-28 속도센서구조 및 장착위치

제원

항목		규정값	비고
공급전압		DC 12V	
출력전류 범위		7mA~14mA+20%/-16%	레지스터 R=115Ω 센서탈거시
장착 토크		0.8~0.95kg-m	
에어갭		앞 : 0.09 뒤 :	에어갭 측정불가
톤휠	수	49개	
	두께	8mm	

3) 조향휠 각 속도 센서

핸들의 조작 속도를 검출하는 센서이다.

핸들 내부에 3개의 포토 트랜지스터로 구성되어 있다. 센서의 일반 사양은 다음과 같다.

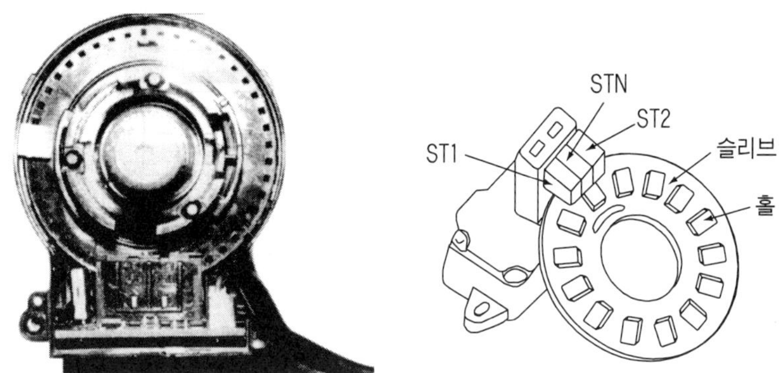

그림 21-29 조향휠 각 속도 센서

항목	규정값	비고
펄스 듀티	50±10%	
펄수 폭	8deg/1펄스	
High 전압	302V~4.1V	
Low	1.3V~2.0V	
전원 단선시	0V	
센서 접지 단선시	전원전압-0.7V	
조향각 속도	최대 1500deg/sec	
점검 주기	Imsec	

4) 중립 위치 감지

① 아래와 같은 조건이 만족된 상태가 2초 이상 계속되어 중립 위치를 감지한다.

② 차속은 10km/h 이상 되어야 한다.

③ 브레이크 스위치는 OFF이어야 한다.

④ IN ON 후 2초 이상 경과되어야 한다.

⑤ 중립 신호(ST N)가 0이어야 한다.

5) 출력특성

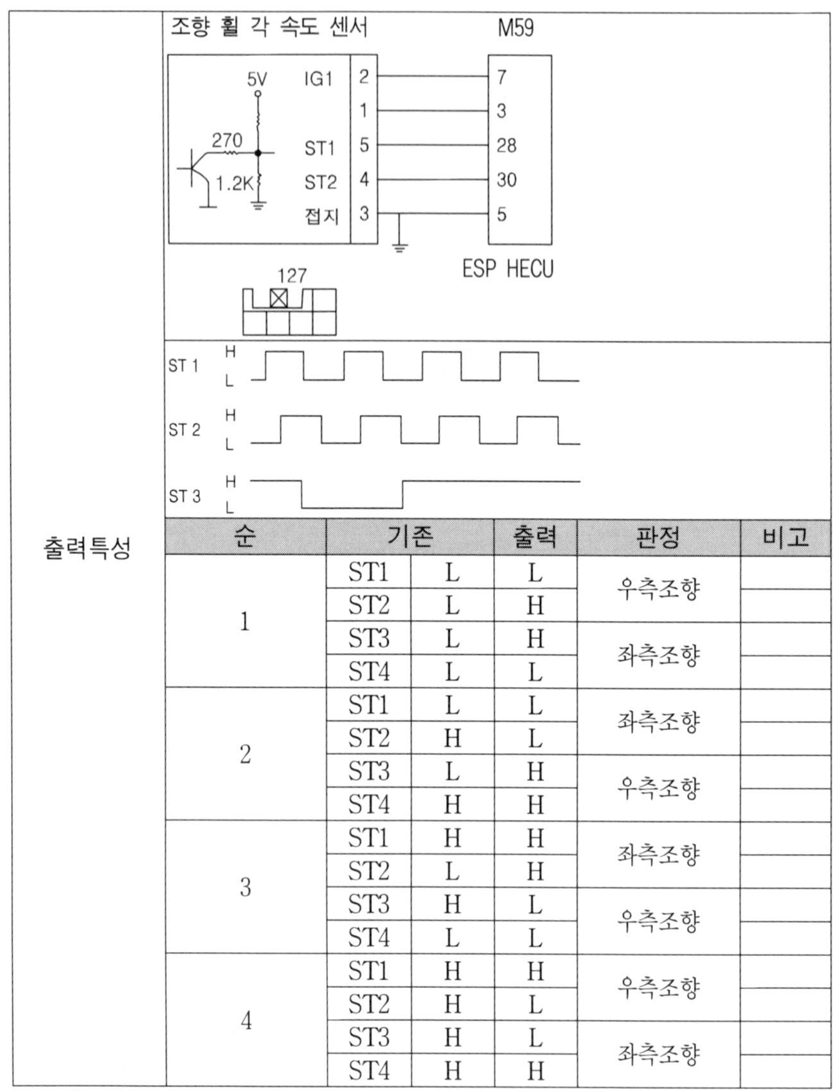

순	기존		출력	판정	비고
1	ST1	L	L	우측조향	
	ST2	L	H		
	ST3	L	H	좌측조향	
	ST4	L	L		
2	ST1	L	L	좌측조향	
	ST2	H	L		
	ST3	L	H	우측조향	
	ST4	H	H		
3	ST1	H	H	좌측조향	
	ST2	L	H		
	ST3	H	L	우측조향	
	ST4	L	L		
4	ST1	H	H	우측조향	
	ST2	H	L		
	ST3	H	L	좌측조향	
	ST4	H	H		

6) 요 레이트 & 횡가속도 센서(센서 클러스터)

센서 클러스터는 알미늄 용기에 요 레이트 센서, 횡가속 센서, 마이크로 컨트롤러로 구성되어 있으며 센터 크래수패드 하부 플로워에 장착되어 있다.

(1) 요-레이트 & 횡가속도 센서

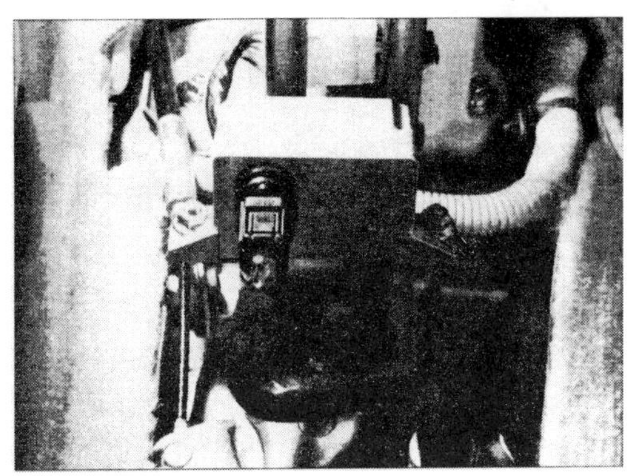

그림 21-30 요 레이트 및 횡G센서

(2) 요 레이트 센서

차량이 수직축을 기준으로 회전할 때 요 레이트 센서 내부에 플레이트 포크가 진동 변화를 일으키면서 전자적으로 감지한다.
차량의 요윙을 감지하여 요 속도가 일정속도(4°/S)에 도달하면 EPS제어를 재개한다. 요 레이트센서가 고장일 경우 0V 전압을 출력한다.
센서 클러스터는 자기진단 기능을 가지고 있으며, 이러한 정보를 요 레이트 및 횡가속도 신호로 별개의 CAN을 통해 컨트롤 유니트(HECU)에 출력된다.

① 제원

항목	제원	비고
공급전압	4.75~4.25V	
정지시 출력 전압	2.5V	내부 데이터상
출력 범위	0.2~4.8V	
작동개시속도	4°/S	

② 출력전압

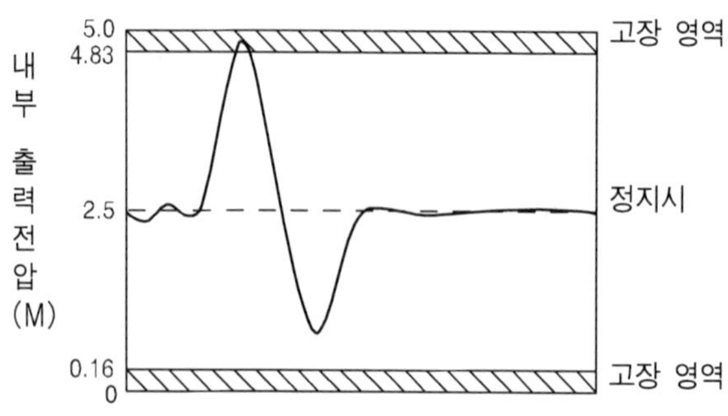

그림 21-31 요 레이트 센서 출력 전압

③ 회로도

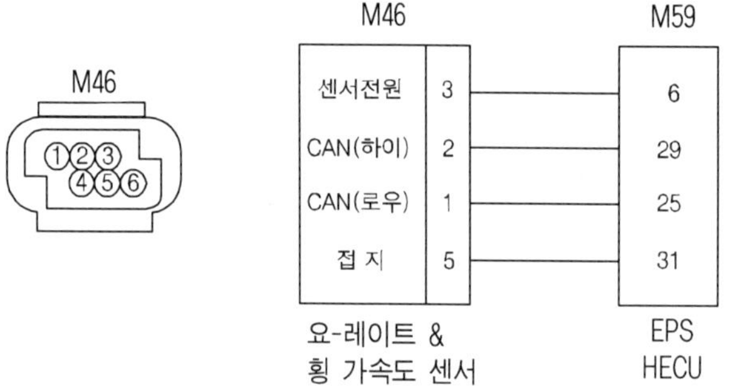

그림 21-32 요-레이트 & 횡G센서 회로

(3) 횡가속도 센서

센서 클러스터 내부에 장착되어 차량의 횡 가속도를 감지한다.

센서 내부에 작은 엘리먼트가 횡가속도에 의해 편향이 가능한 레버암에 부착되어 있다. 동일한 극성을 가지는 2개의 고정된 충전판 사이에 반대 극성을 가지는 2개의 전기장이 형성된다. 정전용량 C1과 C2는 횡사속도에 따라 변화한다.

이 변화량으로 차량에 작용하는 횡가속도의 방향과 크기를 알 수 있다.

차량이 정지시에 횡가속도 센서의 출력 전압은 2.5V이다.

횡가속도 센서의 신호만으로는 ESP작동을 재개할 수 없다.

① 제원

항목	제원	비고
공급전압	4.75~5.25V	
정지시 출력 전압	2.5V	내부 데이터상
출력 범위	0.2~4.8V	
가속도 범위	-14.7~14.7m/s2	

② 출력전압

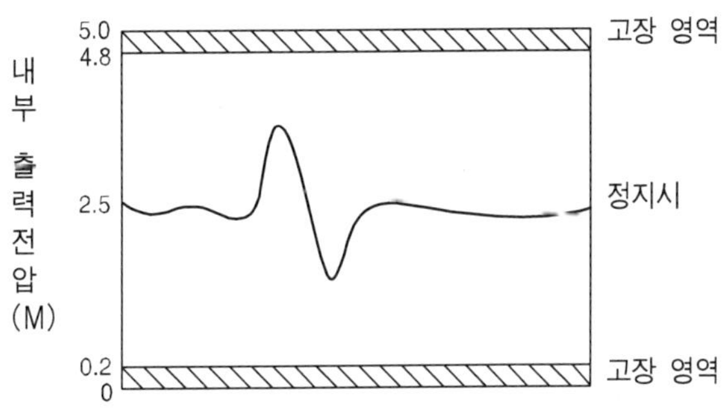

그림 21-33 횡가속도 센서 출력 전압

③ 회로도

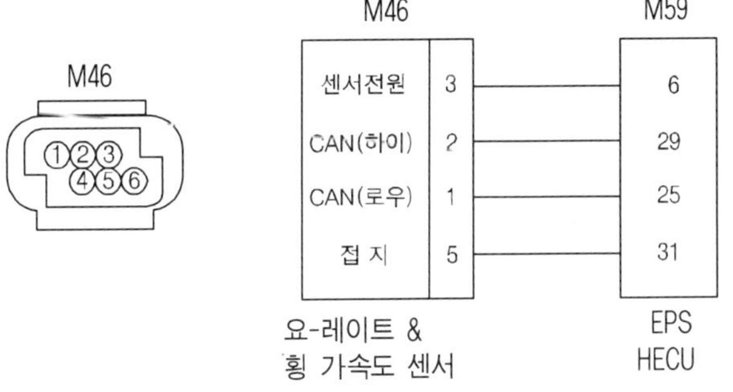

그림 21-34 요 레이트 & 횡G센서 회로

(4) 압력센서

압력센서는 VDC가 작동중일 때 운전자의 제동 의지를 감지하기 위해 브레이크 액 압력 감지를 목적으로 마스터 실린더에 2개 부착되어 있다.
압력 센서는 하나는 고정되어 있고 다른 하나는 움직일 수 있는 2개의 세라믹 디스크로 구성되어 있어 압력이 가해질 때 두 디스크사이의 거리가 변화한다.
따라서 두 디스크 사이의 거리(S)는 제동 작동에 의해 움직일 수 있는 디스크에 압력이 가해질 때 선형적으로 변화한다.
측정 가능한 압력은 최대 170bar까지이다.
컨트롤 유니트(HECU)는 압력센서의 두 신호를 비교하여 만약 규정값의 범위와 다르면, 센서의 고장으로 감지한다.
센서 출력은 공급 전압에 비례하는 아날로그 신호이며, 컨트롤 유니트(HECU)는 공즙전압 대비 신호 값의 비율에 의해 압력값을 인식한다.

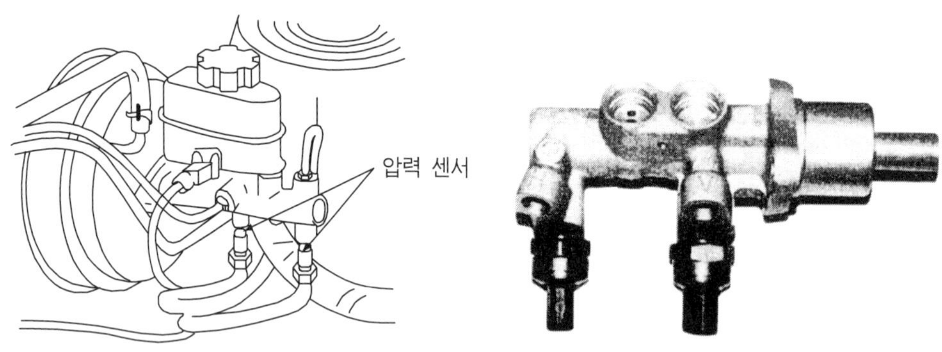

그림 21-35 압력 센서

① 제원

항목	제원	비고
공급전압	4.75~5.25V	
정지시 출력 전압	0.25~4.75V	
출력 범위	0.5V	
가속도 범위	0~170bar	

② 출력전압

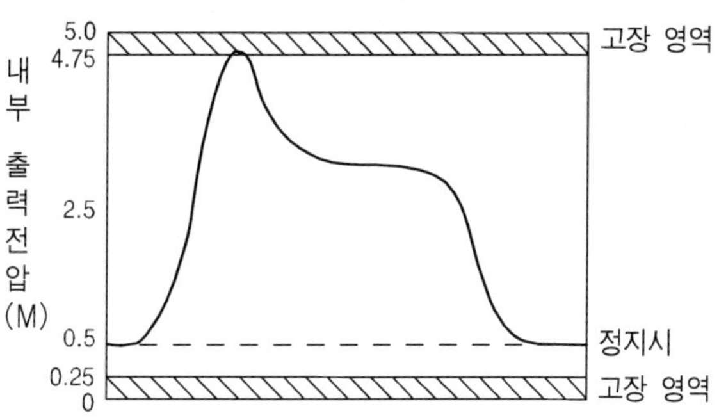

그림 21-36 압력센서 출력전압

③ 회로도

그림 21-37 압력센서 회로

(5) ESP OFF(TCS OFF) 스위치

-운전석 측 크래쉬패드 스위치 플레이트에 장착되어 있다.

-운전자가 임의로 선택할 수 있다.

-ESP(TCS)제어를 금지할 때 작동시킨다.

-선택시 ESP OFF(TCS OFF)지시등이 점등된다.

그림 21-38 ESP 관련 스위치

회로도

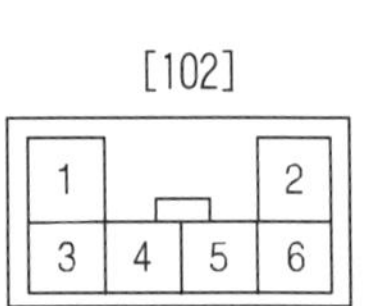

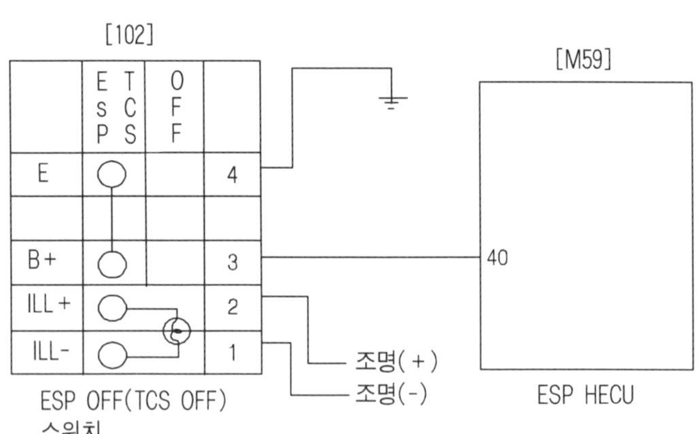

그림 21-39 ESP 스위치 회로

그림 21-40 하이드로릭 유압 모터

(6) 하이드로릭 유압 모터

하이드로릭 유압모터는 12개의 유압밸브(HS V/V 2개, TS V/V 2개, INLET V/V 4개, Outlet V/V 4개)와 ESP ECU가 일체형으로 되어 있다. 유압모터는 내부에 두 개의 피스톤이 장착되어 있고 셕션밸브와 압력밸브의 열림에 의해 유압을 흡입하기도 하고 압축하기도 한다. 기존의 모터와 달라진 점은 흡입을 2차에 걸쳐서 행하여 흡입효율을 높였다.
절대 분해 조립을 하지 말 것!

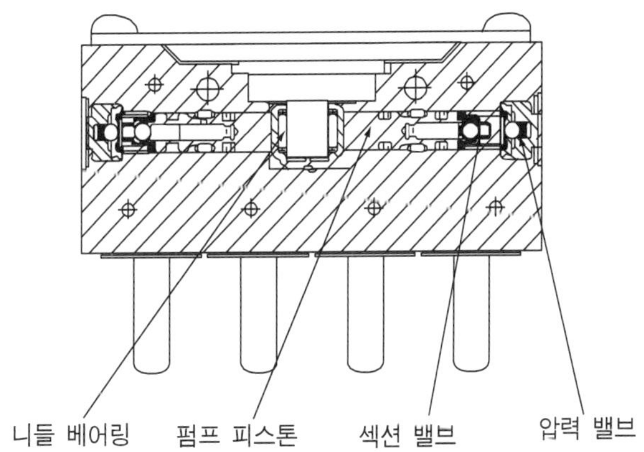

그림 21-41 유압 모터 내부 구조

펌프 내부에서는 두 개씩의 포트를 이용해서 흡입하고 배출을 한다. 펌프는 두 개의 펌프 피스톤에 의해 흡입과 배출을 반복하는 형식으로 되어있고 흡입돼는 밸브는 셕션밸브로 인해 흡입되고 압력밸브에 의해 배출된다. 피스톤이 흡입하는 과정에서는 색션밸브가 열리고 오일을 흡입하게 된다. 그리고 피스톤에 의해 압축이 일어나면서 셕션밸브는 닫히고 압력 밸브가 열림으로써 오일은 압력밸브에 의해 배출되는 형식으로 되어 있다.

① 펌프 피스톤의 상세도

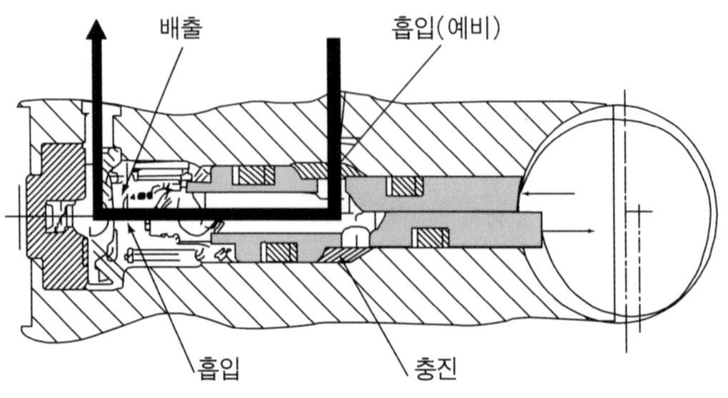

그림 21-42 펌프 피스톤 구조

그림에서 상부측은 펌프의 배출을 의미하고 하단부측은 흡입을 하는 과정을 의미한다. 오일의 경로를 살펴보면 흡입(예비)쪽의 포트에 의해 오일은 유입된다. 그리고 펌프피스톤 내부를 통해서 석션밸브로 유입되고 이어서 피스톤이 압축을 행할 때 압축밸브를 밀고 배출포트에 의해 배출된다. 이때 흡입(예비)쪽에서의 충전이 모아지는 상태는 그림의 상부측에 해당되는 부분으로 배출되는 상태를 의미하게 된다. 즉, 피스톤이 배출 행정시 압력밸브를 밀고 오일을 내보내는 동시에 읍입(예비)측의 오일이 압축이 되면서 충진으로 이루어진다. 충진된 오일은 흡입실로 이동하면서 흡입의 효과를 더욱 높이는 결과가 된다. 흡입의 효율을 높이기 위해 설치된 것이다.

특이 오일의 온도가 낮아지면 점성 또는 높아지게 되면서 오일의 충분한 양이 들어오지 못하는 결과가 생긴다. 이러한 현상을 보안하고 일반 상태에서도 확실한 흡입을 위해 오일의 흡입되는 부분을 충진 효과를 이용하여 미리 흡입하고 이어서 펌프 피스톤의 흡입 효과를 이용하여 한 번 더 흡입하는 것이다. 이러한 방법으로 압축시 배출되는 오일의 양을 좀더 확보 할 수 있게 되는 것이다.

제22장 EBD

22.1 개요

브레이크의 효과를 향상시키는 신기술에 있어서 전자제어 제동력배분 시스템이다. 브레이크의 안전성 기술을 오래 전부터 연구가 계속되어 근래에는 대부분의 차종에 ABS가 장착되고 있는 추세이다. 특히 유럽의 경우 ABS가 기본으로 장착되고 있는 현실이다. 현재에는 ABS에 전후륜의 제동력 배분을 제어하는 시스템을 추가하여 새로운 브레이크 기술인 EBD가 실용화되었다. EBD는 적재량에 의한 차량의 중량 변화에 있어서 전후의 제동력 불균형을 조정함으로써 항상 최적의 제동력을 유지토록 해준다.

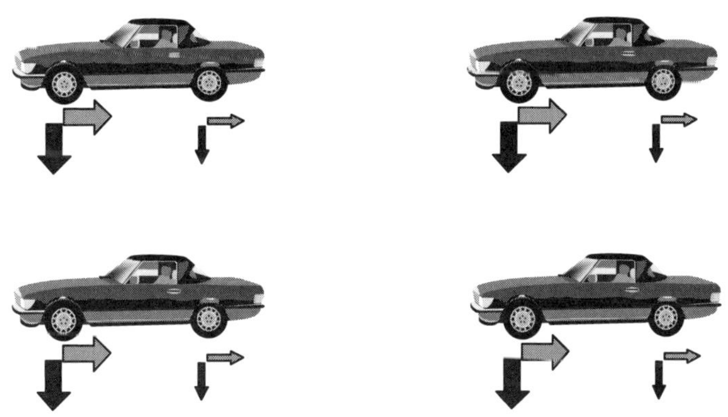

그림 22-1 일반차량 EBD 적용차량

제동력은 차량의 타이어가 지면에 가하는 접지력에 비례하므로 일반 차량의 경우 차량의 전륜(前輪)에 제동력을 집중시키게 된다. 그러나 적재량이 많아져서 차량의 후면부의 하중이 커지게 되면 제동력의 재배치가 필요하게 된다. 종래에는 차체현가 장치의 변화량을 이용한 기계식 장치가 있었지만 기구가 매우 복잡하고 조절이 어려운 문제점이 있었다. EBD는 RV, 미니밴 등 적재량이 큰 차량에 있어서, 전, 후 차륜의 미세한 속도 차를 검출하여 ABS의 액추에이터(Actuator)로 하여금 전후륜의 제동력을 최적으로 배분케 하는 것이며 그림 22-1에 EBD의 작동 원리를 나타낸 것이며 EBD 구성은 기존의 ABS에서 사용되는 시스템을 그대로 사용하며 단지 제동력 분배를 위한 제어로직을 ECU에 넣어 주면 된다.

또한 제동력 배분 선도는 적재하중에 따라 후륜의 제동력을 변화시켜 이상제동력선도에 가까운 최적의 브레이크력을 얻도록 하고 있다.

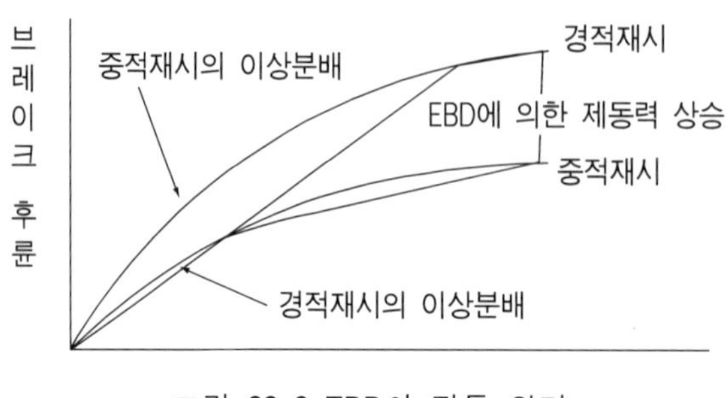

그림 22-2 EBD의 작동 원리

22.2 EBD(Electronic Brake-force Distribution) 제어

22 2.1 필요성

주행중 급제동시 차량중량의 이동으로 인하여 후륜이 전륜보다 선행 록크되어 차량의 스핀 발생으로 인한 사고를 야기 시킬 수 있어 이에 대한 대응책으로 P-밸브를 장착하여 후륜의 브레이크 압력을 전륜대비 감소시켜 후륜의 선행 록크를 방지하였다.

그러나 이는 모두 기계적인 장치로써 이상적인 리어 브레이크 압력분배는 실천하지 못했다. 특히 P-밸브는 중량증가에 따른 제동력의 배분을 수행하지 못하여 제동력의 열세가 문제시 되어왔다.

또한 브레이크 라이닝 및 패드의 마찰재 산포에 따라 각 륜에서 발생되는 제동력의 차이가 발생되어 각 륜에 따라 이상적으로 제동하기 위한 요구액압 배분곡선은 차이가 발생되지만 기계적인 P-밸브만 가지고는 일정한 액압 배분 곡선만 유지되어 이상적인 제동을 수행할 수 없었다.

위의 문제점을 해소하기 위해 후륜이 전륜과 동일하거나 또는 늦게 록크되도록 ABS-ECU가 제어하게 되는데 이를 EBD제어라 한다.

22.2.2 원리

각각의 휠센서로부터 슬립율을 연산하여 뒤 슬립율을 앞보다 항상 작거나 동일하게 리어측 액압을 제어한다.

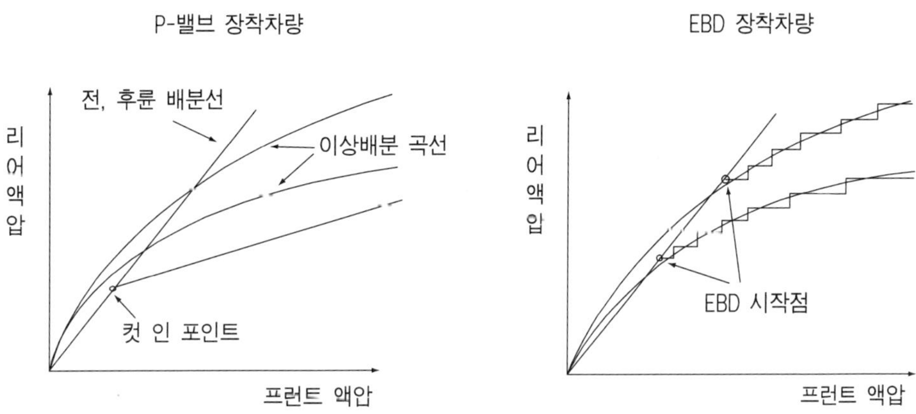

그림 22-3 P-밸브 차량과 EBD 장착 차량의 브레이크압 비교

22.3 TCS(Traction Control System) 제어

22.3.1 기능

(1) 주요 기능

① 구동성능 : 슬립이 제어되므로 차체의 흔들림이 적고 발진성, 가속성, 등판성이 향상된다.

② 선회추월성능 : 안전한 코너링 주행 및 추월이 가능하다.

③ 조향안전성능 : 조향핸들을 돌릴 때 구동력에 의한 횡력을 우선적으로 제어하므로 회전이 상당히 용이하다.

(2) 일반 기능

① 미끄러운 노면에서 발진 및 가속시 미세한 가속페달 조작이 불필요하여 주행 성능을 향상시킨다.

② 일반 노면에서 선회 가속시 운전자의 의지대로 가속을 보다 안정되게 하여 선회능력을 향상시킨다.

③ 미끄러운 노면에서 후륜 휠 스피드 센서로 구한 차체 속도와 전륜 휠 스피드 센서로 구한 구동력의 속도를 검출 비교하여 구동륜의 미끄럼비가 적절하도록 한다.

22 3.2 종류

(1) FTCS(Full Traction Control System)

① ABS ECU가 TCS제어도 수행한다.

② ECU가 전륜(구동륜)과 후륜의 휠 스피드 센서의 비교에 의해 구동륜의 슬립을 검출한다.

③ 구동륜의 슬립 검출시 TCS 제어를 수행하는데 브레이크 제어를 수행한다(BTCS).

④ 엔진 ECU 및 TCU 제어를 위해 CAN 통신을 하는 BUS 라인에 슬립량에 따라 엔진토크 저감요구, 연료컷 실린더수 미 TCS 제어 요구 신호를 전송한다.

⑤ 엔진 ECU는 ABS ECU가 요구한 양만큼 연료 차단을 실행하며 또한 엔진 토크 저감 요구 신호에 따라 점화시기를 지각한다.

⑥ TCU는 TCS 작동 신호에 따라 시프트 포지션을 TCS 제어 시간만큼 HOLD 시킨다. 이것은 킥 다운에 의한 저속 변속으로 가속력이 증가하는 것을 방지하기 위함이다.

(2) BTCS(Brake Traction Control System)

① TCS 제어시 브레이크 제어만 수행한다(엔진 및 TCU 제어 안함).

② 모터 펌프에서 발생하는 압력으로 제어한다.

(3) FTCS CAN 통신 정보

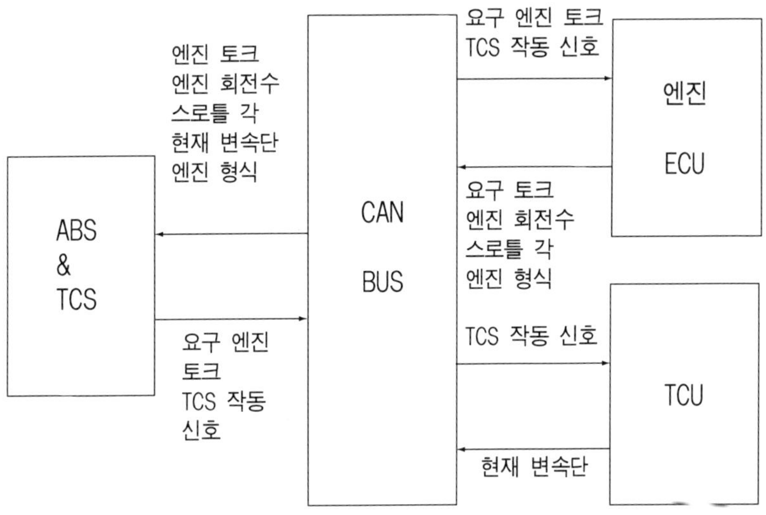

제23장 BA 장치

23.1 브레이크 보조장치(Brake Assist System)

23 1.1 개요

브레이크 보조장치는 자동차의 제동시 필요에 따라서 제동성능을 향상시키거나 운전자이 제동능력을 보조하는 차량의 안전장치이다. 기존의 부스터(Booster)인 기계식 제동 보조장치(Pneumatic Mechanical Brake Assist)에서 부스터를 전자 제어하는 기압 전자식 제어 보조장치(Pneumatic Electronic Brake Assist)로 또한, 모듈레이터를 적용하는 유압 전자식 제동 보조장치(Hydraulic Electronic Brake Assist)를 사용하고 있으며, 브레이크 보조 장치에는 PBA(Panic Brake Assist), BAS(Brake Assist System), BFA(Brake Fauilure Assist) 등으로 크게 3종류가 있다. 그림 23-1은 브레이크 계통과 섀시 계통에 대한 기술 발전방향을 나타낸 것으로서 점진적으로 일체화되는 통합제어 방식으로 기술이 전개되고 있음을 알 수 있다.

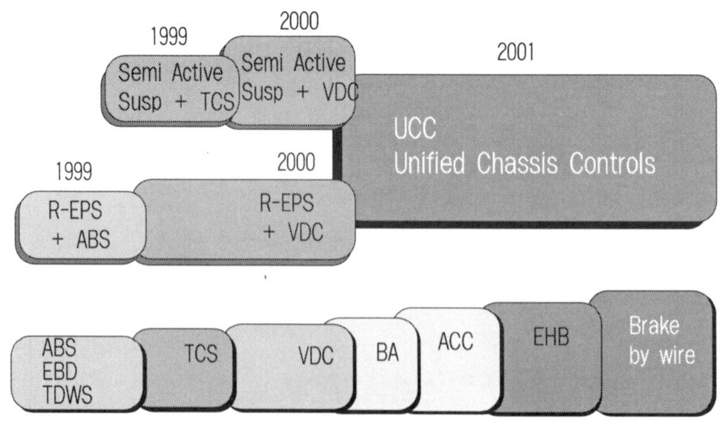

그림 23-1 브레이크 계통 기술 반전 전개도

23 1.2 브레이크 보조장치

(1) PBA 장치

긴급 제동시 그림 23-2에서 (1)이나 (2)의 형태로 흔히 나타나는 운전자의 부적절한 반응을 전자장치와 유압장치를 통하여 차량의 제동력을 최적으로 제어하여 (3)과 같은 형태의 반응으로 보상시켜 주는 차량 안전용 장치이다.

그림 23-2의 (1)의 곡선은 여성이나 노인 운전자의 반응을 나타낸 것이고 (2)의 곡선은 초보 또는 운전 미숙자의 반응을 (3)의 곡선은 초기의 신속한 반응을 나타낸 것이다. 이러한 곡선은 주로 긴급 제동의 특징으로서 초기의 신속한 반응을 발생토록 한 것이고, 이러한 장치들은 ABS 장치가 필수적으로 요구하고 있고 이것은 낮은 마찰계수의 노면 안전성 때문이다.

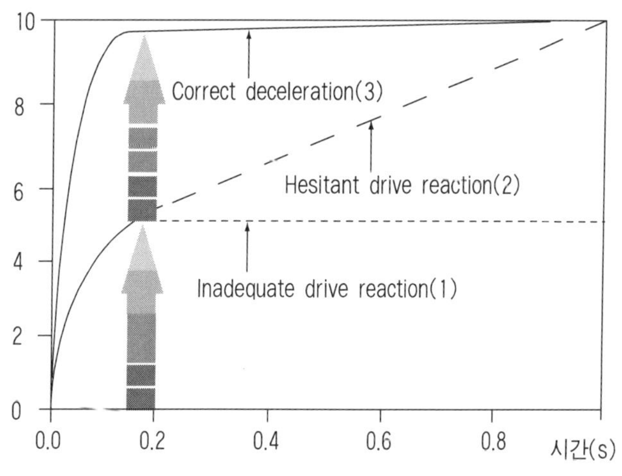

그림 23-2 긴급 제동시 운전자의 다양한 제동 반응곡선

그림 23-3은 PBA 장치의 구성도를 나타낸 것이고 여기에는 ECB를 적용한 PBA 장치와 모듈에이터를 적용한 PBA 장치가 있다.

ECB 적용 PBA 장치는 페달 트래블 센서(Pedal Travel Sensor)와 액츄에이터로서 전자제어 부스터를 사용하고 있으며 이 전자제어 부스터는 마스터 실린더의 압력 자체를 상승시키는 효과를 가지고 있다.

모듈레이터를 적용한 PBA장치는 마스터 실린더 압력 센서와 유압 모듈레이터를 사용하여 휠 실린더의 압력만 상승시키는 효과를 가지고 있다.

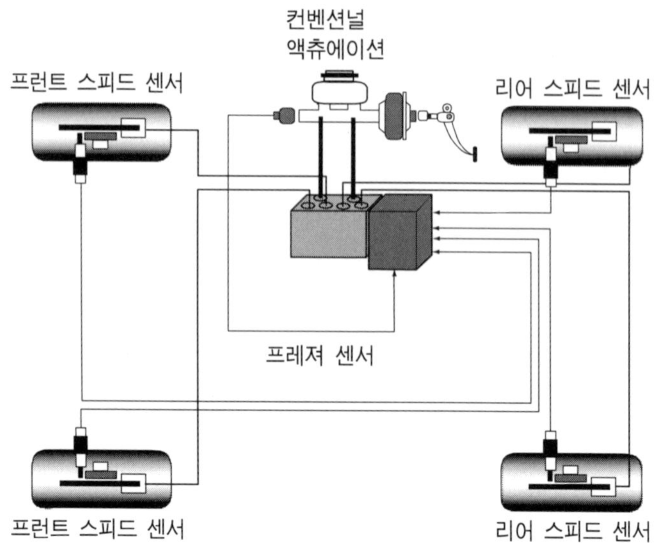

그림 23-3 PBA 장치의 구성

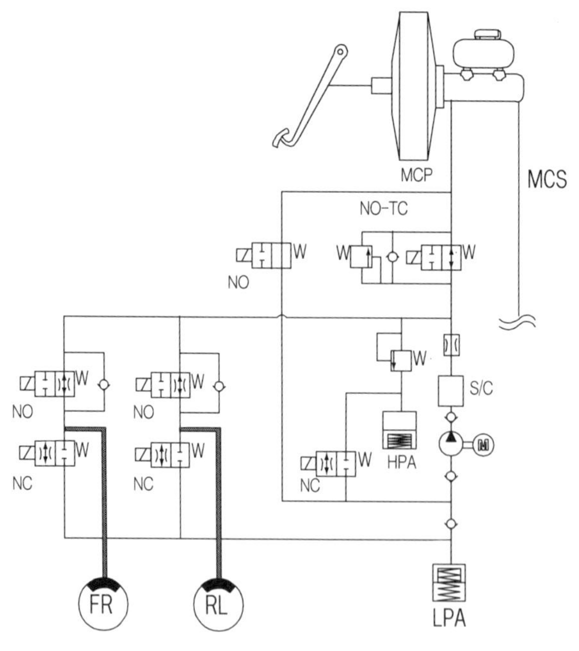

그림 23-4 유압 회로도

모듈레이터 적용 PBA 장치의 유압부(HU ; Hydraulic Unit)는 긴급 제동시 휠 실린더의 압력을 급상승시키기 위하여 사용하고 MPA(Middle Pressure Accumulator)

는 미리 저장된 오일을 긴급 제동시 휠 실린더로 신속하게 보내주는 역할을 한다. 그림 23-4는 유압 회로도를 나타낸 것이다.

압력센서는 운전자가 브레이크 페달을 밟는 속도를 측정하여 긴급 제동상황을 감지하기 위하여 사용하고 또 긴급 제동상황해지를 감지하기 위하여 사용한다. 전자 제어부 (ECU)는 압력센서로부터 긴급 제동상황을 감지하여 유압부의 솔레노이드 밸브와 모터를 작동하도록 신호를 보내 휠 실린더의 압력을 상승시키는 역할을 하고 압력센서로부터 긴급제동상황해지를 감지하여 유압부의 솔레노이드 밸브와 모터의 작동을 중지시키는 역할을 하며 이는 ABS와 VDC의 전자 제어부의 역할을 한다. 그림 23-5는 전자 제어부의 제어 흐름도를 나타낸 것이다.

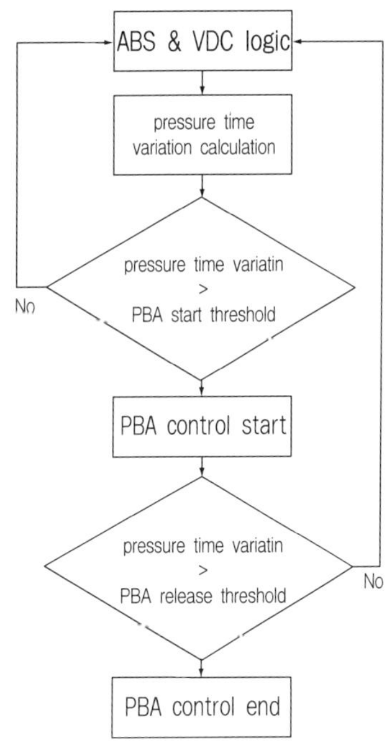

그림 23-5 PBA ECU 제어 흐름도

다음 그림 23-6, 23-7, 23-8은 기존의 브레이크 장치와 PBA 적용 장치의 제동성능 시험 결과를 비교한 일 예를 나타낸 것이다.

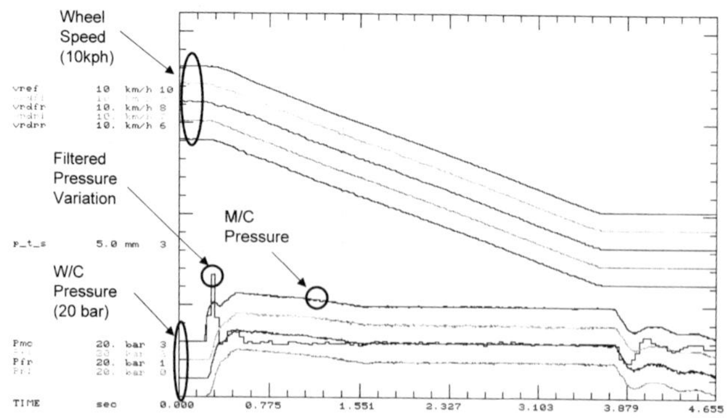

그림 23-6 기존 브레이크 장치의 긴급 제동 시험 결과 그래프

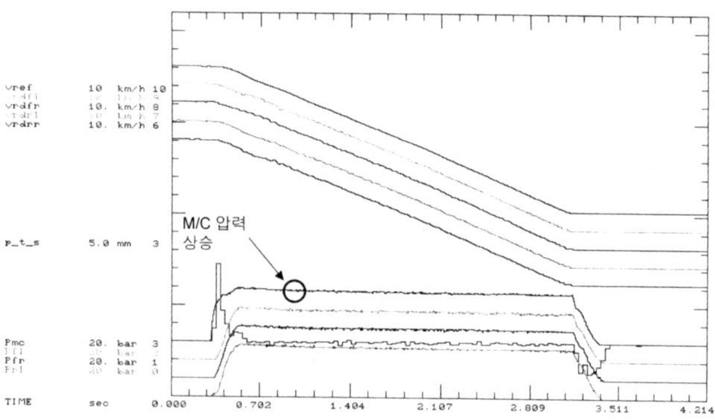

그림 23-7 ECB 적용 PBA 장치의 긴급 제동 시험 결과도

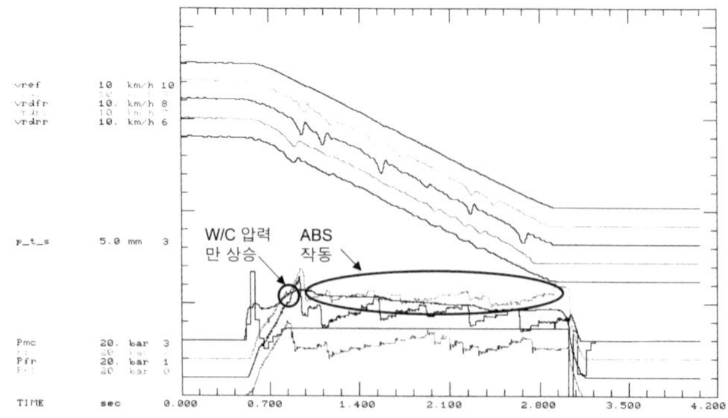

그림 23-8 모듈레이터 적용 PBA 장치의 긴급 제동 시험 결과도

(2) BAS 장치

운전자의 페달 답력이 부스터의 진공상태가 소멸되는 니 포인트(Knee Point) 이상인 경우에 이것을 감지하고 추가적으로 제동력을 보조해 주는 장치이며 그림 23-9는 BAS의 개념도를 나타낸 것이고 이에 대한 효과는 제동력의 손실없이 부스터의 크기와 무게를 줄일 수 있어 설계시의 지유도의 향상과 경량화를 도모할 수 있는 장점이 있으며 또한, 대기압이 낮아 부스터의 부스팅 능력이 저하되는 경우에도 충분한 제동성능을 확보할 수 있는 장점이 있다.

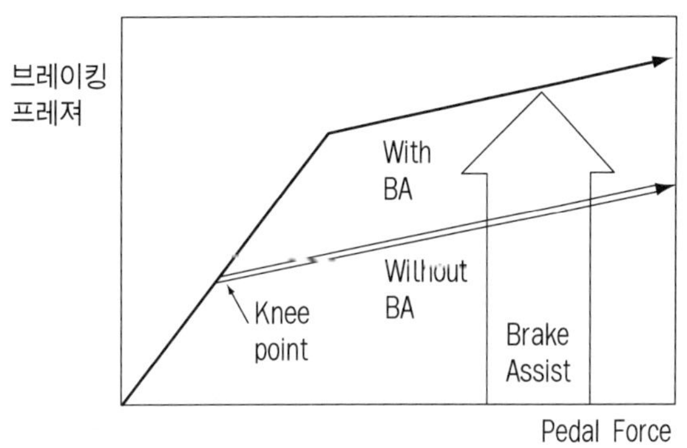

그림 23-9 BAS의 개념도

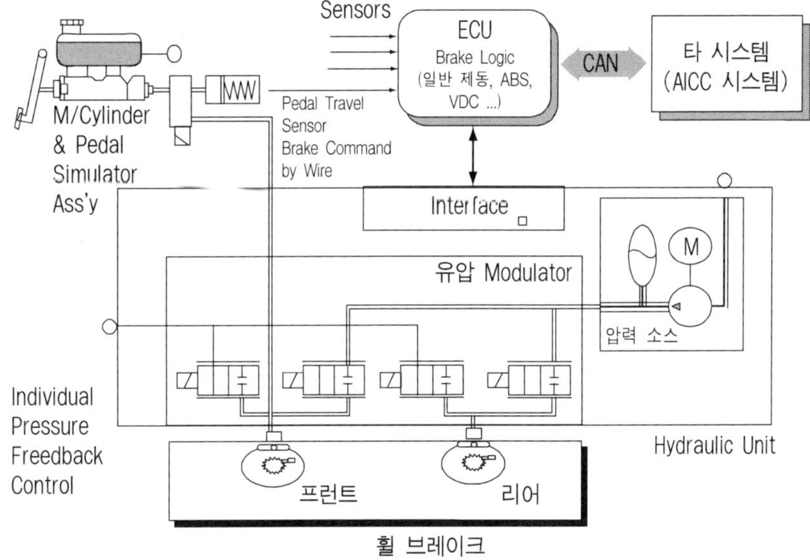

그림 23-10 EHB 시스템 구성

그림 23-10 브레이크 보조장치의 EHB(Electro-hydraulic Brake) 시스템 구성을 나타낸 것이다.

앞으로의 브레이크 장치의 기술 전개방향은 Passive Brake 장치에서 Active Brake 장치로의 적용이 증가된 전망이고 Hydraulic Brake 장치에 Dry Brake 장치로 진행되며 이러한 장치의 적용은 안전과 편의성 또는 안락감을 동시에 생각하는 방향으로 장치들을 자동차에 적용한다.

제5편

안전편의장치

제24장 에어백장치

24.1 에어백이란?

자동차가 충돌시 충격력을 센서 및 전자제어장치(ECU)가 감지하여 일정한 충격력에 이를 경우 순간적으로 인플레이터를 작동시켜 압축가스를 방출하여 Bag을 부풀려 운전자의 얼굴과 가슴 등에 대한 충격을 완화시켜 안전띠만을 사용했을 경우보다 현저히 상해도를 감소시키도록 고안된 2차 충격흡수안전장치이다.

SRS(Supplemental Restraint System) Air Bag
"보조구속장치"의 의미로써 시트벨트를 착용한 상태에서만 그 기능을 발휘할 수 있다는 뜻입니다. SRS 에어백은 시트벨트에 의한 승객 보호기능에 추가하여, 충돌로 인한 충격으로부터 승객의 안면 및 상체를 보호해 주기 위한 보조 장치입니다.

24.2 종류

2.1 PAB(Passenger Air Bag)

승객석 글로브 박스 위 또는 윗면 크래쉬 패드에 내장에 위치

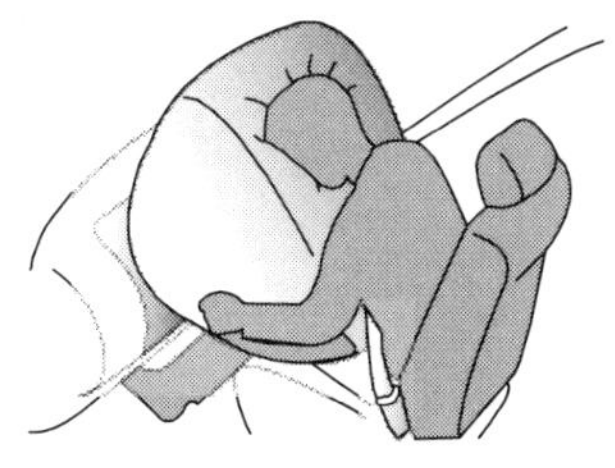

그림 24-1 PAB 장치

24 2.2 DAB(Driver Air Bag)

운전석 조향핸들 중앙부에 장착

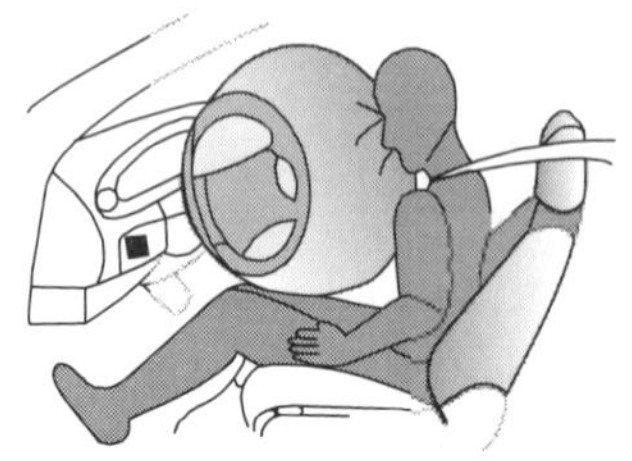

그림 24-2 DAB 장치

그 외 측면(Side Air Bag), 뒷자석용 등이 있다.

그림 24-3 측면 에어백

1 작동원리

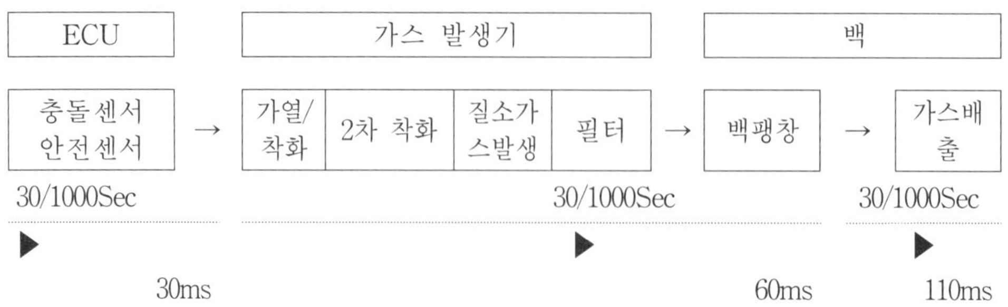

① 충돌센서 : Bag을 전개할 것인가를 결정하는 센서
② 안전센서 : 충돌센서와 병렬연결되어 충돌센서 오작동을 방지하며, 정상충돌시 충돌센서와 안전센서가 동시에 작동되어야만 가스 발생기 기폭신호가 발생되므로 센서 작동상의 신뢰성을 제고.

2 에어백의 작동조건

9mph(0~14.4km/h)	9~12mph (14.4~19.2km/h)	12mph이상(19.2km/h)	30mph(48km/h)
Airbag이 작동 되지 않음	작동할 수도 있고 안할 수도 있다.(알고리즘이 결정)	Alirbag이 필히 작동되어야 한다.(좌우 30°이내의 각도에서 충돌시)	성능시험(법규시험 만족 여부 확인)

※ 다음과 같은 경우에는 작동하지 않을 수가 있다.
① 에어백이 팽창해도 승객 보호 효과가 없는 횡방향 충돌시
② 후부(後部)로부터의 충돌시
③ 전복 또는 시트벨트만으로도 승객 보호가 가능한 저속 충돌시

24.3 효과적인 에어백 사용방법

24 3.1 시트벨트 착용 이유

이장치는 시트벨트를 대신할 수 없으므로 꼭 시트벨트를 착용해야 한다.
에어백 팽창조건은 차량에 정면으로부터 전달되는 충격치(G값 : 관성하중치 또는 감속도)에 의해 결정된다.
따라서 에어백 팽창은 충돌방향에 의한 것이 아니라 충돌시 발생하는 힘의 방향과 크기에 의해 결정되어 진다.
① 에어백이 팽창될 때 신체를 올바른 위치로 유지시켜 에어백 위에 충돌하도록 한다.
② 에어백이 정상이더라도 에어백 작동조건에 해당되지 않아 에어백이 작동하지

않을 경우 시트벨트에 의해 부상을 경감시킬 수가 있다.
③ 시트는 올바른 위치로 조정해 주십시오. 주행중에는 시트에 깊숙이 앉고 시트백에 등을 대어 준다.

24 3.2 SRS에어백 경고등

시스템이 정상인 경우는 엔진 시동 스위치를 ON으로 하면 6회 점멸되고 소등된다. 경고등이 다음과 같은 경우는 시스템의 이상입니다. 즉시 지정 정비업체에서 점검을 받는다.

① 엔진 시동 스위치를 ON으로 해도 경고등이 점등되지 않는 경우
② 주행중 경고등이 점등된 경우

24.4 에어백 주의사항

24 4.1 운전석 에어백

에어백은 순간적으로 크게 부풀어 오르기 때문에 에어백의 작동으로 상처를 입을 수가 있으므로 필히 다음의 주의 사항을 준수해야 한다.

① 시트벨트를 올바른 방법으로 착용한다.
② 에어백의 패드 커버에 스티커 등을 붙이지 않는다.

③ 시트의 앞쪽에 걸터앉거나 핸들을 가까이서 감싸고 운전하지 않는다.

24 4.2 조수석 에어백

에어백은 순간적으로 차실내에 크게 부풀어 오르기 때문에 에어백의 작동으로 상처를 입을 수가 있다.

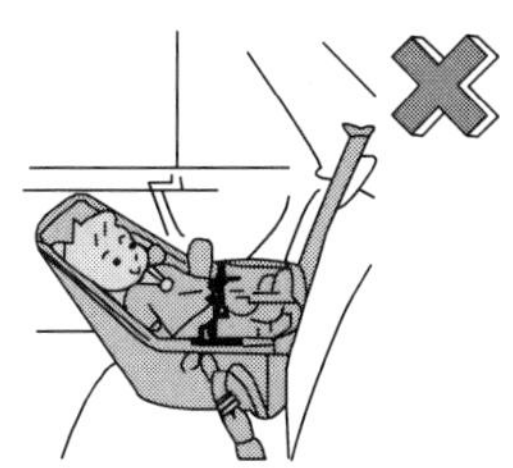

필히 다음의 주의사항을 준수한다.

① 시트벨트를 올바른 방법으로 착용한다.

② 어린이는 반드시 뒷좌석에 태운다.

③ 시트의 맨앞에 앉거나 크래쉬 패드를 잡지 않도록 한다.

④ 크래쉬 패드 상부에 방향제 등을 놓거나 스티커를 붙이거나 우산 등을 걸쳐 세우지 않도록 한다.

조수석 에어백은 탑승자가 없어도 운전자 에어백과 동시에 작농한다.(난, PPD(Passenger Presence Detect) 센서가 장착된 차량은 탑승자가 있을 경우에만 조수석 에어백이 작동한다.)

〈주의사항〉

(1) 에어백 작동전

① 에어백은 시동 스위치 ON 혹은 START 위치에서만 작동된다.

② 에어백은 매우 빠른 시간에 작동되므로 충돌 후 발생되는 추가충격으로부터는 보호될 수 없다.

③ 에어백 경고등이 점등되면 에어백이 작동되지 않으므로 지정 정비업체에서 점검을 받는다.

(2) 에어백 작동시

① 에어백 팽창시에는 시스템이 매우 뜨거우므로 절대로 만지지 않는다.
② 나일론 에어백 재질에 의해 찰과상을 입을 수 있다.
③ 에어백 팽창시 큰 소음이 발생되며 연기 및 먼지 같은 것이 보일 수 있는데 이는 에어백이 전개될 때 발생되는 무독성 질소가스의 입자이다.
혹시 이 "무독성 가스 입자가 피부, 눈, 코, 목 등에 자극을 줄 수 있으므로 즉시 차가운 물로 닦아내고 자극이 오래가면 의사와 상의, 치료한다.

(3) 에어백 작동후

① 에어백은 한번 작동되면 다시 작동되지 않으니 필히 시스템 전체를 교환하여 준다.
② 에어백 시스템은 임의로 개조, 수리, 변경하지 마시고 반드시 지정 정비업체에서 점검 정비를 받는다.(특히 스티어링 핸들에 임의로 물건을 부착하면 사고시 큰 위험이 유발될 수 있다.)
③ 에어백 장치에는 폭발성 화학물질이 들어 있으므로 폐기시에는 반드시 지정 정비업체에 문의한 후 처리한다.

(4) 차를 수리할 때, 폐차할 때

핸들주위, 인스투르먼트 패널, 센터 컨솔 부근의 수리, 카 오디오 등의 부착 및 차량 전면부의 판금도장을 하는 경우는 SRS에어백 시스템에 영향을 미칠 수가 있으므로 정비업체에 차를 인도할 경우는 에어백 차량임을 설명하고 취급설명서를 차에 놓아 둔다.

에어백(Air-Bag)

차량의 정면 충돌 발생시 운전자를 보호하기 위한 안전벨트의 보조장치이다.

그림 24-4 Air Bag 선개

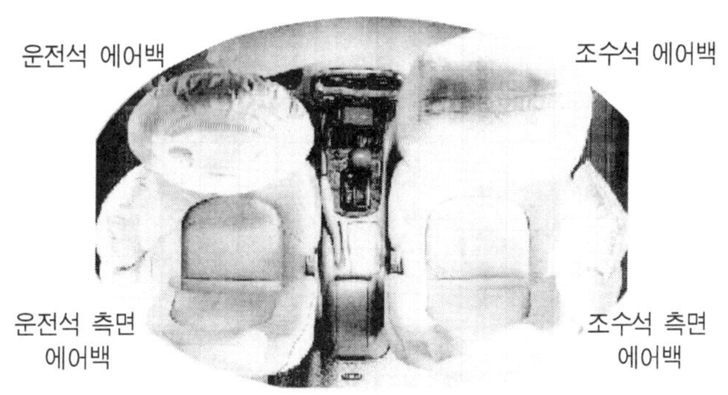

그림 24-5 Air Bag 종류

에어백 관련 구성부품

에어백 모듈과 인플레이타는 일체형으로 되어 있으며 모듈에는 나이론제 면으로 된 백이 삽입되어 있으며 인플레타에는 화약, 점화제, 가시발생기 등이 들어있다.

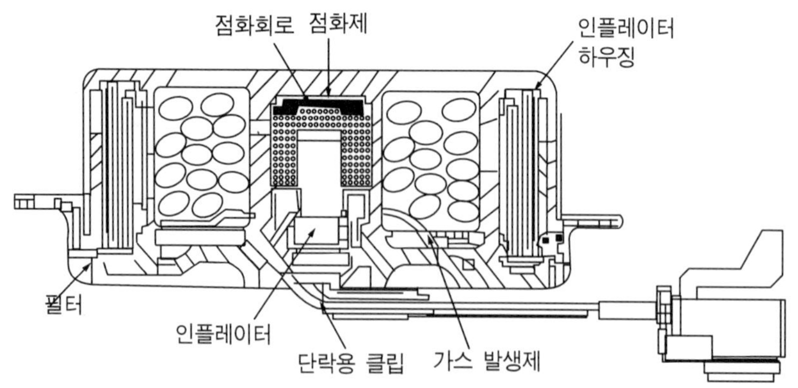

그림 24-6 운전석 에어백 모듈과 내부

시트벨트

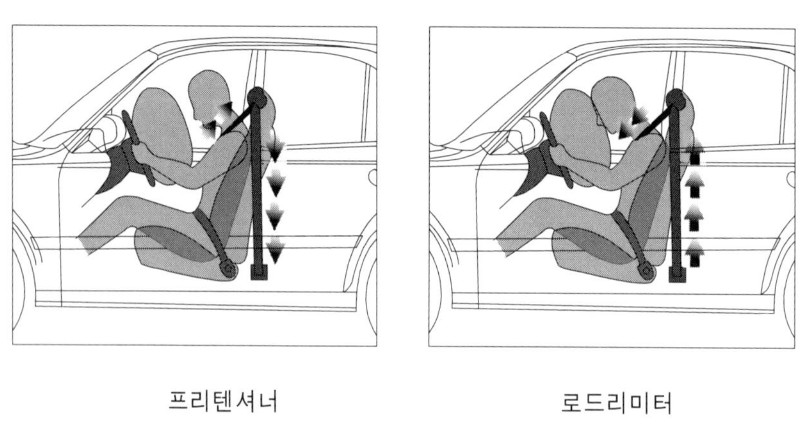

프리텐셔너 로드리미터

그림 24-7 프리텐셔너와 로드리미터

PPD센서(Passenger Presence Detect)

조수석 시트 큐션부에 설치되어 있으며 승객의 탑승여부를 센서에 걸리는 하중의 변화로 감지한다. 약 15kg의 하중발생시 승객이 있음으로 판단한다.

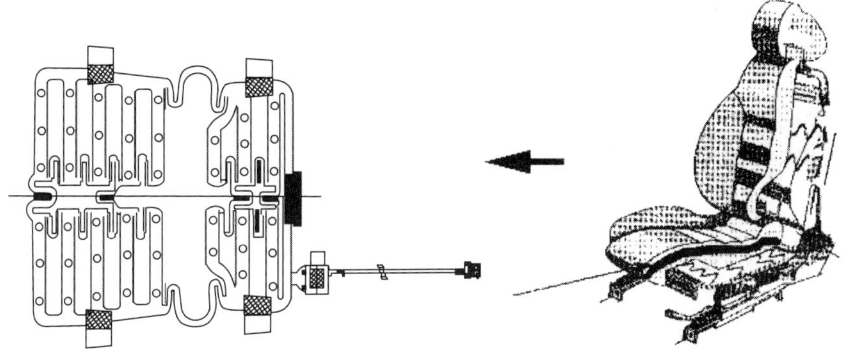

그림 24-8 PPD 센서((PPD 탈거 그림)

에어백 이럴땐...

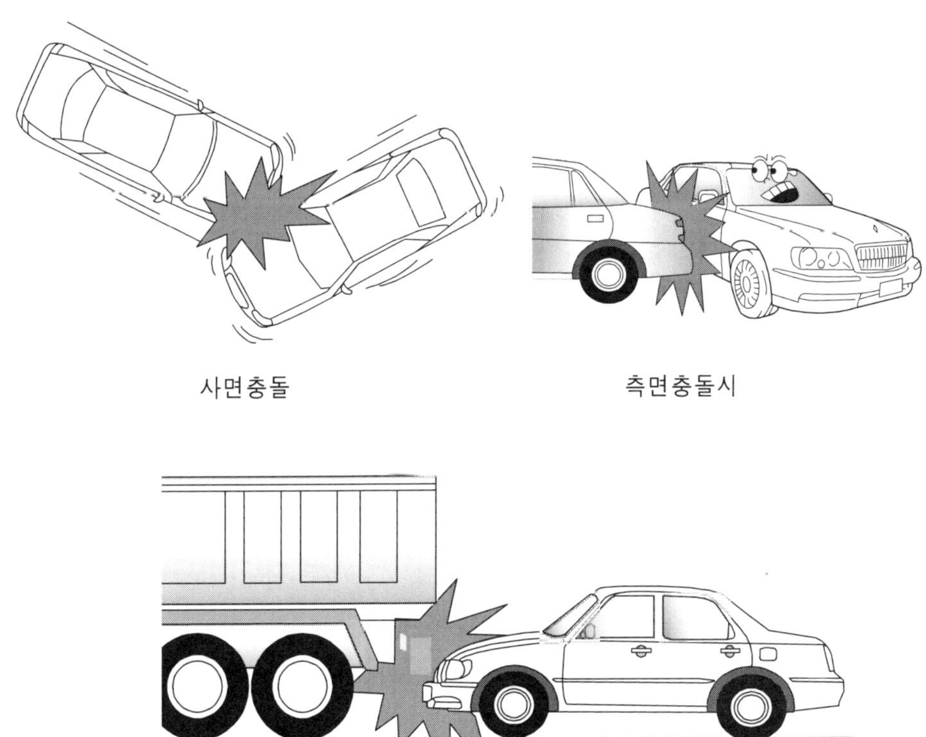

사면충돌

측면충돌시

트럭 등의 대형차 하단부 충돌시

그림 24-9 Air Bag 전개 과정

에어백 사용시 주의사항(1)

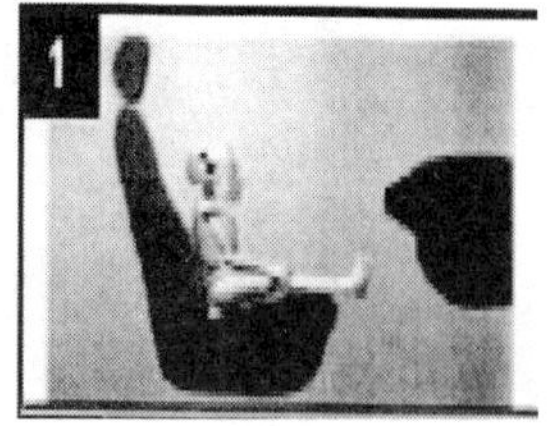

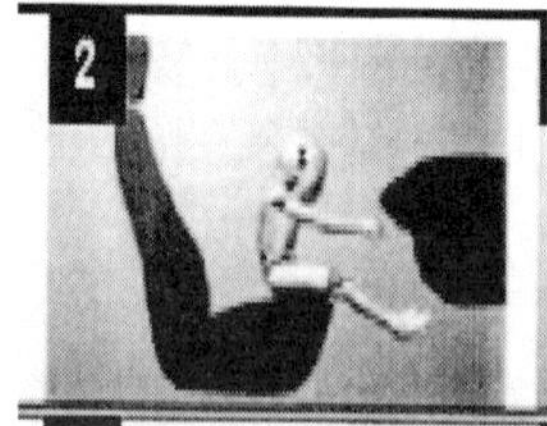

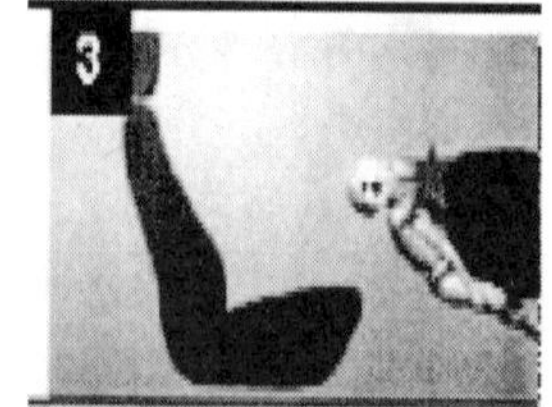

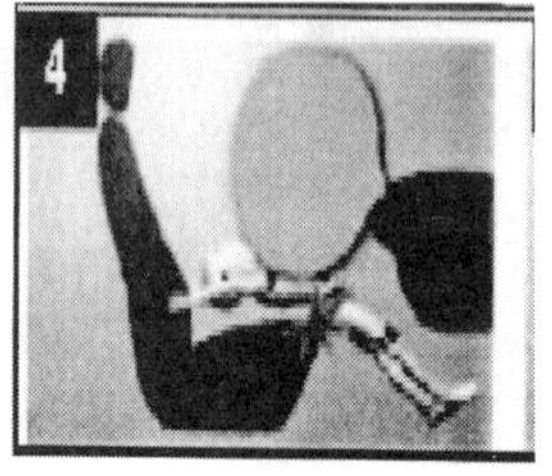

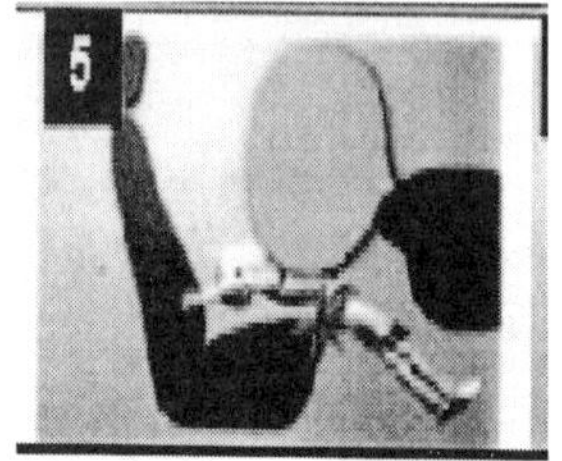

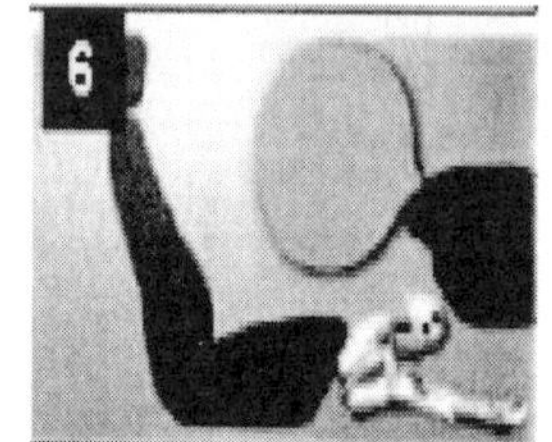

에어백 사용시 주의사항(2)

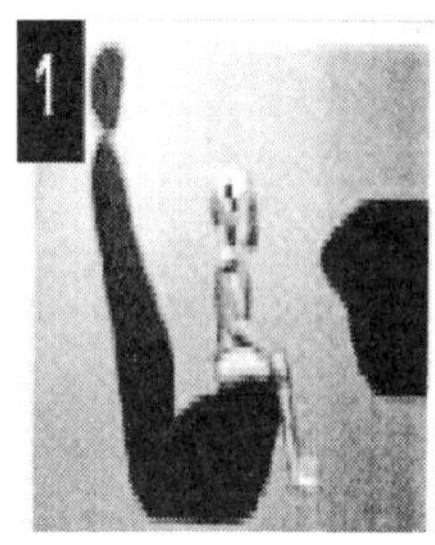

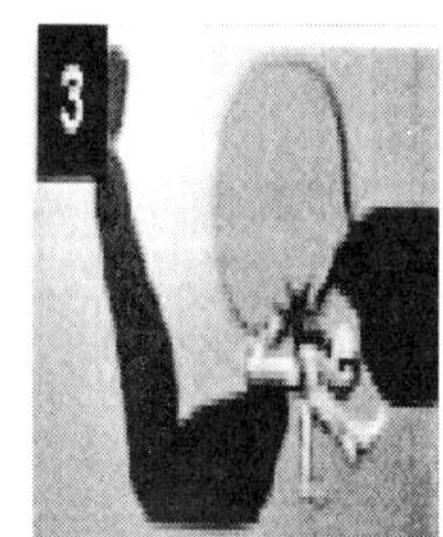

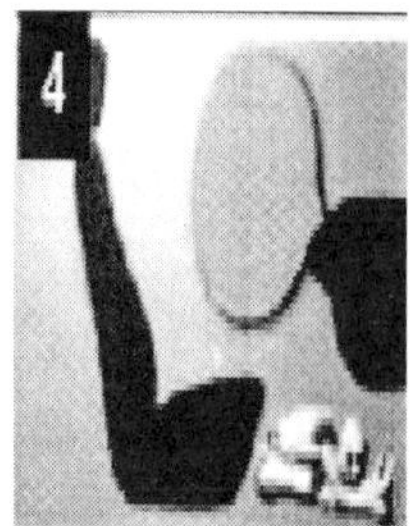

에어백 사용시 주의사항(3)

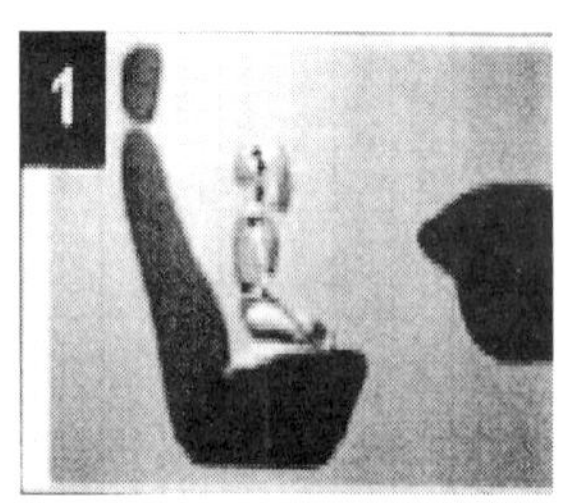

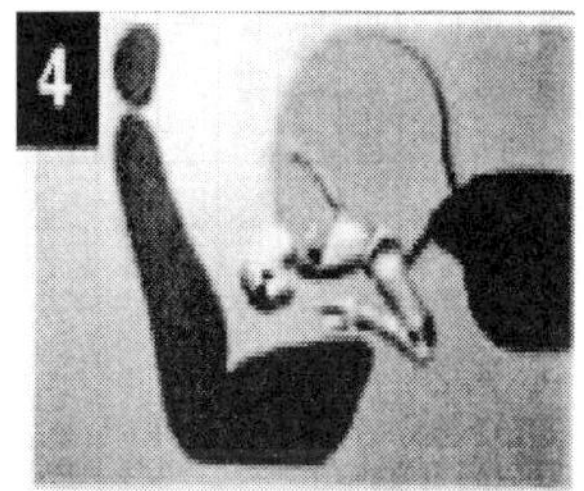
4

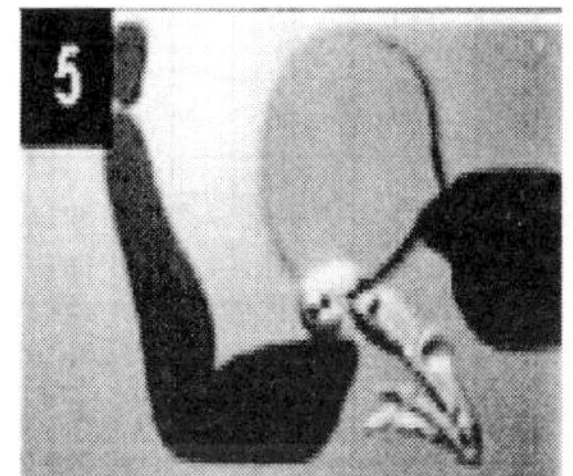
5

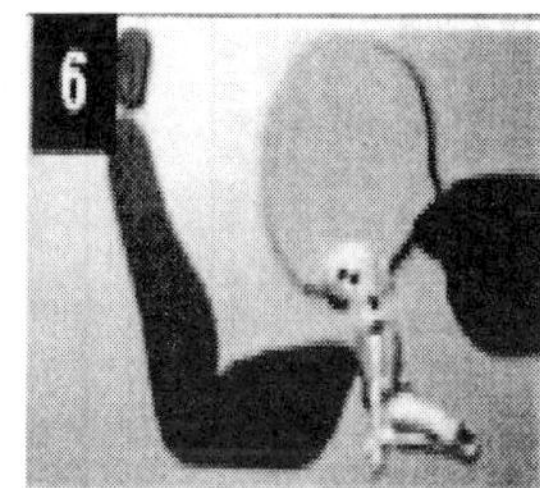
6

제25장 자동차의 소음

25.1 개요

자동차의 소음은 자동차의 상품성과 상당한 밀접한 관계를 가지고 있으며 또한, 소음의 종류 및 이에 관련된 소음전달 경로는 매우 복잡하게 전달된다. 특히 자동차의 소음 진동을 살펴보면 크게 3가지로 나눌 수 있다. 인간의 감정을 불쾌하게 만드는 시끄러운 소리를 말하는 소음(Ndis)과 소음의 단위는 dB(데시벨)로 물체가 일정한 주기를 가지고 흔들리는 진동과 자동차가 주행시 도로의 단차나 요철을 통과할 때 발생하는 충격적인 소음과 진동을 말하는 하쉬니스(Harshness)가 있다.

25.2 소음진동 전달 경로

그림 25-1은 소음 전달경로를 간략하게 나타낸 것이다.

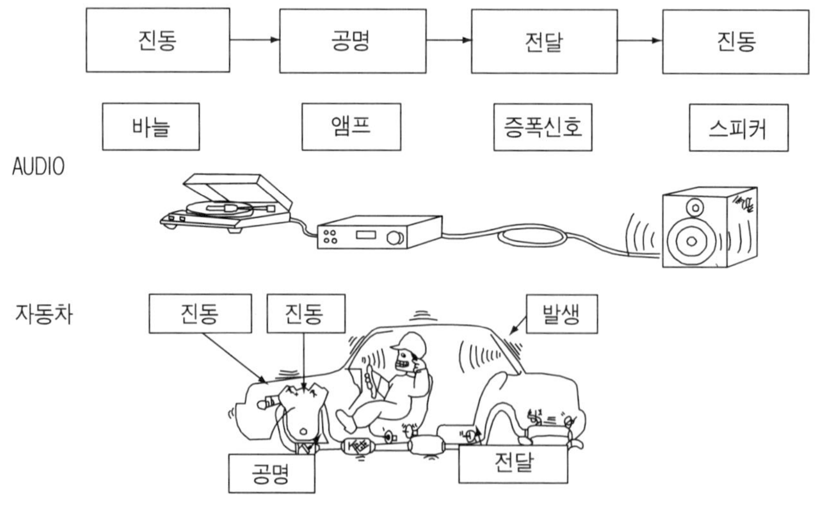

그림 25-1 소음진동 전달경로

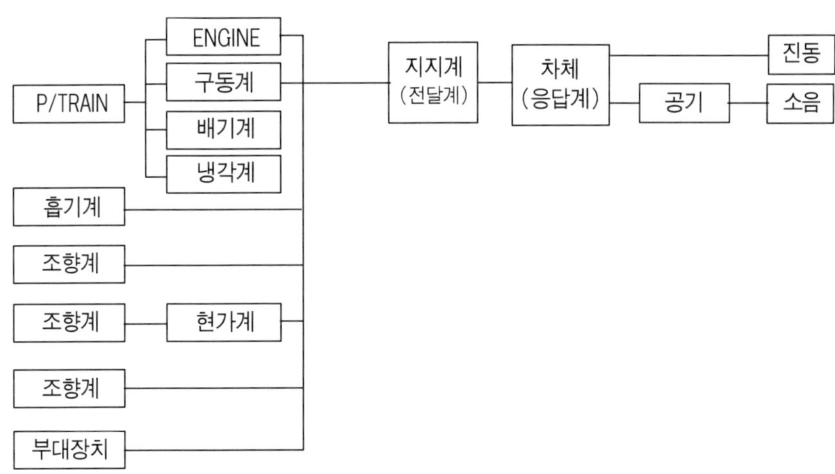

그림 25-2 발생 및 유입경로

25.3 진동소음발생

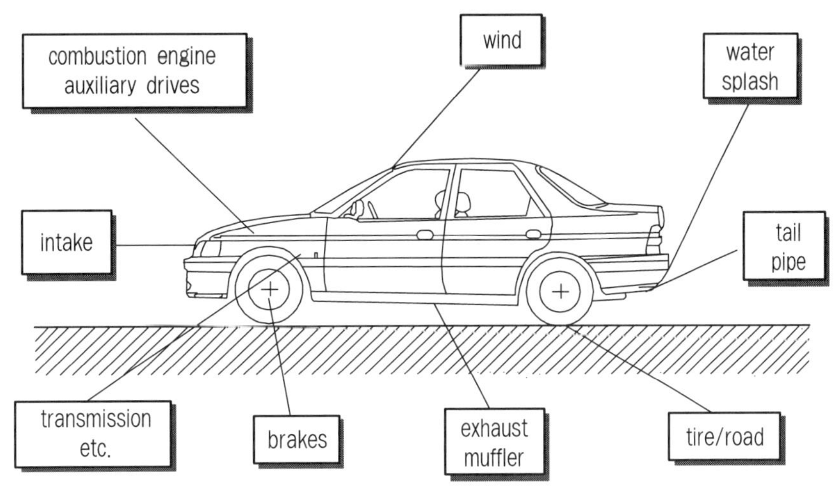

그림 25-3 진동소음 발생원인

그림 25-3 진동소음 발생원인을 나타낸 것으로서 주로 엔진을 비롯한 흡배기계통, 동력 전달 계통 등에서 주로 발생하고 있다.

25.4 자동차의 소음진동의 종류

자동차에서 발생하는 소음원인과 그 현상을 요약하여 나타낸 것이 표 25-1이다.

표 25-1 소음원인과 현상

	현상	
엔진투과음		엔진에서 발생되어 차실내로 유입되는 엔진소음
부밍소음 (BOOMING)		엔진진동에 의해 차제 및 섀시시스템이 공진되어 발생되는 음으로 귀를 압박하는 느낌(웅~)
도로소음 (Road Noise)		노면으로부터 타이어 및 현가계를 통해 차실내로 유입되는 소음
바람소리 (Wind Noise)		고속주행시 차체 주변의 공기흐름이 원활하니 못하여 발생되는 바람가르는 소음 및 공기의 흡출음
Rattle Noise	Gear Backlash ● Vibro Impact ● Tooth Separation	기어 세트가 비틀림 진동하면서 서로 부딪히는 소리

	현상	
Whine Noise		기어 세트가 맞물려 돌아갈 때 기어 Meshing Frequency 성분의 소리 (휘파람 소리 비슷)
Squeal Noise		차량 제동시 브레이크 디스크와 마찰재의 접촉에 의해 발생하는 고주파 소음
외부 소음		차량 주행시 외부에서 감지되는 소음으로 법규로서 제한치를 규정 (국내 : 75dB, EU : 74dB)
정지시 진동		엔진 공회선상내에서 엔진으로부디 전달되는 스티어링 휠이나 차체의 진동 현상
주행시 진동		주행시 엔진이나 노면으로부터 전달되는 차체진동 -Shimmy : S/WHL의 원주방향 진동 -Shake : FLR 및 S/WHL의 상하진동
Brake Judder		제동시 브레이크 제동력에 의해 발생되는 차체 및 핸들 진동
시미	편심량 진동강제력 발생	주행시 핸들의 원주 방향 진동

25.5 아이들 소음

차량 정지시 파워 트레인(Power Train) 진동이 진동 전달경로를 통해 차체로 전달되어 조향 휠 진동 및 시트 진동으로 나타나는 현상을 말한다.

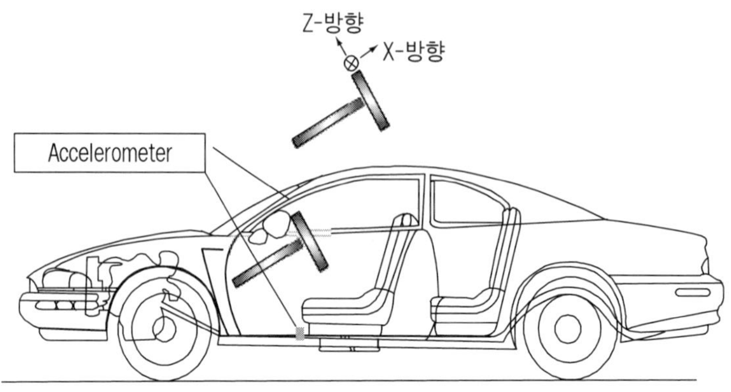

그림 25-4 아이들 소음 측정

아이들 소음 측정은 중립 및 D 레인지, 에어컨 Off 시킨 상태에서 측정한다. 아이들 소음 경로를 나타낸 것이 그림 25-5이다.

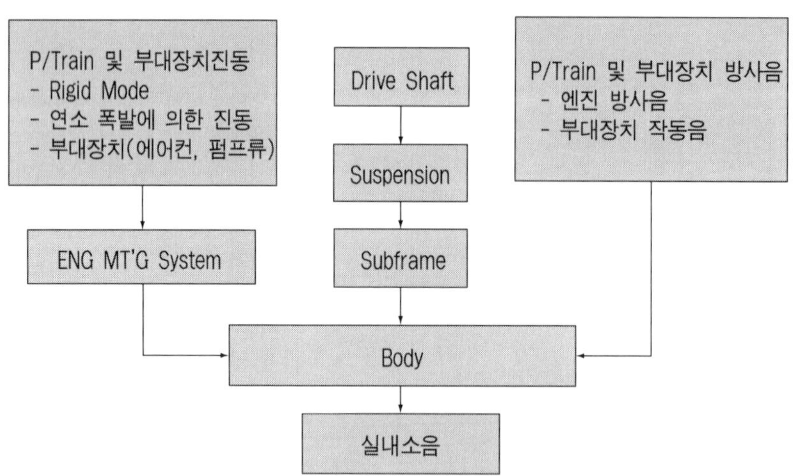

그림 25-5 아이들 소음 전달 경로

25.6 주행소음

차량 주행시 다양한 소음원인으로부터 전달되는 차실내의 소음으로서 부밍 노이즈(Booming Noise), 투과음, 기어소음, 타이어 패턴 노이즈, 바람에 의한 노이즈로 전달된다.

나완용_신성대학교 자동차과 교수
백일현_전주비전대학교 자동차과 교수
한성철_국제대학교 자동차과 교수

개정판 **자동차 전자제어 섀시**

지 은 이 | 나완용 · 백일현 · 한성철
펴 낸 이 | 김형근
펴 낸 곳 | 도서출판 기한재
주 소 | 경기도 파주시 회동길 56 (파주출판도시)
전 화 | 031)955-0900~2
팩 스 | 031)955-0100
등 록 | 1990년 3월 15일 제2-968호
발 행 | 2019년 3월 15일 1판 3쇄
정 가 | 22,000원

Published by Kihanjae Co.
ISBN 978-89-7018-713-6
http://www.kihanjae.com
E-mail : kihanjae@hanmail.net